큐브 유형 동영상 강의

학습 효과를 높이는 응용 유형 강의

1초 만에 바로 강의 시청

QR코드를 스캔하여 동영상 강의를 바로 볼 수 있습니다. 응용 유형 문항별로 필요한 부분을 선택할 수 있도록 강의 시간과 강의명을 클릭할 수 있습니다.

친절한 문제 동영상 강의

수학 전문 선생님의 응용 문제 강의를 보면서 어려운 문제의 해결 방법 및 풀이 전략을 체계적으로 배울 수 있습니다.

나의 목표와 다짐을 적어 주세요.

큐브 유형
초등 수학 **1·2**

2단원

2주	1회차	2회차	3회차	4회차	5회차	이번 주 스스로 평가
	유형책 028~030쪽	유형책 031~033쪽	유형책 036~038쪽	유형책 039~041쪽	유형책 042~046쪽	매우 잘함 / 보통 / 노력 요함
	월 일	월 일	월 일	월 일	월 일	

3단원

이번 주 스스로 평가	5회차	4회차	3회차	2회차	1회차	3주
매우 잘함 / 보통 / 노력 요함	유형책 066~069쪽	유형책 060~065쪽	유형책 055~057쪽	유형책 052~054쪽	유형책 047~051쪽	
	월 일	월 일	월 일	월 일	월 일	

5단원

6주	1회차	2회차	3회차	4회차	5회차	이번 주 스스로 평가
	유형책 108~110쪽	유형책 111~113쪽	유형책 116~119쪽	유형책 120~123쪽	유형책 124~127쪽	매우 잘함 / 보통 / 노력 요함
	월 일	월 일	월 일	월 일	월 일	

6단원

이번 주 스스로 평가	5회차	4회차	3회차	2회차	1회차	7주
매우 잘함 / 보통 / 노력 요함	유형책 146~149쪽	유형책 140~145쪽	유형책 135~137쪽	유형책 132~134쪽	유형책 128~131쪽	
	월 일	월 일	월 일	월 일	월 일	

수학의 기본

큐브 시리즈

큐브 연산 | 1~6학년 1, 2학기(전 12권)

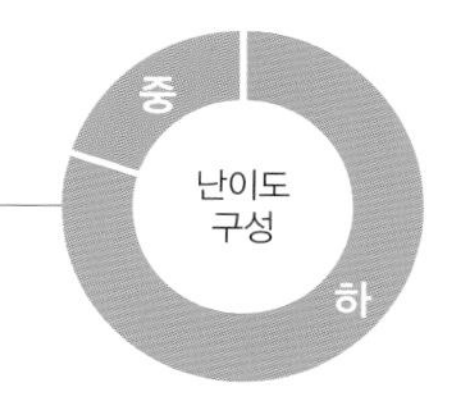

전 단원 연산을 다잡는 기본서

- 교과서 전 단원 구성
- 개념–연습–적용–완성 4단계 유형 학습
- 실수 방지 팁과 문제 제공

큐브 개념 | 1~6학년 1, 2학기(전 12권)

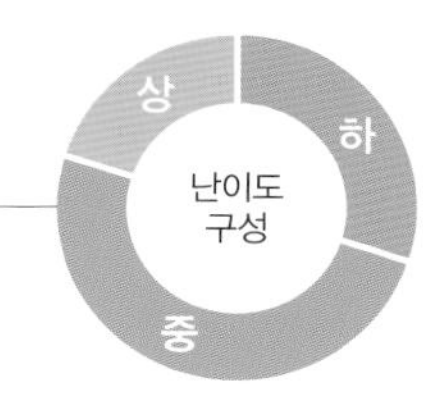

교과서 개념을 다잡는 기본서

- 교과서 개념을 시각화 구성
- 수학익힘 교과서 완벽 학습
- 기본 강화책 제공

큐브 유형 | 1~6학년 1, 2학기(전 12권)

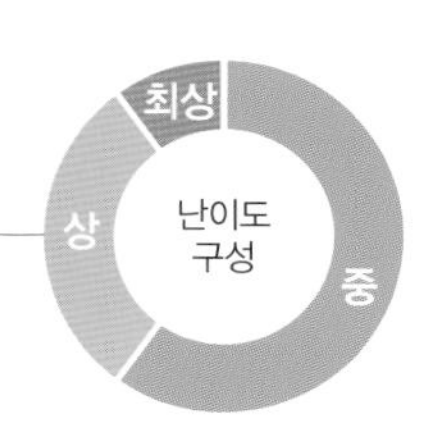

모든 유형을 다잡는 기본서

- 기본부터 응용까지 모든 유형 구성
- 대표 예제로 유형 해결 방법 학습
- 서술형 강화책 제공

학습 진도표

사용 설명서

1. 공부할 날짜를 빈칸에 적습니다.
2. 한 주가 끝나면 스스로 평가합니다.

1주 (1단원)

1회차	2회차	3회차	4회차	5회차	이번 주 스스로 평가
유형책 008~011쪽	유형책 012~015쪽	유형책 016~019쪽	유형책 020~023쪽	유형책 024~027쪽	매우 잘함 / 보통 / 노력 요함
월 일	월 일	월 일	월 일	월 일	

4주 (4단원)

1회차	2회차	3회차	4회차	5회차	이번 주 스스로 평가
유형책 070~073쪽	유형책 074~077쪽	유형책 078~080쪽	유형책 081~083쪽	유형책 086~089쪽	매우 잘함 / 보통 / 노력 요함
월 일	월 일	월 일	월 일	월 일	

5주

1회차	2회차	3회차	4회차	5회차	이번 주 스스로 평가
유형책 090~092쪽	유형책 093~095쪽	유형책 096~099쪽	유형책 100~103쪽	유형책 104~107쪽	매우 잘함 / 보통 / 노력 요함
월 일	월 일	월 일	월 일	월 일	

8주 (총정리)

1회차	2회차	3회차	4회차	5회차	이번 주 스스로 평가
유형책 150~153쪽	유형책 154~157쪽	유형책 158~160쪽	유형책 161~163쪽	유형책 164~167쪽	매우 잘함 / 보통 / 노력 요함
월 일	월 일	월 일	월 일	월 일	

큐브 유형

유형책

초등 수학

1·2

큐브 유형

구성과 특징

큐브 유형은 기본 유형, 플러스 유형, 응용 유형까지
모든 유형을 담은 유형 기본서입니다.

유형책

1STEP 개념 확인하기

교과서 핵심 개념을 한눈에 익히기

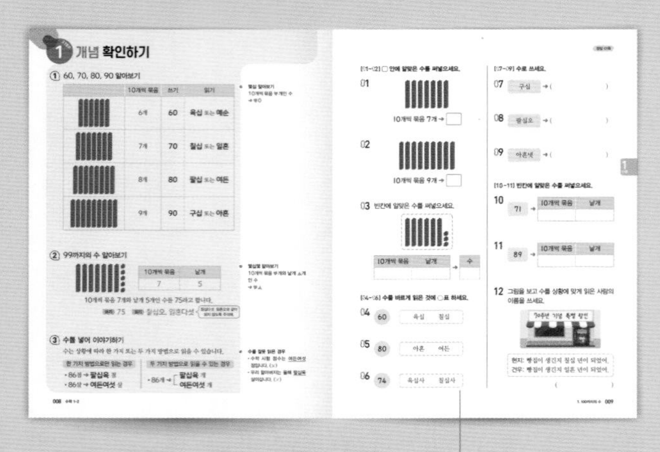

기본 문제로 배운 개념을 확인

2STEP 유형 다잡기

유형별 대표 예제와 해결 방법으로 유형을 쉽게 이해하기

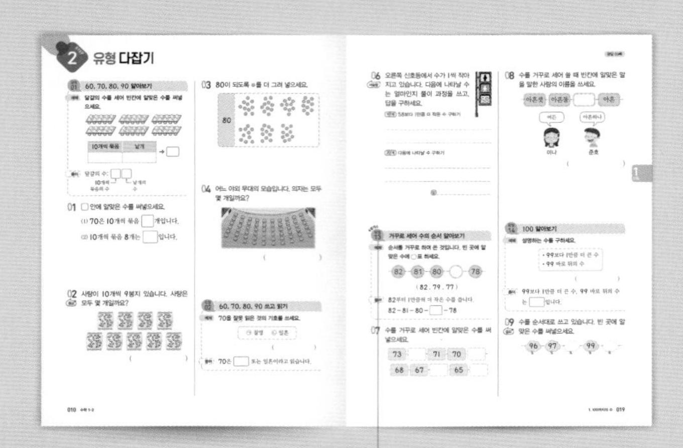

플러스 유형
학교 시험에 꼭 나오는
틀리기 쉬운 유형

서술형 강화책

서술형 다지기

대표 문제를 통해 단계적 풀이 방법을 익힌 후
유사/발전 문제로 서술형 쓰기 실력을 다지기

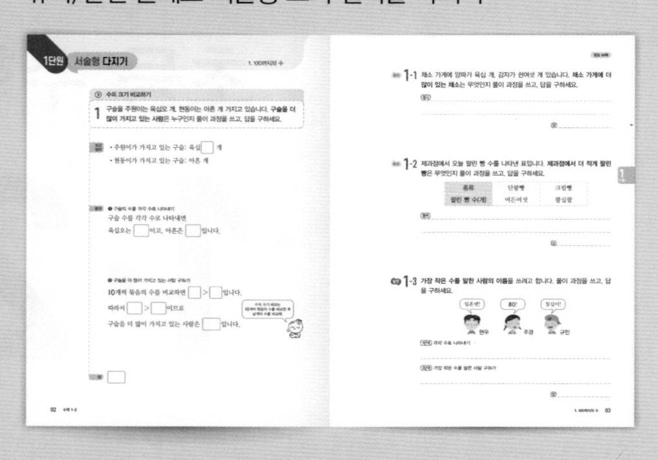

서술형 완성하기

서술형 다지기에서 연습한 문제에 대한 실전 유형 완성하기

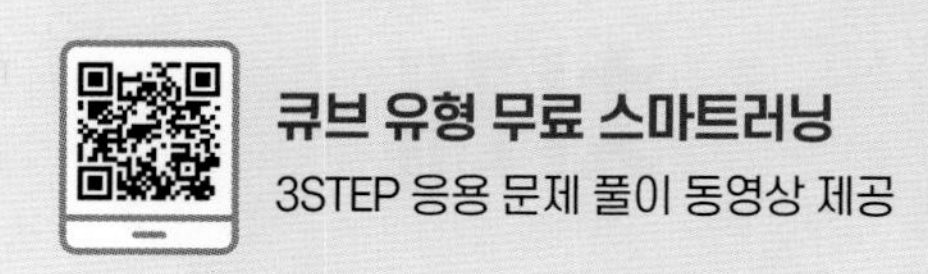

큐브 유형 무료 스마트러닝

3STEP 응용 문제 풀이 동영상 제공

3STEP 응용 해결하기

각종 경시대회에 출제되는 응용, 심화 문제를 통해 실력을 한 단계 높이기

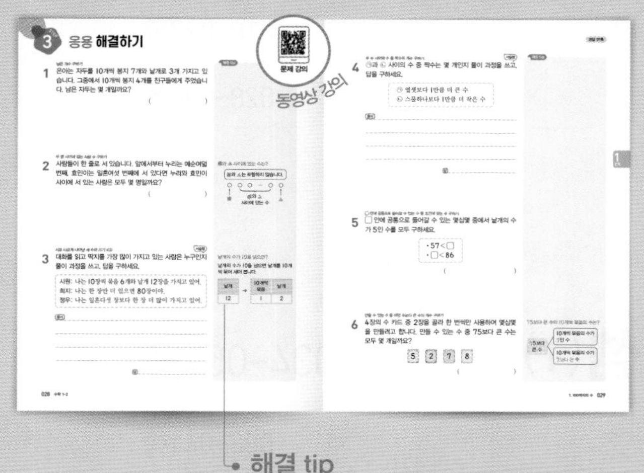

해결 tip

문제 해결에 필요한 힌트와 보충 설명

평가 단원 마무리 + 1~6단원 총정리

마무리 문제로 단원별 실력 확인하기

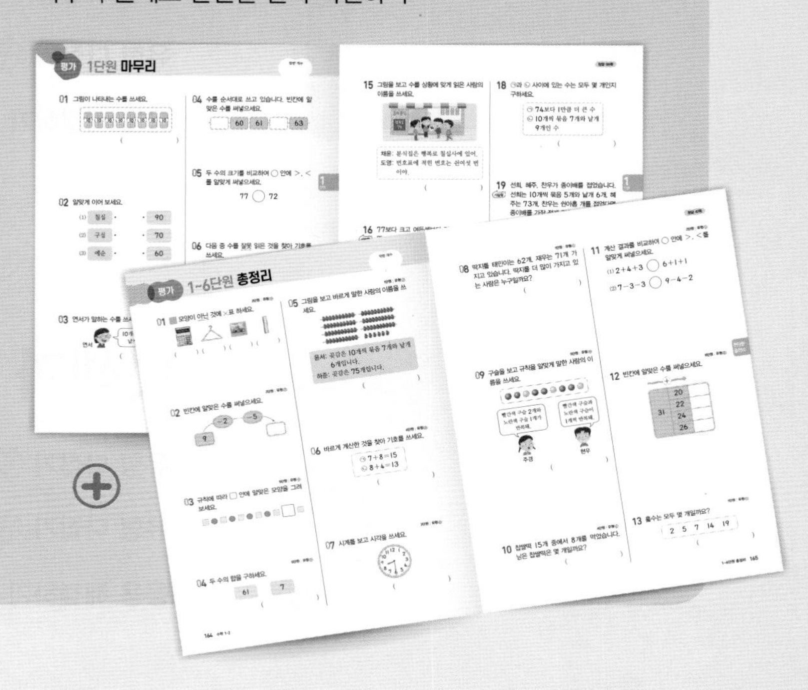

큐브 유형은 모든 문제를 모아 **단원별 → 개념별 → 난이도별 → 유형별**로 세분화하였습니다.

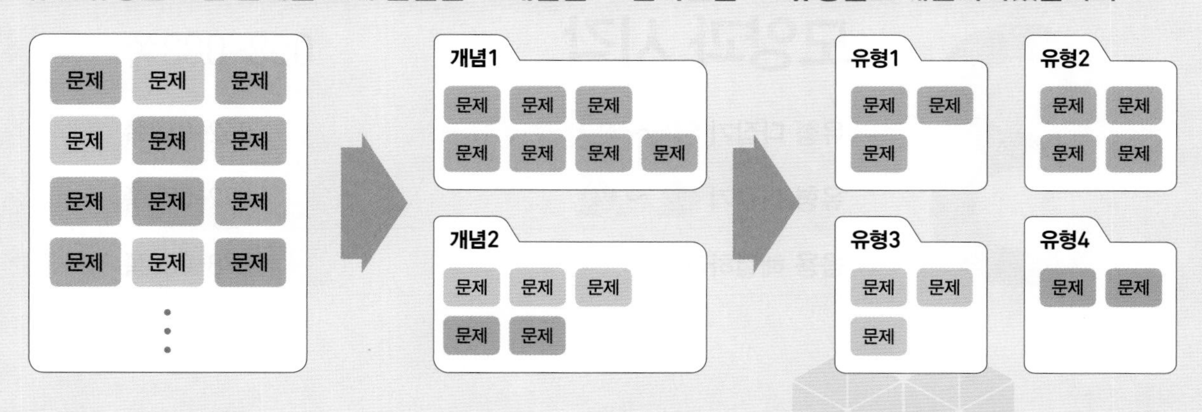

큐브 유형

차례

1 100까지의 수 006~033쪽

유형 다잡기 01 ~ 10 010~015쪽

유형 다잡기 11 ~ 27 018~027쪽

응용 해결하기 028~030쪽

2 덧셈과 뺄셈(1) 034~057쪽

유형 다잡기 01 ~ 06 038~041쪽

유형 다잡기 07 ~ 20 044~051쪽

응용 해결하기 052~054쪽

3 모양과 시각 058~083쪽

유형 다잡기 01 ~ 12 062~069쪽

유형 다잡기 13 ~ 21 072~077쪽

응용 해결하기 078~080쪽

4 덧셈과 뺄셈(2)

덧셈과 뺄셈(2) 084~113쪽

유형 다잡기 01 ~ 12 088~095쪽

유형 다잡기 13 ~ 28 098~107쪽

응용 해결하기 108~110쪽

5 규칙 찾기

규칙 찾기 114~137쪽

유형 다잡기 01 ~ 09 118~123쪽

유형 다잡기 10 ~ 18 126~131쪽

응용 해결하기 132~134쪽

6 덧셈과 뺄셈(3)

덧셈과 뺄셈(3) 138~163쪽

유형 다잡기 01 ~ 06 142~145쪽

유형 다잡기 07 ~ 22 148~157쪽

응용 해결하기 158~160쪽

1~6단원 **총정리** >> 164쪽

1

100까지의 수

학습을 끝낸 후 색칠하세요.

개념 확인하기

유형 다잡기
유형 01~10

중요 유형

01 60, 70, 80, 90 알아보기
04 99까지의 수 알아보기
08 낱개가 ■▲개인 수 알아보기
09 상황에 맞게 수 읽기

이전에 배운 내용

[1-1] 50까지의 수

50까지의 수 알아보기
50까지 수의 순서
50까지 수의 크기 비교

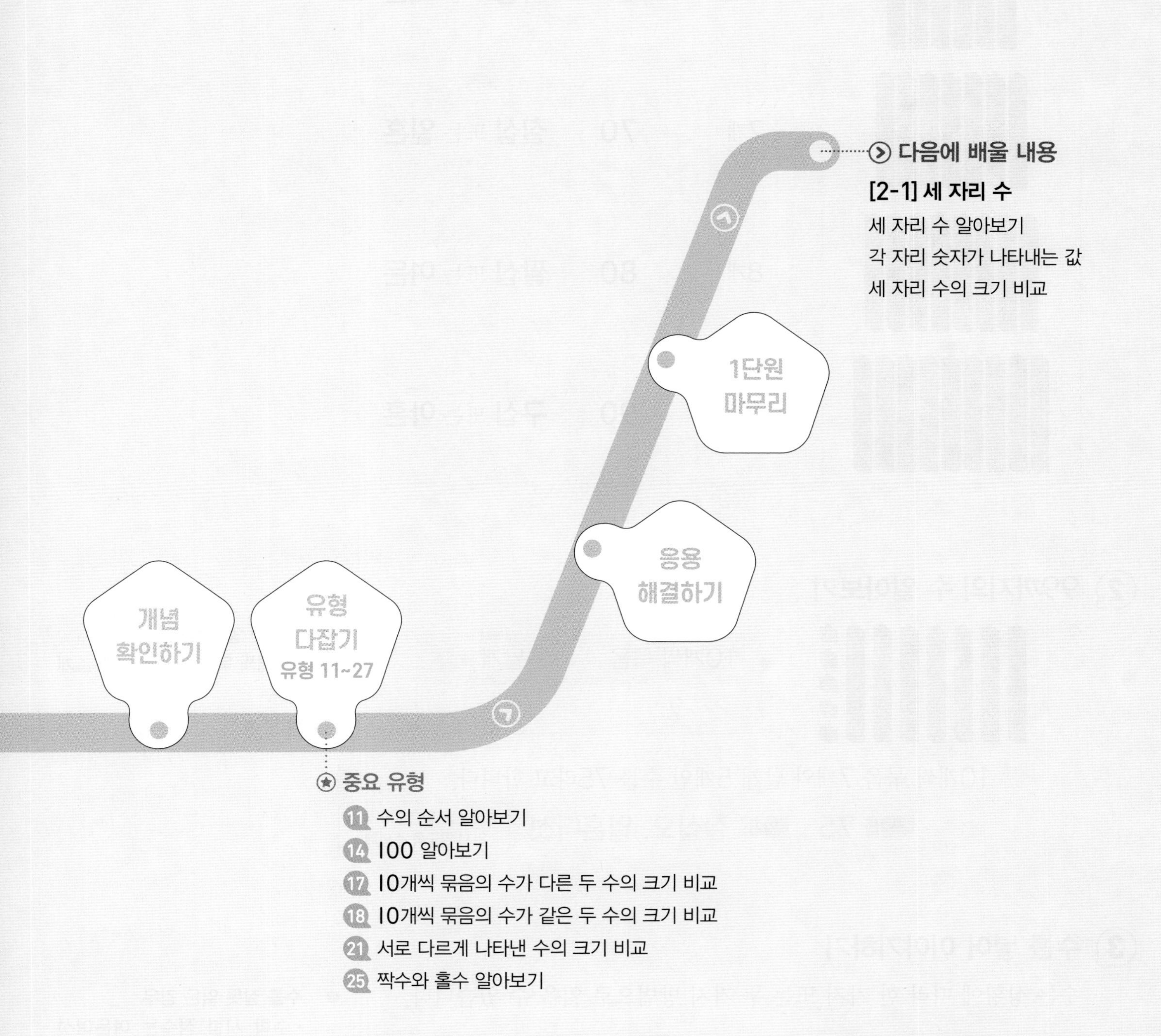

다음에 배울 내용

[2-1] 세 자리 수

세 자리 수 알아보기
각 자리 숫자가 나타내는 값
세 자리 수의 크기 비교

중요 유형

11 수의 순서 알아보기
14 100 알아보기
17 10개씩 묶음의 수가 다른 두 수의 크기 비교
18 10개씩 묶음의 수가 같은 두 수의 크기 비교
21 서로 다르게 나타낸 수의 크기 비교
25 짝수와 홀수 알아보기

STEP 1 개념 확인하기

① 60, 70, 80, 90 알아보기

	10개씩 묶음	쓰기	읽기
	6개	**60**	**육십** 또는 **예순**
	7개	**70**	**칠십** 또는 **일흔**
	8개	**80**	**팔십** 또는 **여든**
	9개	**90**	**구십** 또는 **아흔**

몇십 알아보기
10개씩 묶음 ♥개인 수
➜ ♥0

② 99까지의 수 알아보기

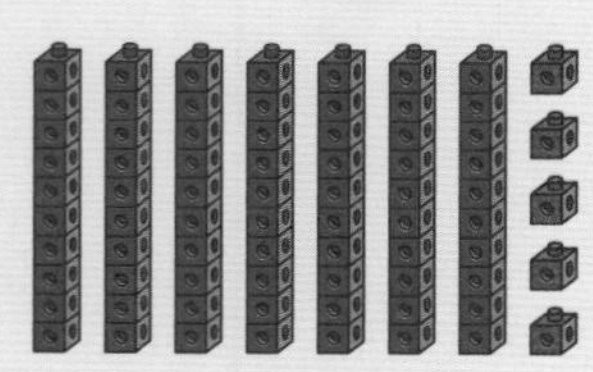

10개씩 묶음	낱개
7	5

10개씩 묶음 7개와 낱개 5개인 수를 75라고 합니다.

쓰기 75 읽기 칠십오, 일흔다섯

칠십다섯, 일흔오와 같이 읽지 않도록 주의해.

몇십몇 알아보기
10개씩 묶음 ♥개와 낱개 ▲개인 수
➜ ♥▲

③ 수를 넣어 이야기하기

수는 상황에 따라 한 가지 또는 두 가지 방법으로 읽을 수 있습니다.

한 가지 방법으로만 읽는 경우

- 86점 ➜ **팔십육** 점
- 86살 ➜ **여든여섯** 살

두 가지 방법으로 읽을 수 있는 경우

- 86개 ➜ **팔십육** 개 / **여든여섯** 개

수를 잘못 읽은 경우
- 수학 시험 점수는 여든여섯 점입니다. (×)
- 우리 할아버지는 올해 팔십육 살이십니다. (×)

[01~02] ▢ 안에 알맞은 수를 써넣으세요.

01

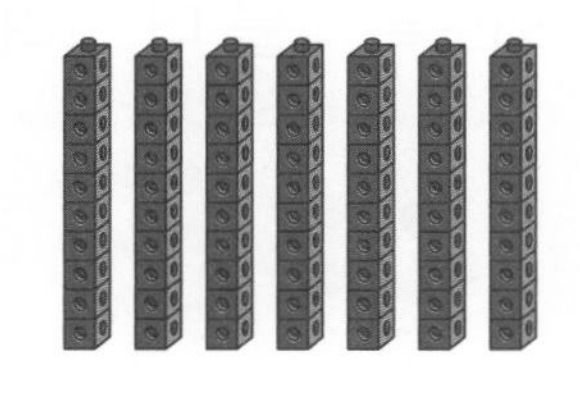

10개씩 묶음 7개 → ▢

02

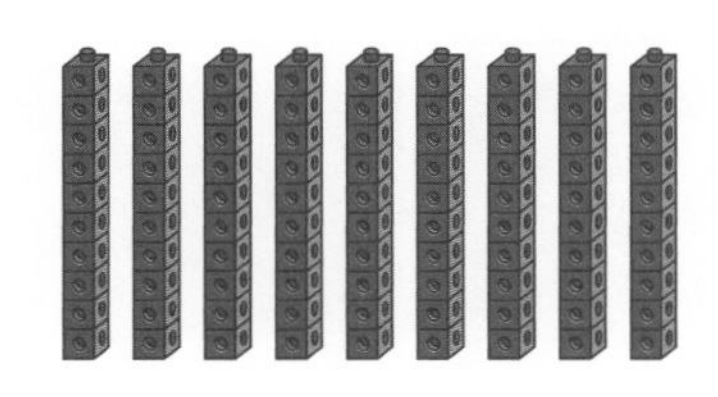

10개씩 묶음 9개 → ▢

03 빈칸에 알맞은 수를 써넣으세요.

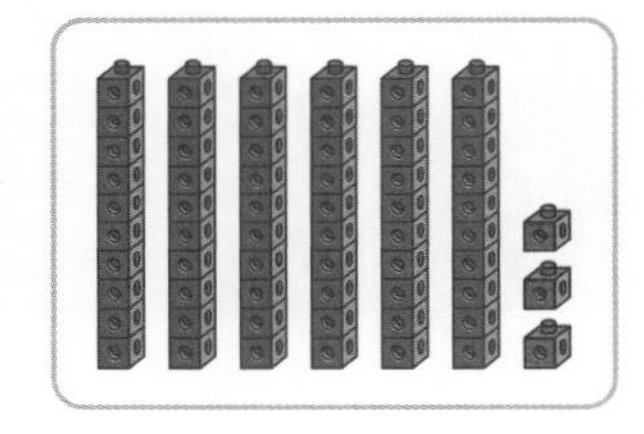

10개씩 묶음	낱개

→

수

[04~06] 수를 바르게 읽은 것에 ○표 하세요.

04 60 — 육십 칠십

05 80 — 아흔 여든

06 74 — 육십사 칠십사

[07~09] 수로 쓰세요.

07 구십 → ( )

08 팔십오 → ( )

09 아흔넷 → ( )

1 단원

[10~11] 빈칸에 알맞은 수를 써넣으세요.

10 71 →

10개씩 묶음	낱개

11 89 →

10개씩 묶음	낱개

12 그림을 보고 수를 상황에 맞게 읽은 사람의 이름을 쓰세요.

현지: 빵집이 생긴지 칠십 년이 되었어.
건우: 빵집이 생긴지 일흔 년이 되었어.

( )

STEP 2 유형 다잡기

유형 01 60, 70, 80, 90 알아보기

예제 달걀의 수를 세어 빈칸에 알맞은 수를 써넣으세요.

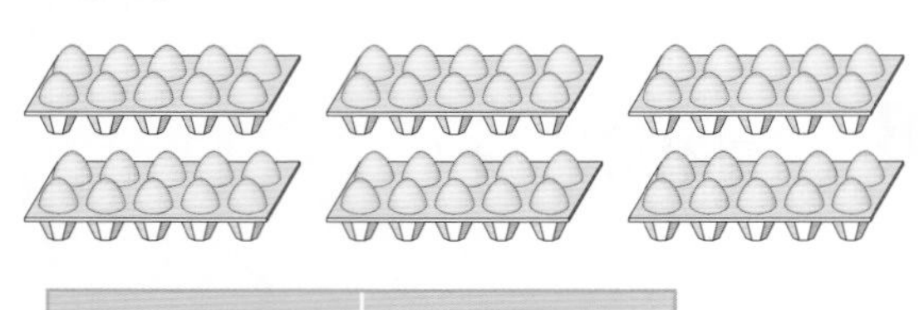

10개씩 묶음	낱개

→ ☐

풀이 달걀의 수: ☐☐

10개씩 묶음의 수 / 낱개의 수

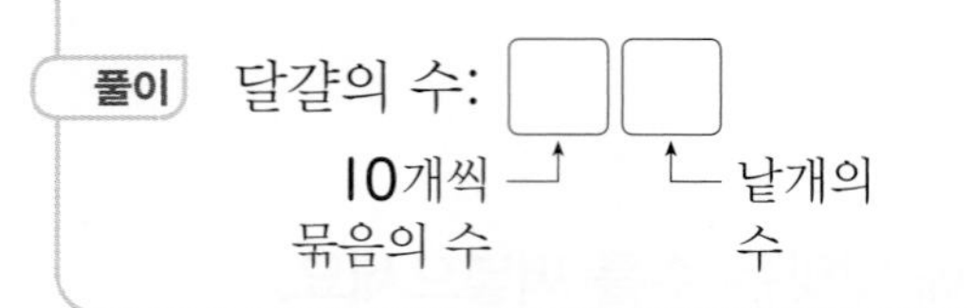

01 ☐ 안에 알맞은 수를 써넣으세요.

(1) 70은 10개씩 묶음 ☐개입니다.

(2) 10개씩 묶음 8개는 ☐입니다.

02 중요 사탕이 10개씩 9봉지 있습니다. 사탕은 모두 몇 개일까요?

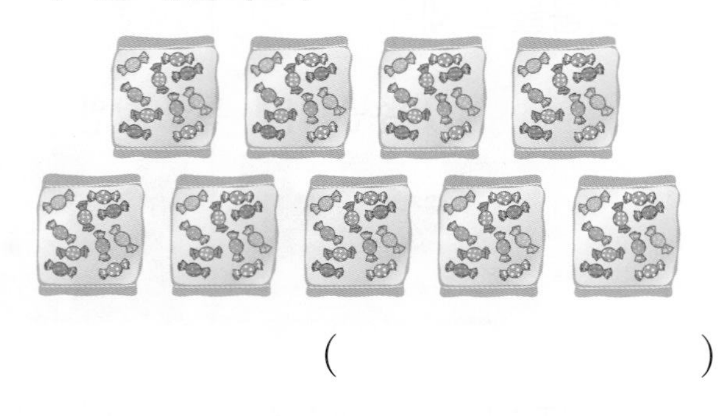

(　　　　　)

03 80이 되도록 ●를 더 그려 넣으세요.

80

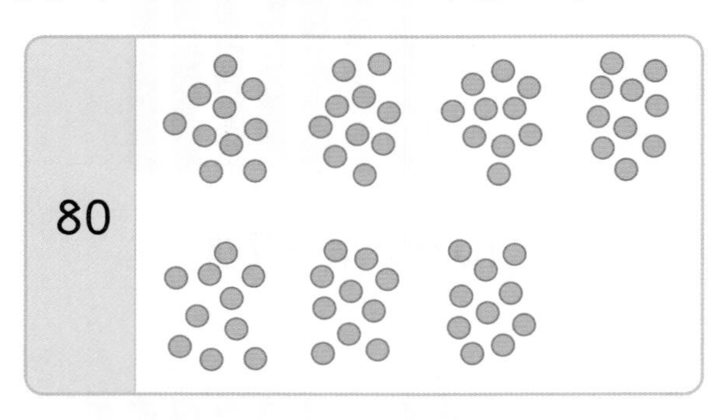

04 어느 야외 무대의 모습입니다. 의자는 모두 몇 개일까요?

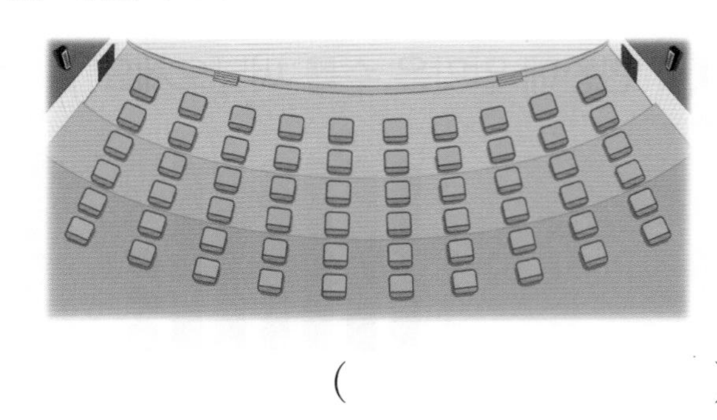

(　　　　　)

유형 02 60, 70, 80, 90 쓰고 읽기

예제 70을 잘못 읽은 것의 기호를 쓰세요.

㉠ 칠영　㉡ 일흔

(　　　　　)

풀이 70은 ☐ 또는 일흔이라고 읽습니다.

05 알맞게 이어 보세요.

(1) 10개씩 묶음 8개 •

(2) 10개씩 묶음 6개 •

• 예순

• 칠십

• 아흔

• 팔십

06 잘못 말한 사람의 이름을 쓰세요.

70은 10개씩 묶음 7개야.
규민
90은 여든이라고 읽어.
미나
육십을 수로 쓰면 60이야.
현우

(　　　　　　　　)

유형 03 실생활 속 60, 70, 80, 90 알아보기

예제 굴비를 한 줄에 10마리씩 묶어 9줄을 만들었습니다. 묶은 굴비는 모두 몇 마리일까요?

(　　　　　　　　)

풀이 10마리씩 ☐줄 → ☐마리

07 블록을 10개 쌓아 탑 1개를 만들 수 있습니다. 같은 탑을 7개 만들었다면 사용한 블록은 모두 몇 개일까요?

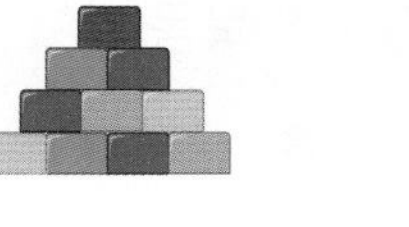

(　　　　　　　　)

08 초콜릿을 왼쪽 그림과 같이 상자에 담으려고 합니다. 오른쪽 초콜릿을 모두 담으려면 상자는 몇 개 필요할까요?

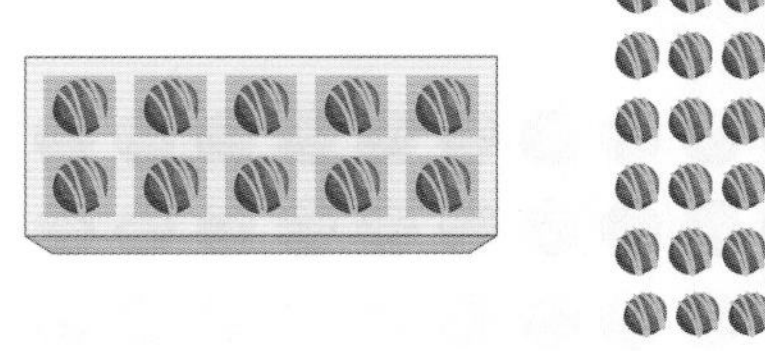

(　　　　　　　　)

09 서술형 그림과 같이 공이 있습니다. 공이 80개가 되려면 10개씩 묶음 몇 개가 더 있어야 하는지 풀이 과정을 쓰고, 답을 구하세요.

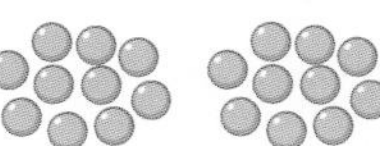 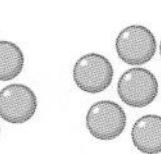 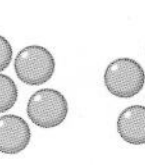 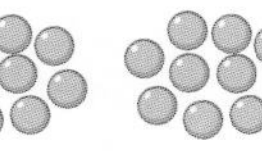

1단계 80은 10개씩 묶음 몇 개인지 구하기

2단계 10개씩 묶음 몇 개가 더 있어야 하는지 구하기

답

STEP 2 유형 다잡기

유형 04 99까지의 수 알아보기

예제 빈칸에 알맞은 수를 써넣으세요.

10개씩 묶음	낱개	수
8	1	
	4	94

풀이 • 10개씩 묶음 8개와 낱개 1개 → ☐

• 94 → 10개씩 묶음 ☐개와 낱개 4개

10 10개씩 묶어 세어 보고, ☐ 안에 알맞은 수를 써넣으세요.

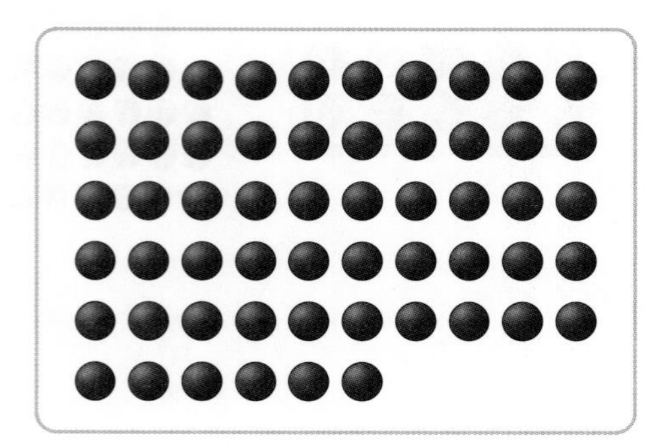

10개씩 묶음 ☐개와 낱개 ☐개

→ ☐

11 색칠된 칸이 모두 62칸이 되도록 빈칸을 더 색칠해 보세요.

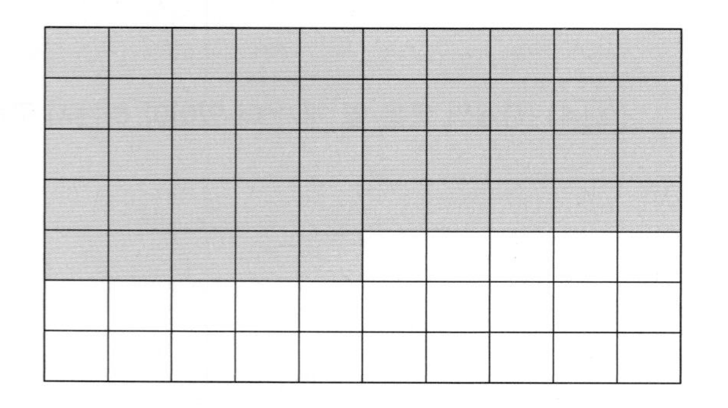

12 그림을 보고 잘못 설명한 것의 기호를 쓰세요.

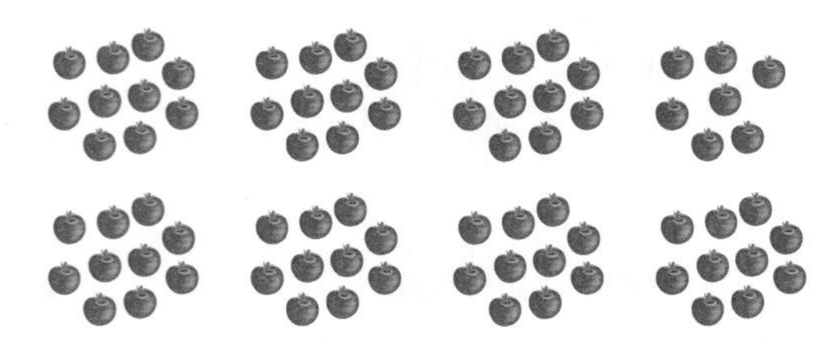

㉠ 방울토마토는 10개씩 묶음 7개와 낱개 8개입니다.
㉡ 방울토마토는 77개입니다.

(　　　　　　　)

13 창의형 4장의 수 카드 중 2장을 골라 한 번씩만 사용하여 몇십몇을 만들어 보세요.

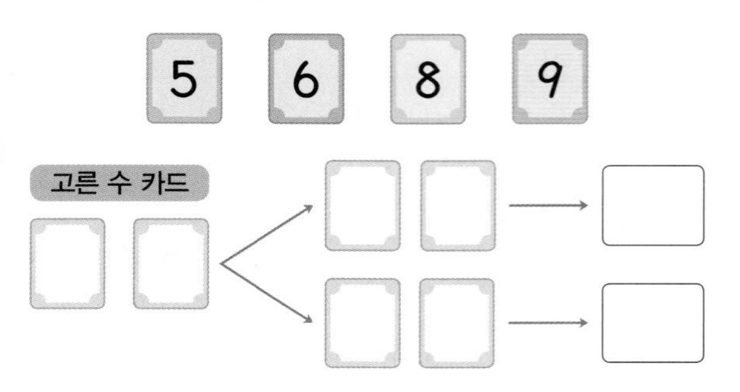

유형 05 99까지의 수 쓰고 읽기

예제 모형이 나타내는 수를 두 가지 방법으로 읽어 보세요.

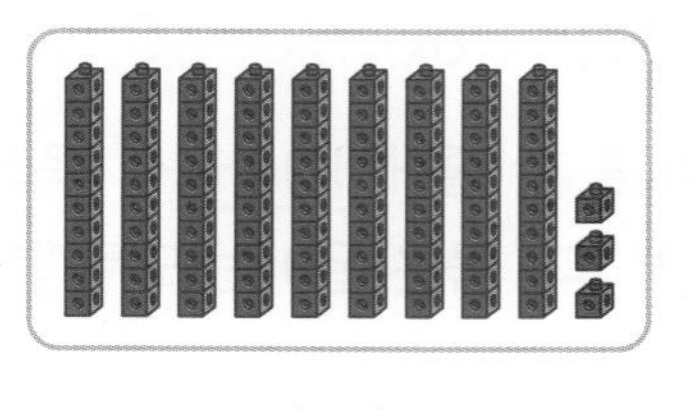

(　　　　　　　), (　　　　　　　)

풀이 10개씩 묶음 ☐개와 낱개 ☐개 → ☐

93은 구십삼 또는 ☐이라고 읽습니다.

14 색연필의 수와 관계있는 것을 모두 찾아 ○표 하세요.

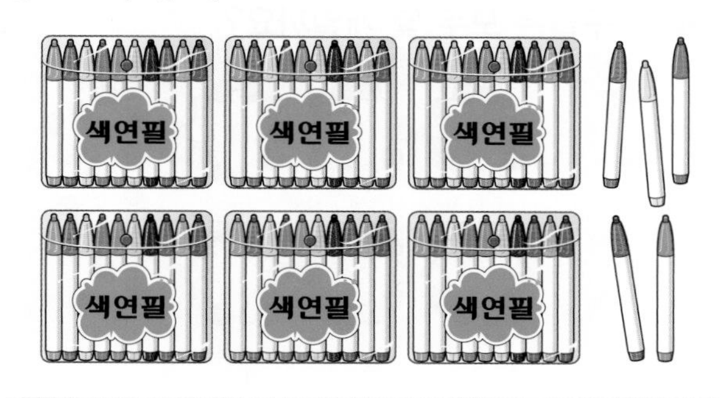

65	일흔다섯	육십이	예순다섯

15 다음 중 수를 잘못 읽은 것은 어느 것일까요? (　　　)

중요

① 81 − 팔십일　② 57 − 쉰일곱
③ 64 − 육십사　④ 73 − 칠십셋
⑤ 99 − 아흔아홉

16 67에 대해 바르게 말한 사람의 이름을 쓰세요.

지나: 67은 예순일곱 또는 육십칠이라고 읽어.
세호: 육십일곱이라고 읽을 수 있어.
재영: 67은 10개씩 묶음 7개와 낱개 6개인 수야.

(　　　　　　　)

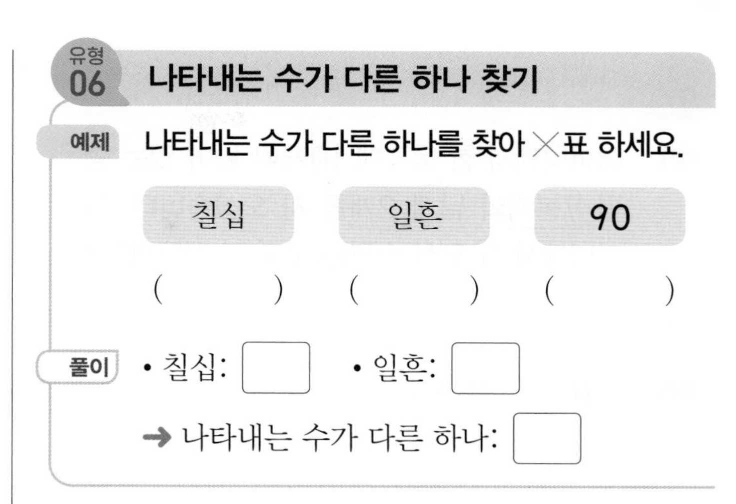

유형 06 나타내는 수가 다른 하나 찾기

예제 나타내는 수가 다른 하나를 찾아 ×표 하세요.

칠십	일흔	90
(　　)	(　　)	(　　)

풀이 • 칠십: □　• 일흔: □

➜ 나타내는 수가 다른 하나: □

17 나타내는 수가 다른 하나를 찾아 기호를 쓰려고 합니다. 풀이 과정을 쓰고, 답을 구하세요.

서술형

㉠ 여든둘　㉡ 팔십오
㉢ 10개씩 묶음 8개와 낱개 2개인 수

1단계 ㉠, ㉡, ㉢을 각각 수로 나타내기

2단계 나타내는 수가 다른 하나를 찾아 기호 쓰기

답

18 다른 수를 말한 사람의 이름을 쓰고, 그 사람이 말하는 것을 수로 나타내세요.

육십육
10개씩 묶음 9개와 낱개 6개인 수
아흔여섯
주경
준호
리아

(　　　　　　), (　　　　　　)

1 단원

유형 07 실생활 속 99까지의 수 알아보기

예제 어머니께서 한 봉지에 10개씩 들어 있는 송편 7봉지와 낱개 2개를 사 오셨습니다. 어머니께서 사 오신 송편은 모두 몇 개일까요?

( )

풀이 10개씩 묶음의 수: ☐개
낱개의 수: ☐개
→ 송편의 수: ☐개

19 (중요) 사과가 10개씩 묶음 5개와 낱개 8개 있고, 키위가 10개씩 묶음 6개와 낱개 3개 있습니다. 사과와 키위는 각각 몇 개인지 구하세요.

사과 ( )
키위 ( )

20 슈퍼마켓에서 사탕 61개를 한 상자에 10개씩 담아 팔려고 합니다. 상자에 담아 팔 수 있는 사탕은 몇 상자일까요?

( )

21 케이크에서 긴 초는 10살, 짧은 초는 1살을 나타냅니다. 할머니의 생신 케이크에 긴 초 8개와 짧은 초 5개를 꽂았다면 할머니는 올해 몇 살일까요?

( )

+플러스 유형 08 낱개가 ■▲개인 수 알아보기

예제 구슬은 모두 몇 개일까요?

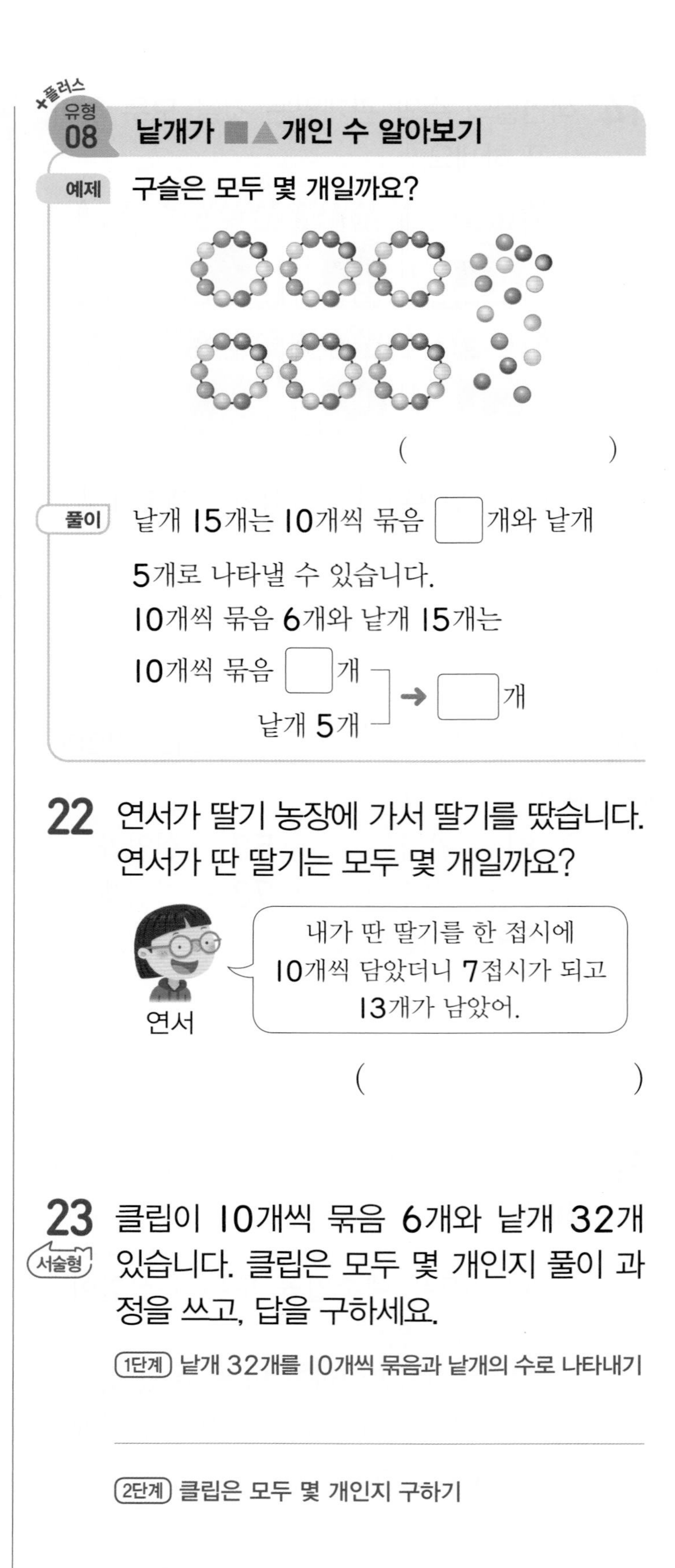

( )

풀이 낱개 15개는 10개씩 묶음 ☐개와 낱개 5개로 나타낼 수 있습니다.
10개씩 묶음 6개와 낱개 15개는
10개씩 묶음 ☐개, 낱개 5개 → ☐개

22 연서가 딸기 농장에 가서 딸기를 땄습니다. 연서가 딴 딸기는 모두 몇 개일까요?

연서: 내가 딴 딸기를 한 접시에 10개씩 담았더니 7접시가 되고 13개가 남았어.

( )

23 (서술형) 클립이 10개씩 묶음 6개와 낱개 32개 있습니다. 클립은 모두 몇 개인지 풀이 과정을 쓰고, 답을 구하세요.

(1단계) 낱개 32개를 10개씩 묶음과 낱개의 수로 나타내기

(2단계) 클립은 모두 몇 개인지 구하기

답

유형 09 상황에 맞게 수 읽기

예제 준호가 말한 문장에서 밑줄 친 수를 바르게 읽은 것에 ◯표 하세요.

내 신발장 열쇠에 적힌 번호는 <u>88</u>번이야.

준호

(팔십팔 , 여든여덟)

풀이 상황에 따라 수를 다르게 읽습니다.
번호를 나타낼 때에는 88을 ☐이라고 읽습니다.

24 대화에서 밑줄 친 수를 <u>잘못</u> 읽은 사람의 이름을 쓰세요. (중요)

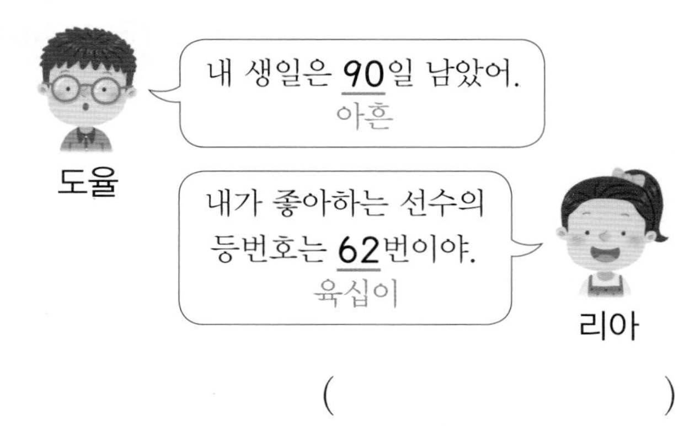

내 생일은 90일 남았어.
아흔
도율
내가 좋아하는 선수의 등번호는 62번이야.
육십이
리아

( )

25 연주가 쓴 글에서 <u>잘못된</u> 부분을 찾아 밑줄로 표시하고, 바르게 고쳐 쓰세요.

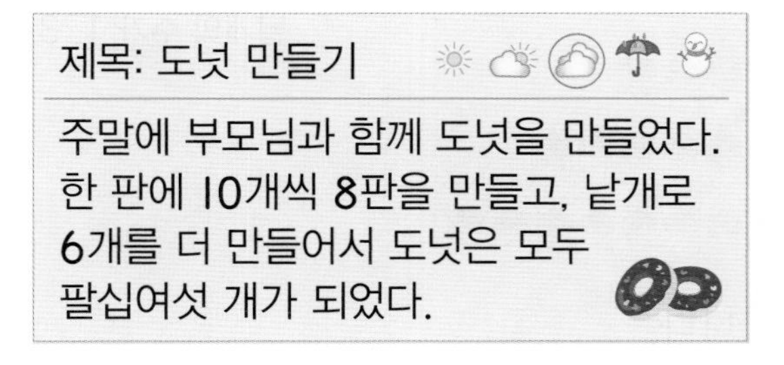

제목: 도넛 만들기

주말에 부모님과 함께 도넛을 만들었다.
한 판에 10개씩 8판을 만들고, 낱개로 6개를 더 만들어서 도넛은 모두 팔십여섯 개가 되었다.

바르게 고치기

유형 10 수를 넣어 이야기하기

예제 그림을 보고 ☐ 안에 알맞은 수를 써넣어 이야기를 완성해 보세요.

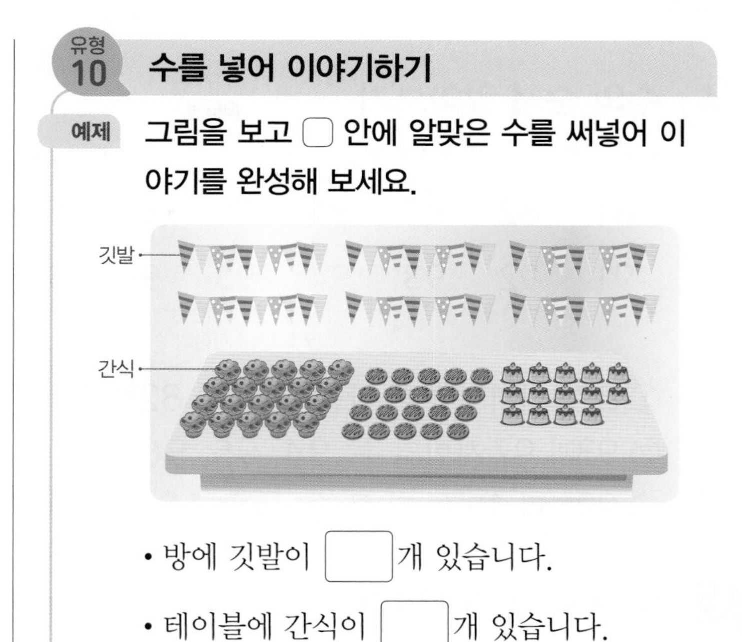

- 방에 깃발이 ☐개 있습니다.
- 테이블에 간식이 ☐개 있습니다.

풀이 그림에서 나타낸 수를 세어 봅니다.
깃발: ☐개, 간식: ☐개

26 그림을 보고 이야기를 바르게 만든 사람의 이름을 쓰세요.

윤서: 사랑 도서관이 생긴지 구십 년이 되었습니다.
지후: 오십오 번 버스를 타고 사랑 도서관 정류장에서 내렸습니다.

( )

27 26의 그림을 보고 수를 넣어 이야기를 만들어 보세요. (창의형)

이야기

1 단원

STEP 1 개념 확인하기

④ 수의 순서 알아보기

1만큼 더 작은 수 　1만큼 더 큰 수

81	82	83	84	85	86	87	88	89	90
91	92	93	94	95	96	97	98	99	100

93과 97 사이의 수

① 82보다 1만큼 더 작은 수: 81, 82보다 1만큼 더 큰 수: 83
② 93과 97 사이의 수: 94, 95, 96
③ 99보다 1만큼 더 큰 수: 쓰기 100 읽기 백

- **1만큼 더 큰(작은) 수 알아보기**
  ① ▲보다 1만큼 더 큰 수
  → ▲ 바로 뒤의 수
  ② ▲보다 1만큼 더 작은 수
  → ▲ 바로 앞의 수

⑤ 수의 크기 비교하기

73과 64의 크기 비교

10개씩 묶음의 수가 클수록 더 큰 수입니다.

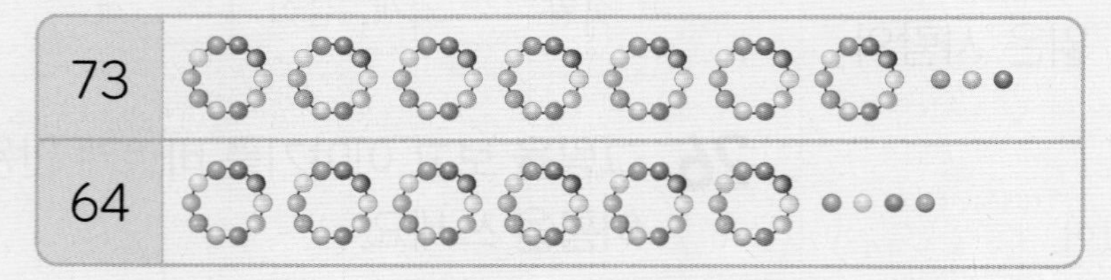

73은 64보다 큽니다. → **73 > 64**

62와 64의 크기 비교

10개씩 묶음의 수가 같으면 낱개의 수가 클수록 더 큰 수입니다.

62는 64보다 작습니다. → **62 < 64**

- **>, <로 나타내고 읽기**
  ① >, <는 두 수 중 더 큰 수 쪽으로 벌어지게 나타냅니다.
  ② 73>64는 두 가지 방법으로 읽을 수 있습니다.
  → 73은 64보다 큽니다.
  64는 73보다 작습니다.

⑥ 짝수와 홀수 알아보기

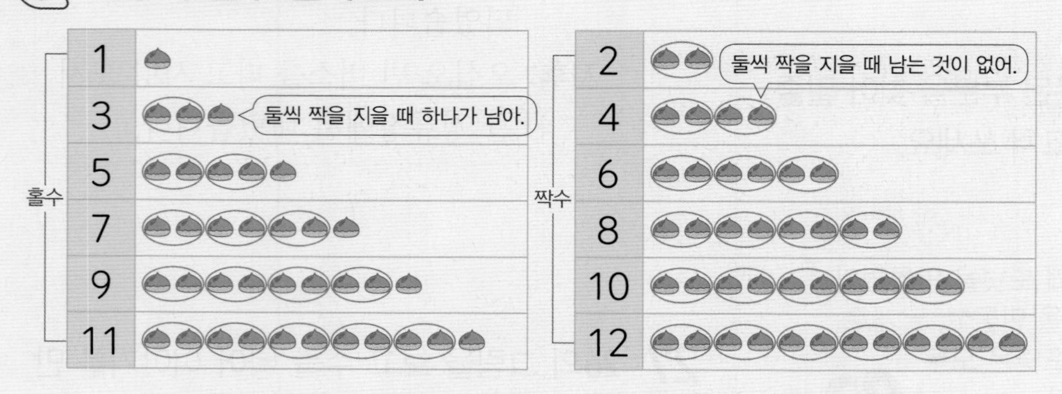

- 둘씩 짝을 지을 때 남는 것이 없는 수를 **짝수**라고 합니다.
  └ 2, 4, 6, 8, 10, 12와 같은 수
- 둘씩 짝을 지을 때 하나가 남는 수를 **홀수**라고 합니다.
  └ 1, 3, 5, 7, 9, 11과 같은 수

- **짝수와 홀수의 낱개의 수**
  ① 짝수
  낱개의 수가 0, 2, 4, 6, 8
  ② 홀수
  낱개의 수가 1, 3, 5, 7, 9

[01~02] 수를 순서대로 쓰고 있습니다. ▢ 안에 알맞은 수를 써넣으세요.

01

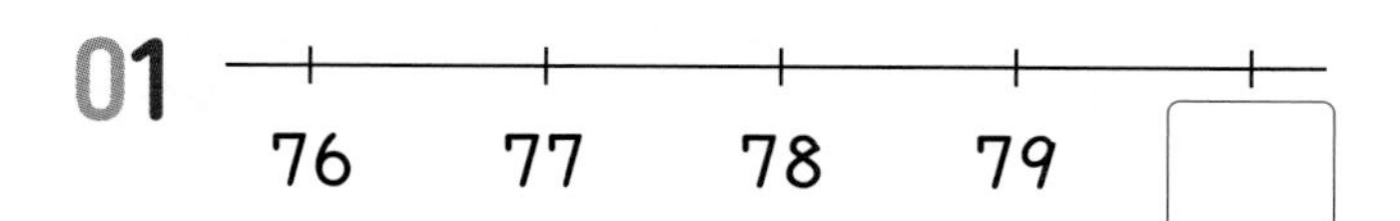

02

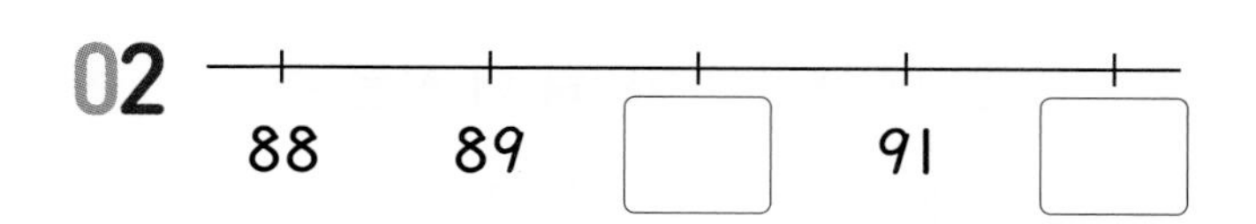

[03~05] 수를 순서대로 쓴 것을 보고 ▢ 안에 알맞은 수를 써넣으세요.

59 60 61 62 63 64

03 59보다 1만큼 더 큰 수는 ▢입니다.

04 62보다 1만큼 더 작은 수는 ▢입니다.

05 63보다 1만큼 더 큰 수는 ▢입니다.

06 수를 순서대로 쓰고 있습니다. 빈칸에 알맞은 수를 쓰고, 읽어 보세요.

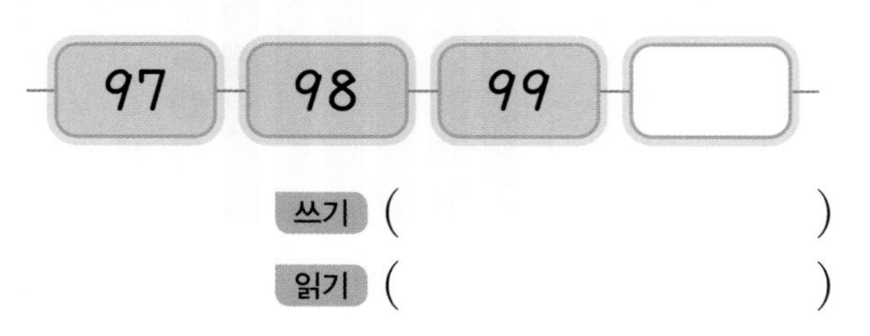

[07~08] 그림을 보고 알맞은 말에 ○표 하세요.

07

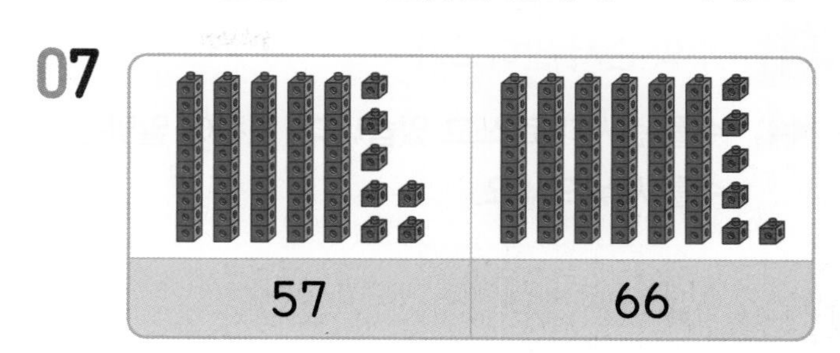

57은 66보다 (큽니다 , 작습니다).

08

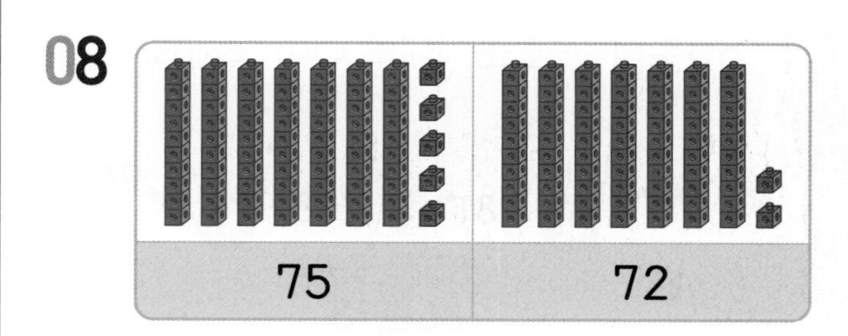

75는 72보다 (큽니다 , 작습니다).

[09~10] 더 큰 수에 ○표 하세요.

09

69	81

10

94	92

11 둘씩 짝을 지어 보고, 바둑알의 수는 짝수인지 홀수인지 ○표 하세요.

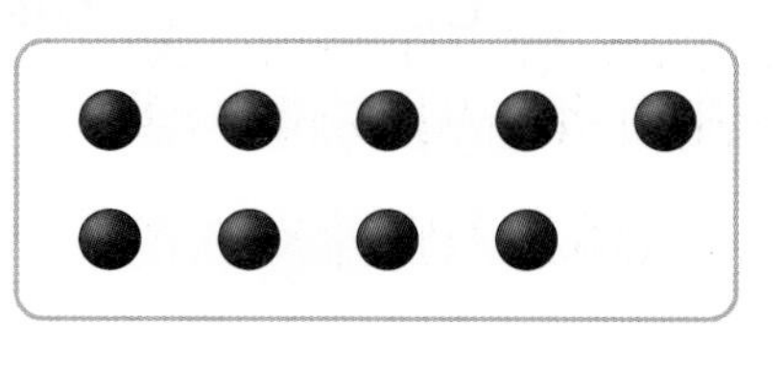

(짝수 , 홀수)

STEP 2

유형 다잡기

유형 11 수의 순서 알아보기

예제 수를 순서대로 쓰고 있습니다. 빈칸에 알맞은 수를 써넣으세요.

69	70		72	

풀이 수를 순서대로 쓰면 70 바로 뒤의 수는 ☐이고, 72 바로 뒤의 수는 ☐입니다.

01 80부터 수를 순서대로 이어 보세요. 중요*

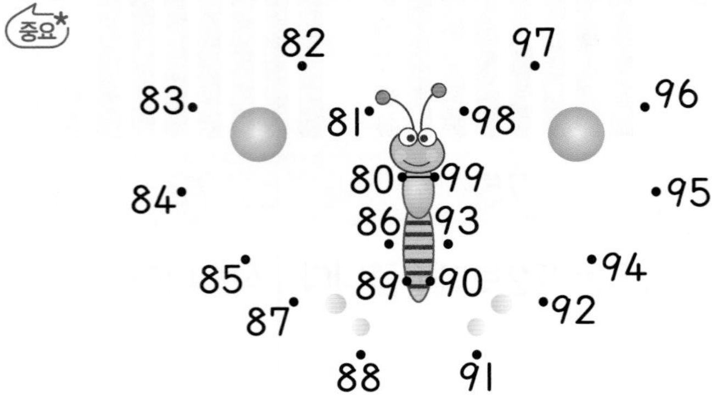

02 상자에 순서대로 번호가 적혀 있습니다. 빈칸에 알맞은 번호를 써넣으세요.

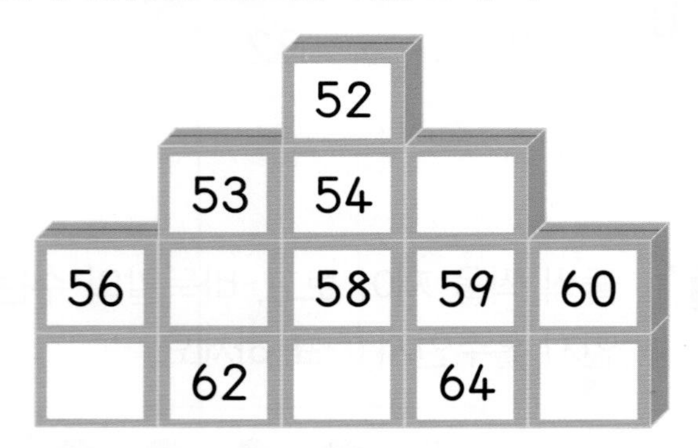

03 ㉠에 알맞은 수를 구하세요.

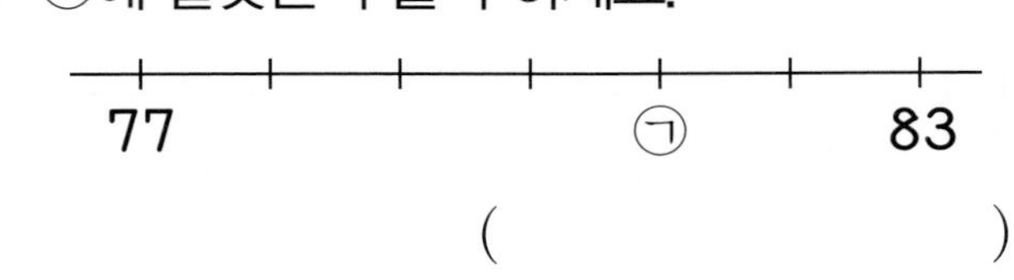

( )

유형 12 1만큼 더 큰 수와 1만큼 더 작은 수

예제 빈 곳에 알맞은 수를 써넣으세요.

1만큼 더 작은 수 ◯ — 73 — ◯ 1만큼 더 큰 수

풀이
- 73보다 1만큼 더 작은 수
  : 73 바로 앞의 수 ➜ ☐
- 73보다 1만큼 더 큰 수
  : 73 바로 뒤의 수 ➜ ☐

04 관계있는 것끼리 이어 보세요.

(1) 79보다 1만큼 더 큰 수 •　　　　• 80

　　　　　　　　　　　　　　　　• 82

(2) 83보다 1만큼 더 작은 수 •　　　　• 84

05 모형이 나타내는 수보다 1만큼 더 큰 수와 1만큼 더 작은 수를 각각 써넣으세요.

1만큼 더 작은 수 ☐ — 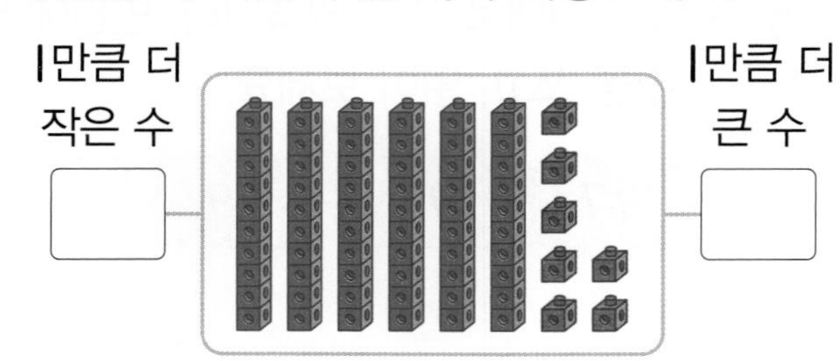 — ☐ 1만큼 더 큰 수

06 서술형

오른쪽 신호등에서 수가 1씩 작아지고 있습니다. 다음에 나타날 수는 얼마인지 풀이 과정을 쓰고, 답을 구하세요.

1단계 58보다 1만큼 더 작은 수 구하기

2단계 다음에 나타날 수 구하기

답

+플러스 유형 13 거꾸로 세어 수의 순서 알아보기

예제 순서를 거꾸로 하여 쓴 것입니다. 빈 곳에 알맞은 수에 ○표 하세요.

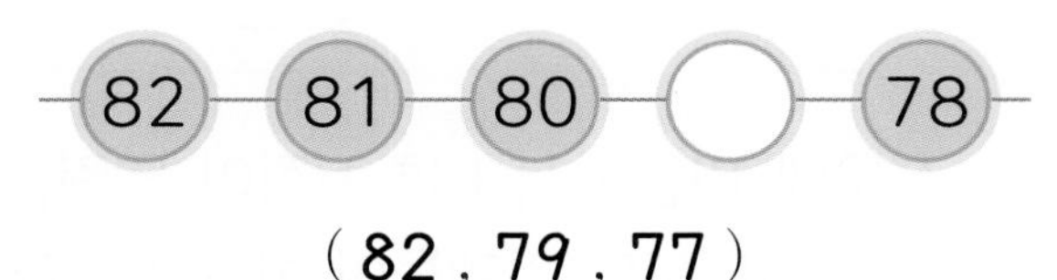

(82 , 79 , 77)

풀이 82부터 1만큼씩 더 작은 수를 씁니다.

82 − 81 − 80 − ☐ − 78

07 수를 거꾸로 세어 빈칸에 알맞은 수를 써넣으세요.

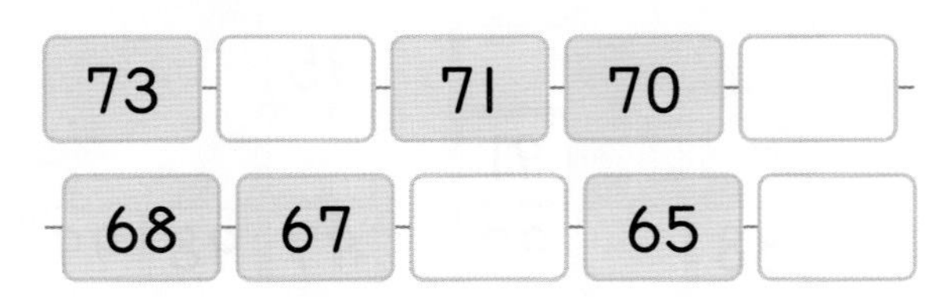

08 수를 거꾸로 세어 쓸 때 빈칸에 알맞은 말을 말한 사람의 이름을 쓰세요.

( )

유형 14 100 알아보기

예제 설명하는 수를 구하세요.

- 99보다 1만큼 더 큰 수
- 99 바로 뒤의 수

( )

풀이 99보다 1만큼 더 큰 수, 99 바로 뒤의 수는 ☐입니다.

09 중요★

수를 순서대로 쓰고 있습니다. 빈 곳에 알맞은 수를 써넣으세요.

10 리아는 종이학을 100개 접으려고 합니다. □ 안에 알맞은 수를 구하세요.

99개 완성!
이제 □개만 더 접으면 돼.
리아

(　　　　　　　　)

유형 15 두 수 사이에 있는 수

예제 수를 순서대로 썼을 때 두 수 사이에 있는 수를 모두 구하세요.

86　　89

(　　　　　　　　)

풀이 86부터 89까지의 수를 순서대로 쓰면 86, □, □, 89이므로 86과 89 사이에 있는 수는 □, □입니다.

11 (서술형) 57과 62 사이에 있는 수를 모두 구하려고 합니다. 풀이 과정을 쓰고, 답을 구하세요.

(1단계) 57부터 62까지의 수 순서대로 쓰기

(2단계) 57과 62 사이에 있는 수 모두 구하기

답 ______________

12 (중요) 수를 순서대로 쓸 때 ㉠과 ㉡ 사이에 있는 수는 모두 몇 개일까요?

㉠ 일흔여덟　　㉡ 여든둘

(　　　　　　　　)

유형 16 실생활 속 수의 순서

예제 지환이의 사물함 번호는 62번입니다. 지환이의 사물함 자리를 찾아 기호를 쓰세요.

52	53	㉠	55	56	57
58	㉡	60	61	㉢	63

(　　　　　　　　)

풀이 ㉠: 53 바로 뒤의 수 → 54
㉡: 58 바로 뒤의 수 → □
㉢: 61 바로 뒤의 수 → □

13 성우네 마을에서 벼룩시장이 열렸습니다. 다음 안내도에 가게들이 번호 순서대로 있습니다. 안내도에서 아래 가게들의 위치를 찾아 번호를 알맞게 써넣으세요.

89번　92번　96번　100번

		93		94			
		□		95			
		91		□			
88	□	90		97	98	99	□

14 도서관 책꽂이에 책이 번호 순서대로 꽂혀 있습니다. 빌려간 책의 번호가 아닌 것을 고르세요. (　　　)

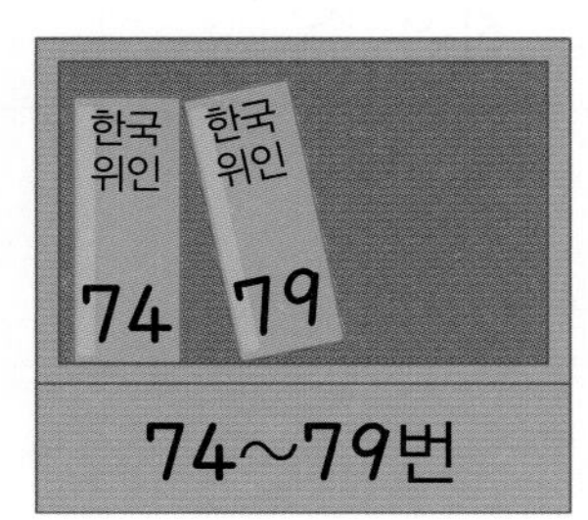

① 78번　② 75번　③ 73번
④ 76번　⑤ 77번

유형 17 **10개씩 묶음의 수가 다른 두 수의 크기 비교**

예제 ○ 안에 >, < 를 알맞게 써넣고, 알맞은 말에 ○표 하세요.

72 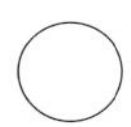 57

72는 57보다 (큽니다 , 작습니다).

풀이 10개씩 묶음의 수가 클수록 더 (큰 , 작은) 수입니다.

72 ○ 57

➜ 72는 57보다 (큽니다 , 작습니다).

15 수를 세어 □ 안에 쓰고, ○ 안에 >, < 를 알맞게 써넣으세요.

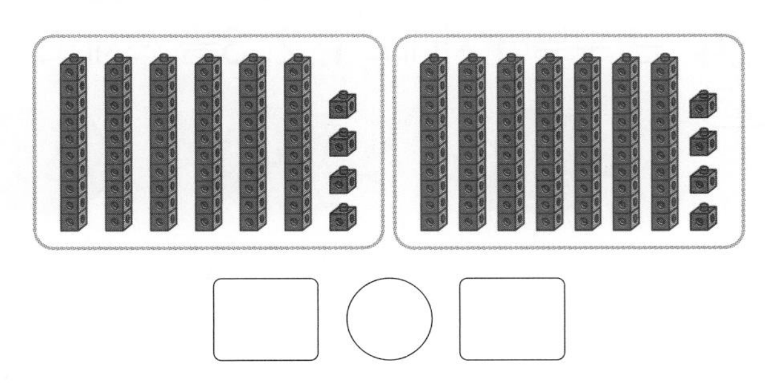

□ ○ □

16 더 큰 수에 ○표 하세요.

아흔	육십이
(　　)	(　　)

17 관계있는 것끼리 이어 보세요.

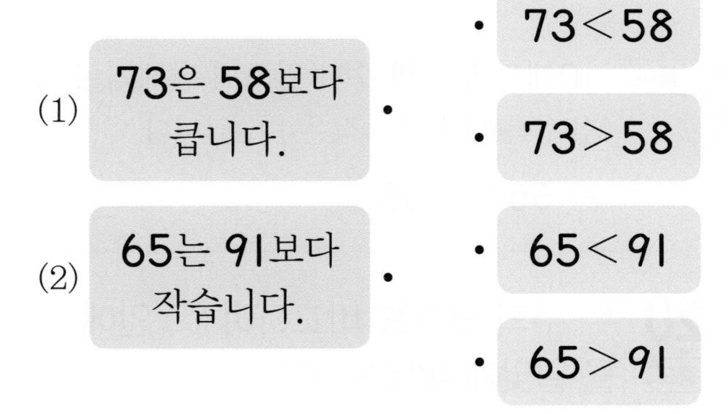

18 두 수의 크기를 잘못 비교한 것의 기호를 쓰세요.

㉠ 94는 77보다 큽니다.
㉡ 86은 79보다 작습니다.

(　　　　　)

19 70보다 작은 수에 △표 하세요.
중요

82　68　96

유형 18 10개씩 묶음의 수가 같은 두 수의 크기 비교

예제 수를 세어 □ 안에 쓰고, ○ 안에 >, <를 알맞게 써넣으세요.

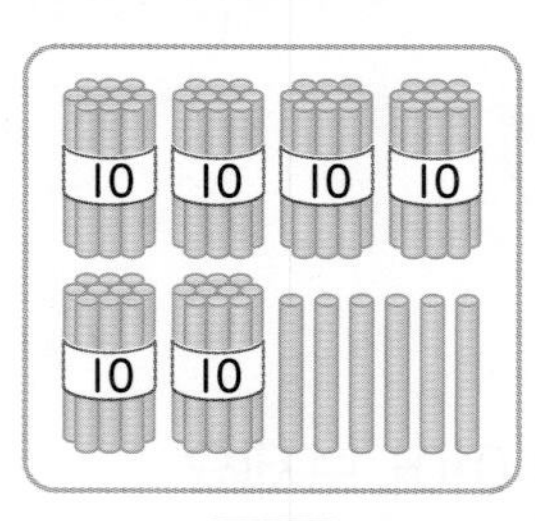
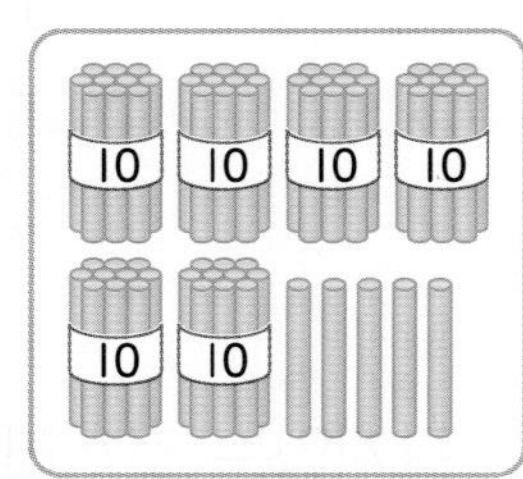
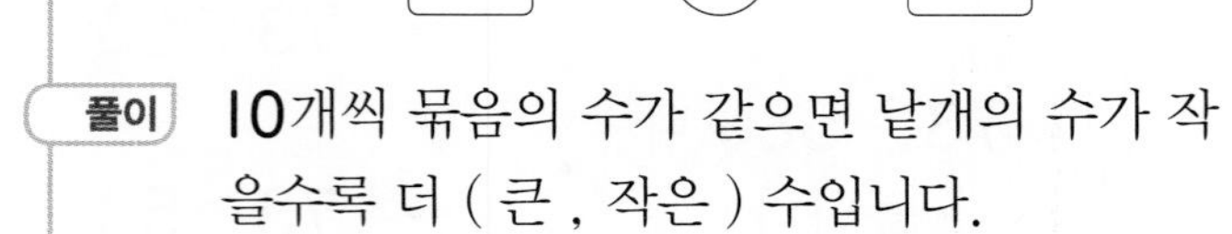

풀이 10개씩 묶음의 수가 같으면 낱개의 수가 작을수록 더 (큰 , 작은) 수입니다.

→ 66 ○ 65

20 두 수의 크기를 비교하여 ○ 안에 >, <를 알맞게 써넣으세요. (중요)

(1) 72 ○ 74

(2) 96 ○ 93

21 수의 크기를 비교하여 〈보기〉에서 알맞은 말을 찾아 □ 안에 써넣으세요.

〈보기〉
큽니다 작습니다

(1) 88은 89보다 □.

(2) 67은 62보다 □.

22 더 작은 수를 수로 쓰세요.

60보다 1만큼 더 작은 수	57보다 1만큼 더 큰 수

( )

유형 19 여러 개의 수의 크기 비교하기

예제 가장 큰 수와 가장 작은 수를 각각 구하세요.

54 86 60

가장 큰 수 ( )
가장 작은 수 ( )

풀이 10개씩 묶음의 수가 클수록 더 큰 수입니다.

• 가장 큰 수: □

• 가장 작은 수: □

23 가장 작은 수에 △표 하세요.

61 68 63

24 큰 수부터 차례로 1, 2, 3을 쓰세요. (중요)

71 79 65

( ) ( ) ( )

25 창의형 3개를 골라 색칠해 보고, 색칠한 세 수의 크기를 비교해 보세요.

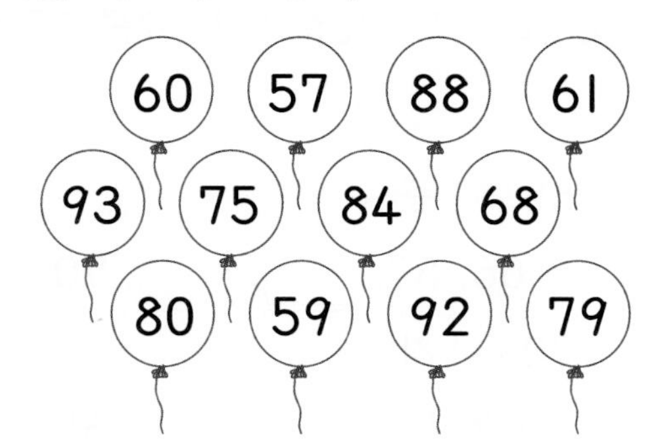

가장 큰 수: ☐ 가장 작은 수: ☐

26 나타내는 수가 작은 것부터 차례로 기호를 쓰세요.

㉠ 구십일	㉡ 팔십오
㉢ 오십구	㉣ 칠십

( )

유형 20 실생활 속 수의 크기 비교

예제 줄넘기를 민호는 68회, 석규는 72회 넘었습니다. 줄넘기를 더 많이 넘은 사람은 누구일까요?

( )

풀이 10개씩 묶음의 수를 비교하면

68 ◯ 72이므로 줄넘기를 더 많이 넘은 사람은 ☐입니다.

27 마트에서 1주년 행사로 행운권을 나누어 주었습니다. 받은 행운권의 번호가 더 큰 사람은 누구일까요?

( )

28 색종이가 초록색 84장, 분홍색 74장, 노란색 78장 있습니다. 가장 적은 색종이의 색깔은 무엇일까요?

( )

29 서술형 태호가 일정한 걸음으로 집에서 약국, 분식점, 도서관까지 걸은 걸음 수입니다. 태호네 집에서 가장 먼 곳은 어디인지 풀이 과정을 쓰고, 답을 구하세요.

약국	분식점	도서관
96걸음	87걸음	92걸음

1단계 걸음 수의 크기 비교하기

2단계 태호네 집에서 가장 먼 곳은 어디인지 찾기

답

플러스 유형 21 서로 다르게 나타낸 수의 크기 비교

예제 나타내는 수가 더 큰 것에 ○표 하세요.

72 (　　)

예순하나 (　　)

풀이 수로 나타내면 예순하나는 □이고,

72와 □ 중 더 큰 수는 □입니다.

30 (중요) 나타내는 수가 가장 작은 것의 기호를 쓰세요.

㉠ 여든둘
㉡ 79보다 1만큼 더 작은 수
㉢ 10개씩 묶음 8개인 수

(　　　　　)

31 (서술형) 빨간색 집게가 10개씩 묶음 9개와 낱개 3개, 노란색 집게가 아흔다섯 개, 파란색 집게가 89개 있습니다. 가장 많이 있는 집게의 색은 무엇인지 풀이 과정을 쓰고, 답을 구하세요.

1단계 집게의 개수를 각각 수로 나타내기

2단계 가장 많이 있는 집게의 색 구하기

답 ________

유형 22 ■보다 크고 ▲보다 작은 수

예제 65보다 크고 70보다 작은 수를 모두 쓰세요.

(　　　　　)

풀이 • 65보다 큰 수
→ 66, 67, □, □, 70, ...
• 70보다 작은 수
→ 69, 68, □, □, 65, ...
따라서 65보다 크고 70보다 작은 수는
66, 67, □, □입니다.

32 그림에서 88보다 크고 93보다 작은 수를 모두 찾아 ○표 하세요.

87 88 89 90 91 92 93

33 다음 수 중에서 59보다 크고 63보다 작은 수를 모두 찾아 색칠해 보세요.

58　62　60　63

34 70보다 크고 80보다 작은 수가 아닌 것은 어느 것일까요? (　　)

① 일흔일곱　② 칠십사
③ 78　④ 여든일곱
⑤ 10개씩 묶음 7개와 낱개 5개인 수

35 작은 수부터 차례로 수 카드를 놓으려고 합니다. 68 은 어디에 놓아야 할까요?

58 61 73 79

□과 □ 사이

+플러스 유형 23

크기 비교에서 □ 안에 알맞은 수 구하기

예제 수의 크기를 비교하여 □ 안에 들어갈 수 있는 수에 모두 ○표 하세요.

$93 > 9\square$

(0 , 1 , 2 , 3 , 4)

풀이 93과 9□는 10개씩 묶음의 수가 같으므로 낱개의 수를 비교합니다.

→ $3 > \square$이므로 □ 안에 들어갈 수 있는 수는 □, □, □입니다.

36 0부터 9까지의 수 중에서 □ 안에 들어갈 수 있는 수를 모두 구하세요.

중요★

$87 < 8\square$

(　　　　　　)

37 0부터 9까지의 수 중에서 □ 안에 공통으로 들어갈 수 있는 수를 구하세요.

- $63 < 6\square$
- $7\square < 75$

(　　　　　　)

+플러스 유형 24

가장 큰(작은) 수 만들기

예제 3장의 수 카드 중에서 2장을 골라 한 번씩만 사용하여 몇십몇을 만들려고 합니다. 만들 수 있는 가장 작은 수를 구하세요.

8 6 7

(　　　　　　)

풀이 10개씩 묶음의 수가 작을수록 더 작은 수이므로 가장 작은 수를 만들려면

$6 < 7 < 8$에서 10개씩 묶음의 수로 □, 낱개의 수로 □을 놓습니다.

→ 만들 수 있는 가장 작은 수: □

38 다음 중 두 수를 골라 한 번씩만 사용하여 만들 수 있는 몇십몇 중에서 가장 큰 수와 가장 작은 수를 구하세요.

5 7 9 8

가장 큰 수 (　　　　　　)

가장 작은 수 (　　　　　　)

1 단원

39 서술형 3개의 구슬 중 2개를 골라 한 번씩만 사용하여 몇십몇을 만들려고 합니다. 만들 수 있는 가장 큰 수가 더 큰 사람은 누구인지 풀이 과정을 쓰고, 답을 구하세요.

혜미	지호
6, 3, 8	7, 1, 9

1단계 혜미와 지호가 만들 수 있는 가장 큰 수 구하기

2단계 만들 수 있는 가장 큰 수가 더 큰 사람 구하기

답

유형 25 짝수와 홀수 알아보기

예제 모자의 수를 세어 ☐ 안에 쓰고, 짝수인지 홀수인지 쓰세요.

→ ☐

(　　　　　)

풀이 모자의 수는 ☐개입니다.
모자를 둘씩 짝을 지을 때 남는 것이 없으므로
☐은 (짝수 , 홀수)입니다.

40 책상 위에 여러 가지 물건이 있습니다. 각 물건의 수가 짝수인지 홀수인지 쓰세요.

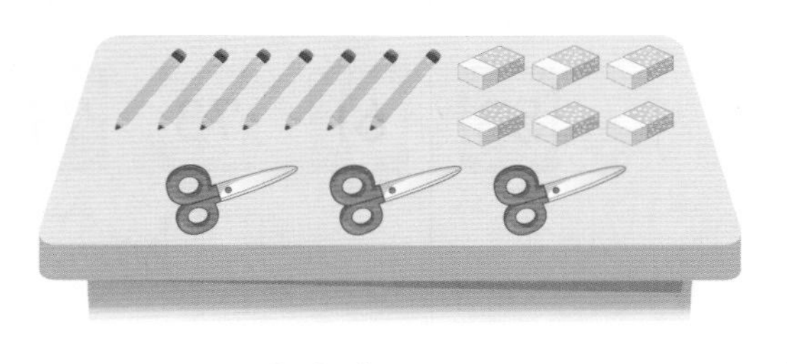

연필 (　　　　　)
지우개 (　　　　　)
가위 (　　　　　)

41 중요 짝수는 빨간색, 홀수는 파란색으로 색칠해 보세요.

42 다음 수 중에서 짝수는 모두 몇 개일까요?

1	6	7	10	15

(　　　　　)

43 홀수만 말한 사람은 누구일까요?

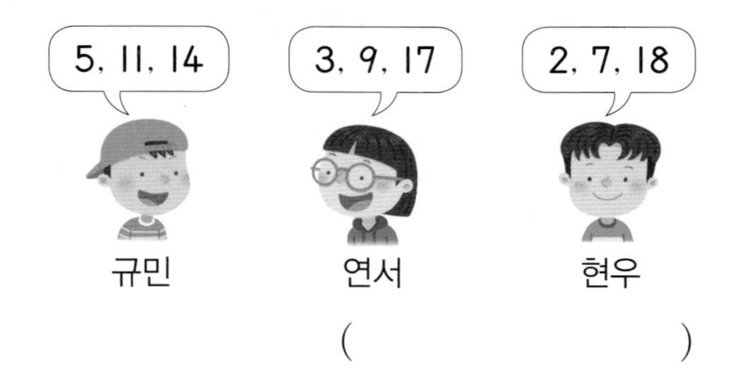

(　　　　　)

+플러스 유형 26

짝수와 홀수 활용하기

예제 다음 수가 짝수일 때 0부터 9까지의 수 중에서 □ 안에 들어갈 수 있는 수는 모두 몇 개일까요?

8□

( )

풀이 낱개의 수가 0, 2, □, □, □이면 짝수입니다.

→ 8□가 짝수이므로 □ 안에 들어갈 수 있는 수는 0, 2, □, □, □로 모두 □개입니다.

44 미나의 말이 맞으면 ○표, 틀리면 ×표 하세요.

15보다 1만큼 더 큰 수는 짝수야.

미나

( )

45 (중요) 그림을 보고 짝수인지 홀수인지 알맞은 말에 ○표 하세요.

로봇 하나 주세요.

도율

- 도율이가 로봇을 사기 전 가게의 장난감 수는 (짝수 , 홀수)입니다.
- 도율이가 로봇을 산 후 가게의 장난감 수는 (짝수 , 홀수)입니다.

+플러스 유형 27

조건을 만족하는 수 구하기

예제 조건을 만족하는 수를 구하세요.

- 67보다 크고 71보다 작은 수입니다.
- 낱개의 수가 홀수입니다.

( )

풀이 67보다 크고 71보다 작은 수

→ □, □, □

이 중 낱개의 수가 홀수인 수는 □입니다.

46 조건을 만족하는 수를 모두 구하세요.

- 10개씩 묶음은 7개입니다.
- 74보다 큰 수입니다.
- 낱개의 수가 짝수입니다.

( )

47 조건을 만족하는 수를 구하세요.

- 80과 90 사이의 수입니다.
- 낱개의 수가 짝수입니다.
- 10개씩 묶음의 수와 낱개의 수가 같습니다.

( )

응용 해결하기

남은 개수 구하기

1 은아는 자두를 10개씩 봉지 7개와 낱개로 3개 가지고 있습니다. 그중에서 10개씩 봉지 4개를 친구들에게 주었습니다. 남은 자두는 몇 개일까요?

(　　　　　　　　)

두 명 사이에 있는 사람 수 구하기

2 사람들이 한 줄로 서 있습니다. 앞에서부터 누리는 예순여덟 번째, 효민이는 일흔여섯 번째에 서 있다면 누리와 효민이 사이에 서 있는 사람은 모두 몇 명일까요?

(　　　　　　　　)

서로 다르게 나타낸 세 수의 크기 비교 　서술형

3 대화를 읽고 딱지를 가장 많이 가지고 있는 사람은 누구인지 풀이 과정을 쓰고, 답을 구하세요.

시원: 나는 10장씩 묶음 6개와 낱개 12장을 가지고 있어.
희지: 나는 한 장만 더 있으면 80장이야.
정우: 나는 일흔다섯 장보다 한 장 더 많이 가지고 있어.

풀이

답

해결 tip

■와 ▲ 사이에 있는 수는?

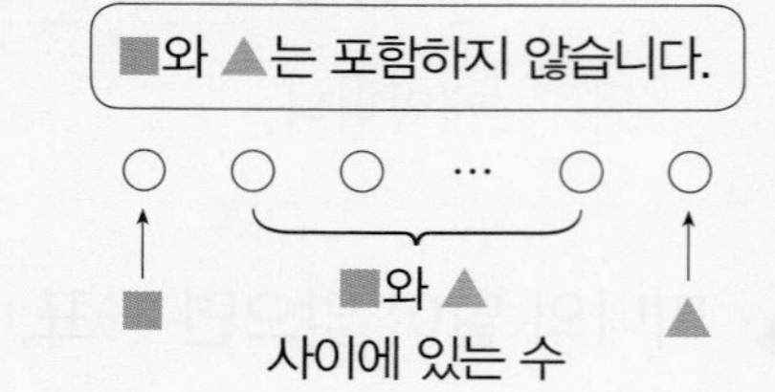

낱개의 수가 10을 넘으면?

낱개의 수가 10을 넘으면 낱개를 10개씩 묶어 세어 봅니다.

낱개
12

→

10개씩 묶음	낱개
1	2

두 수 사이의 수 중 짝수의 개수 구하기

서술형

4 ㉠과 ㉡ 사이의 수 중 짝수는 몇 개인지 풀이 과정을 쓰고, 답을 구하세요.

㉠ 열셋보다 1만큼 더 큰 수
㉡ 스물하나보다 1만큼 더 작은 수

풀이

답

☐ 안에 공통으로 들어갈 수 있는 수 중 조건에 맞는 수 구하기

5 ☐ 안에 공통으로 들어갈 수 있는 몇십몇 중에서 낱개의 수가 5인 수를 모두 구하세요.

• $57 < \square$
• $\square < 86$

( )

만들 수 있는 수 중 어떤 수보다 큰 수의 개수 구하기

6 4장의 수 카드 중 2장을 골라 한 번씩만 사용하여 몇십몇을 만들려고 합니다. 만들 수 있는 수 중 75보다 큰 수는 모두 몇 개일까요?

5 2 7 8

( )

해결 tip

75보다 큰 수의 10개씩 묶음의 수는?

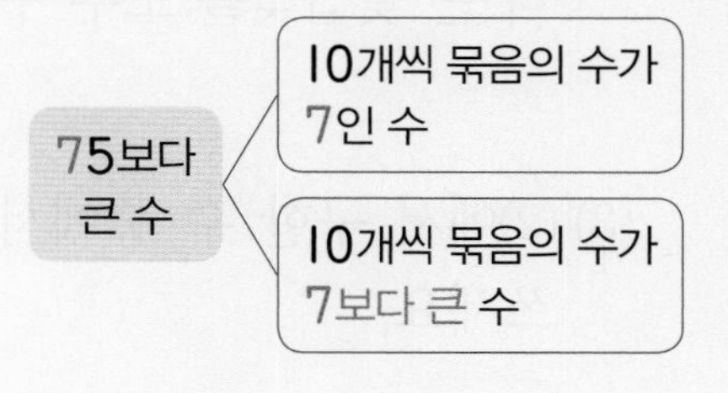

수의 크기 비교하기

7 혁중이네 학교 도서관에 있는 책의 수입니다. 이 도서관에 가장 많은 책을 쓰세요.

동화책	역사책	과학책	위인전
9■권	67권	8▲권	70권

(1) 10개씩 묶음의 수의 크기를 비교해 보세요.

□ > □ > □ > 6

(2) 이 도서관에 가장 많은 책을 쓰세요.

(　　　　　　)

해결 tip

낱개의 수를 모른다면?

낱개의 수를 몰라도 10개씩 묶음의 수로 크기를 비교할 수 있습니다.

조건을 만족하는 수 구하기

8 조건을 만족하는 수를 구하세요.

- 몇십몇 중에서 70보다 큰 수입니다.
- 낱개의 수는 10개씩 묶음의 수보다 1만큼 더 큽니다.
- 낱개의 수가 홀수입니다.

(1) 70보다 큰 몇십몇의 10개씩 묶음의 수를 모두 구하세요.

(　　　　　　)

(2) 낱개의 수가 (1)에서 구한 10개씩 묶음의 수보다 1만큼 더 큰 몇십몇을 모두 구하세요.

(　　　　　　)

(3) (2)에서 구한 수 중에서 낱개의 수가 홀수인 것을 찾아 쓰세요.

(　　　　　　)

평가 # 1단원 마무리

맞힌 개수

01 그림이 나타내는 수를 쓰세요.

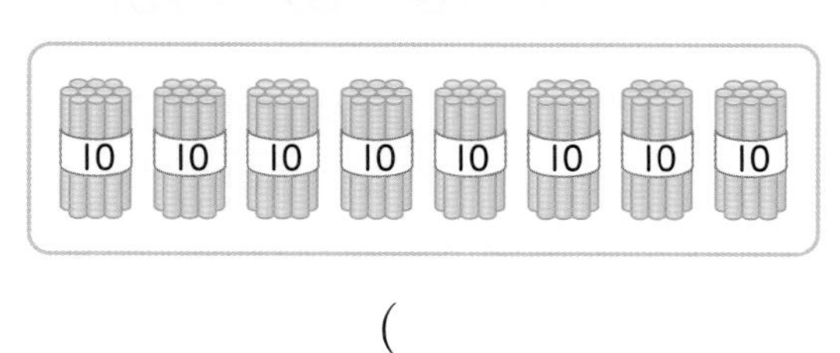

(　　　　　　　　)

02 알맞게 이어 보세요.

(1) 칠십 •　　　• 90

(2) 구십 •　　　• 70

(3) 예순 •　　　• 60

03 연서가 말하는 수를 쓰세요.

(　　　　　　　　)

04 수를 순서대로 쓰고 있습니다. 빈칸에 알맞은 수를 써넣으세요.

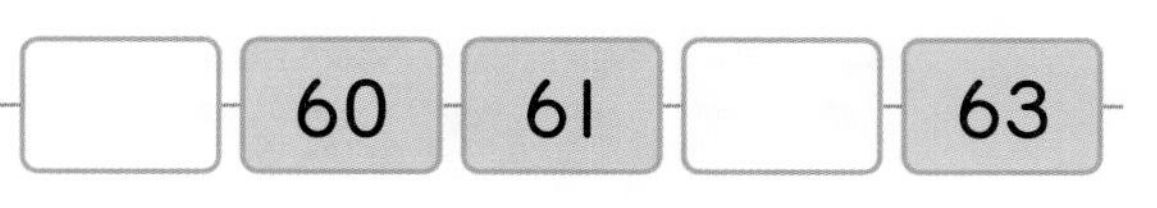

05 두 수의 크기를 비교하여 ○ 안에 >, <를 알맞게 써넣으세요.

77 ○ 72

06 다음 중 수를 잘못 읽은 것을 찾아 기호를 쓰세요.

㉠ 55 – 오십오　㉡ 92 – 아흔둘

㉢ 69 – 예순구　㉣ 78 – 일흔여덟

(　　　　　　　　)

07 빈 곳에 알맞은 수를 써넣으세요.

1만큼 더 작은 수　　　1만큼 더 큰 수

○ — 89 — ○

1 단원

08 복숭아의 수를 세어 □ 안에 쓰고, 짝수인지 홀수인지 쓰세요.

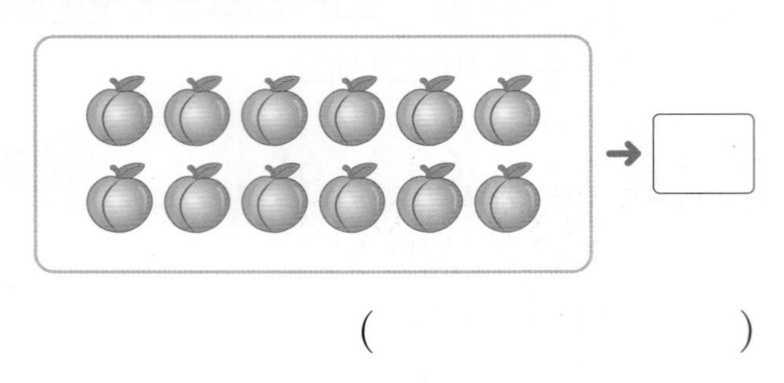

( )

09 해바라기가 10송이씩 5묶음과 낱개로 8송이 있습니다. 해바라기는 모두 몇 송이일까요?

( )

10 짝수만 모여 있는 것을 찾아 기호를 쓰세요.

㉠ 8, 1, 16
㉡ 10, 4, 18
㉢ 5, 20, 13

( )

11 감이 한 상자에 10개씩 들어 있습니다. 감을 80개 사려면 몇 상자를 사야 할까요?

( )

12 세 수 중 가장 큰 수를 구하세요.

90 82 96

( )

13 모형은 모두 몇 개일까요?

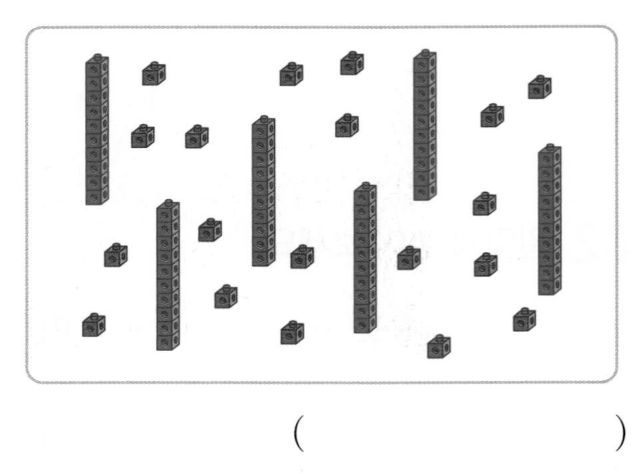

( )

14 서술형 다음 중 잘못된 것을 찾아 기호를 쓰고, 그 이유를 쓰세요.

㉠ 예순둘은 10개씩 묶음 6개와 낱개 2개입니다.
㉡ 87은 여든칠 또는 팔십일곱으로 읽습니다.
㉢ 10개씩 묶음 7개는 일흔입니다.

( )

이유

15 그림을 보고 수를 상황에 맞게 읽은 사람의 이름을 쓰세요.

채윤: 분식집은 행복로 칠십사에 있어.
도영: 번호표에 적힌 번호는 쉰여섯 번이야.

( )

16 77보다 크고 여든셋보다 작은 수는 모두 몇 개인지 풀이 과정을 쓰고, 답을 구하세요.
서술형

풀이

답

17 어떤 수보다 1만큼 더 큰 수는 80입니다. 어떤 수보다 1만큼 더 작은 수는 얼마일까요?

( )

18 ㉠과 ㉡ 사이에 있는 수는 모두 몇 개인지 구하세요.

㉠ 74보다 1만큼 더 큰 수
㉡ 10개씩 묶음 7개와 낱개 9개인 수

( )

19 선희, 혜주, 찬우가 종이배를 접었습니다. 선희는 10개씩 묶음 5개와 낱개 6개, 혜주는 73개, 찬우는 쉰아홉 개를 접었다면 종이배를 가장 적게 접은 사람은 누구인지 풀이 과정을 쓰고, 답을 구하세요.
서술형

풀이

답

20 3개의 구슬 중에서 2개를 골라 한 번씩만 사용하여 몇십몇을 만들려고 합니다. 낱개의 수가 홀수인 가장 작은 수는 얼마일까요?

( )

1 단원

2

덧셈과 뺄셈(1)

학습을 끝낸 후 색칠하세요.

개념 확인하기

유형 다잡기 유형 01~06

중요 유형

01 세 수의 덧셈
02 세 수의 뺄셈
05 계산 결과의 크기 비교하기

이전에 배운 내용

[1-1] 덧셈과 뺄셈

모으기와 가르기
덧셈식과 뺄셈식 쓰고 읽기
덧셈과 뺄셈하기

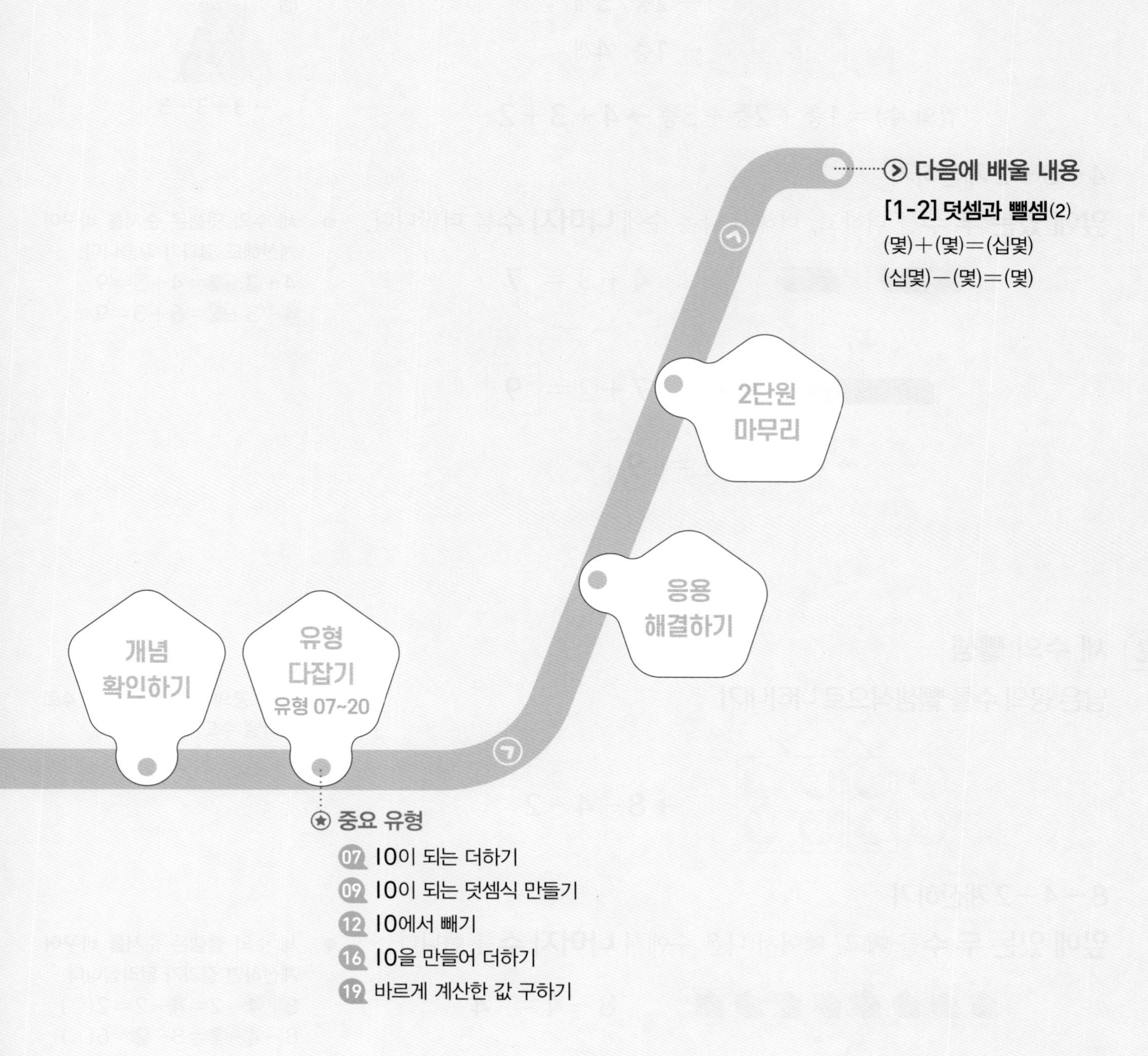
다음에 배울 내용
[1-2] 덧셈과 뺄셈(2)
(몇)+(몇)=(십몇)
(십몇)−(몇)=(몇)
2단원 마무리
응용 해결하기
개념 확인하기
유형 다잡기 유형 07~20
중요 유형
07 10이 되는 더하기
09 10이 되는 덧셈식 만들기
12 10에서 빼기
16 10을 만들어 더하기
19 바르게 계산한 값 구하기

STEP 1 개념 확인하기

① 세 수의 덧셈

컵의 수를 덧셈식으로 나타내기

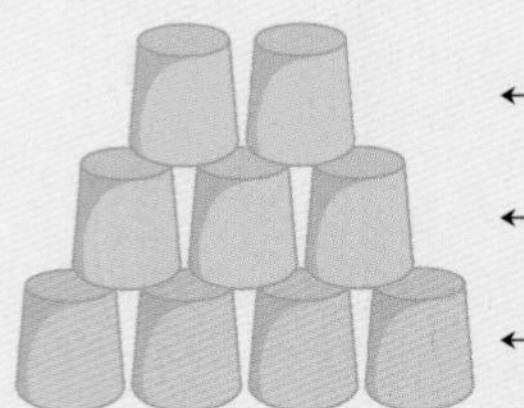

← 3층: 2개

← 2층: 3개

← 1층: 4개

(컵의 수) = 1층 + 2층 + 3층 ➜ **4 + 3 + 2**

4 + 3 + 2 계산하기

앞에 있는 두 수를 더하고, 더해서 나온 수에 **나머지 수**를 더합니다.

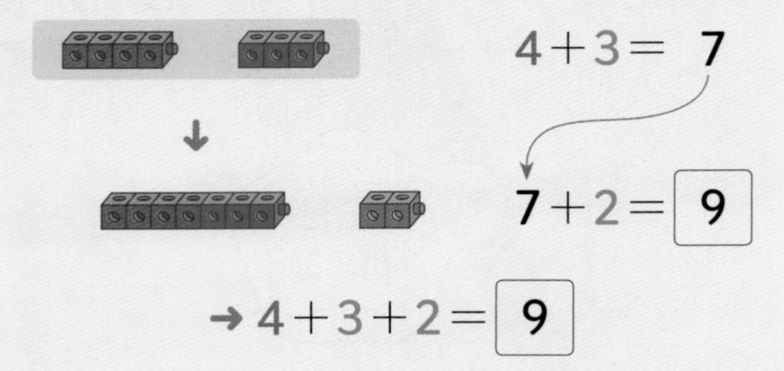

4 + 3 = 7

7 + 2 = 9

➜ 4 + 3 + 2 = 9

- 다양한 방법으로 덧셈식을 나타낼 수 있습니다.
  ① 3층 + 2층 + 1층
  → 2 + 3 + 4
  ②
  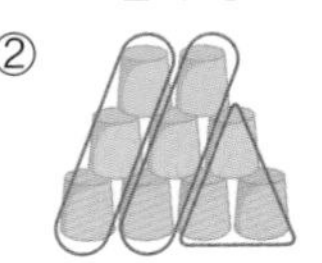
  → 3 + 3 + 3

- 세 수의 덧셈은 순서를 바꾸어 계산해도 결과가 같습니다.
  4 + 3 + 2 = 4 + 5 = 9
  4 + 3 + 2 = 6 + 3 = 9

② 세 수의 뺄셈

남은 공의 수를 뺄셈식으로 나타내기

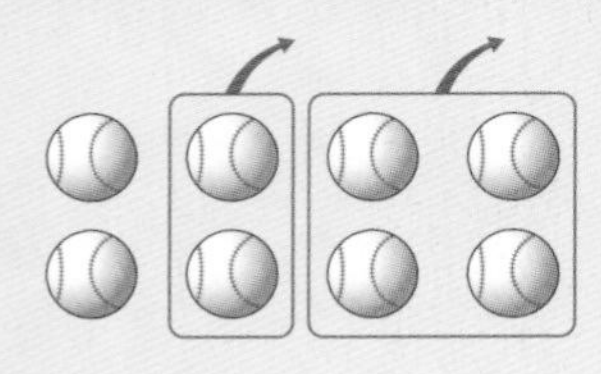

➜ **8 − 4 − 2**

8 − 4 − 2 계산하기

앞에 있는 두 수를 빼고, 빼어서 나온 수에서 **나머지 수**를 뺍니다.

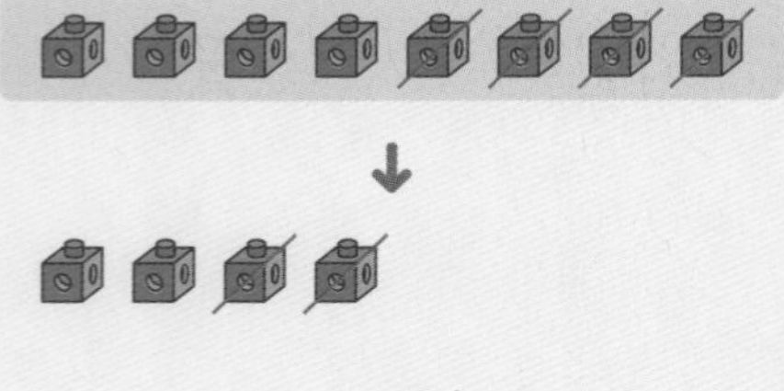

8 − 4 = 4

4 − 2 = 2

➜ 8 − 4 − 2 = 2

- 남은 공의 수를 8 − 2 − 4로 나타낼 수도 있습니다.

- 세 수의 뺄셈은 순서를 바꾸어 계산하면 결과가 달라집니다.
  8 − 4 − 2 = 4 − 2 = 2(○)
  8 − 4 − 2 = 8 − 2 = 6(×)

정답 09쪽

01 전체 블록의 수를 구하는 식으로 맞으면 ○표, 틀리면 ×표 하세요.

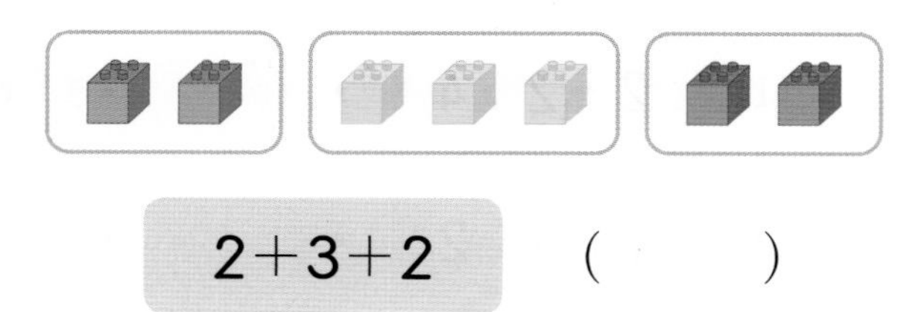

$2+3+2$ ( )

05 남은 구슬의 수를 구하는 식으로 맞으면 ○표, 틀리면 ×표 하세요.

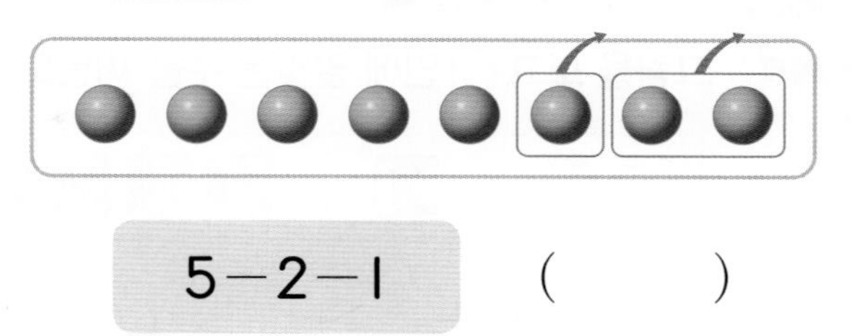

$5-2-1$ ( )

[02~04] ▢ 안에 알맞은 수를 써넣으세요.

02

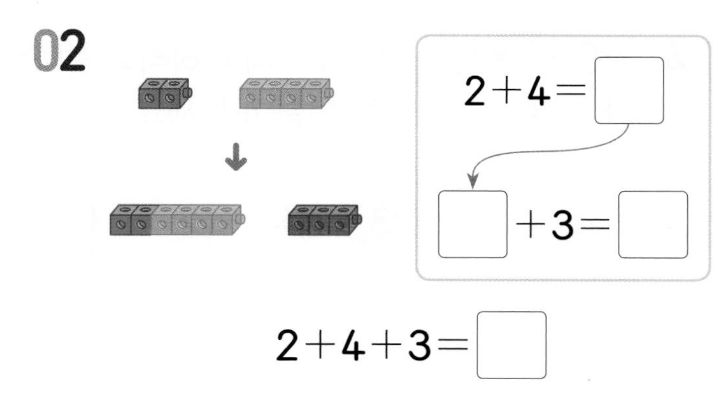

$2+4=$ ▢

▢ $+3=$ ▢

$2+4+3=$ ▢

03

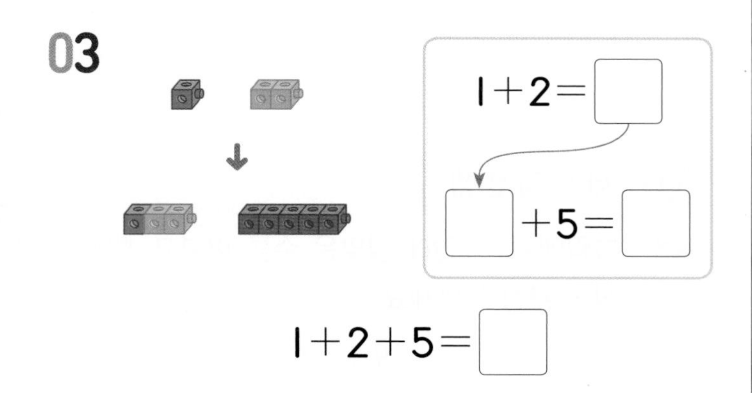

$1+2=$ ▢

▢ $+5=$ ▢

$1+2+5=$ ▢

04 $6+2+1=$ ▢

$6+2=$ ▢

▢ $+1=$ ▢

[06~08] ▢ 안에 알맞은 수를 써넣으세요.

06

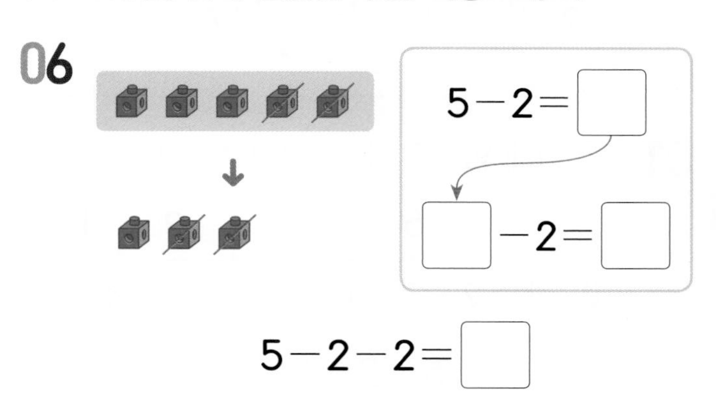

$5-2=$ ▢

▢ $-2=$ ▢

$5-2-2=$ ▢

07 $6-1-3=$ ▢

$6-1=$ ▢

▢ $-3=$ ▢

08 $7-1-2=$ ▢

$7-1=$ ▢

▢ $-2=$ ▢

2 단원

STEP 2 유형 다잡기

유형 01 세 수의 덧셈

예제 그림을 보고 □ 안에 알맞은 수를 써넣으세요.

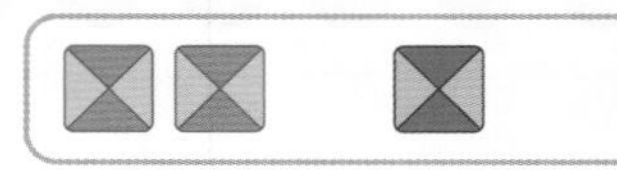

2 + □ + □ = □

풀이 전체 딱지 수를 덧셈식으로 나타낸 후
두 수를 먼저 더하고 남은 한 수를 더합니다.

2 + □ + □ = □ + 4 = □

01 □ 안에 알맞은 수를 써넣으세요.

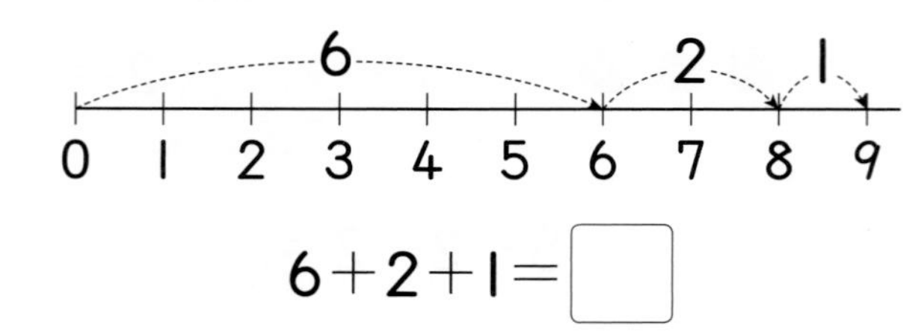

6+2+1= □

02 다음 식의 계산 방법을 리아가 설명한 것입니다. □ 안에 알맞은 수를 써넣으세요.

중요

3+3+2

리아

3과 3을 먼저 더하면
3+3= □ 이고,
이 수에 □ 을/를 더하면
3+3+2= □ 입니다.

03 관계있는 것끼리 이어 보세요.

(1) 2+2+4 • • 6

(2) 1+3+2 • • 7

(3) 4+2+1 • • 8

04 같은 색 풍선에 적힌 수끼리 더하려고 합니다. 알맞은 덧셈식을 만들어 보세요.

□ + □ + □ = □

□ + □ + □ = □

유형 02 세 수의 뺄셈

예제 그림에서 □ 안에 알맞은 수를 써넣고, 뺄셈식을 완성해 보세요.

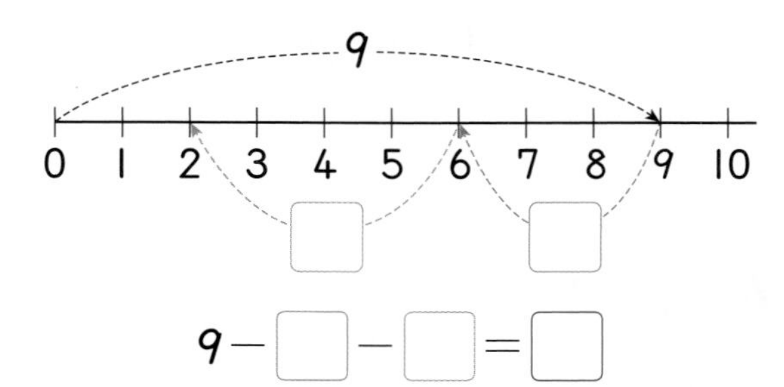

9 − □ − □ = □

풀이 9 − □ − □
= □ − □ = □

05 계산해 보세요.

(1) $5-1-2$

(2) $9-2-3$

06 빈칸에 알맞은 수를 써넣으세요.

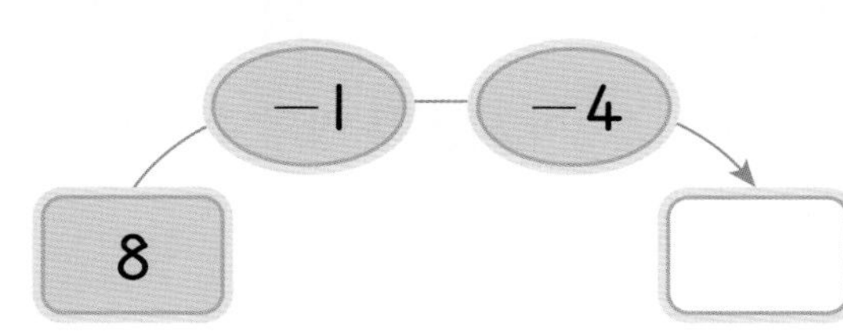

07 서술형 $5-2-1$과 계산 결과가 같은 것을 찾아 기호를 쓰려고 합니다. 풀이 과정을 쓰고, 답을 구하세요.

㉠ $9-5-2$ ㉡ $6-4-1$

1단계 $5-2-1$ 계산하기

2단계 ㉠과 ㉡을 각각 계산하여 계산 결과가 같은 것 찾기

답 ______

08 가장 큰 수에서 나머지 두 수를 뺀 값을 □ 안에 써넣으세요.

2 6 3 → □

09 중요 다음 식을 바르게 계산한 사람의 이름을 쓰세요.

$7-3-1$

연아: $3-1=2$를 먼저 계산하면 $7-2=5$야.
지원: $7-3=4$를 먼저 계산하면 $4-1=3$이야.

( )

유형 03 **실생활 속 세 수의 덧셈과 뺄셈**

예제 **주차장에 파란색 자동차 1대, 빨간색 자동차 4대, 초록색 자동차 3대가 있습니다. 주차장에 있는 자동차는 모두 몇 대인지 덧셈식을 만들어 계산해 보세요.**

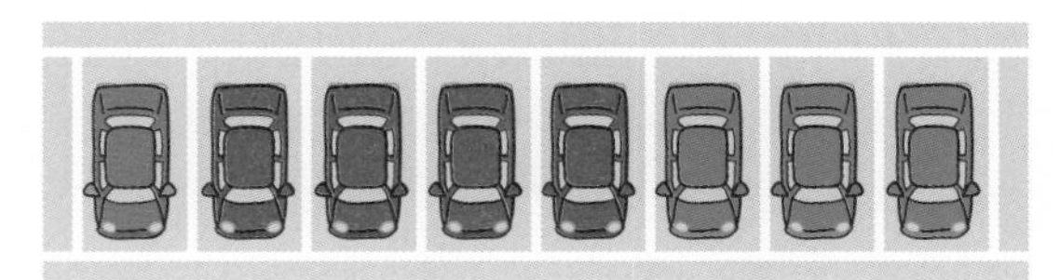

□ + □ + □ = □(대)

풀이 (주차장에 있는 자동차 수)
=(파란색 자동차 수)+(빨간색 자동차 수)+(초록색 자동차 수)
= □ + □ + 3 = □ + 3
= □(대)

10 송편 7개 중 내가 3개, 동생이 2개를 먹었습니다. 먹고 남은 송편은 몇 개인지 뺄셈식을 만들어 계산해 보세요.

7 − □ − □ = □(개)

11 축구 경기에서 몇 골을 넣었는지 나타낸 것입니다. 1반이 넣은 골은 모두 몇 골일까요?

1반	2반	1반	3반	1반	4반
2	0	1	2	3	2

(　　　　　　　)

12 다음을 읽고 알맞은 뺄셈식을 만들어 보세요.

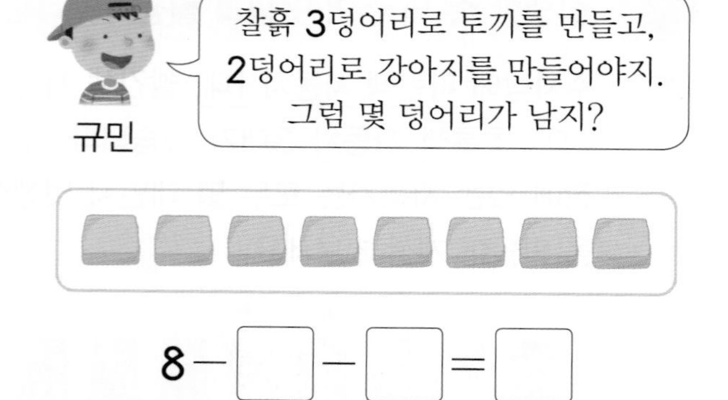

찰흙 3덩어리로 토끼를 만들고,
2덩어리로 강아지를 만들어야지.
그럼 몇 덩어리가 남지?
규민

8 − □ − □ = □

13 준서가 콩 주머니 던지기 놀이를 했습니다. 빈칸에 콩 주머니 3개를 던져서 놓인 곳의 점수를 각각 쓰고, 모두 몇 점을 얻었는지 구하세요.

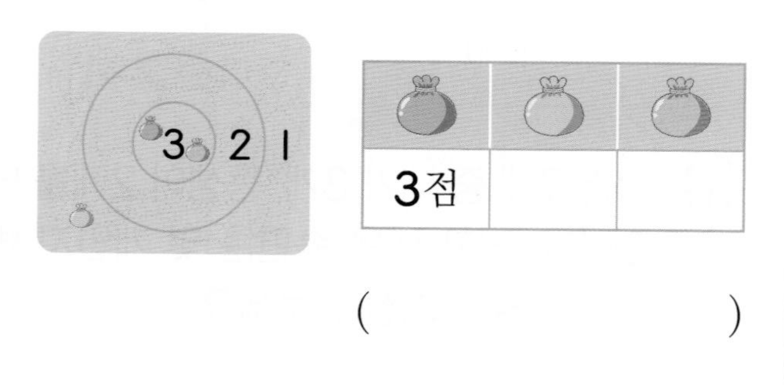

(　　　　　　　)

유형 04 세 수의 덧셈식(뺄셈식) 만들기

예제 수 카드 두 장을 골라 덧셈식을 완성해 보세요.

1　2　6　4

2 + □ + □ = 9

풀이 2와 합하여 9가 되는 수는 □입니다.

합이 □이 되는 두 장의 수 카드의 수는 □과 □입니다.

14 수 카드 두 장을 골라 뺄셈식을 완성해 보세요.
중요*

4　2　3　1

8 − □ − □ = 3

15 세 가지 색으로 팔찌를 색칠하고, 덧셈식을 만들어 보세요.
창의형

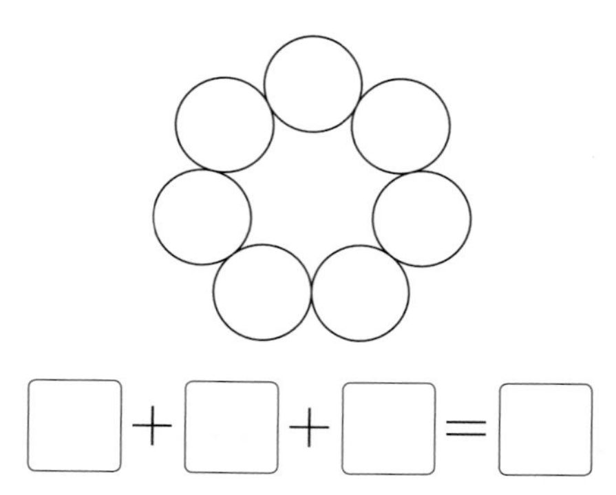

□ + □ + □ = □

유형 05 계산 결과의 크기 비교하기

예제 계산 결과가 더 큰 것의 기호를 쓰세요.

㉠ $1+5+3$　　㉡ $3+2+2$

(　　　　　　)

풀이 ㉠ $1+5+3=\square+3=\square$

㉡ $3+2+2=\square+2=\square$

➜ 더 큰 것의 기호: □

16 계산 결과를 비교하여 ◯ 안에 >, <를 알맞게 써넣으세요.

(1) $1+3+4$ ◯ $5+2+2$

(2) $6-1-1$ ◯ $8-2-3$

(3) $4+2+1$ ◯ $9-1-4$

17 다음 식을 보고 바르게 말한 사람의 이름을 쓰세요.

$5-2-1$

효준: 계산 결과는 2보다 커.
윤아: 계산 결과는 3보다 작아.

(　　　　　　)

유형 06 크기 비교에서 □ 안에 알맞은 수 구하기

예제 ■가 될 수 있는 수에 모두 ◯표 하세요.

$8-3-2>$■

(1 , 2 , 3 , 4 , 5)

풀이 $8-3-2=\square$ ➜ $\square>$■

따라서 ■가 될 수 있는 수는

□보다 작은 수입니다.

18 1부터 9까지의 수 중에서 □ 안에 들어갈 수 있는 수는 모두 몇 개인지 구하세요.

$3+1+\square<8$

(　　　　　　)

19 서술형 1부터 9까지의 수 중에서 □ 안에 알맞은 수는 얼마인지 풀이 과정을 쓰고, 답을 구하세요.

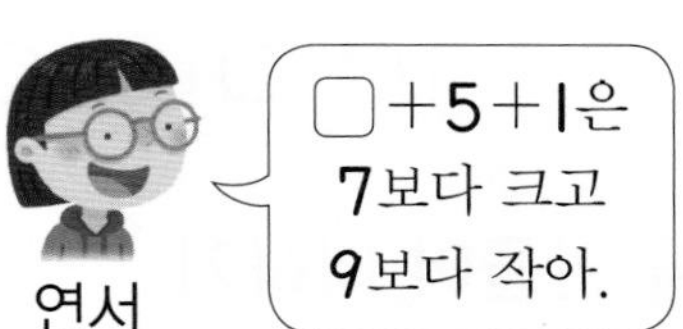

1단계 7보다 크고 9보다 작은 수 구하기

2단계 □ 안에 알맞은 수 구하기

답

③ 10이 되는 더하기

3+7 계산하기

방법1 이어 세기로 두 수 더하기

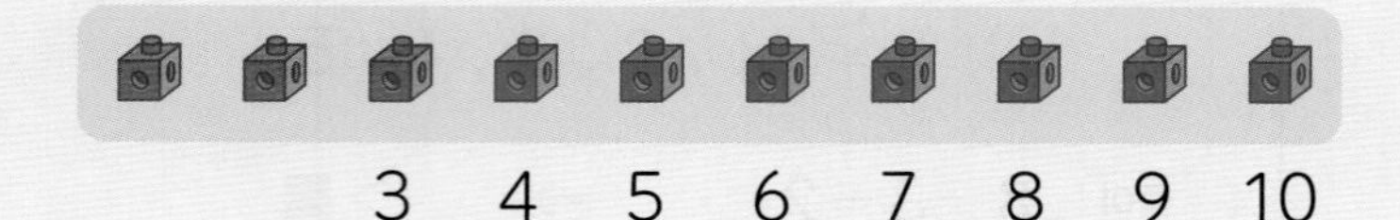

3 4 5 6 7 8 9 10

$3+7=10$

방법2 그림을 그려서 두 수 더하기

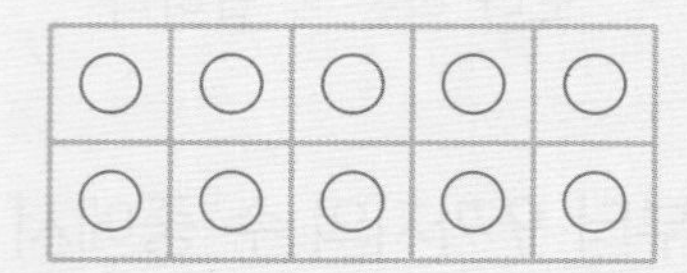

$3+7=10$

● 10이 되는 덧셈식에서 두 수의 순서가 바뀌어도 합은 10으로 같습니다.

$3+7=10$

$7+3=10$

④ 10에서 빼기

10−3 계산하기

방법1 거꾸로 이어 세기로 10에서 빼기

7 8 9 10

$10-3=7$

방법2 그림을 그려서 10에서 빼기

○	○	○	○	○
○	○	∅	∅	∅

$10-3=7$

10이 되는 더하기	10에서 빼기
1+9=10	10−1=9
2+8=10	10−2=8
3+7=10	10−3=7
4+6=10	10−4=6
5+5=10	10−5=5
6+4=10	10−6=4
7+3=10	10−7=3
8+2=10	10−8=2
9+1=10	10−9=1

⑤ 10을 만들어 더하기

5+5+3 계산하기 ➜ 앞의 두 수를 더해 10을 만들고 나머지 수 더하기

10 11 12 13

$5+5+3=13$

5와 5를 더하면 10이야.

5+4+6 계산하기 ➜ 뒤의 두 수를 더해 10을 만들고 나머지 수 더하기

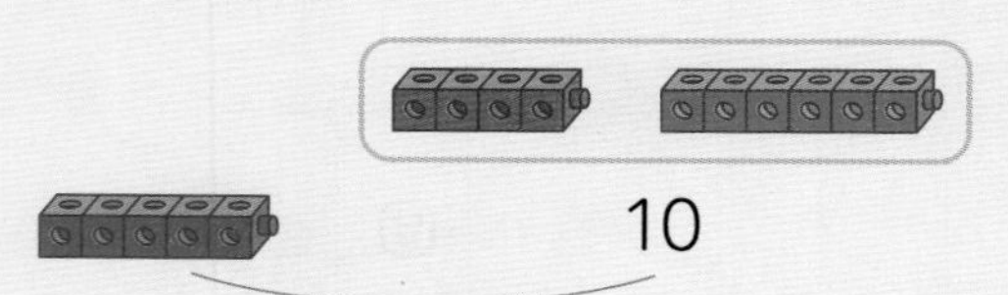

10

15

$5+4+6=15$

4와 6을 더해 10을 먼저 만들면 더 쉽게 계산할 수 있어.

● 앞의 두 수를 먼저 더한 후 이어 세기로 구할 수도 있습니다.

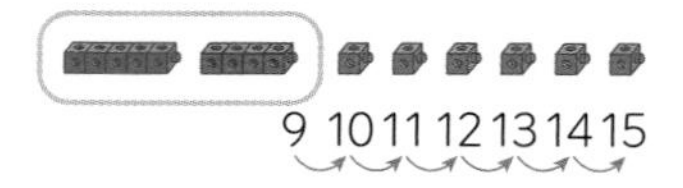

9 10 11 12 13 14 15

$5+4+6=15$

정답 11쪽

[01~02] □ 안에 알맞은 수를 써넣으세요.

01

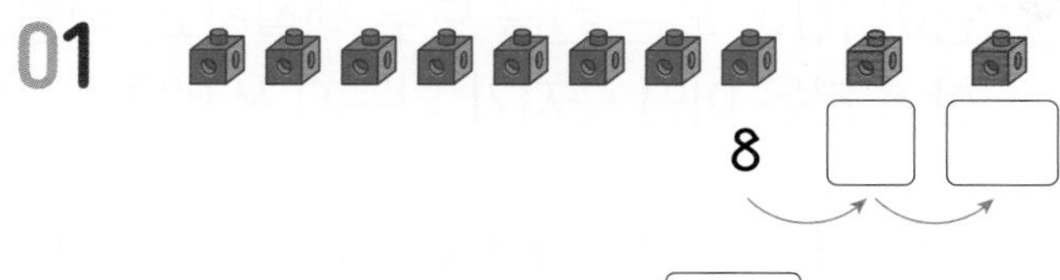

8 □ □

$8+2=$ □

02

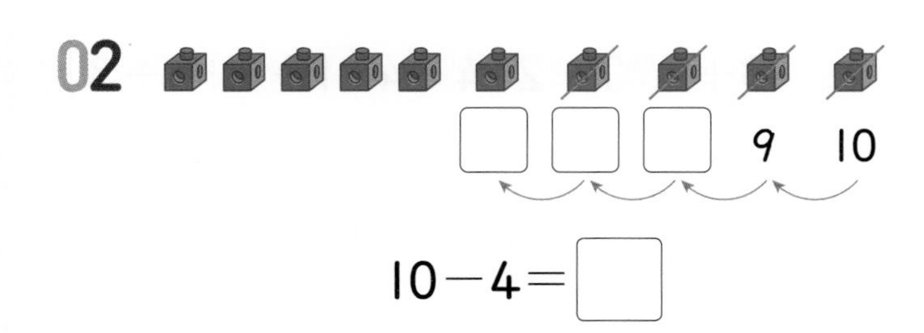

□ □ □ 9 10

$10-4=$ □

[03~05] 그림에 알맞은 덧셈식을 완성해 보세요.

03

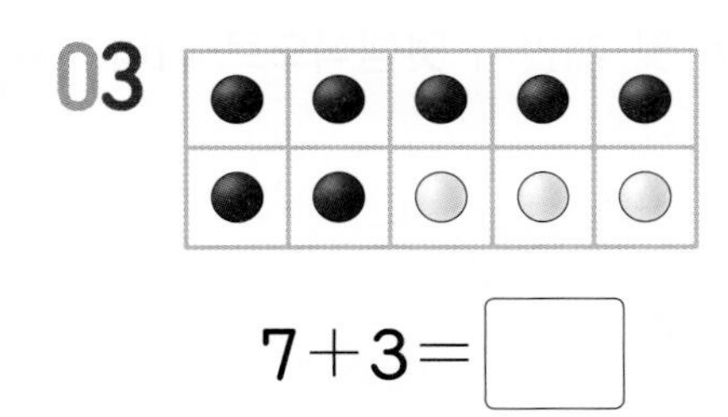

$7+3=$ □

04

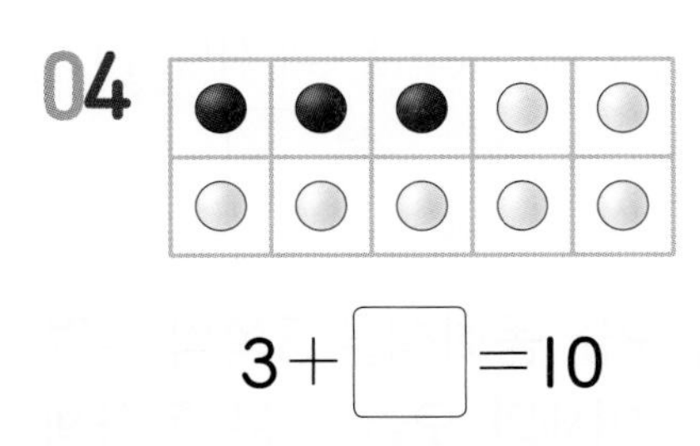

$3+$ □ $=10$

05

$5+$ □ $=10$

[06~07] 그림에 알맞은 뺄셈식을 완성해 보세요.

06

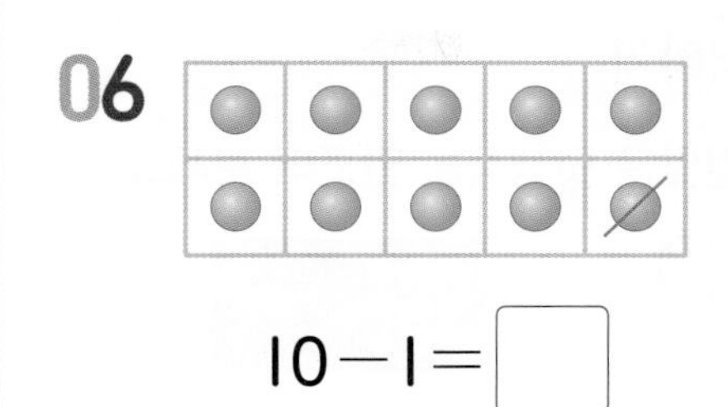

$10-1=$ □

07

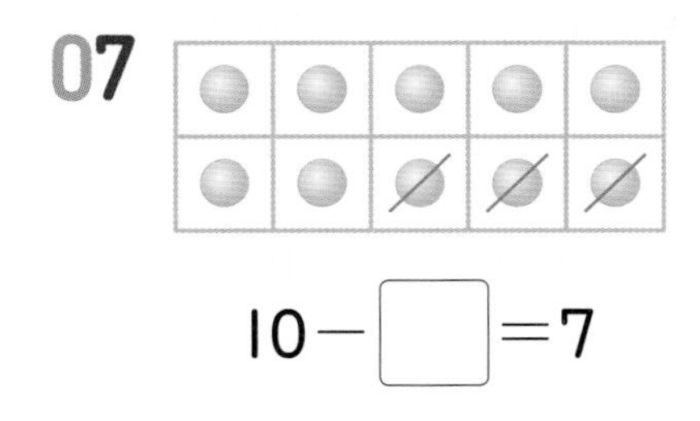

$10-$ □ $=7$

[08~11] □ 안에 알맞은 수를 써넣으세요.

08 $1+9+6=$ □ $+6$

$=$ □

09 $3+7+3=3+$ □

$=$ □

10 $5+5+8=$ □ $+8$

$=$ □

11 $4+2+8=4+$ □

$=$ □

STEP 2 유형 다잡기

유형 07 10이 되는 더하기

예제 그림을 보고 알맞은 덧셈식을 만들어 보세요.

5+5=☐ 9+☐=☐

풀이 • 눈의 수 5와 5를 더하면 ☐입니다.

→ 5+5=☐

• 눈의 수 9와 1을 더하면 ☐입니다.

→ 9+☐=☐

01 두 수의 합이 10인 것에 ○표 하세요.

5+4	8+2
(　)	(　)

02 서술형 3+7과 합이 같은 것을 모두 찾아 기호를 쓰려고 합니다. 풀이 과정을 쓰고, 답을 구하세요.

㉠ 6+4　㉡ 2+7　㉢ 1+9

1단계 ㉠, ㉡, ㉢을 각각 계산하기

2단계 3+7과 합이 같은 것의 기호 쓰기

답

03 합이 10이 되는 칸을 모두 색칠하고, 색칠한 부분은 어떤 숫자가 되는지 쓰세요.

8+1	4+6	9+1	6+4	9+0
5+3	5+5	2+7	2+8	1+8
0+9	3+6	5+4	7+3	4+5
3+5	7+2	4+4	1+9	6+3

(　　　　)

유형 08 실생활 속 10이 되는 더하기

예제 초콜릿 2개, 사탕 8개가 있습니다. 초콜릿과 사탕은 모두 몇 개인지 덧셈식으로 나타내세요.

☐+☐=☐(개)

풀이 (초콜릿 수)+(사탕 수)=(초콜릿과 사탕 수)

☐ + ☐ = ☐

04 윤하는 어제와 오늘 동화책을 5쪽씩 읽었습니다. 윤하가 어제와 오늘 읽은 동화책은 모두 몇 쪽인지 덧셈식으로 나타내고, 답을 구하세요.

식

답

05 운동장에 여학생은 3명 있고, 남학생은 여학생보다 4명 더 많습니다. 운동장에 있는 학생은 모두 몇 명일까요?

( )

07 (중요) 더해서 10이 되는 두 수를 찾아 ◯로 묶고, 10이 되는 덧셈식을 쓰세요.

2	8	1
4	3	9
5	4	6

$10=2+8$

유형 09 10이 되는 덧셈식 만들기

예제 수 카드 두 장을 골라 두 수의 합이 10이 되는 덧셈식을 만들어 보세요.

4 8 2

□+□=10

풀이 4와 더해서 10이 되는 수는 □입니다.

8과 더해서 10이 되는 수는 □입니다.

2와 더해서 10이 되는 수는 □입니다.

→ 합이 10이 되는 두 수: □, □

06 (창의형) 두 가지 색으로 색칠하고, 덧셈식을 만들어 보세요.

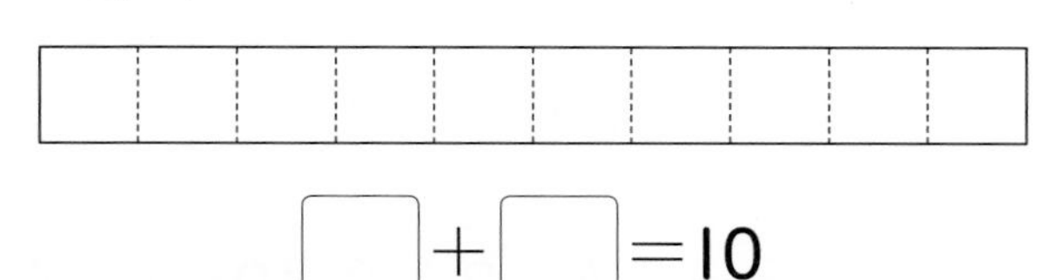

□+□=10

+플러스 유형 10 10이 되는 더하기에서 □ 안의 수 구하기

예제 두 식의 계산 결과가 같을 때 ■에 알맞은 수를 구하세요.

$3+7$ $6+■$

( )

풀이 $3+7=$□

→ $6+■=$□에서 ■$=$□입니다.

08 두 수를 더해서 10이 되도록 빈칸에 알맞은 수를 써넣으세요.

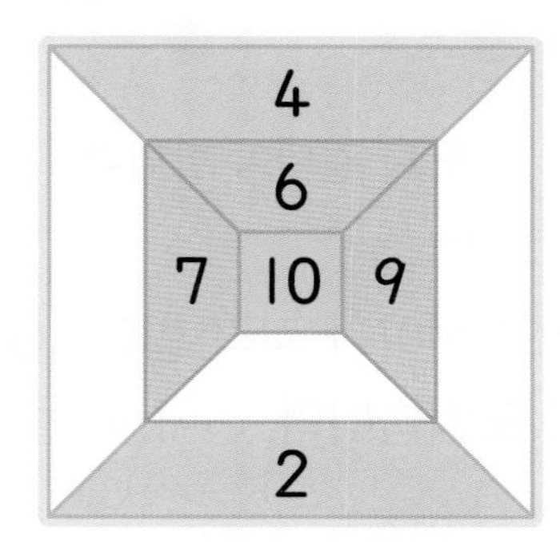

09 서술형

□ 안에 알맞은 수가 가장 큰 것을 찾아 기호를 쓰려고 합니다. 풀이 과정을 쓰고, 답을 구하세요.

㉠ □+3=10
㉡ 5+□=10
㉢ 1+□=10

1단계 □ 안에 알맞은 수를 각각 구하기

2단계 □ 안에 알맞은 수가 가장 큰 것의 기호 쓰기

답

+플러스 유형 11 **10이 되는 더하기에서 □ 안의 수 구하기 활용**

예제 연주가 고리 던지기 놀이에서 고리를 8개 걸었습니다. 10개를 걸려면 몇 개를 더 걸어야 할까요?

(　　　　　)

풀이 더 걸어야 하는 고리의 수: ●개

8+●=□ ➜ ●=□이므로

□개를 더 걸어야 합니다.

10 경주와 현아가 각각 합이 10이 되는 수 카드를 모았습니다. ㉠+㉡을 구하세요.

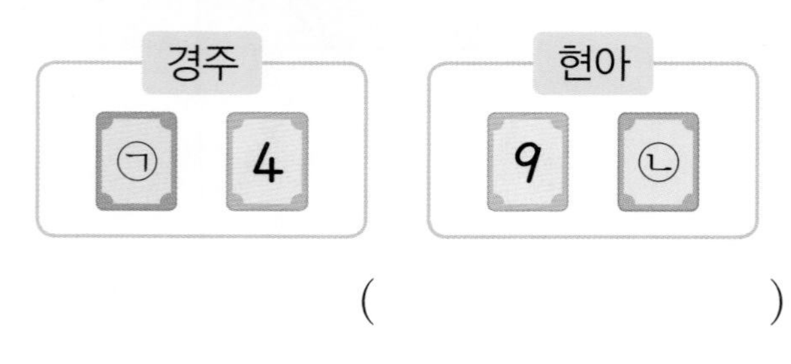

(　　　　　)

11 흰색 바둑돌과 검은색 바둑돌이 합하여 10개 있습니다. 검은색 바둑돌이 2개라면 검은색 바둑돌과 흰색 바둑돌의 개수의 차는 몇 개인지 구하세요.

(　　　　　)

유형 12 **10에서 빼기**

예제 그림을 보고 □ 안에 알맞은 수를 써넣으세요.

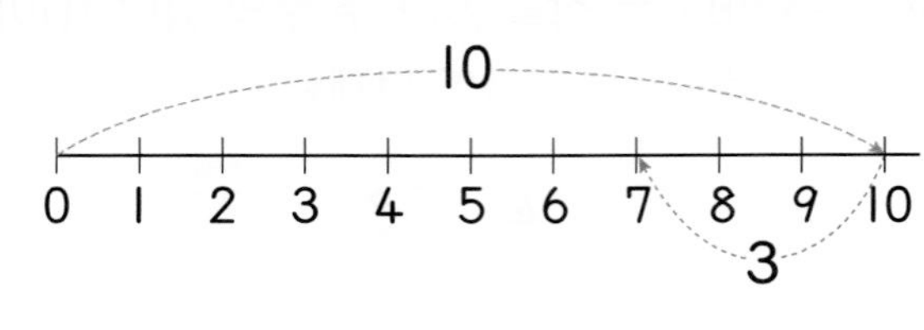

10−□=□

풀이 0에서 오른쪽으로 □칸 간 후 다시 왼쪽으로 □칸 돌아오면 □입니다.

➜ □−□=□

12 중요★

그림에 알맞은 식을 찾아 기호를 쓰세요.

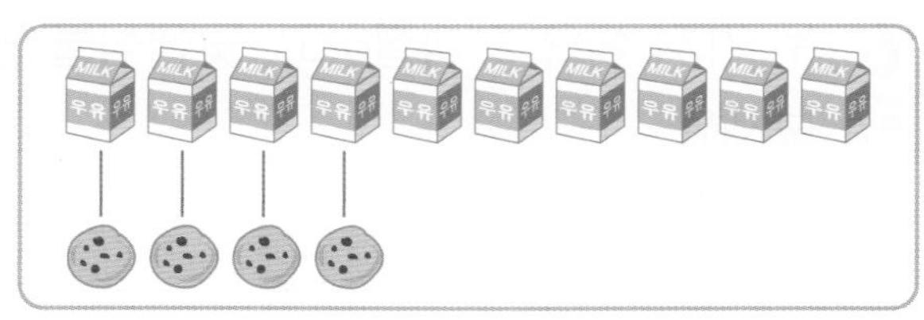

㉠ 6−4=2　㉡ 10−4=6

(　　　　　)

13 빈칸에 알맞은 수를 써넣으세요.

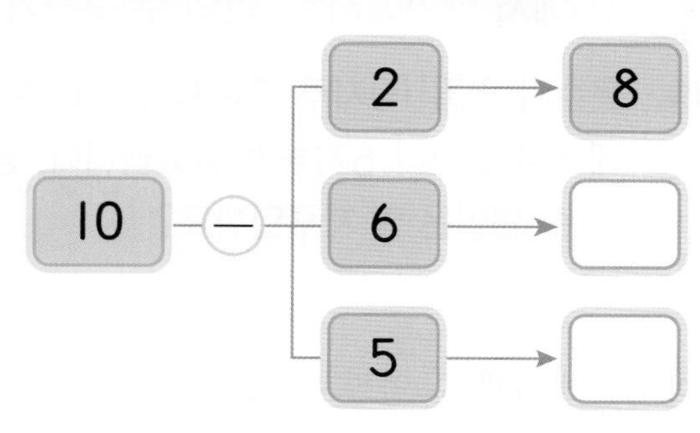

14 뺄셈식을 보고 〈보기〉에서 계산 결과와 같은 색깔을 찾아 색칠해 보세요.

〈보기〉

10−1	10−9
10−7	10−8

15 창의형 /을 그려 뺄셈식을 만들고, 설명해 보세요.

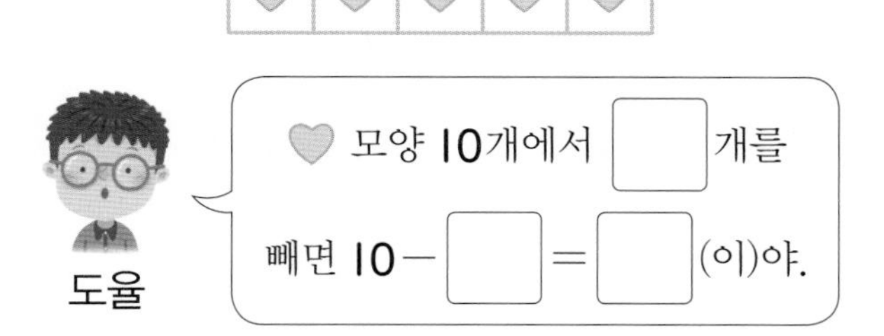

도율

♡ 모양 10개에서 □ 개를 빼면 10− □ = □ (이)야.

유형 13 실생활 속 10에서 빼기

예제 민호와 윤미는 같은 아파트에 살고 있습니다. 민호는 10층에 살고, 윤미는 민호보다 4층 아래에 산다면 윤미는 몇 층에 살까요?

( )

풀이 (윤미가 사는 층수)
= □ − □ = □ (층)

16 중요★ 경훈이는 빨간색 색종이 8장과 파란색 색종이 2장을 가지고 있습니다. 그중에서 3장을 동생에게 주었다면 남은 색종이는 몇 장일까요?

( )

17 냉장고에 귤과 사과가 10개씩 있습니다. 그중에서 귤 3개와 사과 7개를 먹었다면 남은 귤과 사과는 모두 몇 개일까요?

( )

2 단원

+플러스 유형 14 10에서 빼기에서 □ 안의 수 구하기

예제 식에 알맞게 축구공을 /으로 지우고, □ 안에 알맞은 수를 써넣으세요.

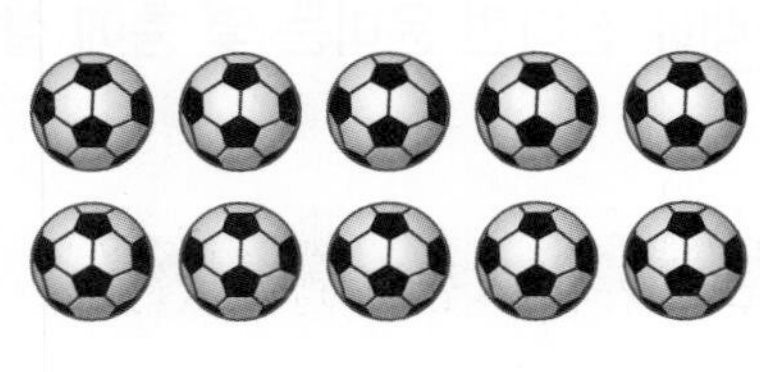

10−□=5

풀이 축구공 10개 중 5개가 남으려면 □개를 지워야 합니다. ➜ 10−□=5

18 □ 안에 알맞은 수가 더 작은 것에 ○표 하세요.

10−□=4	10−□=7
( )	( )

19 (서술형) ㉠과 ㉡에 알맞은 수의 차를 구하려고 합니다. 풀이 과정을 쓰고, 답을 구하세요.

• ㉠−4=6 • 10−㉡=2

1단계 ㉠, ㉡에 알맞은 수 각각 구하기

2단계 ㉠과 ㉡에 알맞은 수의 차 구하기

답

+플러스 유형 15 10에서 빼기에서 □ 안의 수 구하기 활용

예제 윤수가 연필 10자루 중에서 몇 자루를 동생에게 주었더니 6자루가 남았습니다. 동생에게 준 연필은 몇 자루일까요?

(   )

풀이 동생에게 준 연필 수: ●자루

□−●=□ ➜ ●=□이므로

동생에게 준 연필은 □자루입니다.

20 도화지 10장 중에서 몇 장을 미술 시간에 사용했더니 8장이 남았습니다. 사용한 도화지는 몇 장일까요?

(   )

21 운동장에 남학생 6명과 여학생 4명이 있습니다. 그중 몇 명이 교실로 들어가고 운동장에는 3명이 남았습니다. 교실로 들어간 학생은 몇 명일까요?

(   )

유형 16 10을 만들어 더하기

예제 더해서 10이 되는 두 수 카드를 ⬭로 묶고, 세 수의 합을 구하세요.

3 7 6

( )

풀이 □과 □을 더하면 10이 됩니다.

10에 남은 수 □을 더하면

10+□=□입니다.

22 (중요) 10을 만들어 더할 수 있는 식에 모두 ○표 하세요.

6+3+5	5+5+2	7+9+1
( )	( )	( )

23 밑줄 친 두 수의 합이 10이 되도록 ○ 안에 알맞은 수를 써넣고 계산해 보세요.

(1) 6+○+3=□

(2) 9+○+8=□

24 합이 같은 것끼리 이어 보세요.

(1) 1+9+3 •

(2) 4+6+6 •

(3) 4+2+8 •

• 10+6

• 10+3

• 4+10

• 5+10

25 □ 안에 들어갈 수 있는 두 수로 짝 지은 것은 어느 것일까요? ( )

1+□+□=11

① (8, 1) ② (4, 5) ③ (7, 3)
④ (2, 7) ⑤ (6, 3)

26 (창의형) 식에 맞게 빈 접시에 딸기의 수만큼 ○를 그리고, □ 안에 알맞은 수를 써넣으세요.

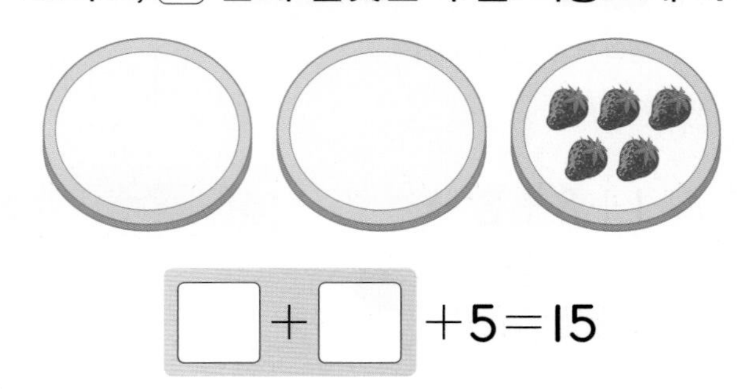

□+□+5=15

2 단원

유형 17 순서 바꾸어 계산하기

예제 그림을 보고 □ 안에 알맞은 수를 써넣으세요.

$6+4=$ □

$4+6=$ □

풀이 두 수를 바꾸어 더해도 합은 같습니다.

$6+4=$ □ ↔ $4+6=$ □

27 그림을 보고 □ 안에 알맞은 수를 써넣으세요.

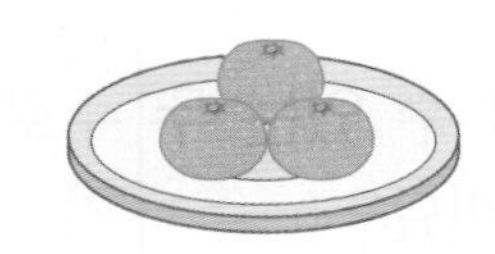

$3+$ □ $=10$	$10-$ □ $=7$
$7+$ □ $=10$	$10-$ □ $=3$

28 (중요) $1+8+2$를 두 가지 방법으로 계산한 것입니다. □ 안에 알맞은 수를 써넣고, 알맞은 말에 ○표 하세요.

$1+8+2$ → 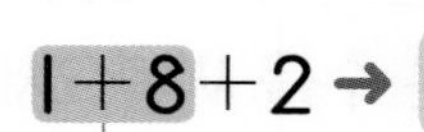  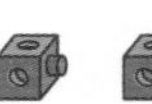

앞의 두 수 먼저 더하기

□ 10 □

$1+8+2$ →

뒤의 두 수 먼저 더하기

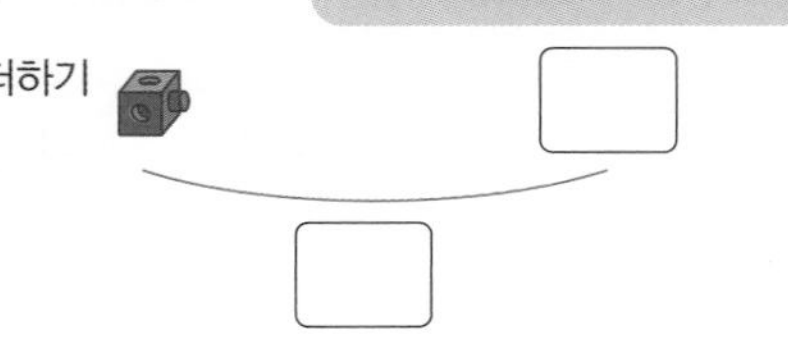

□

□

두 방법의 결과는 (같습니다 , 다릅니다).

유형 18 실생활 속 10을 만들어 더하기

예제 농장 체험에서 감자를 영우는 7개, 예나와 우준이는 5개씩 캤습니다. 세 사람이 캔 감자는 모두 몇 개일까요?

( )

풀이 (세 사람이 캔 감자 수)

= □ + □ + □

= □ + □ = □ (개)

29 일기를 읽고 □ 안에 알맞은 수를 써넣으세요.

○월 ○일 화요일 

나는 오늘 우리 반 독서왕으로 뽑혔다. 방학 동안 동화책 9권, 시집 1권, 위인전 4권을 읽어서 모두 □ 권이나 읽었기 때문이다. 기분이 너무 좋았다!

30 (서술형) 투호 놀이에서 넣은 화살 수가 다음과 같을 때 어느 모둠이 화살을 더 많이 넣었는지 풀이 과정을 쓰고, 답을 구하세요.

1모둠	2모둠
6개, 4개, 7개	8개, 3개, 7개

1단계 1모둠과 2모둠이 넣은 화살 수 각각 구하기

2단계 화살을 더 많이 넣은 모둠 구하기

답

유형 19 바르게 계산한 값 구하기

예제 10에 어떤 수를 더해야 할 것을 잘못하여 10에서 어떤 수를 뺐더니 1이 되었습니다. 바르게 계산한 값을 구하세요.

( )

풀이 어떤 수를 ■라 하면 잘못 계산한 식은 10－■＝1입니다. ➜ ■＝□

바르게 계산한 값: 10＋□＝□

31 어떤 수에서 3을 빼야 할 것을 잘못하여 어떤 수에 3을 더했더니 10이 되었습니다. 바르게 계산한 값을 구하세요.

( )

32 서술형 어떤 수에 4를 더해야 할 것을 잘못하여 어떤 수에서 4를 뺐더니 6이 되었습니다. 바르게 계산한 값은 얼마인지 풀이 과정을 쓰고, 답을 구하세요.

1단계 어떤 수 구하기

2단계 바르게 계산한 값 구하기

답

유형 20 합이 ■인 세 수 찾기

예제 합이 16이 되는 세 수를 골랐는데 세 수 중에서 두 수의 합이 10이었습니다. 고른 세 수를 찾아 ○표 하세요.

8 7 2 6 5

풀이 더해서 10이 되는 두 수는 □, □입니다.

□＋□＋▲＝16이므로

10＋▲＝16에서 ▲＝□입니다.

➜ 고른 세 수: □, □, □

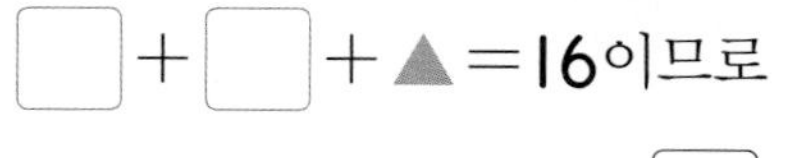

33 다음 수 중에서 합이 15가 되는 서로 다른 세 수를 골랐을 때 두 수의 합이 10이었습니다. 고른 수 중 가장 작은 수를 구하세요.

1 7 3 5 8

( )

34 수 카드 세 장을 골라 세 수의 합이 19가 되는 덧셈식을 만들어 보세요.

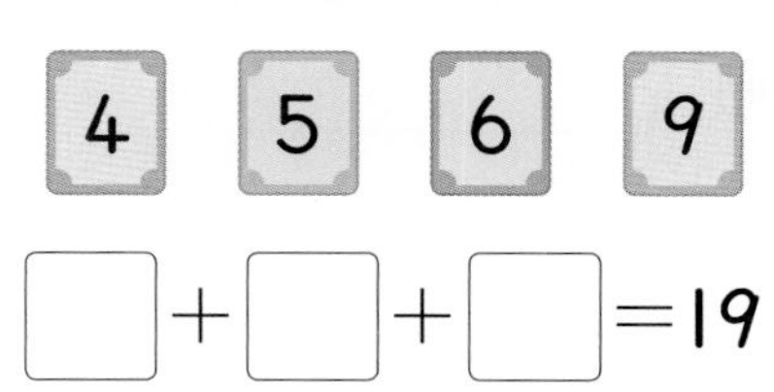

□＋□＋□＝19

STEP 3 응용 해결하기

세 수의 합의 크기 비교하기

1 규민, 미나, 현우가 수를 각각 3개씩 말했습니다. 세 수의 합이 가장 큰 사람은 누구일까요?

(　　　　　　　)

더해서 10이 되는 두 수 구하기

2 더해서 10이 되는 두 수씩 짝을 지었습니다. 남은 한 수와 더해서 10이 되는 수를 구하세요.

7 2 6 8 3

(　　　　　　　)

세 사람의 나이의 합 구하기 　서술형

3 준서는 형보다 3살 적고, 동생은 준서보다 2살 적습니다. 형이 9살일 때 세 사람의 나이의 합은 몇 살인지 풀이 과정을 쓰고, 답을 구하세요.

풀이

답 

해결 tip

나이를 식으로 나타내면?

(준서의 나이)=(형의 나이)−3
(동생의 나이)=(준서의 나이)−2

정답 14쪽

계산 결과가 가장 작은 덧셈식 만들기

4 다음 수 중에서 3개를 골라 덧셈식을 만들려고 합니다. 계산 결과가 가장 작을 때의 덧셈식을 만들고 계산해 보세요.

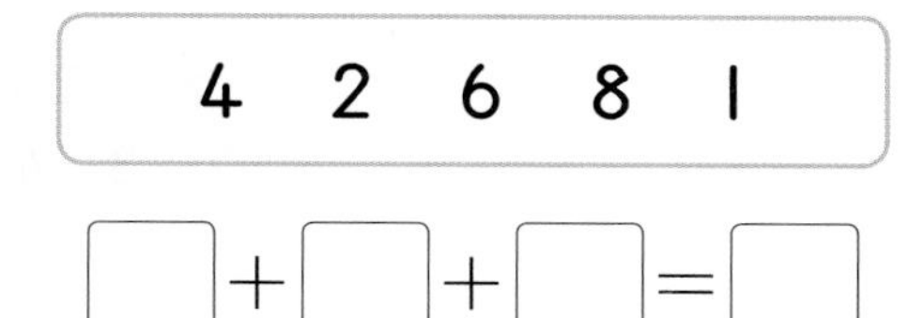

세 수의 덧셈을 하여 모르는 수 구하기

5 현지와 민수가 가지고 있는 과일의 수는 같습니다. 민수가 가지고 있는 배는 몇 개인지 풀이 과정을 쓰고, 답을 구하세요.

〈현지가 가지고 있는 과일의 수〉

귤	배	사과
5개	1개	3개

〈민수가 가지고 있는 과일의 수〉

귤	배	사과
3개		4개

풀이

답

규칙을 찾아 빈 곳에 알맞은 수 구하기

6 규칙을 찾아 ㉠, ㉡에 알맞은 수를 구하세요.

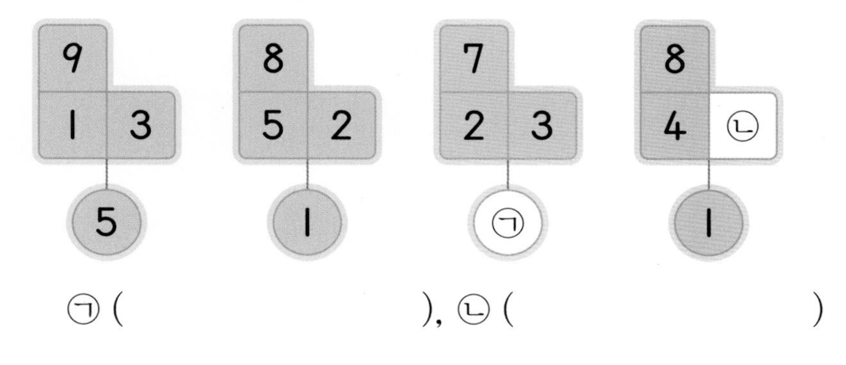

㉠ (　　　　　　　　), ㉡ (　　　　　　　　)

해결 tip

계산 결과가 가장 크거나 가장 작으려면?

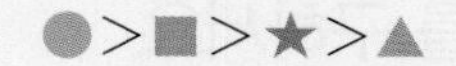

- 더하는 수들이 클수록 계산 결과가 큽니다.
- 더하는 수들이 작을수록 계산 결과가 작습니다.

민수가 가지고 있는 배의 수를 구하려면?

현지가 가지고 있는 과일 전체의 수 구하기

↓

민수가 가지고 있는 배의 수를 라고 하여 덧셈식 나타내기

↓

배의 수 구하기

2 단원

정답 14쪽

□ 안에 공통으로 들어갈 수 있는 수 구하기

7 1부터 9까지의 수 중에서 □ 안에 공통으로 들어갈 수 있는 수를 구하세요.

㉠ $8-1-2<\square$
㉡ $10-3>\square$

(1) ㉠에서 □ 안에 들어갈 수 있는 수를 모두 구하세요.

( )

(2) ㉡에서 □ 안에 들어갈 수 있는 수를 모두 구하세요.

( )

(3) □ 안에 공통으로 들어갈 수 있는 수를 구하세요.

( )

해결 tip

공통으로 들어갈 수 있는 수는?

$6>\square$　　$4<\square$

6보다 작은 수
1 2 3 4 5 6 7 8
4보다 큰 수

모양이 나타내는 수 구하기

8 같은 모양은 같은 수를 나타냅니다. ◆에 알맞은 수를 구하세요.

7+♥=10
♥+♥=●
10−●=◆

(1) ♥에 알맞은 수를 구하세요.

( )

(2) ●에 알맞은 수를 구하세요.

( )

(3) ◆에 알맞은 수를 구하세요.

( )

평가 2단원 마무리

맞힌 개수

[01~02] 그림을 보고 세 수의 계산을 해 보세요.

01

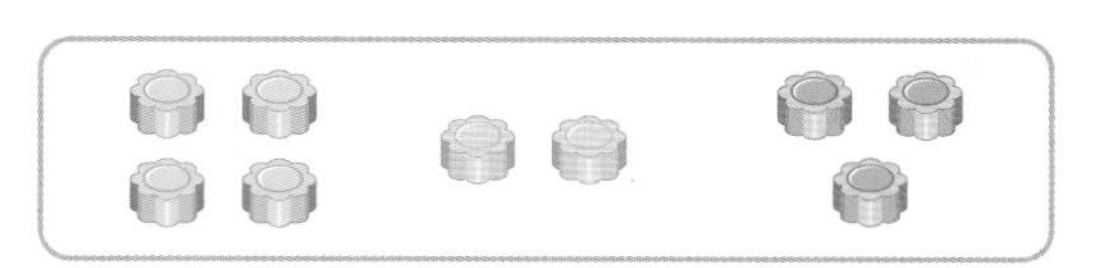

$4+2+3=\square$

02

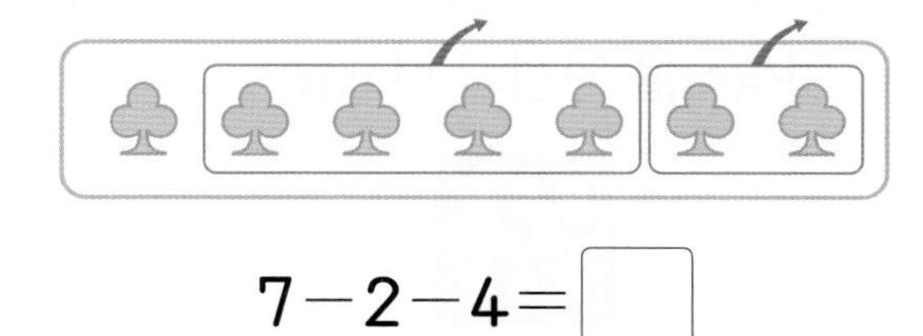

$7-2-4=\square$

03 두 식의 계산 결과가 같으면 ○표, 다르면 ×표 하세요.

8+2+1	10+1

( )

04 〈보기〉와 같이 계산해 보세요.

〈보기〉

$5-1-2=\boxed{2}$

$5-1=4$

$4-2=2$

$6-4-1=\square$

05 알맞은 것을 찾아 이어 보세요.

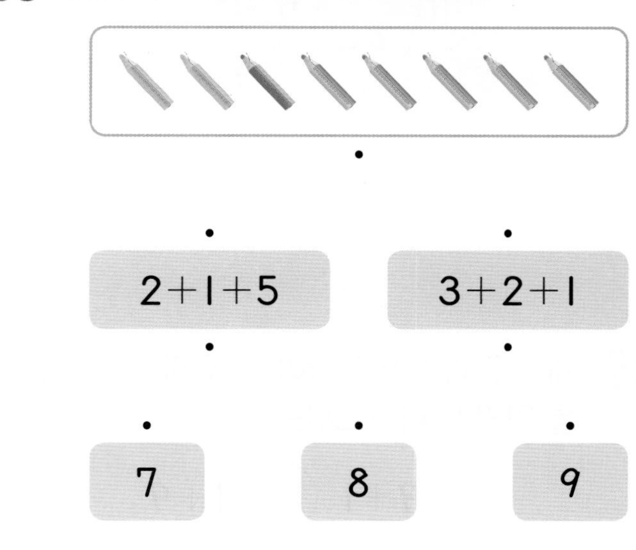

2+1+5   3+2+1

7   8   9

06 합이 10이 되는 두 수를 ⬭로 묶고, 덧셈을 해 보세요.

$6+3+7=\square$

07 그림을 보고 새와 개구리의 수를 구하는 덧셈식을 만들어 보세요.

(새) $\square+2=10$

(개구리) $6+\square=\square$

2 단원

08 빈 곳에 알맞은 수를 써넣으세요.

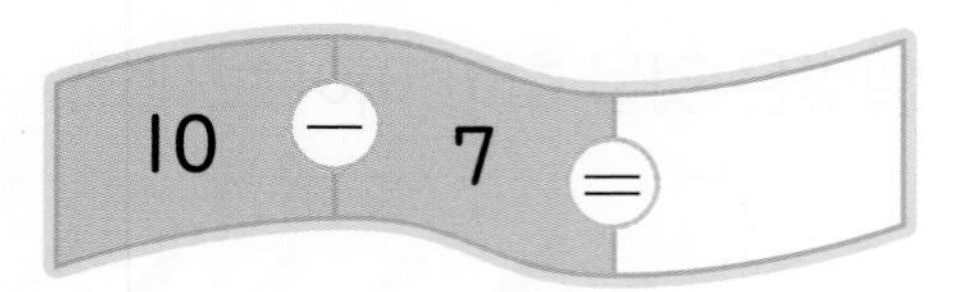

09 계산 결과를 비교하여 ○ 안에 >, =, < 를 알맞게 써넣으세요.

9+1 ○ 1+9

10 바구니에 당근이 7개 있었습니다. 당근 3개를 더 담으면 바구니에 있는 당근은 모두 몇 개일까요?

(　　　　　　)

11 딱지를 민우는 5장 접었고, 연호는 10장 접었습니다. 누가 딱지를 몇 장 더 많이 접었을까요?

(　　　　　　), (　　　　　　)

12 바르게 계산한 것에 ○표 하세요.

9−4−1=5	5+3+7=15
(　　)	(　　)

13 알맞은 식이 되도록 빈칸에 점을 그리고, 덧셈식을 완성해 보세요.

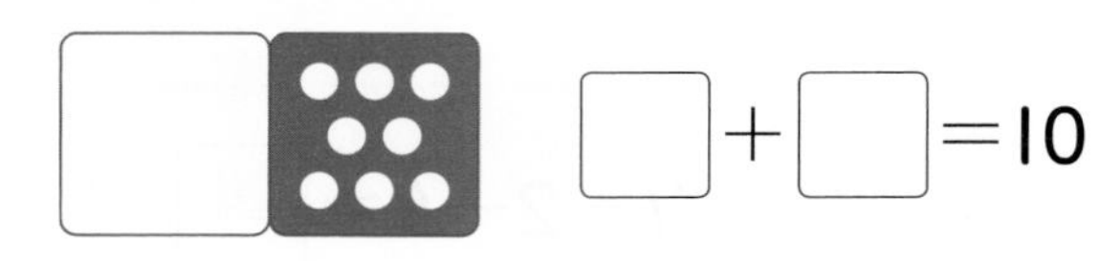

14 서술형 계산 결과가 더 큰 것의 기호를 쓰려고 합니다. 풀이 과정을 쓰고, 답을 구하세요.

㉠ 9−1−2　　㉡ 1+2+2

풀이

답

15 세 사람이 모은 구슬은 모두 몇 개일까요?

식 ______________________

답 ______________

16 수 카드 2장을 골라 덧셈식을 완성해 보세요.

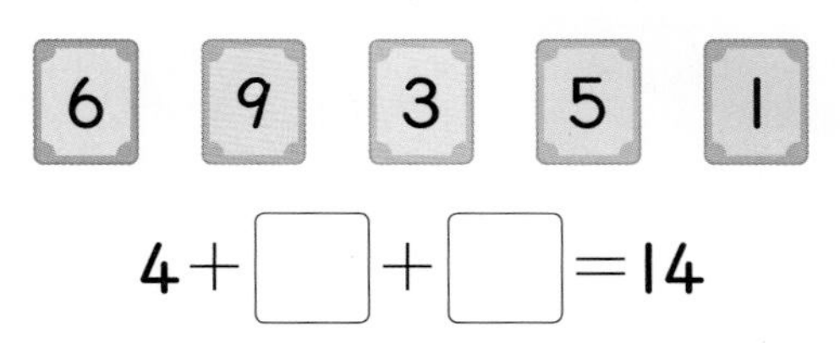

$4+\square+\square=14$

17 서술형 현아네 모둠은 남학생 5명, 여학생 5명입니다. 그중 2명이 안경을 썼다면 안경을 안 쓴 학생은 몇 명인지 풀이 과정을 쓰고, 답을 구하세요.

풀이 ______________________

답 ______________

18 두 식의 계산 결과가 같을 때 ㉠에 알맞은 수를 구하세요.

3+㉠ 2+8

( )

19 1부터 5까지의 수 중에서 □ 안에 들어갈 수 있는 수를 모두 구하세요.

$\square+2+3<9$

( )

20 서술형 다음을 읽고 바르게 계산한 값은 얼마인지 풀이 과정을 쓰고, 답을 구하세요.

10에서 어떤 수를 빼야 하는데 잘못해서 10에 어떤 수를 더했더니 16이 됐어.

풀이 ______________________

답 ______________

2 단원

3

모양과 시각

학습을 끝낸 후 색칠하세요.

개념 확인하기

유형 다잡기
유형 01~12

중요 유형

01 ■, ▲, ● 모양 찾기
04 모양의 개수 비교하기
05 여러 가지 방법으로 ■, ▲, ● 모양 알아보기
09 여러 가지 모양 꾸미기
12 주어진 모양으로 모양 꾸미기

이전에 배운 내용

[1-1] 여러 가지 모양

▣, ▤, ● 모양 찾기
▣, ▤, ● 모양으로 만들기

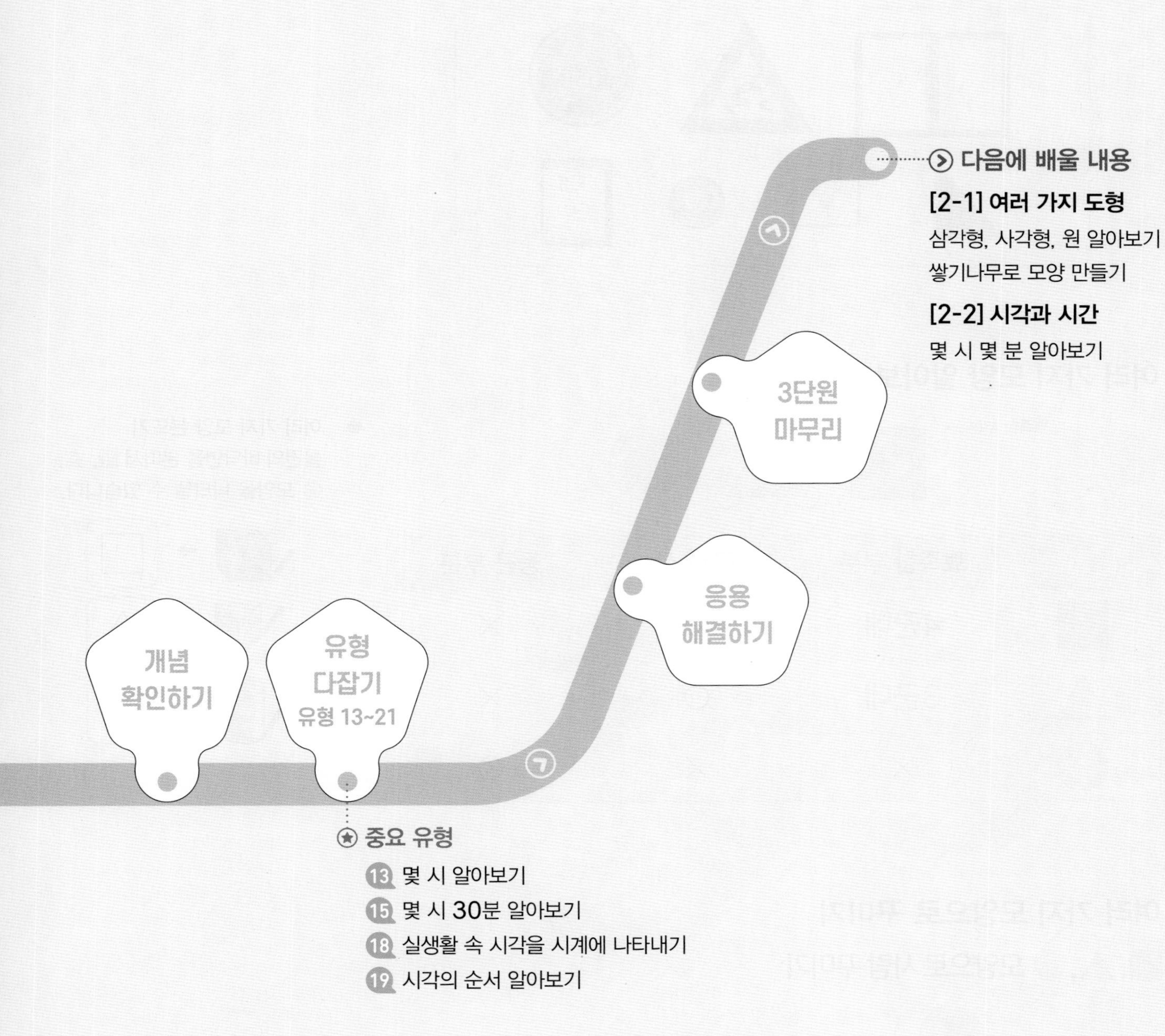

다음에 배울 내용

[2-1] 여러 가지 도형

삼각형, 사각형, 원 알아보기
쌓기나무로 모양 만들기

[2-2] 시각과 시간

몇 시 몇 분 알아보기

중요 유형

13 몇 시 알아보기
15 몇 시 30분 알아보기
18 실생활 속 시각을 시계에 나타내기
19 시각의 순서 알아보기

STEP 1 개념 확인하기

① 여러 가지 모양 찾기

■, ▲, ● 모양 찾기

■ 모양은 초록색, ▲ 모양은 파란색, ● 모양은 빨간색으로 따라 그려 봅니다.

● 물건의 크기, 색깔, 방향 등에 상관없이 물건들이 갖고 있는 특징에 따라 ■, ▲, ● 모양으로 나눌 수 있습니다.

② 여러 가지 모양 알아보기

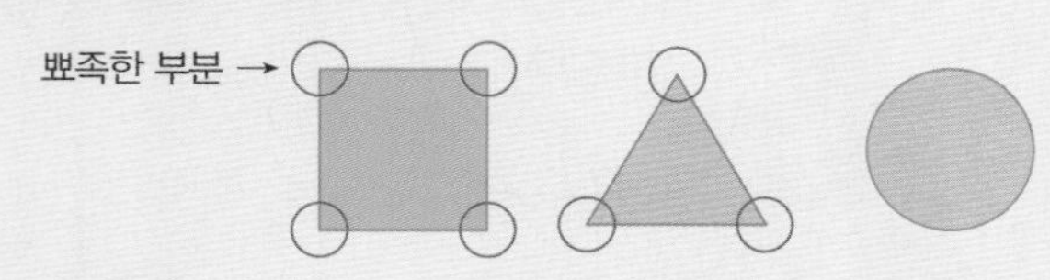

	뾰족한 부분	곧은 선	둥근 부분
■	4군데	○	×
▲	3군데	○	×
●	×	×	○

● **여러 가지 모양 본뜨기**
물건의 바닥면을 본떠서 ■, ▲, ● 모양을 나타낼 수 있습니다.

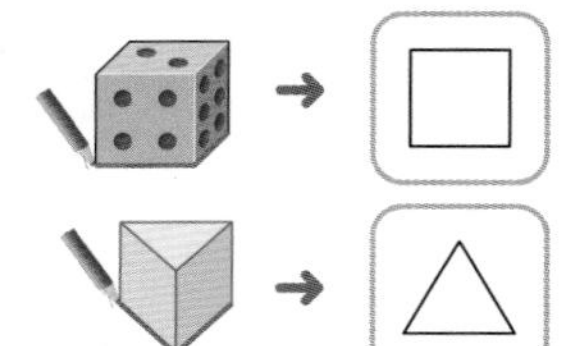

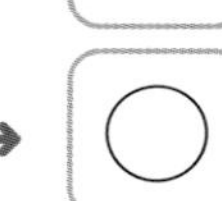

③ 여러 가지 모양으로 꾸미기

■, ▲, ● 모양으로 사람 꾸미기

■ 모양: 몸통에 **5개**
▲ 모양: 발에 **2개**
● 모양: 머리와 손에 **3개**

[01~03] 왼쪽과 같은 모양을 찾아 따라 그려 보세요.

01

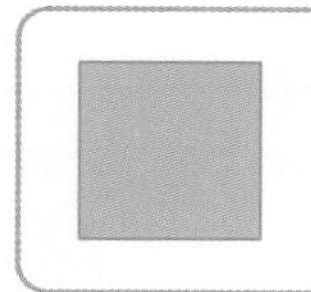  

02

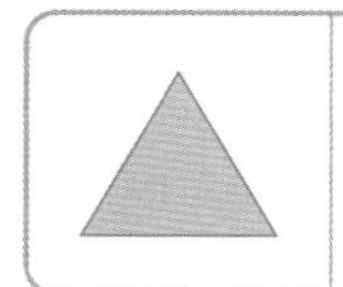 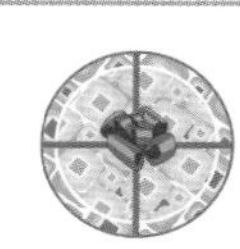 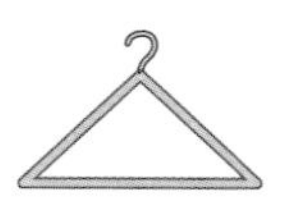

03

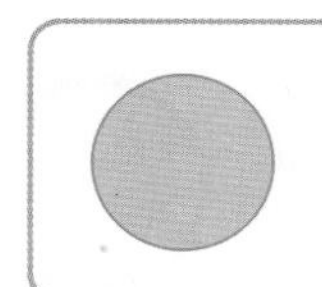 

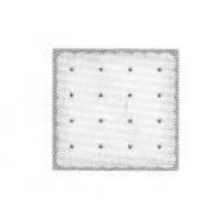

[04~06] 왼쪽과 같이 물건에 물감을 묻혀 종이에 찍었을 때 나오는 모양을 찾아 ○표 하세요.

04

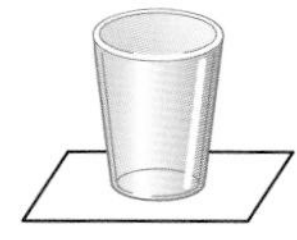 

05

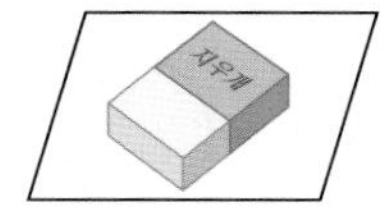 

06

[07~09] 설명에 맞는 모양을 찾아 ○표 하세요.

07 뾰족한 부분이 4군데 있습니다.

□ △ 

(　　) (　　) (　　)

08 둥근 부분만 있습니다.

 △ 

(　　) (　　) (　　)

09 곧은 선이 없습니다.

 △ 

(　　) (　　) (　　)

[10~11] 쟁반을 □, △, ○ 모양으로 꾸몄습니다. □ 안에 알맞은 수를 써넣으세요.

10 꽃을 △ 모양 □개, ○ 모양 1개로 꾸몄습니다.

11 잠자리를 □ 모양 5개, ○ 모양 □개로 꾸몄습니다.

유형 다잡기

유형 01 □, △, ○ 모양 찾기

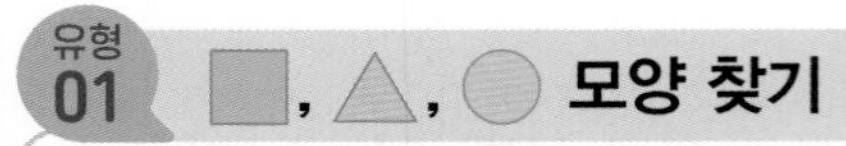

예제 □ 모양에 □표, △ 모양에 △표, ○ 모양에 ○표 하세요.

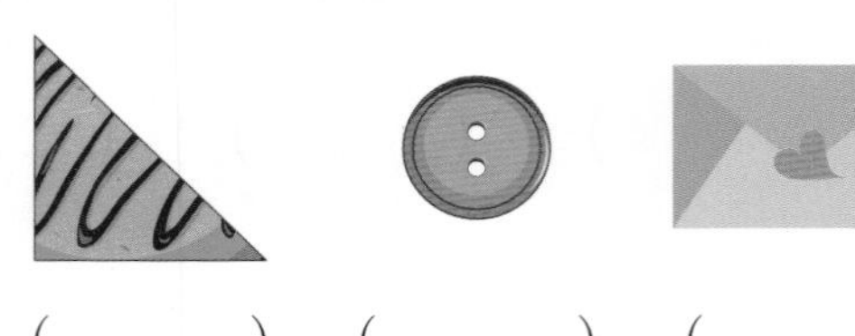

(　　　) (　　　) (　　　)

풀이 각 물건이 어떤 모양인지 알아봅니다.

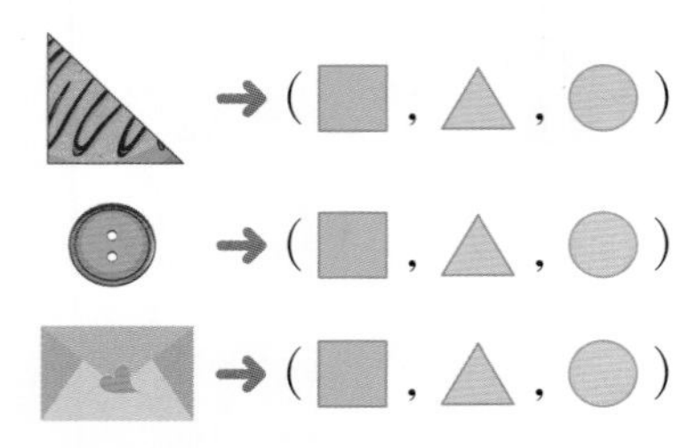

→ (□, △, ○)
→ (□, △, ○)
→ (□, △, ○)

01 □ 모양을 모두 찾아 따라 그려 보세요.

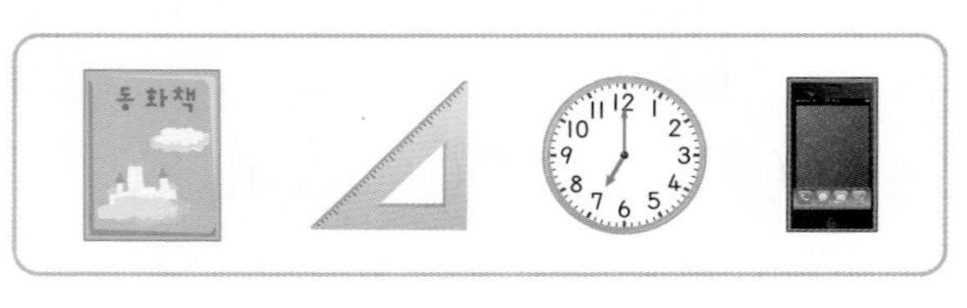

02 △ 모양이 아닌 것에 ×표 하세요.

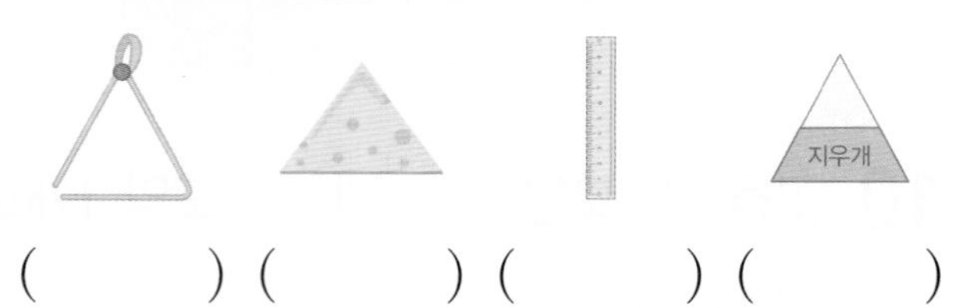

(　　　) (　　　) (　　　) (　　　)

03 중요 ○ 모양은 모두 몇 개일까요?

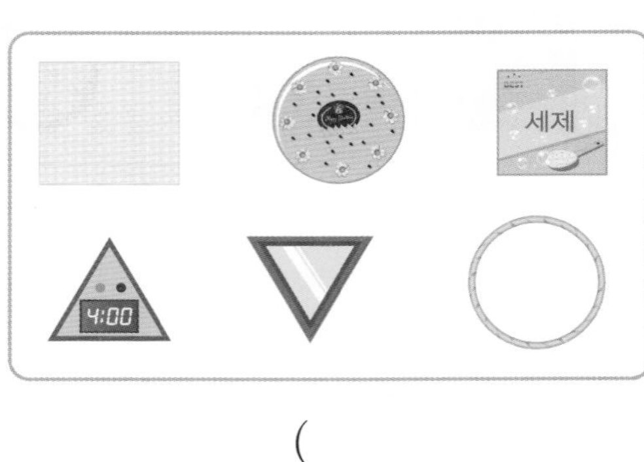

(　　　　　　　　)

04 그림을 보고 알맞게 이야기한 사람의 이름을 쓰세요.

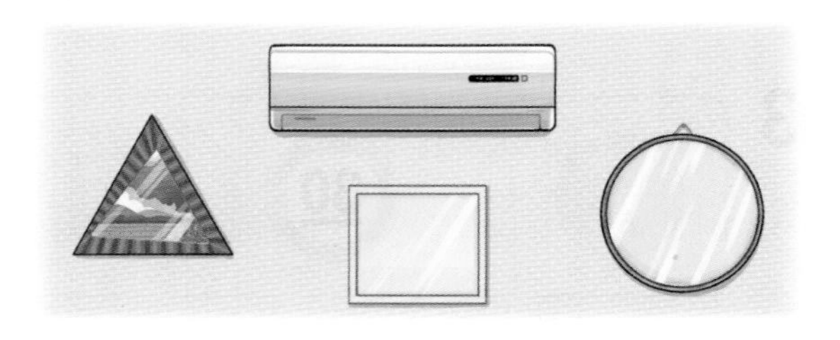

예찬: ○ 모양은 2개 있어.
수영: △ 모양은 1개 있어.
민호: □ 모양은 없어.

(　　　　　　　　)

유형 02 물건이 어떤 모양인지 알아보기

예제 왼쪽 물건과 같은 모양을 모두 찾아 색칠해 보세요.

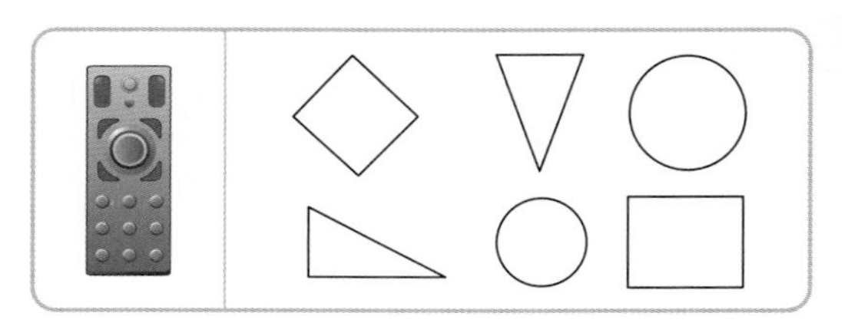

풀이 리모컨은 (□, △, ○) 모양이므로 같은 모양을 모두 찾아 색칠합니다.

05 다음 물건과 같은 모양을 찾아 ○표 하세요.

(■ , ▲ , ●)

06 다음 물건과 같은 모양인 물건을 모두 찾아 기호를 쓰세요.

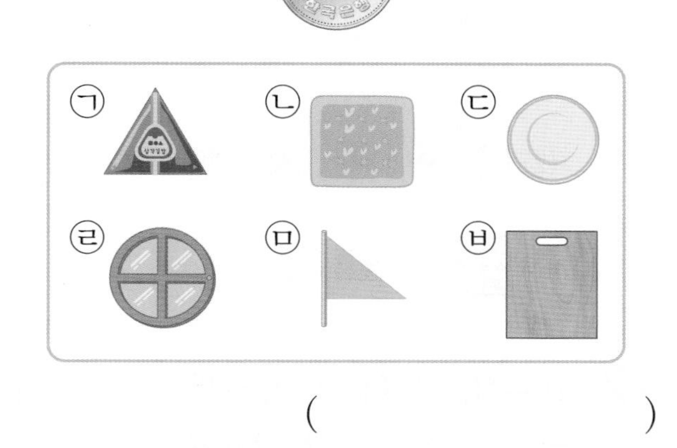

( )

07 같은 모양끼리 이어 보세요.

중요

예제 어떤 모양의 물건을 모은 것인지 찾아 ○표 하세요.

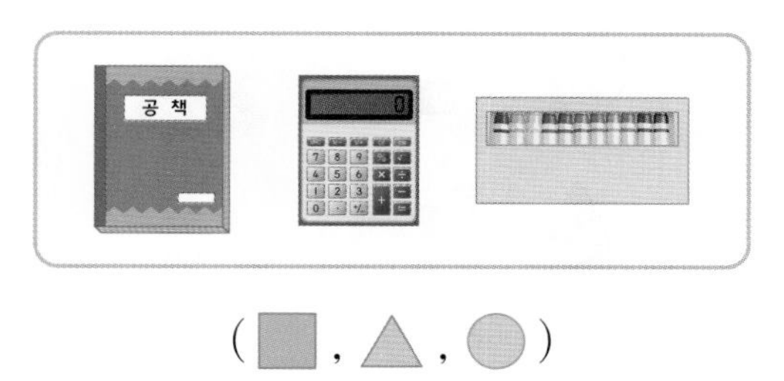

(■ , ▲ , ●)

풀이 주어진 물건은 모두

(■ , ▲ , ●) 모양입니다.

08 같은 모양끼리 모은 것입니다. 잘못 모은 사람의 이름을 쓰세요.

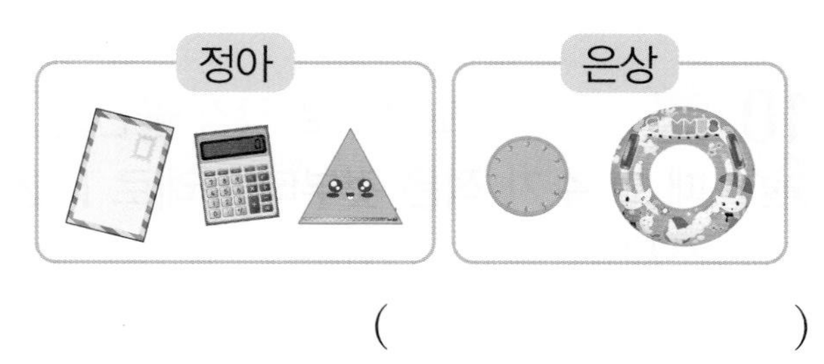

( )

09 단추를 같은 모양끼리 모으려고 합니다. 모으고 싶은 모양에 ○표 하고, ○표 한 모양을 모두 찾아 기호를 쓰세요.

창의형

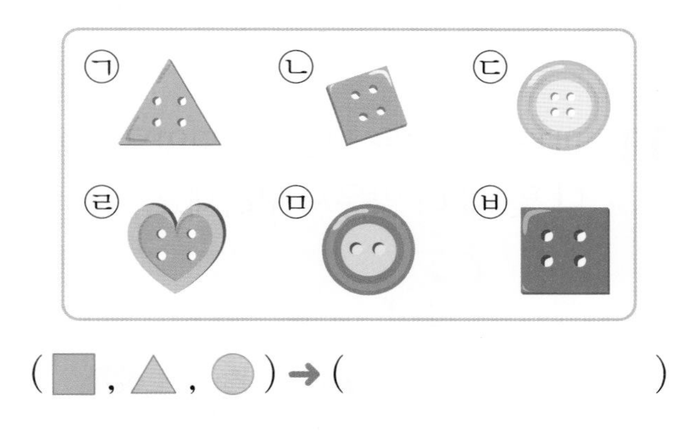

(■ , ▲ , ●) → ( )

STEP 2 유형 다잡기

+플러스 유형 04 모양의 개수 비교하기

예제 가장 많은 모양을 찾아 ○표 하세요.

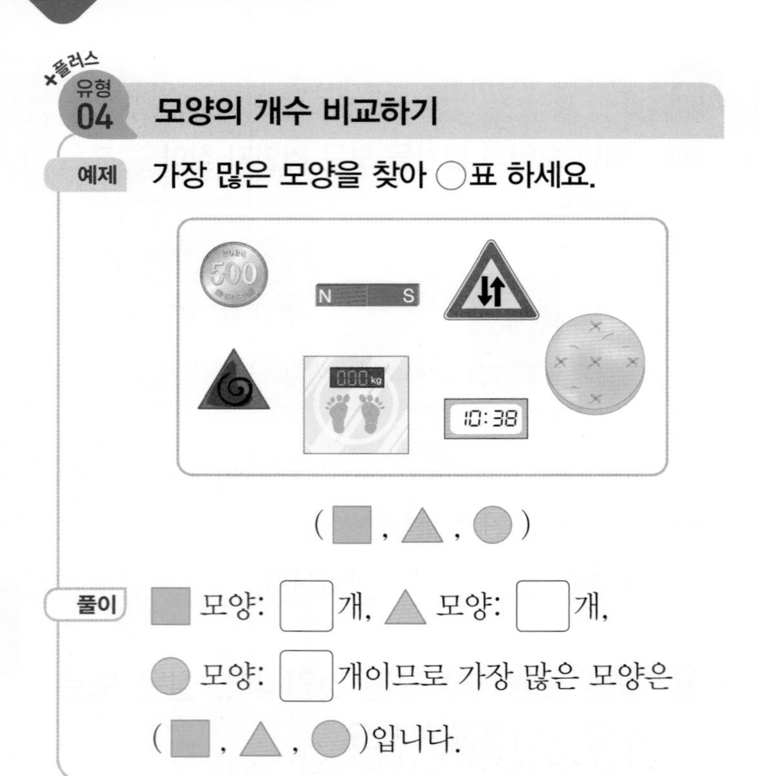

(■, ▲, ●)

풀이 ■ 모양: □개, ▲ 모양: □개,

● 모양: □개이므로 가장 많은 모양은

(■, ▲, ●)입니다.

10 ■, ▲, ● 모양으로 각각 물건을 모았을 때 그 수가 적은 것부터 차례로 1, 2, 3을 쓰세요.

중요*

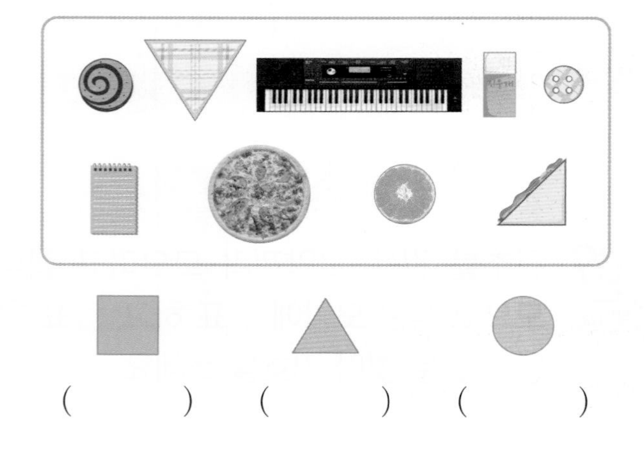

■ ( ) ▲ ( ) ● ( )

11 과자의 모양을 보고 ● 모양은 ▲ 모양보다 몇 개 더 많은지 구하세요.

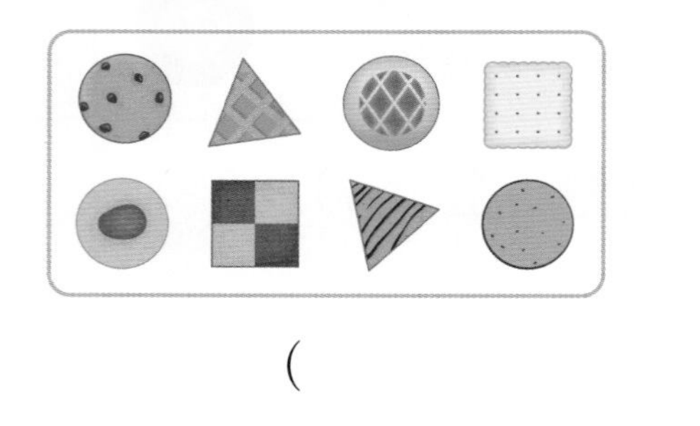

( )

유형 05 여러 가지 방법으로 ■, ▲, ● 모양 알아보기

예제 본뜬 모양을 찾아 알맞게 이어 보세요.

풀이 각 물건의 바닥 부분이 어떤 모양인지 알아 봅니다.

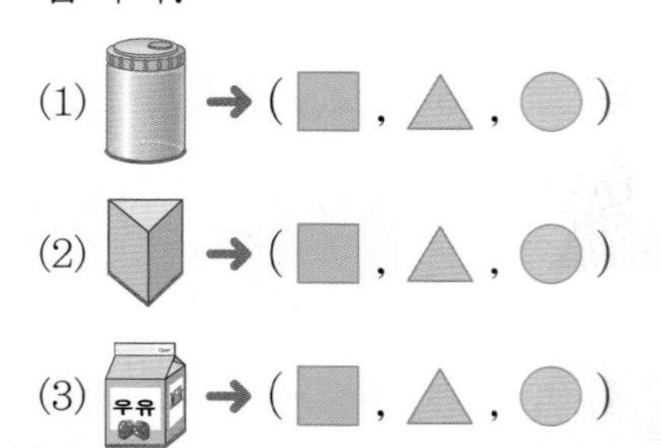

(1) → (■, ▲, ●)

(2) → (■, ▲, ●)

(3) → (■, ▲, ●)

12 고무찰흙 위에 찍었을 때 ▲ 모양이 나오는 것을 찾아 ○표 하세요.

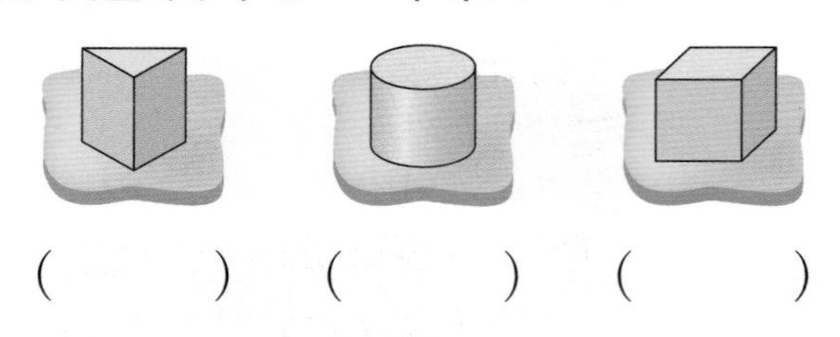

( ) ( ) ( )

13 그림과 같이 통조림 캔을 본떠 그렸을 때 생기는 모양을 그려 보세요.

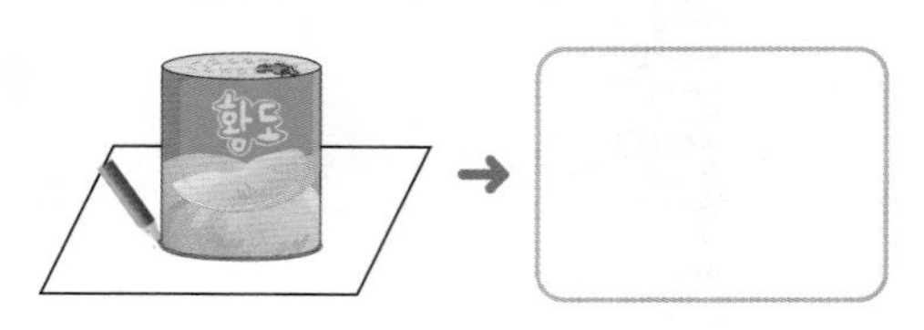

14 손으로 여러 가지 모양을 만들었습니다. ■ 모양을 만든 사람의 이름을 쓰세요.

( )

15 오른쪽 그림은 어떤 모양의 부분을 나타낸 것입니다. 어떤 모양인지 찾아 ○표 하세요.

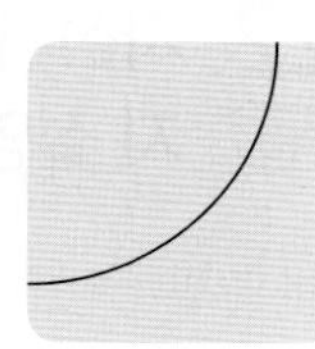

(■ , ▲ , ●)

16 오른쪽 물건을 종이 위에 대고 본떴을 때 나올 수 없는 모양을 찾아 기호를 쓰려고 합니다. 풀이 과정을 쓰고, 답을 구하세요.
서술형

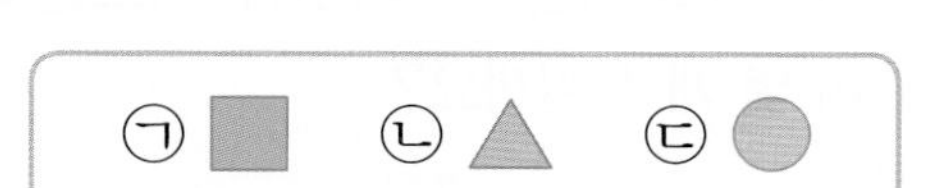

1단계 긴 부분과 양끝 부분을 본뜬 모양 구하기

2단계 본떴을 때 나올 수 없는 모양 찾기

답

유형 06 설명에 알맞은 모양 찾기

예제 미나의 이야기에 알맞은 모양에 ○표 하세요.

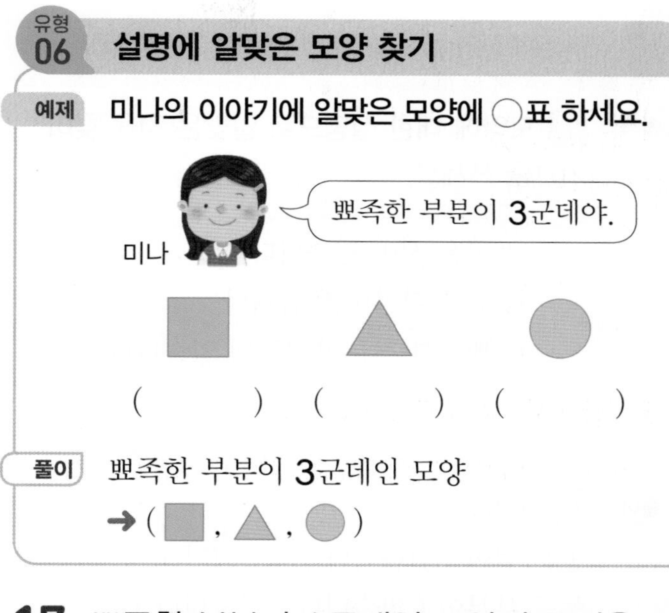

( ) ( ) ( )

풀이 뾰족한 부분이 3군데인 모양
→ (■ , ▲ , ●)

17 뾰족한 부분이 4군데인 모양의 물건을 모두 고르세요. ( )

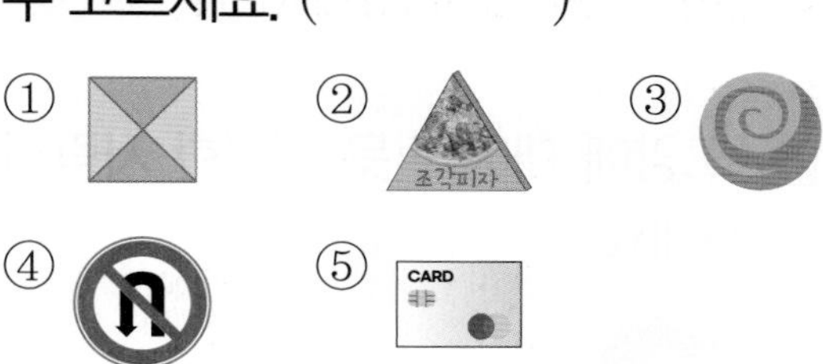

18 둥근 부분이 있는 모양의 물건을 모두 찾아 기호를 쓰세요.
중요*

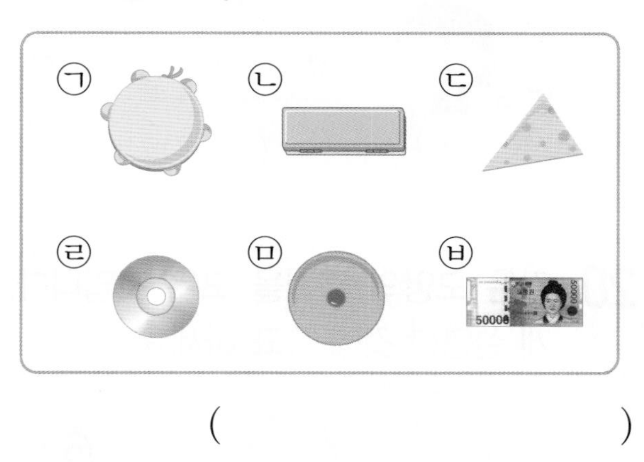

( )

3 단원

유형 다잡기

유형 07 모양을 설명하기

예제 ■ 모양에 대한 설명으로 알맞은 것을 찾아 기호를 쓰세요.

㉠ 곧은 선이 있습니다.
㉡ 둥근 부분이 있습니다.
㉢ 뾰족한 부분이 3군데 있습니다.

( )

풀이 ■ 모양은
곧은 선이 (있습니다 , 없습니다).
둥근 부분이 (있습니다 , 없습니다).
뾰족한 부분이 □군데 있습니다.

19 중요 ▲ 모양에 대해 잘못 설명한 사람의 이름을 쓰세요.

곧은 선이 있어.
도율
둥근 부분이 있어.
리아
뾰족한 부분이 3군데 있어.
연서

( )

20 같은 모양의 물건을 모은 것입니다. 바르게 설명한 것에 ○표 하세요.

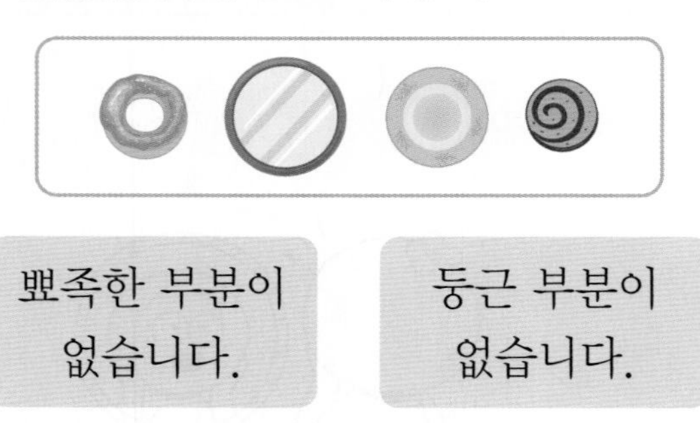

뾰족한 부분이 없습니다.	둥근 부분이 없습니다.
( )	( )

21 서술형 ■ 모양과 ▲ 모양의 같은 점과 다른 점을 쓰세요.

같은 점

다른 점

22 창의형 자전거 바퀴가 ■ 모양이라면 어떻게 될지 설명해 보세요.

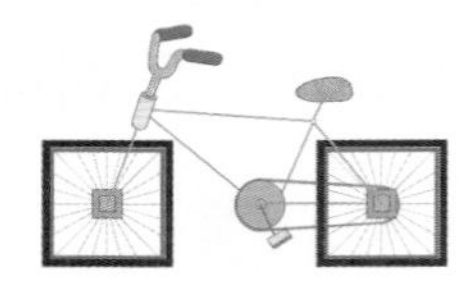

설명

유형 08 종이를 잘라서 모양 만들기

예제 색종이를 점선을 따라 모두 자르면 어떤 모양이 몇 개 생길까요?

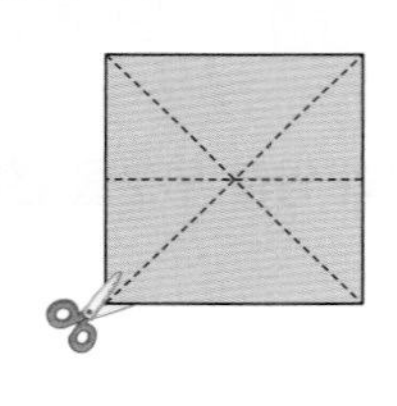

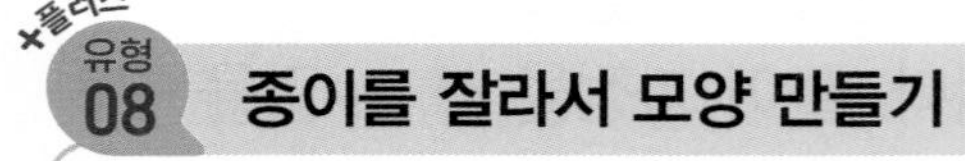

(■ , ▲ , ●) 모양, □개

풀이 점선을 따라 모두 자르면 생기는 모양

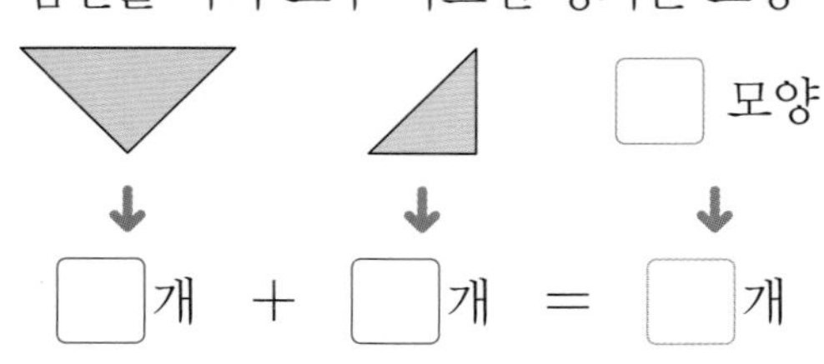

□ 모양

□개 + □개 = □개

23 색도화지를 점선을 따라 모두 잘랐을 때 생기는 모양을 모두 찾아 ○표 하세요.

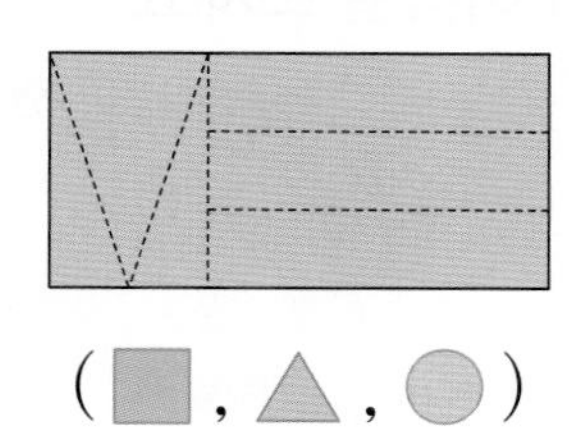

(■ , ▲ , ●)

24 종이를 점선을 따라 모두 자르면 ■ 모양과 ▲ 모양은 각각 몇 개 생기는지 구하세요.
중요*

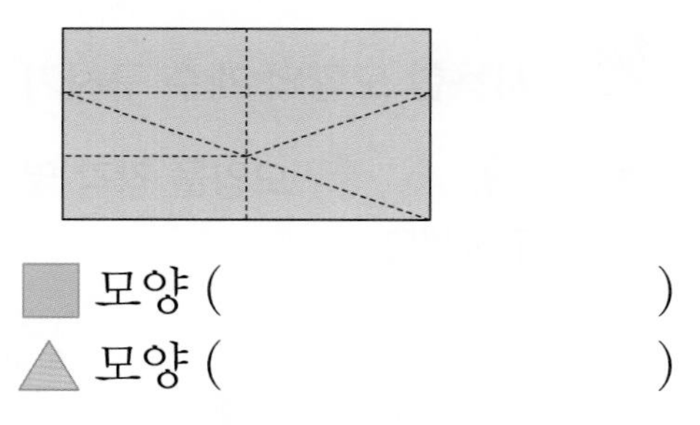

■ 모양 (　　　　　　　　)
▲ 모양 (　　　　　　　　)

25 그림과 같은 종이를 점선을 따라 모두 잘랐습니다. ■ 모양은 ▲ 모양보다 몇 개 더 많을까요?

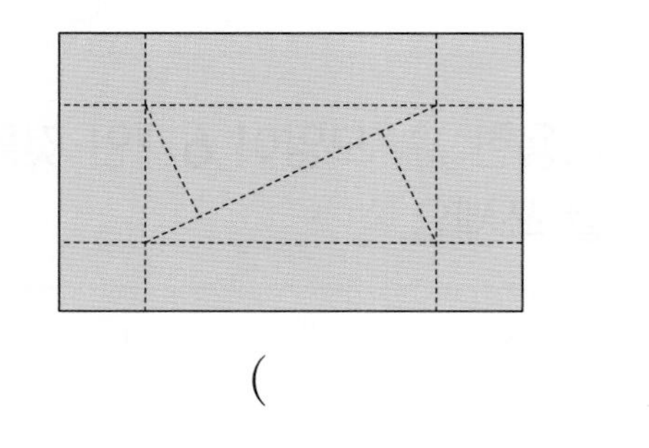

(　　　　　　　　)

유형 09 여러 가지 모양 꾸미기

예제 ■, ▲, ● 모양을 사용하여 가방을 꾸며 보세요.

풀이 ■, ▲, ● 모양으로 여러 가지 모양을 꾸며 봅니다.

3 단원

26 눈사람의 머리 부분은 ▲ 모양으로, 몸통 부분은 ■ 모양으로 꾸며 보세요.

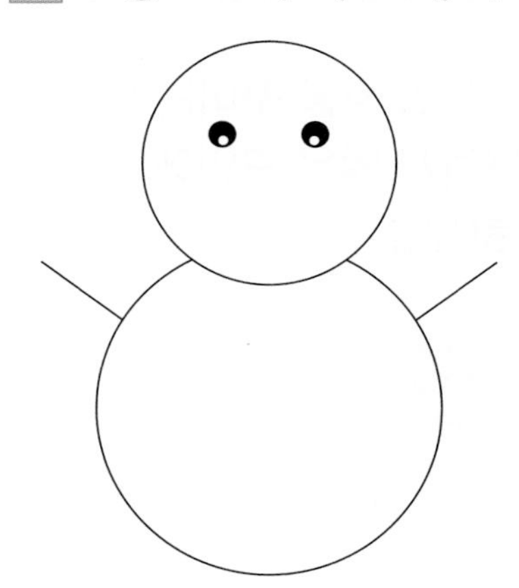

27 현우의 설명에 따라 그림을 꾸며 보세요.

현우: 지붕은 ▲ 모양으로, 지붕 아래는 ■ 모양으로, 나무는 ● 모양으로 꾸몄어.

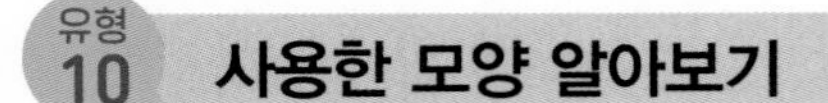

유형 10 사용한 모양 알아보기

예제 ■, ▲, ● 모양을 모두 사용하여 꾸민 것을 찾아 기호를 쓰세요.

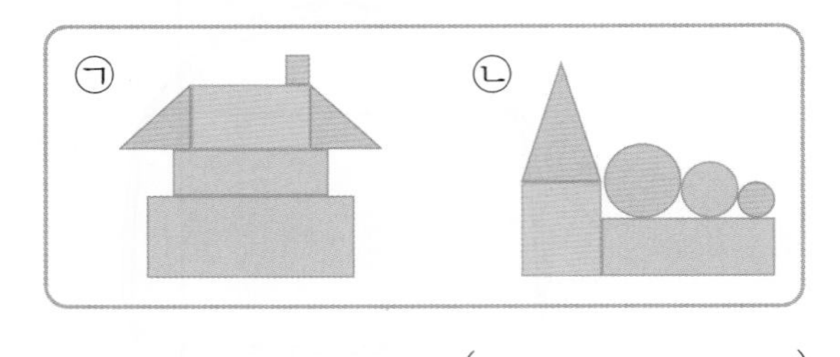

( )

풀이 ㉠을 꾸미는 데 사용한 모양

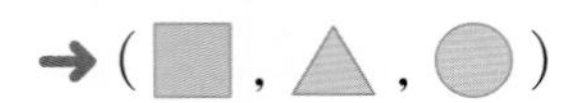

㉡을 꾸미는 데 사용한 모양

28 오른쪽 모양을 꾸미는 데 사용하지 않은 모양에 ×표 하세요.

중요*

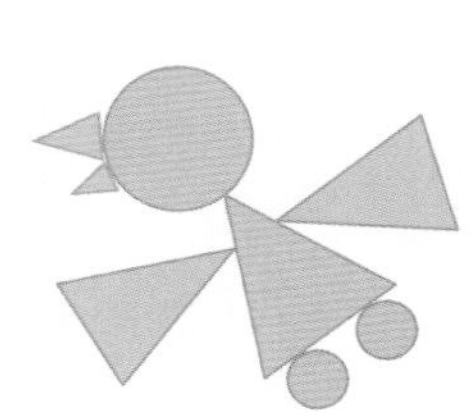

 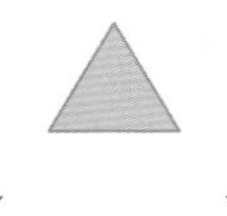 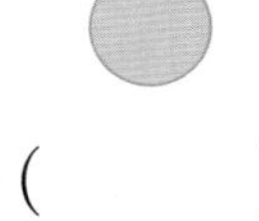

( ) ( ) ( )

29 두 모양을 꾸미는 데 공통으로 사용한 모양에 ○표 하세요.

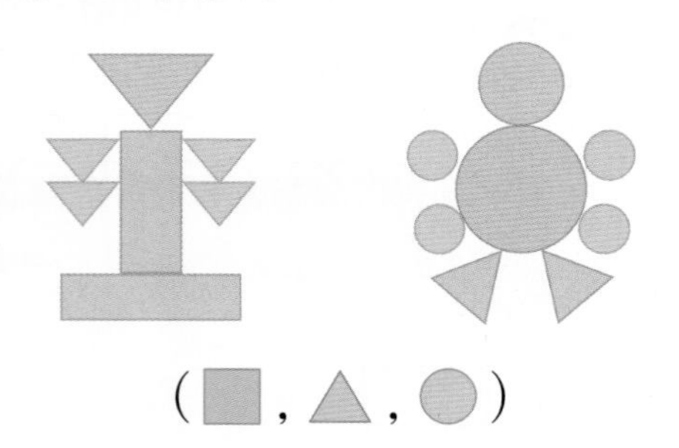

(■ , ▲ , ●)

30 기차를 꾸민 모양을 보고 바르게 설명한 사람의 이름을 쓰세요.

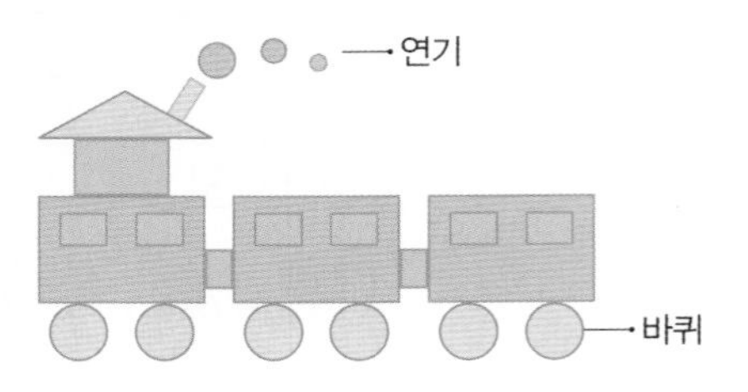

윤미: 바퀴는 ■ 모양으로 꾸몄습니다.
재호: ▲ 모양은 사용하지 않았습니다.
승아: 연기는 ● 모양으로 꾸몄습니다.

( )

유형 11 사용한 모양의 개수 구하기

예제 ■, ▲, ● 모양을 각각 몇 개 사용했는지 구하세요.

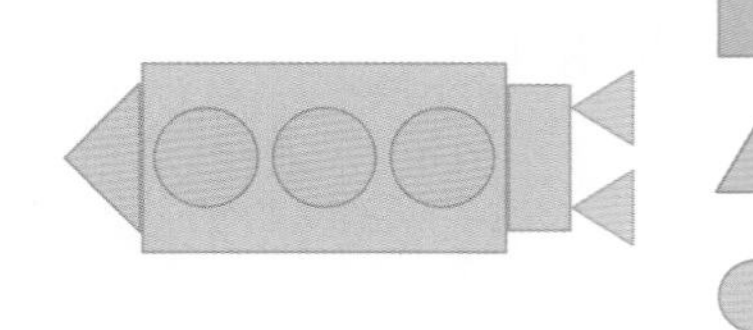

■ 모양: □개

▲ 모양: □개

● 모양: □개

풀이 ■ 모양: ■ ■ → □개

▲ 모양: ▲ ▲ ▲ → □개

● 모양: ● ● ● → □개

31 사용한 ▲ 모양이 6개인 것을 찾아 기호를 쓰세요.

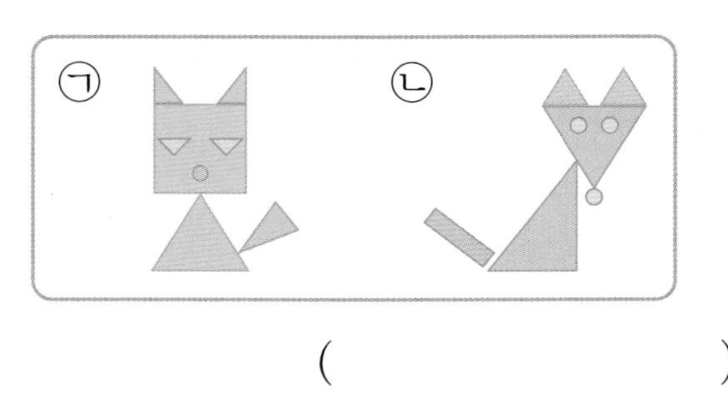

( )

32 중요★ 두 연을 모두 꾸미는 데 가장 많이 사용한 모양을 찾아 ○표 하세요.

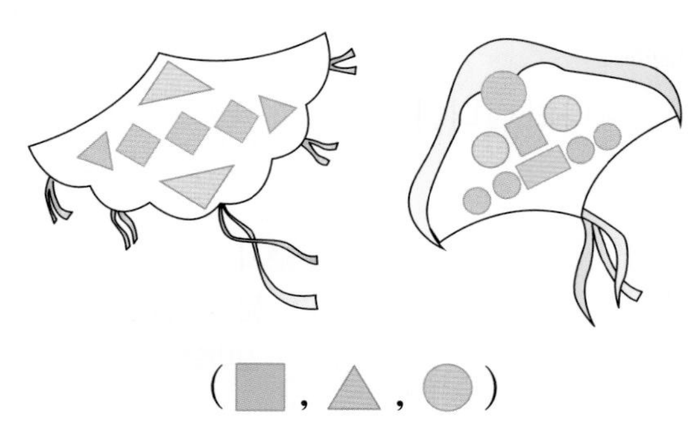

(■ , ▲ , ●)

33 게와 거북을 꾸미는 데 사용한 ● 모양은 모두 몇 개일까요?

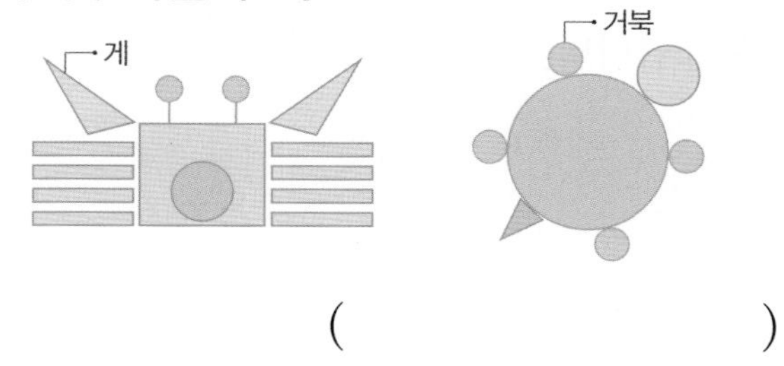

(　　　　　　　　)

34 서술형 모양을 꾸미는 데 ■ 모양을 더 적게 사용한 사람은 누구인지 풀이 과정을 쓰고, 답을 구하세요.

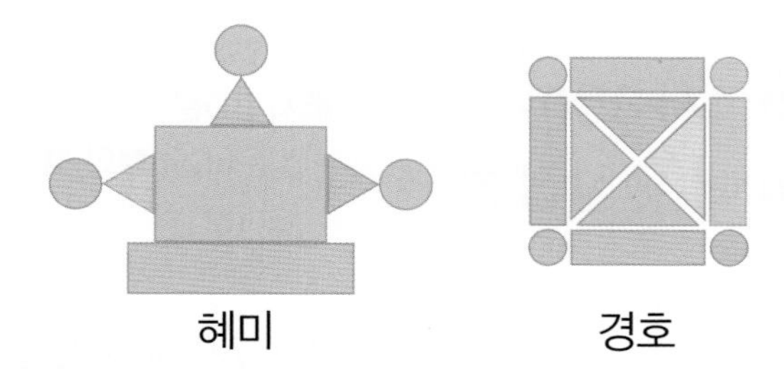

1단계 꾸민 모양에서 ■ 모양의 수 각각 구하기

2단계 ■ 모양을 더 적게 사용한 사람 구하기

답 ______________

+플러스 유형 12 **주어진 모양으로 모양 꾸미기**

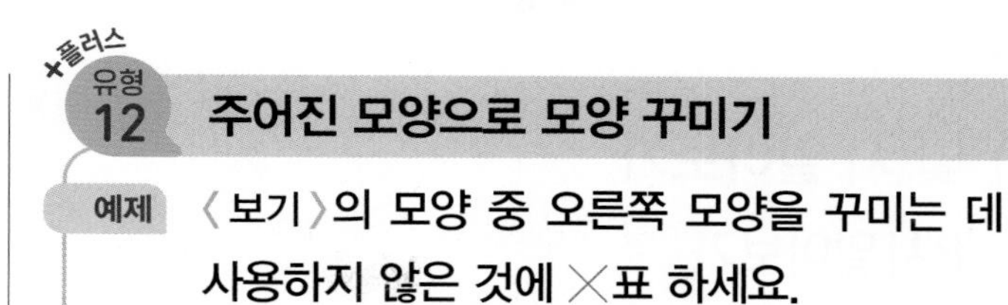

예제 〈보기〉의 모양 중 오른쪽 모양을 꾸미는 데 사용하지 않은 것에 ×표 하세요.

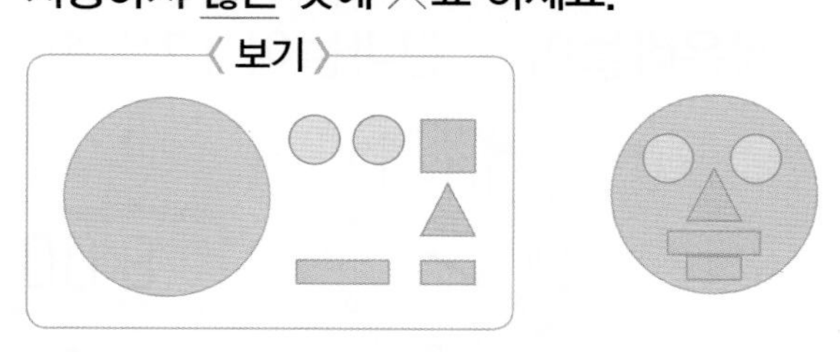

풀이 오른쪽 모양을 꾸미는 데 사용한 모양
➜ ■ 모양: □개, ▲ 모양: □개, ● 모양: □개
➜ 〈보기〉의 (■ , ▲ , ●) 모양 중 사용하지 않은 모양에 ×표 합니다.

35 주어진 모양을 모두 사용하여 꾸민 모양에 ○표 하세요.

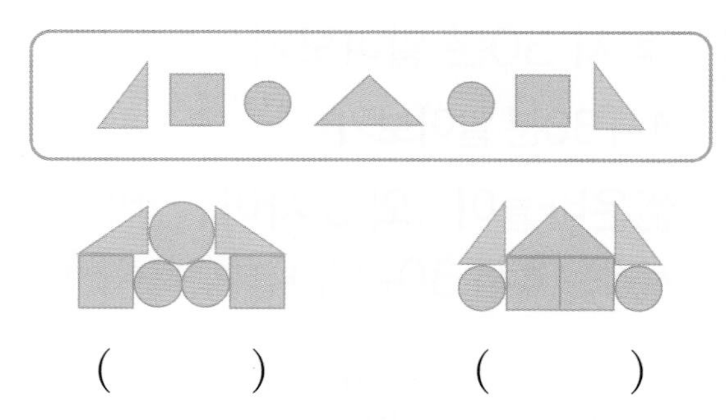

(　　)　　(　　)

36 주어진 모양 조각을 모두 사용하여 손수건을 꾸민 사람은 누구일까요?

(　　　　　　　　)

STEP 1 개념 확인하기

④ 몇 시 알아보기

8시 알아보기

짧은바늘이 8, 긴바늘이 12를 가리킬 때 시계는 **8시**를 나타냅니다.

> ■시
> 짧은바늘: ■
> 긴바늘: 12

시계에 9시 나타내기

① 짧은바늘: **9**를 가리키도록 그립니다.

② 긴바늘: **12**를 가리키도록 그립니다.

⑤ 몇 시 30분 알아보기

4시 30분 알아보기

짧은바늘이 4와 5 사이, 긴바늘이 6을 가리킬 때
시계는 **4시 30분**을 나타냅니다.

> ■시 30분
> 짧은바늘: ■와 ■+1 사이
> 긴바늘: 6

7시와 7시 30분 비교하기

시계		
시각	7시	7시 30분
긴바늘	12	6
짧은바늘	7	7과 8 사이

> 7시, 7시 30분 등을 시각이라고 합니다.

[01~02] 시계를 보고 몇 시인지 쓰세요.

01

짧은바늘이 □, 긴바늘이 □를 가리킵니다. ➜ □시

02

짧은바늘이 □, 긴바늘이 □를 가리킵니다. ➜ □시

[03~05] 시계를 보고 시각을 바르게 쓴 것에 색칠해 보세요.

03

12시 　 1시

04

6시 　 7시

05

3시 　 9시

[06~07] 시계를 보고 몇 시 30분인지 쓰세요.

06

짧은바늘이 □과 □ 사이, 긴바늘이 □을 가리킵니다.

➜ □시 □분

07

짧은바늘이 □와 □ 사이, 긴바늘이 □을 가리킵니다.

➜ □시 □분

[08~11] 시각을 시계에 나타내세요.

08 11시

09 2시

10 9시 30분

11 1시 30분

STEP 2 유형 다잡기

유형 13 몇 시 알아보기

예제 시계를 보고 시각을 쓰세요.

☐시

풀이 짧은바늘: ☐, 긴바늘: ☐

➜ ☐시

01 시각을 바르게 쓴 것을 찾아 ○표 하세요.

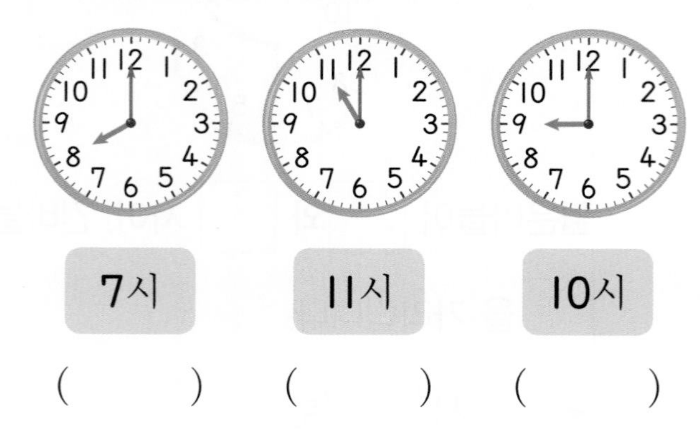

7시	11시	10시
(　　)	(　　)	(　　)

02 규민이가 말하는 시각을 쓰세요.

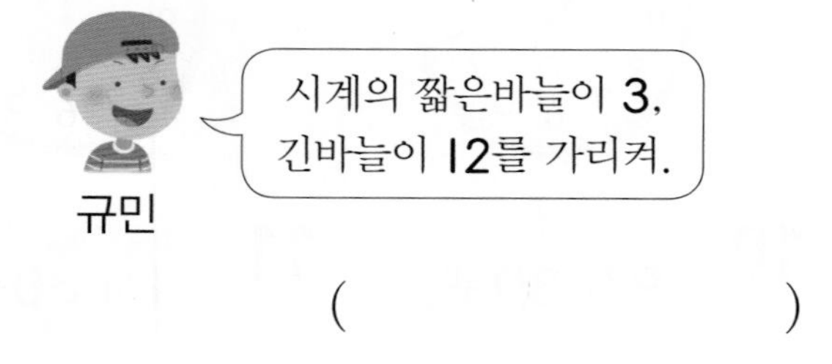

시계의 짧은바늘이 3,
긴바늘이 12를 가리켜.
규민

(　　　　　　)

03 나타내는 시각이 다른 하나를 찾아 기호를 쓰세요.

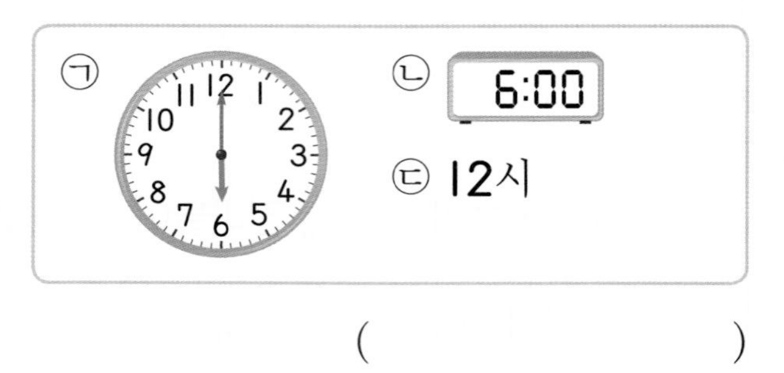

(　　　　　　)

04 오른쪽 시계가 나타내는 시각을 넣어 그 시각에 한 일을 쓰세요. (창의형)

유형 14 몇 시를 시계에 나타내기

예제 시각에 맞게 시계의 짧은바늘을 그려 보세요.

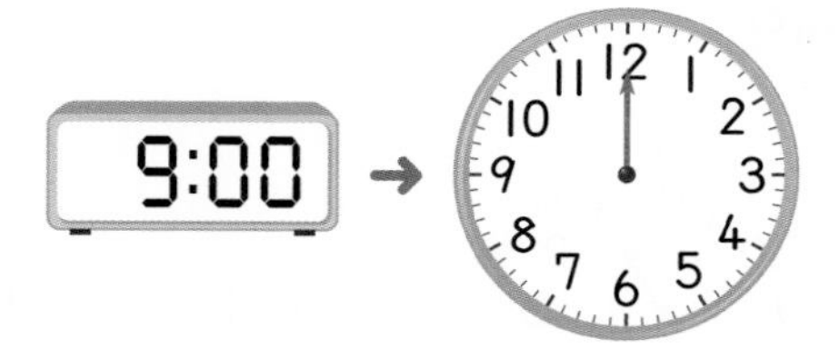

풀이 디지털시계가 나타내는 시각: ☐시

➜ 짧은바늘: ☐, 긴바늘: ☐

05 주어진 시각을 시계에 나타내세요. (중요)

(1) 5시　　(2) 1시

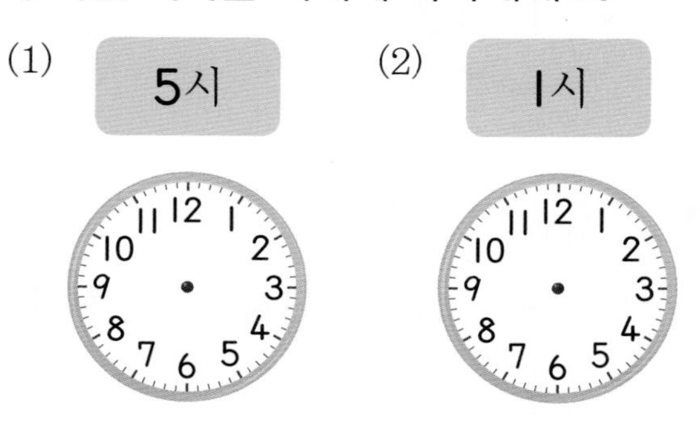

06 시계에 8시를 바르게 나타낸 사람의 이름을 쓰세요.

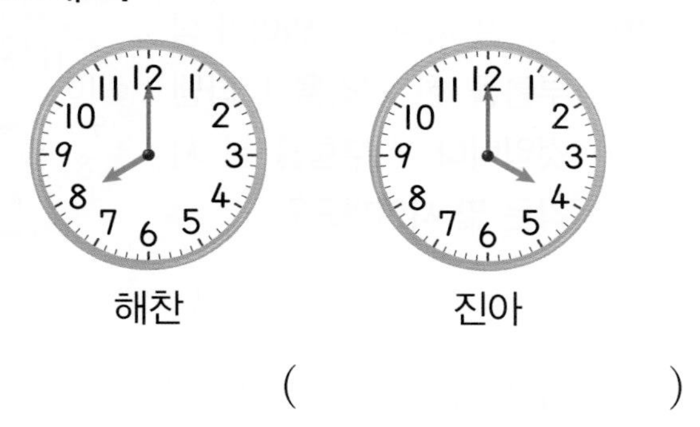

(　　　　　　　　)

몇 시 30분 알아보기

예제 3시 30분을 나타내는 시계에 ○표 하세요.

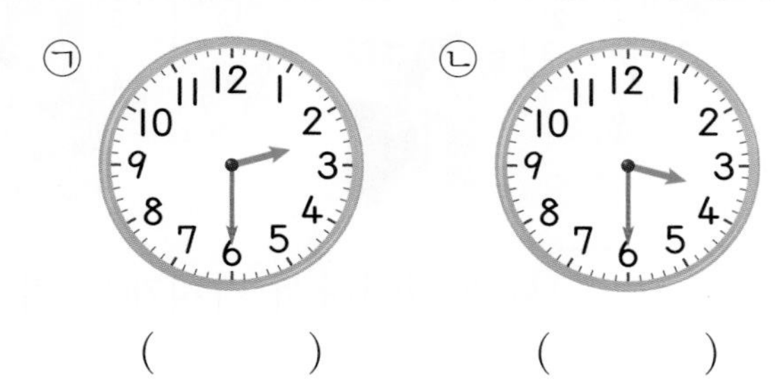

㉠ (　　)　　㉡ (　　)

풀이 ㉠ 짧은바늘: □와 □ 사이,

긴바늘: □ → □시 □분

㉡ 짧은바늘: □과 □ 사이,

긴바늘: □ → □시 □분

07 시계를 보고 시각을 쓰세요.

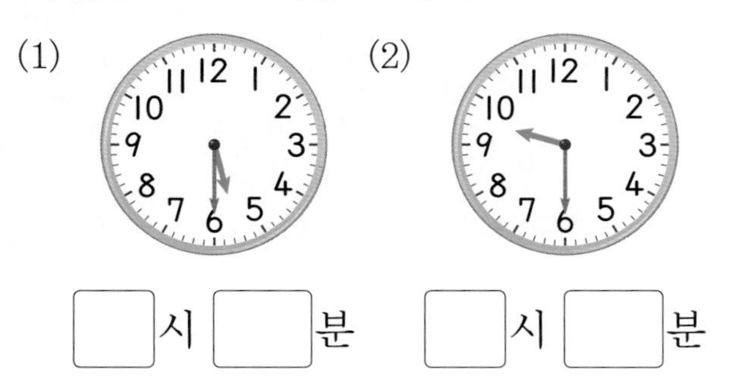

(1) □시 □분　　(2) □시 □분

08 같은 시각끼리 이어 보세요.

중요*

09 시계의 짧은바늘이 7과 8 사이를 가리키고, 긴바늘이 6을 가리키고 있습니다. 시계가 나타내는 시각은 몇 시 몇 분일까요?

(　　　　　　　　)

10 시계의 긴바늘이 6을 가리키는 시각을 모두 찾아 기호를 쓰세요.

㉠ 10시 30분	㉡ 6시
㉢ 9시	㉣ 4시 30분

(　　　　　　　　)

3 단원

STEP 2 유형 다잡기

유형 16 몇 시 30분을 시계에 나타내기

예제 두 시곗바늘이 다음과 같이 가리킬 때의 시각을 시계에 나타내고, 그 시각을 쓰세요.

짧은바늘 ➜ 2와 3 사이
긴바늘 ➜ 6

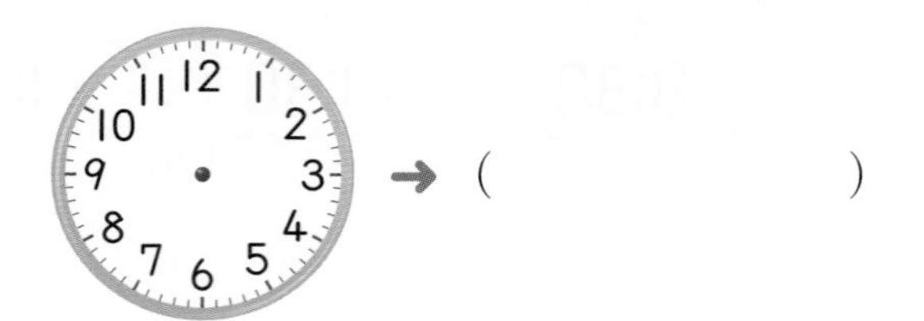

풀이 짧은바늘: 2와 3 사이, 긴바늘: 6

➜ □시 □분

11 (중요) 디지털시계가 나타내는 시각을 시계에 나타내세요.

(1)

(2) 4:30

12 (서술형) 오른쪽 시계는 9시 30분을 잘못 나타낸 것입니다. 그 이유를 쓰세요.

이유

유형 17 실생활 속 시각 알기

예제 오른쪽 시계는 서영이가 심부름을 한 시각을 나타낸 것입니다. 심부름을 한 시각은 몇 시일까요?

(　　　　　　)

풀이 짧은바늘: □, 긴바늘: □
➜ □시

13 그림을 보고 □ 안에 알맞은 수를 써넣으세요.

□시에 일어나서 기지개를 켜고,
□시에는 독서를 했습니다.

14 영재가 오늘 한 일의 시각을 나타낸 것입니다. 5시 30분에 한 일은 무엇일까요?

(　　　　　　)

15 계획표를 보고 이어 보세요.

할 일	시각
점심 식사하기	12시 30분
영화 보기	1시 30분
수영하기	4시

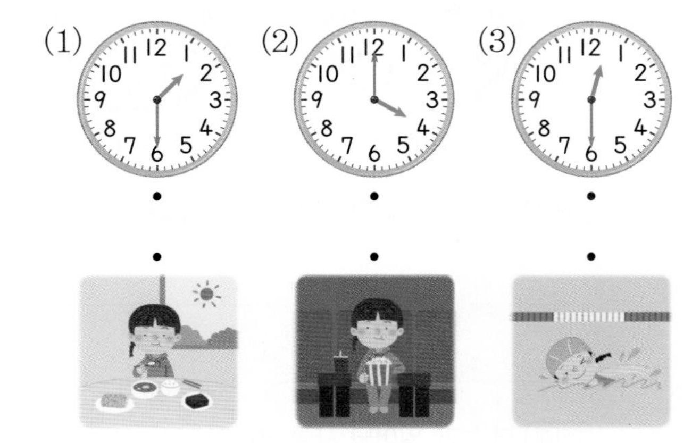

17 주경이와 도율이가 만나기로 한 시각을 시계에 바르게 나타낸 것의 기호를 쓰세요.

(   )

유형 18 **실생활 속 시각을 시계에 나타내기**

예제 **형서는 7시 30분에 숙제를 시작했습니다. 숙제를 시작한 시각을 오른쪽 시계에 나타내세요.**

풀이 7시 30분

➜ 짧은바늘: ☐과 ☐ 사이,

긴바늘: ☐

16 피아노 연습을 한 시각을 시계에 나타내세요. 중요*

1시에 피아노 연습을 했습니다.

18 전시관 운영 시간의 시작 시각과 마침 시각을 각각 시계에 나타내세요.

운영 시간	10:30~6:00

+플러스 유형 19 **시각의 순서 알아보기**

예제 더 빠른 시각에 ○표 하세요.

낮 5시	낮 2시 30분
(　　)	(　　)

풀이 시를 나타내는 숫자가
(클수록 , 작을수록) 빠른 시각입니다.
따라서 (낮 5시 , 낮 2시 30분)이 더 빠른 시각입니다.

19 은서와 도윤이가 아침 식사를 한 시각입니다. 더 일찍 아침 식사를 한 사람은 누구일까요?

은서	7시 30분
도윤	8시

(　　　　　)

20 중요 윤영이네 가족이 잠자리에 드는 시각입니다. 가장 늦게 잠자리에 드는 사람은 누구일까요?

9:00	11:30	10:30
윤영	어머니	아버지

(　　　　　)

21 서술형 세혁이와 은비가 일요일 아침에 일어난 시각을 나타낸 것입니다. 더 늦게 일어난 사람은 누구인지 풀이 과정을 쓰고, 답을 구하세요.

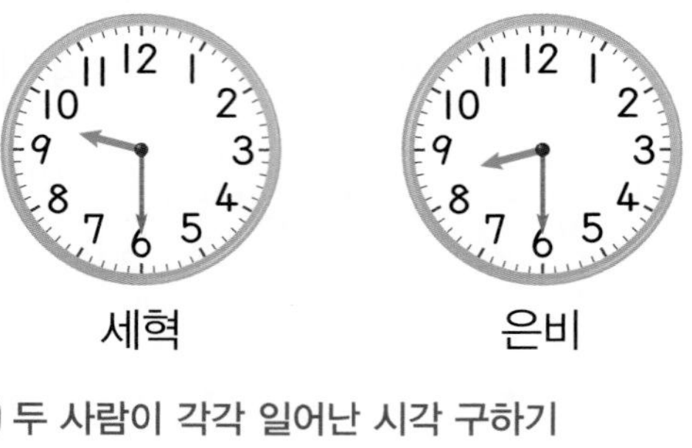

세혁　　　　은비

1단계 두 사람이 각각 일어난 시각 구하기

2단계 더 늦게 일어난 사람 구하기

답 ____________

22 도현이가 오늘 낮에 한 일입니다. 일찍 한 일부터 차례로 1, 2, 3을 쓰세요.

퍼즐 맞추기
(　　)

태권도 하기
(　　)

간식 먹기
(　　)

유형 20 거울에 비친 시각 알기

예제 거울에 비친 시계를 보고 이 시계가 나타내는 시각을 쓰세요.

□시

풀이 짧은바늘: □, 긴바늘: □

➜ □시

23 오른쪽 거울에 비친 시계가 나타내는 시각은 몇 시 몇 분일까요?

(　　　　　　)

24 거울에 비친 시계를 보고 시각을 바르게 말한 사람의 이름을 쓰세요.

진호: 4시 30분이야.
서우: 3시 30분이야.

(　　　　　　)

+플러스

유형 21 시각과 시각 사이의 시각 구하기

예제 저녁 6시와 저녁 7시 사이의 시각을 나타내는 시계에 ○표 하세요.

(　　)　(　　)

풀이 왼쪽 시계의 시각: □시 30분

오른쪽 시계의 시각: □시 30분

➜ 저녁 6시와 저녁 7시 사이의 시각은 □시 30분입니다.

25 중요 낮 2시 30분과 낮 4시 사이에 볼 수 있는 시계를 모두 찾아 기호를 쓰세요.

㉠ 

㉡ 

㉢ 

(　　　　　　)

26 성미, 현재, 진수가 아침에 달리기를 시작한 시각을 나타낸 것입니다. 8시와 10시 30분 사이에 달리기를 시작한 사람을 모두 찾아 이름을 쓰세요.

(　　　　　　)

3 STEP 응용 해결하기

특징에 알맞은 모양의 개수 세기

1 다음 중 뾰족한 부분이 있는 모양의 물건은 모두 몇 개일까요?

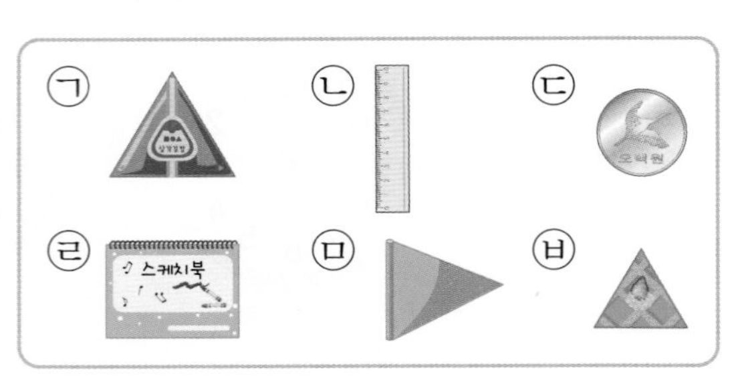

( )

가장 많이 사용한 모양과 가장 적게 사용한 모양의 개수의 차 구하기

2 성호가 물고기를 ■, ▲, ● 모양으로 꾸몄습니다. 가장 많이 사용한 모양은 가장 적게 사용한 모양보다 몇 개 더 많은지 풀이 과정을 쓰고, 답을 구하세요.

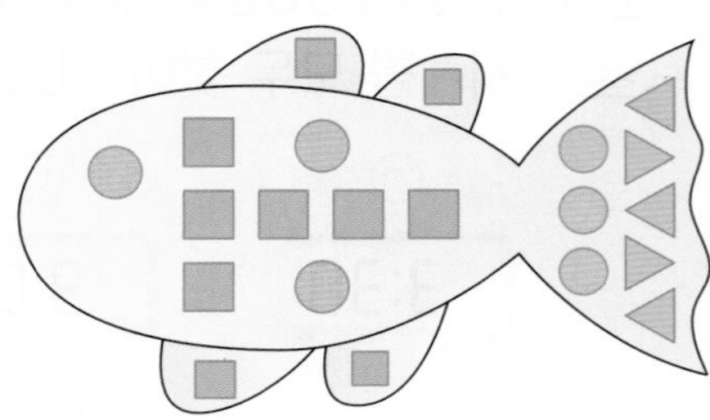

풀이

답

시계의 짧은바늘과 긴바늘이 서로 반대 방향을 가리키는 시각 찾기

3 시계의 짧은바늘과 긴바늘이 서로 반대 방향을 가리키는 시각을 찾아 기호를 쓰세요.

㉠ 3시 ㉡ 9시 30분 ㉢ 6시

( )

해결 tip

뾰족한 부분이 있는 모양은?

모양	뾰족한 부분
■	있음(4군데)
▲	있음(3군데)
●	없음

정답 21쪽

더 필요한 모양의 개수 구하기 서술형

4 지후는 ■ 모양 1개, ▲ 모양 3개, ● 모양 4개를 가지고 있습니다. 지후가 다음 모양을 꾸미려면 어떤 모양이 몇 개 더 필요한지 풀이 과정을 쓰고, 답을 구하세요.

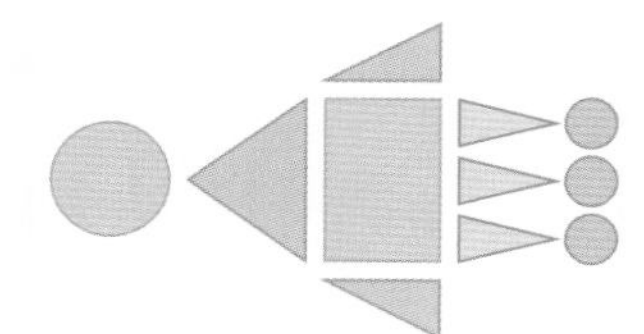

풀이

답 ______ , ______

거울에 비친 시계에서 더 빠른 시각 찾기

5 규리가 줄넘기를 시작한 때와 끝냈을 때 거울에 비친 시계를 나타낸 것입니다. 규리가 줄넘기를 시작한 시각을 나타낸 것의 기호를 쓰고, 그때의 시각을 쓰세요.

㉠ 

㉡

(   ), (   )

크고 작은 모양의 개수 구하기

6 다음 그림에서 찾을 수 있는 크고 작은 ■ 모양은 모두 몇 개일까요?

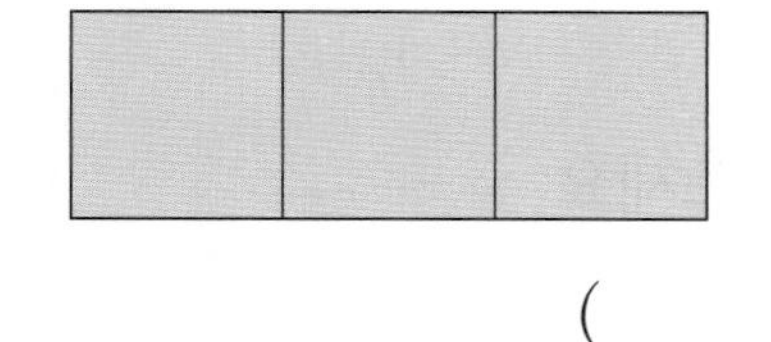

(   )

해결 tip

줄넘기를 시작한 시각은?

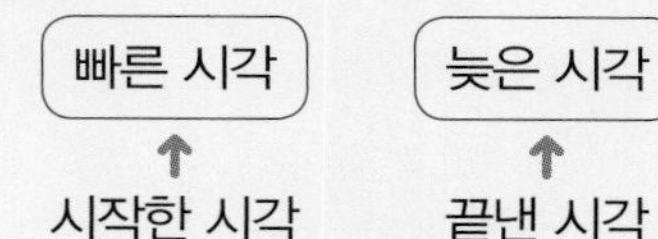

어떤 일을 시작한 시각은 끝낸 시각보다 더 빠릅니다.

크고 작은 ■ 모양을 모두 찾으려면?

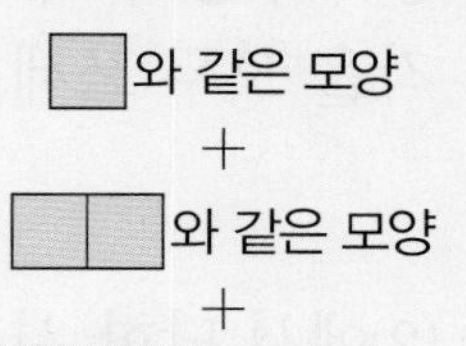

정답 21쪽

색종이를 접은 후 잘랐을 때 나오는 모양 알아보기

7 그림과 같이 색종이를 3번 접었다 펼친 후 접힌 선을 따라 모두 잘랐습니다. ■, ▲, ● 모양 중 어떤 모양이 몇 개 만들어질까요?

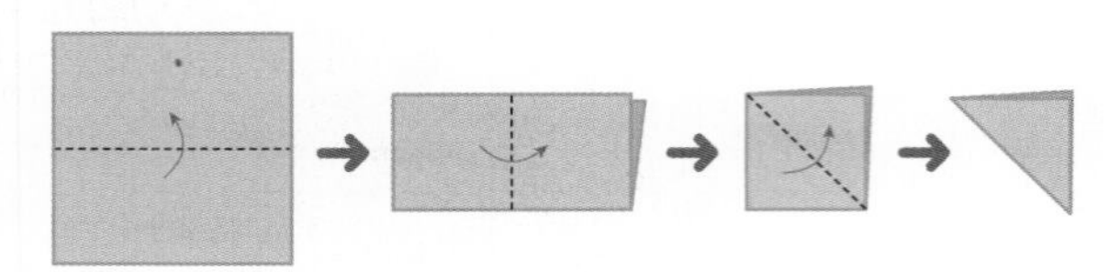

(1) 색종이를 3번 접었다 펼쳤을 때 접힌 선을 점선으로 표시해 보세요.

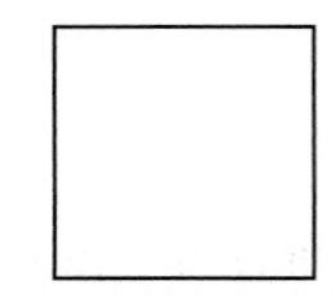

(2) 접힌 선을 따라 모두 자르면 어떤 모양이 몇 개 만들어질까요?

( ), ( )

해결 tip

색종이를 1번, 2번 접었다 펼치면 접힌 선은?

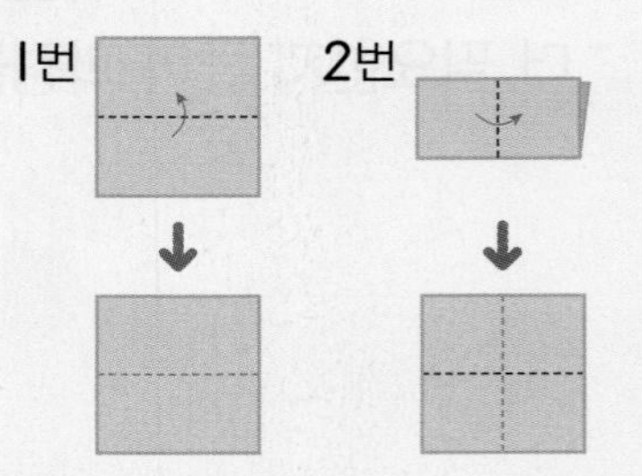

색종이를 2번 접었을 때 접힌 부분의 위치와 방향을 살펴보고 새로 접힌 선을 그립니다.

설명하는 시각 구하기

8 설명하는 시각을 구하세요.

- 긴바늘이 6을 가리킵니다.
- 3시와 5시 사이의 시각입니다.
- 4시보다 늦은 시각입니다.

(1) 알맞은 말에 ○표 하세요.

긴바늘이 6을 가리키면 (몇 시 , 몇 시 30분)입니다.

(2) 3시와 5시 사이의 시각 중 긴바늘이 6을 가리키는 시각을 모두 쓰세요.

( )

(3) (2)에서 답한 시각 중 4시보다 늦은 시각을 쓰세요.

( )

평가 3단원 마무리

맞힌 개수

01 그림을 보고 ● 모양인 물건을 모두 찾아 기호를 쓰세요.

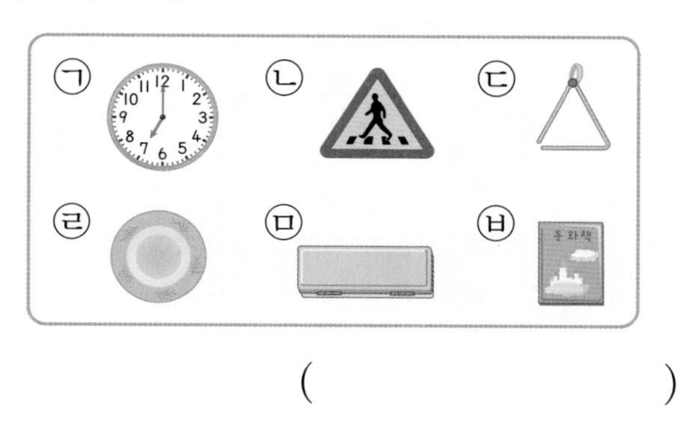

(　　　　　　　　)

02 시계를 보고 시각을 쓰세요.

03 같은 시각끼리 이어 보세요.

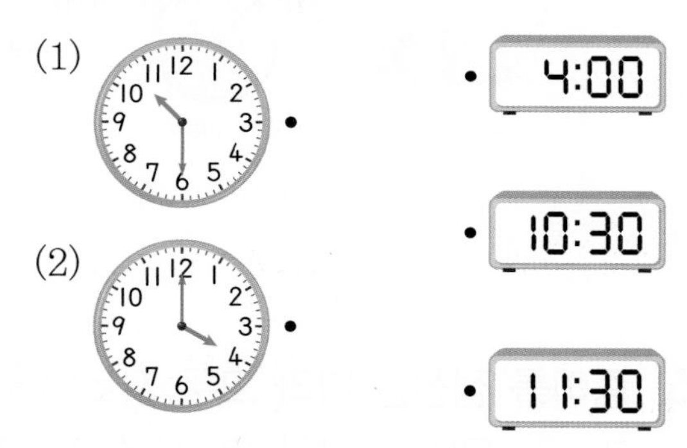

04 모양이 다른 하나를 찾아 색칠해 보세요.

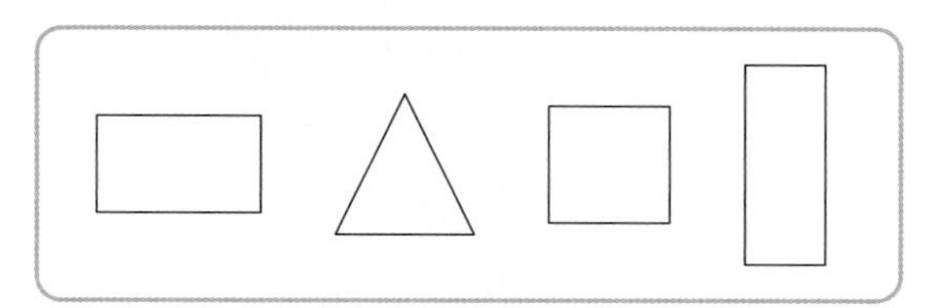

05 왼쪽과 같은 모양인 물건을 찾아 기호를 쓰세요.

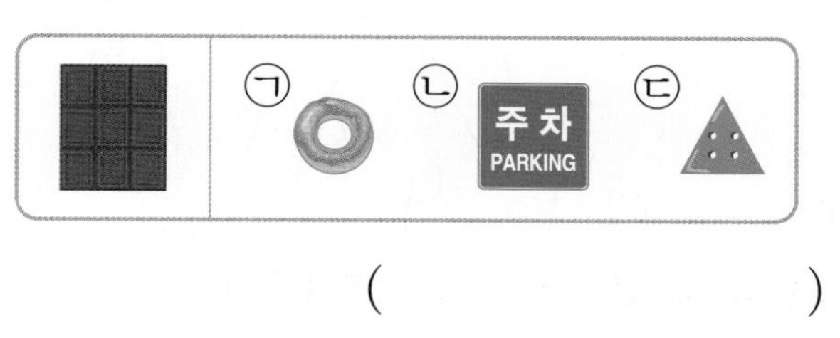

(　　　　　　　　)

06 12시 30분을 시계에 나타내세요.

07 ■, ▲, ● 모양을 각각 몇 개 사용했는지 구하세요.

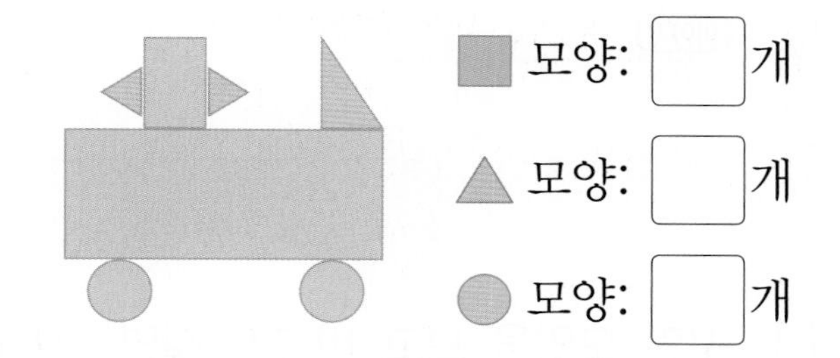

08 본뜬 모양을 찾아 알맞게 이어 보세요.

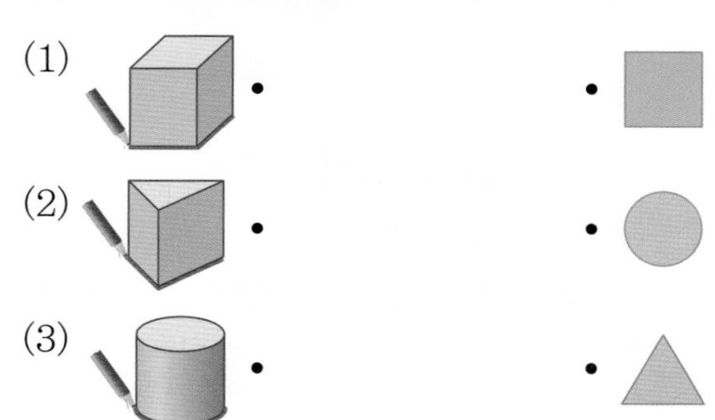

09 ■, ▲, ● 모양을 사용하여 옷을 꾸며 보세요.

10 그림을 보고 시각을 넣어 이야기를 만들어 보세요. (서술형)

이야기

11 꾸민 모양을 보고 바르게 설명한 사람의 이름을 쓰세요.

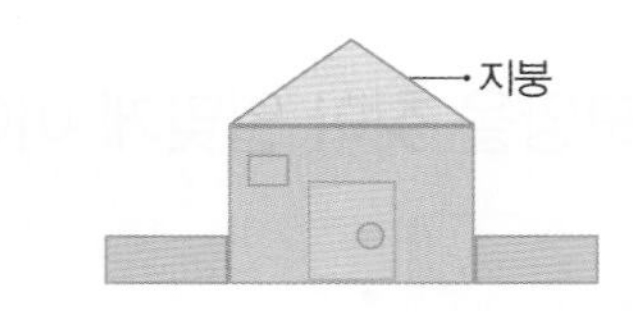

은호: ■ 모양과 ● 모양으로만 꾸몄습니다.
선주: 지붕을 ▲ 모양으로 꾸몄습니다.

(　　　　　)

12 같은 모양끼리 모은 것입니다. 잘못 모은 사람은 누구인지 풀이 과정을 쓰고, 답을 구하세요. (서술형)

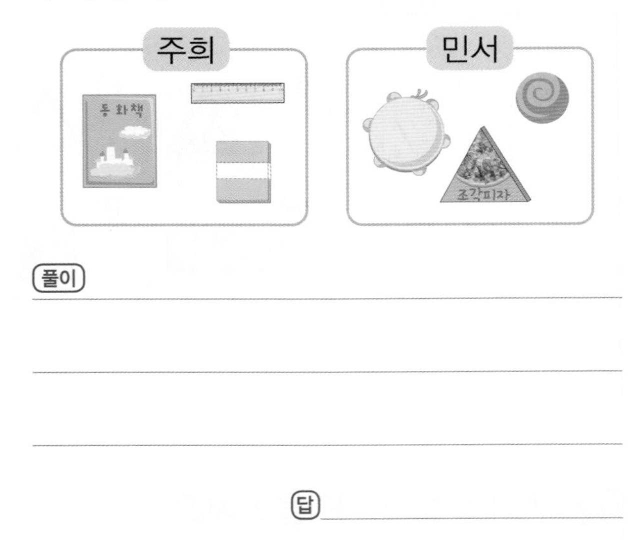

풀이

답

13 뾰족한 부분이 없는 모양의 물건을 모두 찾아 기호를 쓰세요.

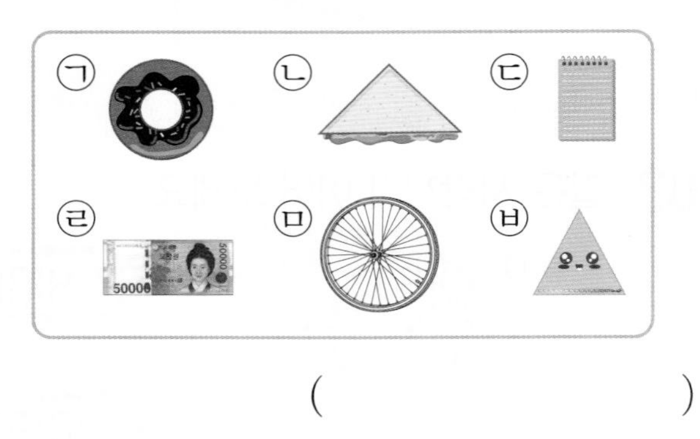

(　　　　　)

14 종이를 점선을 따라 모두 자르면 ■ 모양과 ▲ 모양은 각각 몇 개 생기는지 구하세요.

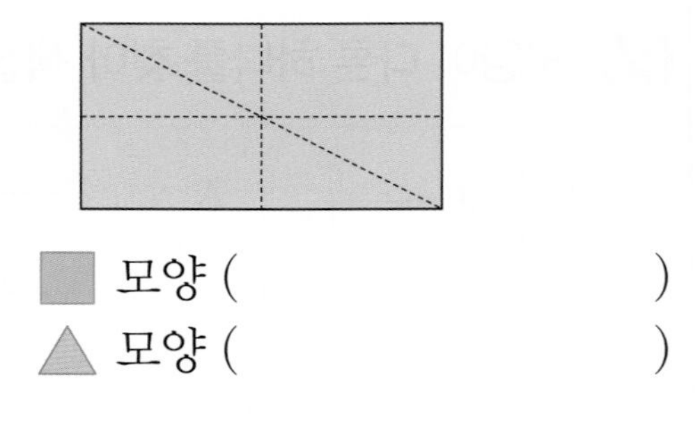

■ 모양 (　　　　　)
▲ 모양 (　　　　　)

15 과자의 모양을 보고 가장 많은 모양을 찾아 ○표 하세요.

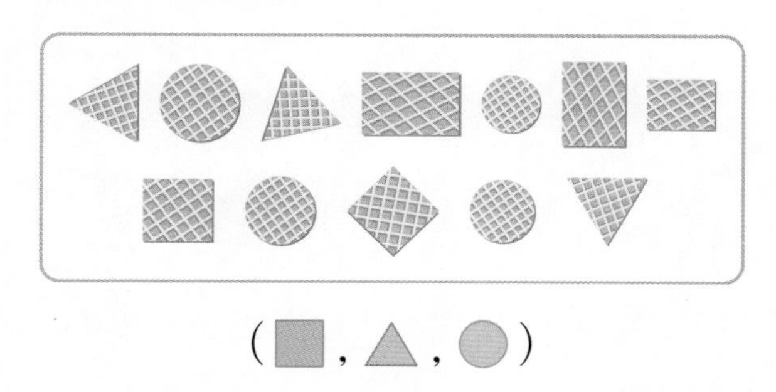

(■ , ▲ , ●)

16 어제 저녁에 수진이와 윤희가 친구들과 놀다가 집에 들어온 시각입니다. 집에 더 일찍 들어온 사람은 누구일까요?

(   )

17 아침 8시와 9시 사이에 학교에 도착한 사람은 누구일까요?

(   )

18 모양을 꾸미는 데 ● 모양을 더 많이 사용한 사람의 이름을 쓰세요.

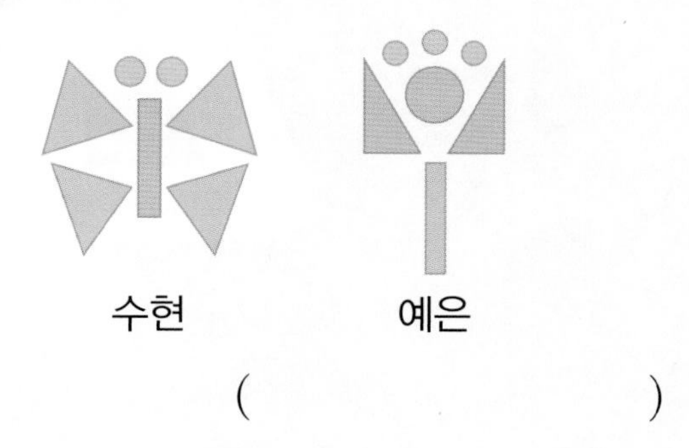

(   )

19 시계의 짧은바늘과 긴바늘이 같은 곳을 가리키는 시각을 찾아 기호를 쓰세요.

㉠ 11시 30분 ㉡ 6시 ㉢ 12시

(   )

20 서술형

다음 모양을 꾸미는 데 사용한 모양 중에서 ■ 모양은 ▲ 모양보다 몇 개 더 적은지 풀이 과정을 쓰고, 답을 구하세요.

풀이

답

4

덧셈과 뺄셈(2)

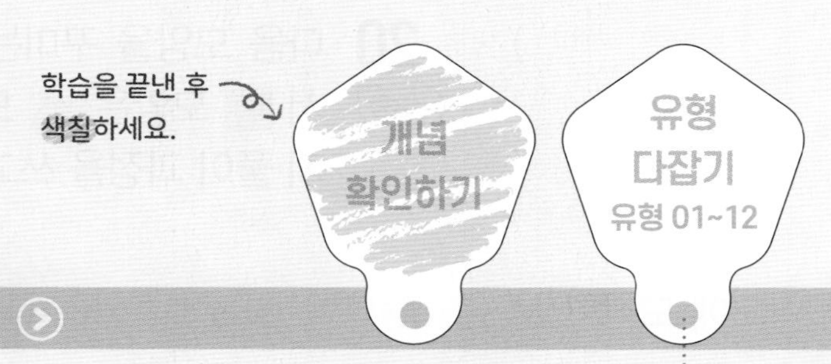

중요 유형

02 10으로 만들어 더하기

03 (몇)+(몇)=(십몇)

06 덧셈식에서 규칙 찾기

10 덧셈식에서 □ 안에 알맞은 수 구하기

이전에 배운 내용

[1-2] 덧셈과 뺄셈(1)

세 수의 덧셈과 뺄셈

10이 되는 더하기 / 10에서 빼기

10을 만들어 더하기

개념 확인하기

유형 다잡기
유형 13~28

응용 해결하기

4단원 마무리

ⓐ 중요 유형

16 (십몇)－(몇)＝(몇)

19 계산 결과가 가장 큰(작은) 뺄셈식 만들기

20 뺄셈식에서 규칙 찾기

21 차가 같은 뺄셈식 찾기

25 덧셈과 뺄셈 해결하기

다음에 배울 내용

[1-2] 덧셈과 뺄셈(3)

받아올림이 없는 (몇십몇)＋(몇십몇)

받아내림이 없는 (몇십몇)－(몇십몇)

STEP 1 개념 확인하기

① 덧셈 알아보기

나비가 모두 몇 마리인지 알아보기

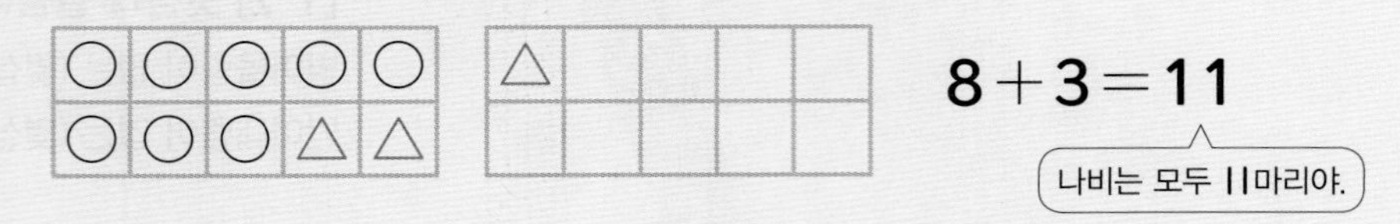

나비 8마리가 있었는데
3마리가 더 날아왔어.

방법1 이어 세기로 구하기

8에서 3만큼 이어 세면 11이야.

8 9 10 11

$8+3=11$

방법2 더 날아온 나비 수만큼 △를 그려서 구하기

○	○	○	○	○
○	○	○	△	△

△				

$8+3=11$

나비는 모두 11마리야.

② 덧셈하기

5+9 계산하기

방법1 5와 더하여 10을 만들어 계산하기

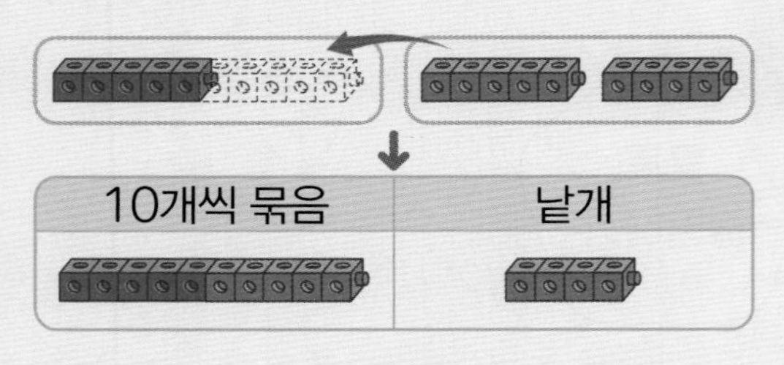

10개씩 묶음
낱개

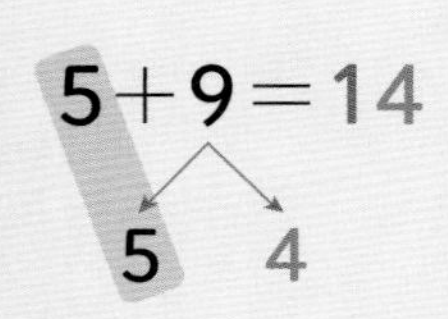

$5+9=14$ (9를 5와 4로 가르기)

- 5와 더하여 10을 만들기 위해 9를 5와 4로 가르기하였습니다.

방법2 9와 더하여 10을 만들어 계산하기

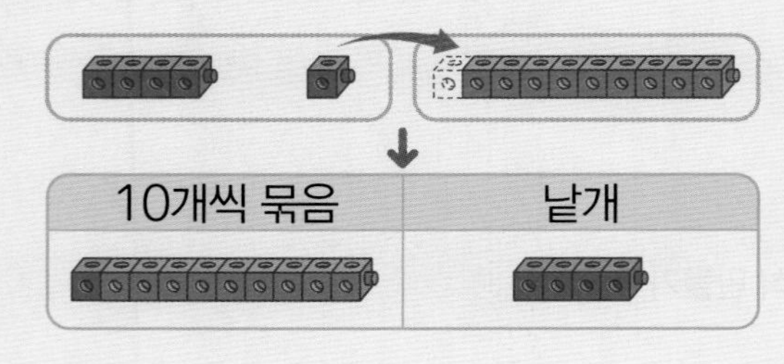

10개씩 묶음
낱개

$5+9=14$ (5를 4와 1로 가르기)

- 9와 더하여 10을 만들기 위해 5를 4와 1로 가르기하였습니다.

③ 여러 가지 덧셈하기

덧셈식에서 규칙 찾기

$9+2=11$
$9+3=12$ → 같은 수에 1씩 큰 수를 더하면 합도 1씩 커집니다.
$9+4=13$

- 같은 수에 1씩 작은 수를 더하면 합도 1씩 작아집니다.
  $9+7=16$
  $9+6=15$
  $9+5=14$
  $9+4=13$

[01~02] 이어 세기로 덧셈을 하려고 합니다. ▢ 안에 알맞은 수를 써넣으세요.

01

8 9 10 11 ▢

$8+4=$ ▢

02

9 ▢ ▢

$9+2=$ ▢

[03~04] ▢ 안에 알맞은 수를 써넣으세요.

03

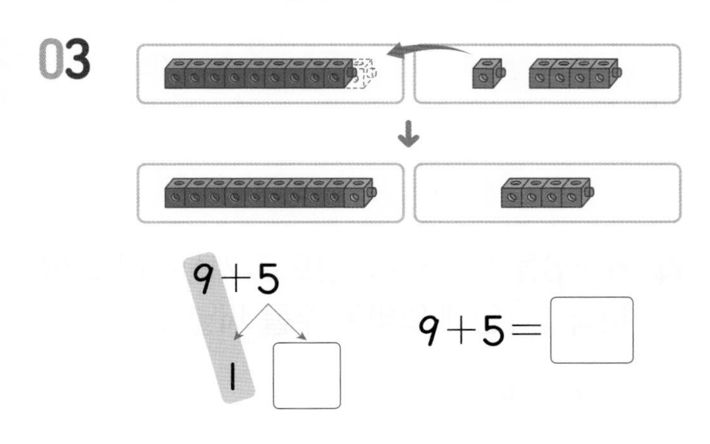

04

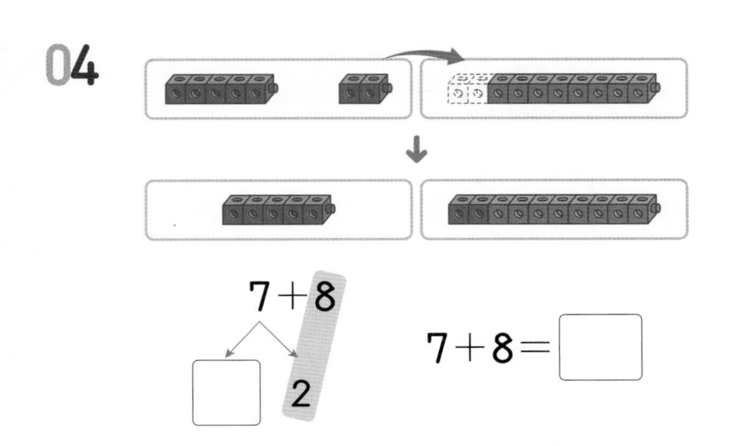

[05~06] 6+5를 두 가지 방법으로 계산하려고 합니다. ▢ 안에 알맞은 수를 써넣으세요.

05 방법 1 6과 더하여 10을 만들어 계산하기

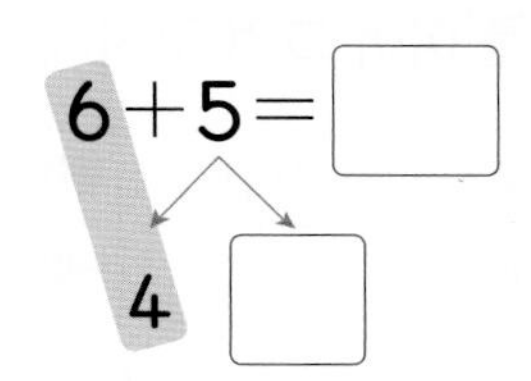

06 방법 2 5와 더하여 10을 만들어 계산하기

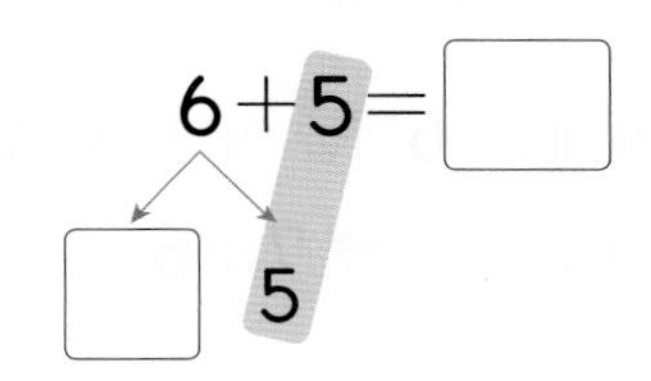

[07~08] 덧셈식을 보고 물음에 답하세요.

$7+3=$ 10
$7+4=$ 11
$7+5=$ ▢
$7+6=$ ▢

07 위 ▢ 안에 알맞은 수를 써넣으세요.

08 위 덧셈식을 보고 규칙을 바르게 설명했으면 ○표, 잘못 설명했으면 ×표 하세요.

같은 수에 1씩 큰 수를 더하면 합은 1씩 작아집니다. (　　　)

STEP 2 **유형 다잡기**

유형 01 여러 가지 방법으로 덧셈하기

예제 사과는 모두 몇 개인지 초록색 사과의 수만큼 △를 이어 그려 구하세요.

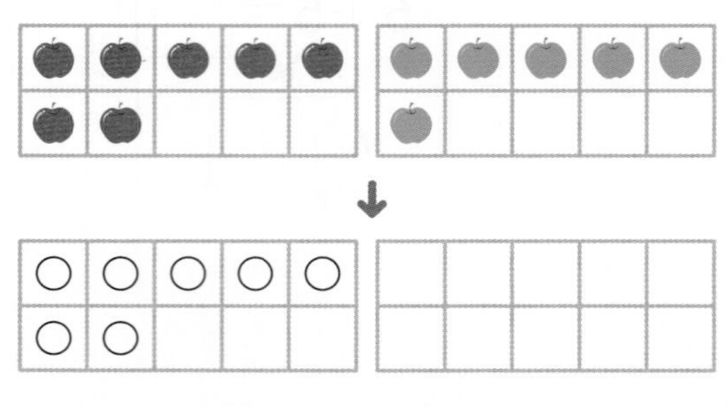

$7+6=$ □(개)

풀이 ○ 7개에 △ 6개를 이어 그리면 모두 □개입니다. ➜ $7+6=$ □(개)

01 연필은 모두 몇 자루인지 □ 안에 알맞은 수를 써넣으세요.

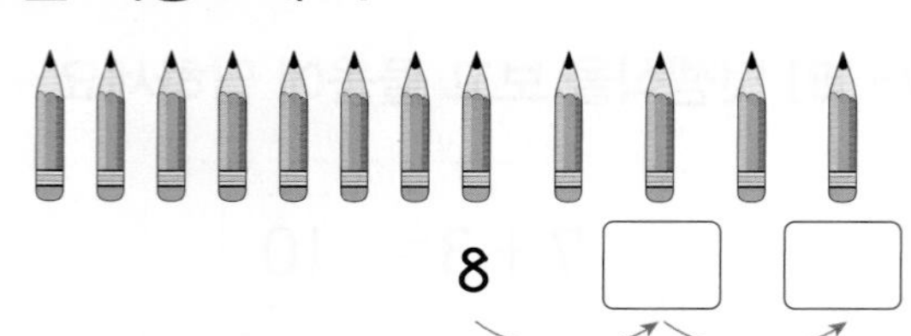

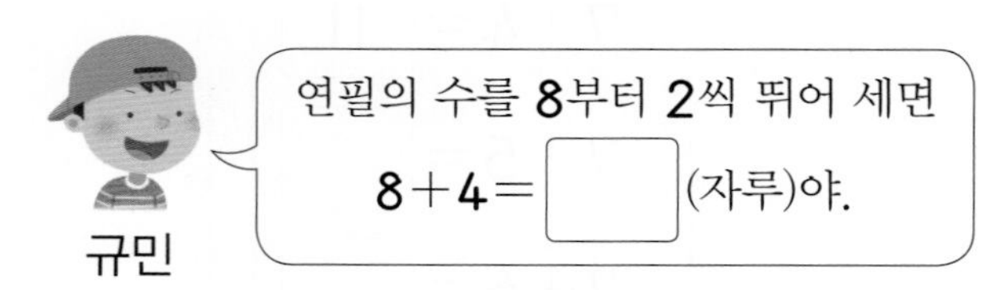

연필의 수를 8부터 2씩 뛰어 세면
8+4=□(자루)야.
규민

02 귤이 6개 있는데 귤 5개를 더 사 왔습니다. 구슬 6개를 왼쪽으로 옮긴 후 구슬을 왼쪽으로 더 옮겨서 귤은 모두 몇 개인지 구하려고 합니다. 옮길 구슬을 ⬭로 묶고, 답을 구하세요.

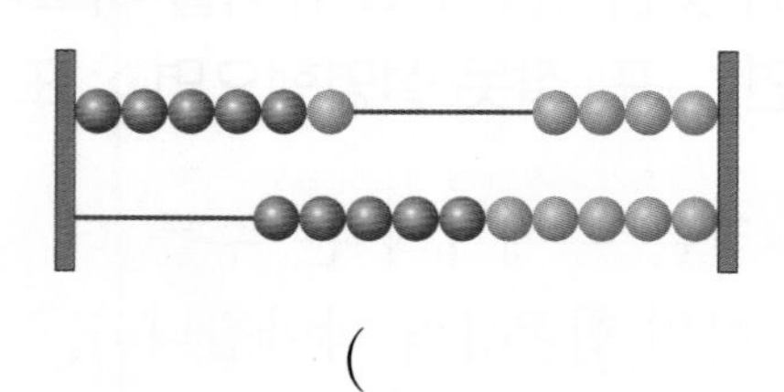

(　　　　　　　　)

유형 02 10으로 만들어 더하기

예제 □ 안에 알맞은 수를 써넣으세요.

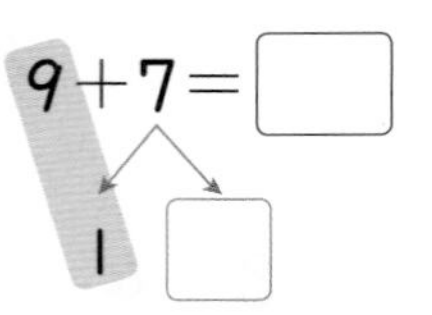

풀이 7을 1과 □으로 가르기하여 9와 1을 더해 □을 만들고 남은 □을 더하면 □입니다.

03 〈보기〉와 같이 계산해 보세요.

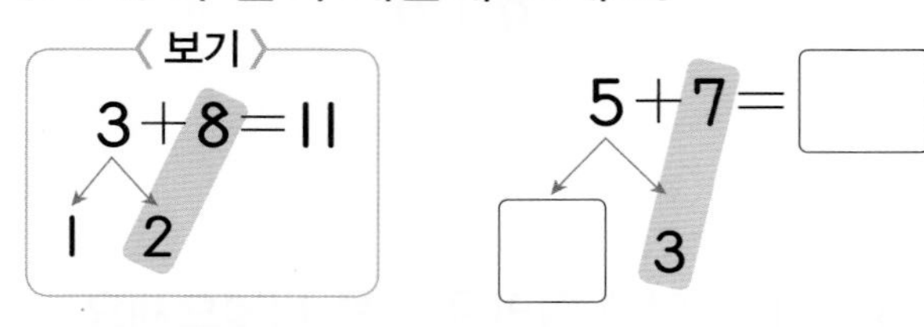

04 $6+8$을 두 가지 방법으로 계산하려고 합니다. □ 안에 알맞은 수를 써넣으세요.

(1) $6+8=$ □
　□　4

(2) $6+8=$ □
　□　2

05 중요 다음과 같이 계산하였습니다. 계산 방법을 바르게 설명한 것의 기호를 쓰세요.

$6 + 7 = 13$

5 1 5 2

㉠ 6과 더해서 10을 만들기 위해 7을 가르기하였습니다.
㉡ 5와 5를 더해서 10을 만들기 위해 6과 7을 각각 가르기하였습니다.

( )

유형 03 (몇)+(몇)=(십몇)

예제 바르게 계산한 것을 찾아 기호를 쓰세요.

㉠ $8+9=16$
㉡ $9+3=12$

( )

풀이 $8+9=$ ☐, $9+3=$ ☐

→ 바르게 계산한 것의 기호: ☐

06 중요 빈칸에 알맞은 수를 써넣으세요.

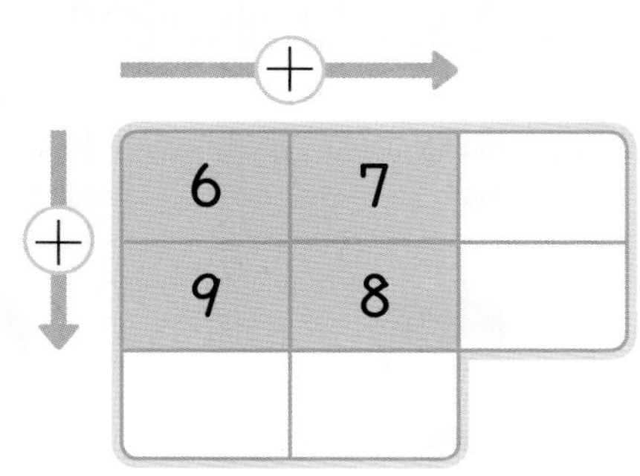

07 계산 결과가 나머지와 다른 한 사람은 누구일까요?

지연: $5+8$
윤하: $3+9$
민우: $6+6$

( )

08 창의형 빈칸과 같은 색 공에서 수를 골라 덧셈식을 완성해 보세요.

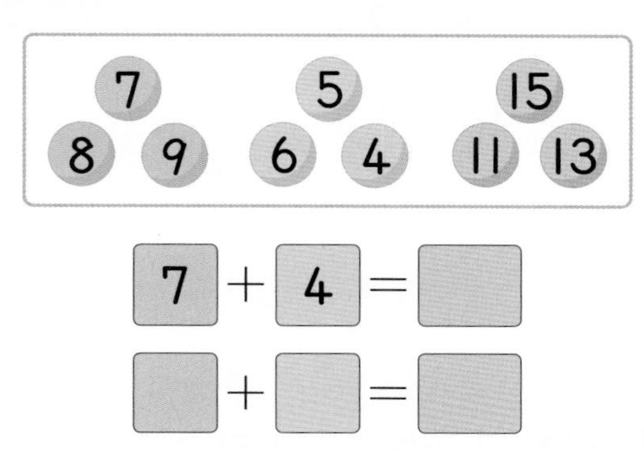

09 모양을 만드는 데 필요한 우유갑의 수입니다. 우유갑 11개를 모두 사용하여 만들 수 있는 것을 골라 ○표 하고, 덧셈식을 완성해 보세요.

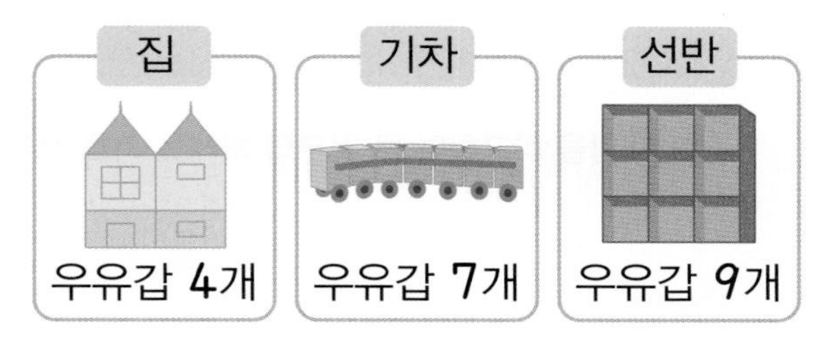

우유갑 11개로 (집 , 기차 , 선반)와/과 (집 , 기차 , 선반)을/를 만들 수 있어요.

→ ☐ + ☐ = 11

4 단원

STEP 2 유형 다잡기

유형 04 계산 결과의 크기 비교하기

예제 크기를 비교하여 ◯ 안에 >, <를 알맞게 써넣으세요.

9+5 ◯ 12

풀이 9+5=☐

→ ☐ ◯ 12

10 계산 결과가 더 큰 것에 ◯표 하세요. (중요)

8+8　　　9+8

(　　　)　　(　　　)

11 합이 큰 것부터 차례로 기호를 쓰려고 합니다. 풀이 과정을 쓰고, 답을 구하세요. (서술형)

㉠ 4+8　㉡ 7+7　㉢ 5+6

1단계 ㉠, ㉡, ㉢을 각각 계산하기

2단계 합을 비교하여 큰 것부터 차례로 기호 쓰기

답 ____________

12 두 수의 합이 작은 식부터 순서대로 이어 보세요.

8+8

9+5　　　5+8

6+5　8+4

유형 05 실생활 속 (몇)+(몇)=(십몇)

예제 어느 가게에 흰색 목도리 4개, 빨간색 목도리 7개가 있습니다. 가게에 있는 목도리는 모두 몇 개일까요?

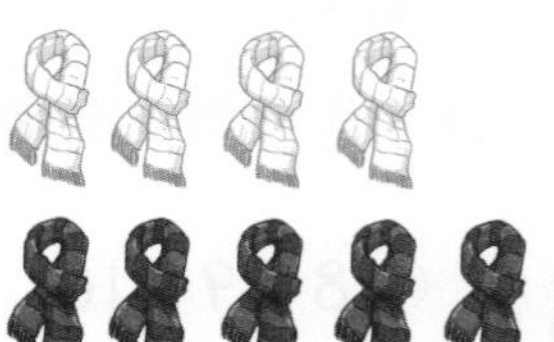

(　　　　　　)

풀이 (전체 목도리 수)

=(흰색 목도리 수)+(빨간색 목도리 수)

=☐+☐=☐(개)

13 현우와 리아가 환경 보호 활동을 하며 모은 페트병은 모두 몇 개일까요?

나는 페트병 9개를 모았어. 너는?

나도 너와 같은 개수로 모았어.

(　　　　　　)

14 강당에 학생이 8명 있습니다. 학생 6명이 더 왔다면 지금 강당에 있는 학생은 몇 명일까요?

식 ______________________

답 ______________

유형 06 덧셈식에서 규칙 찾기

예제 □ 안에 알맞은 수를 써넣으세요.

9+5= 14
9+4= □
9+3= □
9+2= □

같은 수에 1씩 작아지는 수를 더하면 합은 □씩 작아집니다.

풀이
9+5= 14) −□
9+4= □) −□
9+3= □) −□
9+2= □

15 덧셈을 하고, 알맞은 말에 ○표 하세요.

중요★

7+8= □
6+8= □
5+8= □
4+8= □

1씩 작아지는 수에 같은 수를 더하면 합은 1씩 (커집니다 , 작아집니다).

16 □ 안에 알맞은 수를 써넣으세요.

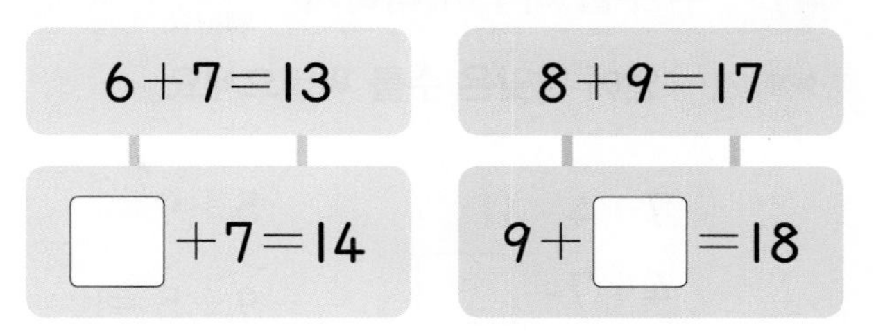

[17~18] 덧셈식을 보고 물음에 답하세요.

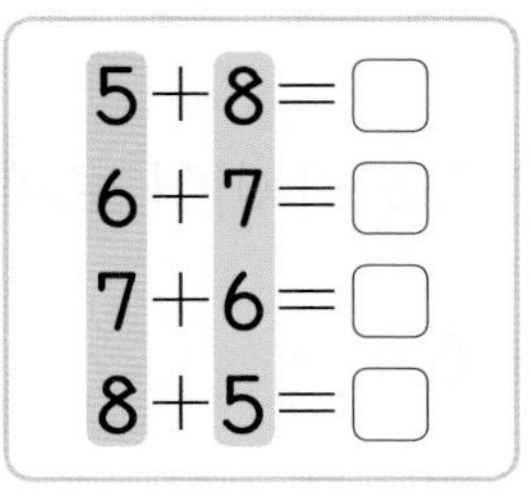

17 □ 안에 공통으로 들어갈 수를 구하세요.

( )

18 위 덧셈식에서 알게 된 점을 완성해 보세요.

알게 된 점 ▭으로 칠해진 수가 1씩 커지고 ▭으로 칠해진 수가 1씩 작아지면

____

____

둘 다 12라고?
어떤 규칙이 있지?
9 + 3 =
8 + 4 =
12

유형 07 두 수를 바꾸어 더하기

예제 □ 안에 알맞은 수를 써넣으세요.

$7+4=11$
$4+7=\square$

$5+9=\square$
$9+5=\square$

풀이 두 수를 바꾸어 더해도 합은 같습니다.

$7+4=\square$
$4+7=\square$

$5+9=\square$
$9+5=\square$

19 합이 같은 것끼리 이어 보세요.

(1) $5+6$ • • $6+5$

(2) $9+3$ • • $7+8$

(3) $8+7$ • • $3+9$

20 연경이는 수학 문제를 어제 8개, 오늘 6개 풀었고, 서주는 수학 문제를 어제 6개, 오늘 8개 풀었습니다. 어제와 오늘 푼 수학 문제 수에 대해 바르게 이야기한 것에 ○표 하세요.

연경이가 수학 문제를 더 많이 풀었습니다. (　　)

서주가 수학 문제를 더 많이 풀었습니다. (　　)

연경이와 서주가 푼 수학 문제의 수는 같습니다. (　　)

21 오늘 먹은 딸기의 수에 대해 설명한 것입니다. 오늘 먹은 딸기의 수가 같은 두 사람을 찾아 이름을 쓰세요.

영재: 나는 딸기를 점심에 8개, 저녁에 4개를 먹었어.
연우: 나는 딸기를 점심에 9개, 저녁에 1개를 먹었지.
지혜: 나는 딸기를 점심에 4개, 저녁에 8개를 먹었어.

(　　　　　　　　)

22 ㉠에 알맞은 수를 구하세요.

$9+4=4+㉠$

(　　　　　　　　)

23 서술형 ■와 ▲에 알맞은 수의 차는 얼마인지 풀이 과정을 쓰고, 답을 구하세요.

$5+■=6+5$
$6+9=▲+6$

1단계 ■, ▲에 알맞은 수 각각 구하기

2단계 ■, ▲에 알맞은 수의 차 구하기

답

유형 08 합이 같은 덧셈식 찾기

예제 4+7과 합이 같은 식에 모두 ◯표 하세요.

4+7		
4+8	3+8	
4+9	3+9	2+9

풀이 1씩 작아지는 수에 1씩 (커지는 , 작아지는) 수를 더하면 합은 같습니다.

➜ 합이 같은 식: 3+☐, ☐+☐

24 합을 구해 〈보기〉의 색으로 색칠해 보세요.

〈보기〉

8+3			
8+4	7+4		
8+5	7+5	6+5	
8+6	7+6	6+6	5+6

25 합이 같은 식을 찾아 〈보기〉와 같이 ◯, △, ☐표 하세요.

중요*

〈보기〉

8+7 9+2 4+9

2+9	9+6	8+5
9+4	7+4	7+8

유형 09 (몇)+(몇)=(십몇)의 표에서 규칙 찾기

예제 덧셈표를 보고 알맞은 말에 ◯표 하세요.

7+4			
7+5	6+5		
7+6	6+6	5+6	
7+7	6+7	5+7	4+7

↓ 방향으로 놓인 덧셈식은 합이 1씩 (커집니다 , 작아집니다).

풀이 ↓ 방향: 같은 수에 1씩 (커지는 , 작아지는) 수를 더하면 합도 1씩 (커집니다 , 작아집니다).

[26~27] 덧셈표를 보고 물음에 답하세요.

6+6	6+7	6+8
7+6	7+7	
8+6		8+8
	9+7	9+8

26 위 빈칸에 알맞은 식을 써넣으세요.

27 ↙ 방향의 규칙을 설명해 보세요.

서술형

28 도율이가 이야기한 방법으로 화살표를 따라 합이 1씩 커지도록 □ 안에 알맞은 수를 써넣으세요.

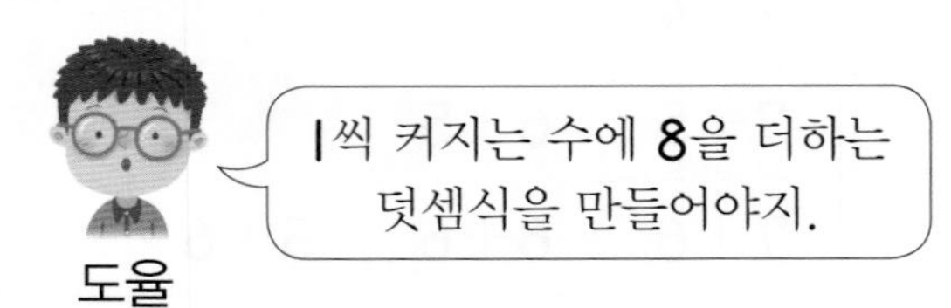

1씩 커지는 수에 8을 더하는 덧셈식을 만들어야지.
도율

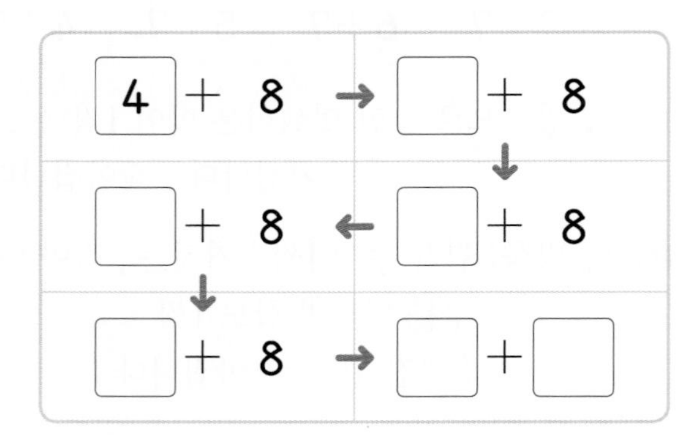

+플러스 유형 10 덧셈식에서 □ 안에 알맞은 수 구하기

예제 □ 안에 알맞은 수를 써넣으세요.

$8+\square=16$

풀이 8과 더해서 16이 되는 수: □

→ $8+\square=16$

29 중요★ □ 안에 알맞은 수를 써넣으세요.

2 → + □ → 11

30 합이 같도록 점을 그리고, □ 안에 알맞은 수를 써넣으세요.

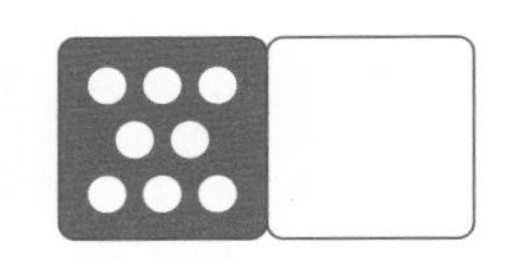

$5+9=\square$ $8+\square=\square$

31 서술형 어떤 수에 7을 더했더니 13이 되었습니다. 어떤 수는 얼마인지 풀이 과정을 쓰고, 답을 구하세요.

1단계 어떤 수를 □라 하여 식 세우기

2단계 어떤 수는 얼마인지 구하기

답 ______

32 두 수의 합이 같은 식이 적힌 종이입니다. ▒에 가려진 수를 구하세요.

$3+9=$ ▒ $+5$

(　　　　　)

유형 11 계산 결과가 가장 큰(작은) 덧셈식 만들기

예제 수 카드 두 장을 골라 합이 가장 큰 덧셈식을 만들어 보세요.

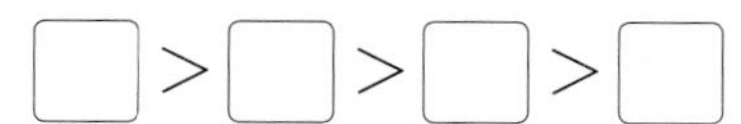

□+□=□

풀이 합이 가장 크려면 가장 (큰 , 작은) 수와 두 번째로 (큰 , 작은) 수를 더해야 합니다.

□ > □ > □ > □

➜ 합이 가장 큰 덧셈식:

□+□=□

33 다음에서 두 수를 골라 합이 가장 작은 덧셈식을 만들어 보세요.

중요

5 6 9 7 8

□+□=□

34 가와 나에서 각각 수 카드를 한 장씩 골라 적힌 두 수의 합을 구하려고 합니다. 합이 가장 클 때의 값을 구하세요.

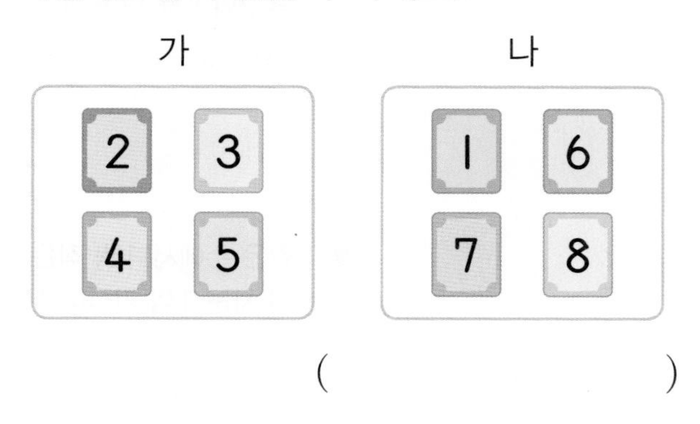

( )

유형 12 덧셈식이 되는 세 수 찾기

예제 공 3개를 골라 (몇)+(몇)=(십몇)인 덧셈식을 만들 때 필요 없는 수를 구하세요.

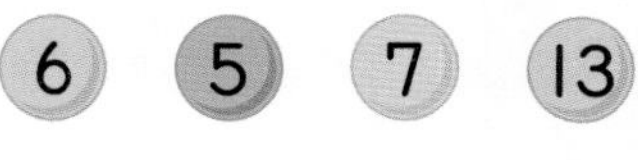

( )

풀이 십몇인 공은 13뿐이므로 다른 공 2개를 더해서 13이 되는 덧셈식을 찾아봅니다.

6+5=□, 6+7=□,

5+7=□

만들 수 있는 덧셈식: □+□=13

➜ 필요 없는 수: □

35 옆으로 덧셈식이 되는 세 수를 찾아 모두 □+□=□로 표시해 보세요.

5	8 +	7 =	15
6	9	8	17
7	5	12	14

36 세진이는 주어진 수 중에서 3개를 골라 (몇)+(몇)=(십몇)의 덧셈식을 만들었습니다. 사용하지 않은 두 수를 찾아 쓰세요.

6 7 9 12 16

( )

4 단원

STEP 1 개념 확인하기

④ 뺄셈 알아보기

남은 바나나는 몇 개인지 알아보기

방법1 거꾸로 세어 구하기

11에서 4만큼 거꾸로 세면 7이야.

7 8 9 10 11

11－4＝7

방법2 연결 모형에서 빼고 남는 것 구하기

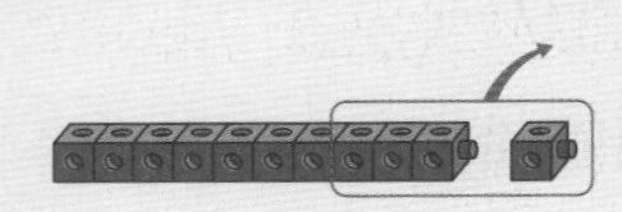

11－4＝7

남은 바나나는 7개야.

- 검은색 바둑돌은 흰색 바둑돌보다 몇 개 더 많은지 구하기

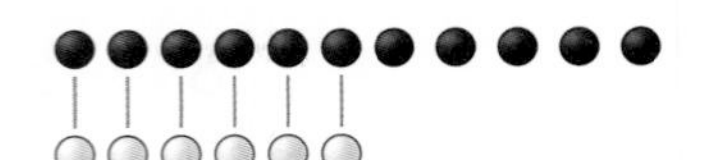

바둑돌을 하나씩 짝 지어 보면 검은색 바둑돌이 흰색 바둑돌보다 5개 더 많습니다.
→ 11－6＝5

⑤ 뺄셈하기

15－8 계산하기

방법1 낱개 5개를 먼저 빼서 계산하기

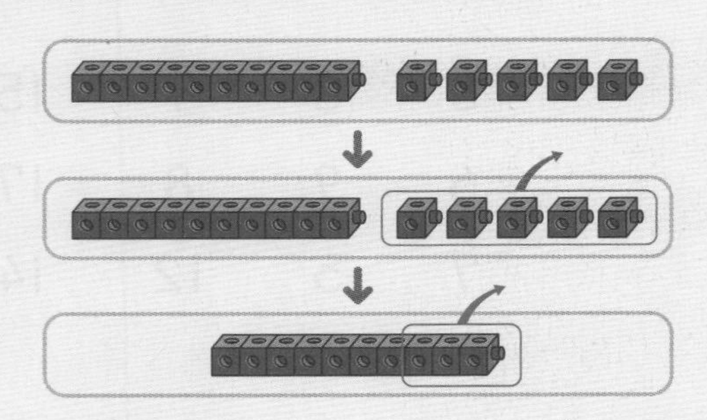

15－8＝7
5 3

방법2 10개씩 묶음에서 한 번에 빼서 계산하기

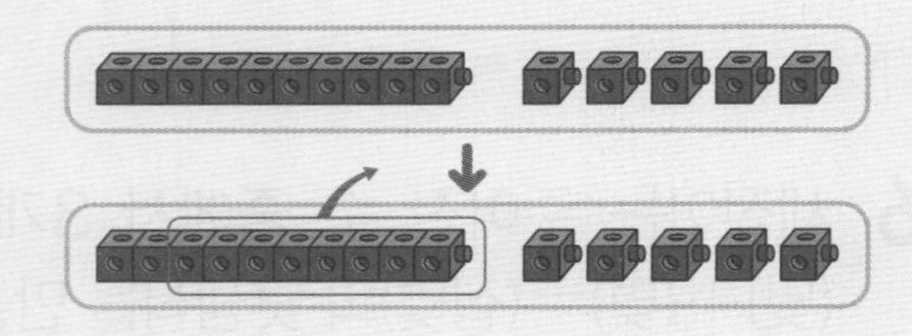

15－8＝7
10 5

- 8을 5와 3으로 가르기하여 15에서 5를 먼저 빼고, 3을 더 뺍니다.
15－5＝10 → 10－3＝7

- 15를 10과 5로 가르기하여 10에서 8을 한 번에 빼고, 남은 2와 5를 더합니다.
10－8＝2 → 2＋5＝7

⑥ 여러 가지 뺄셈하기

뺄셈식에서 규칙 찾기

13 － 3 ＝ 10
13 － 4 ＝ 9
13 － 5 ＝ 8
13 － 6 ＝ 7

→ 같은 수에서 **1씩** 큰 수를 빼면 차는 **1씩** 작아집니다.

- 같은 수에서 1씩 작은 수를 빼면 차는 1씩 커집니다.
12－7＝5
12－6＝6
12－5＝7
12－4＝8

[01~02] 거꾸로 세기로 뺄셈을 하려고 합니다. □ 안에 알맞은 수를 써넣으세요.

01

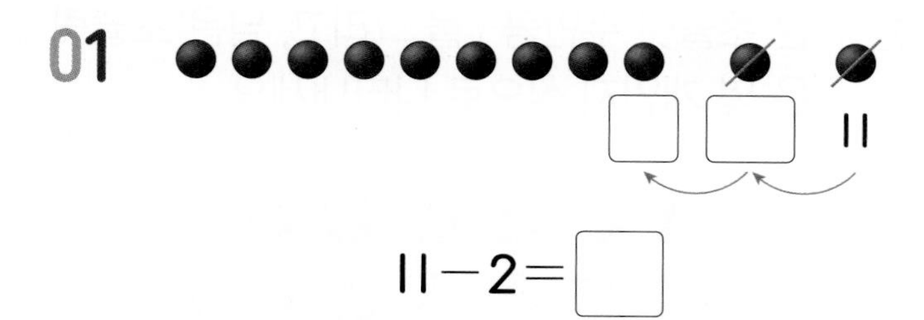

$11-2=\square$

02

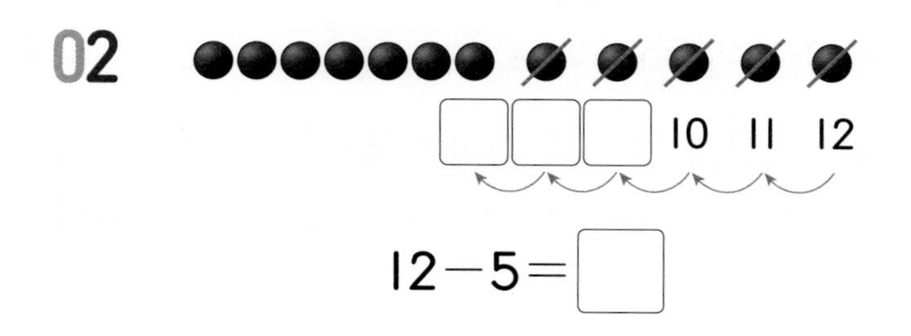

$12-5=\square$

[03~04] □ 안에 알맞은 수를 써넣으세요.

03

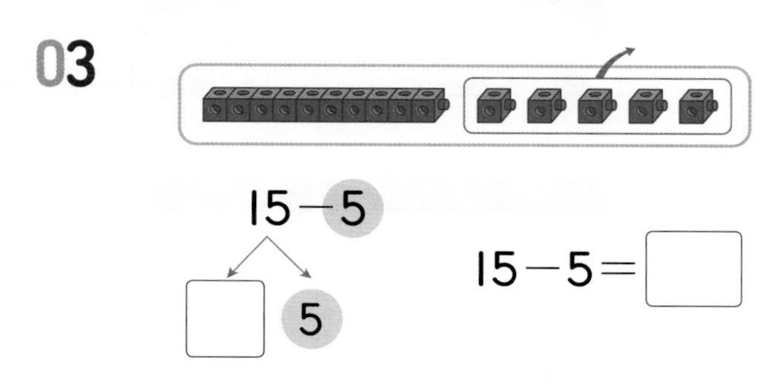

$15-5=\square$

04

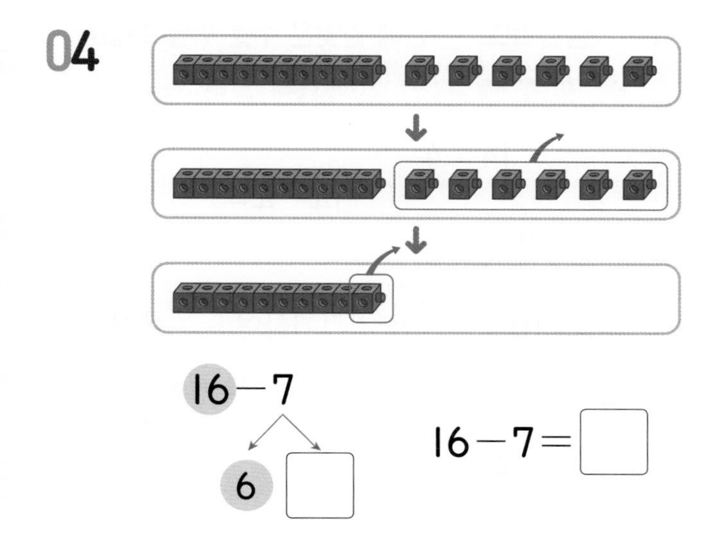

$16-7=\square$

[05~06] $17-9$를 두 가지 방법으로 계산하려고 합니다. □ 안에 알맞은 수를 써넣으세요.

05 방법 1 낱개 7개를 먼저 빼기

$17-9=\square$

7 □

06 방법 2 10개씩 묶음에서 한 번에 빼기

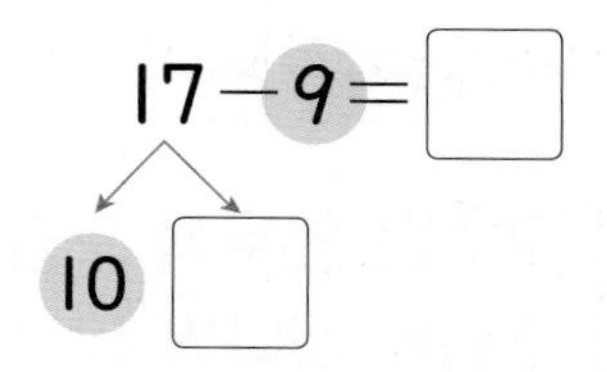

$17-9=\square$

[07~08] 뺄셈식을 보고 물음에 답하세요.

$14-4=10$

$14-5=9$

$14-6=\square$

$14-7=\square$

07 위 □ 안에 알맞은 수를 써넣으세요.

08 위 뺄셈식을 보고 규칙을 바르게 설명했으면 ○표, 잘못 설명했으면 ×표 하세요.

같은 수에서 1씩 큰 수를 빼면 차는 1씩 작아집니다. (   )

4 단원

STEP 2 유형 다잡기

유형 13 그림을 이용하여 빼셈하기

예제 달걀 12개 중에서 4개를 사용했습니다. 사용하고 남은 달걀의 수를 구하세요.

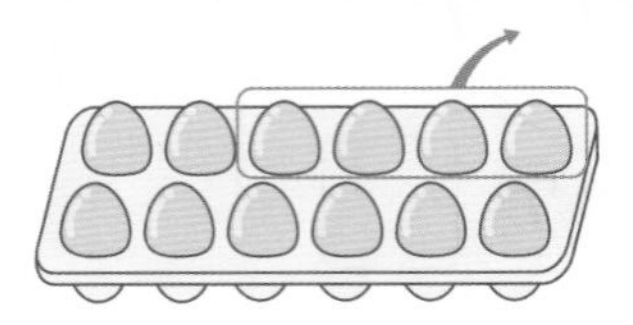

$12-4=\square$(개)

풀이 달걀 □개 중에서 □개를 덜어 내면

남은 달걀은 □개입니다.

→ □ − □ = □

01 분홍색 구슬은 연두색 구슬보다 몇 개 더 많은지 구슬을 하나씩 짝 지어 보고, 식으로 나타내세요.

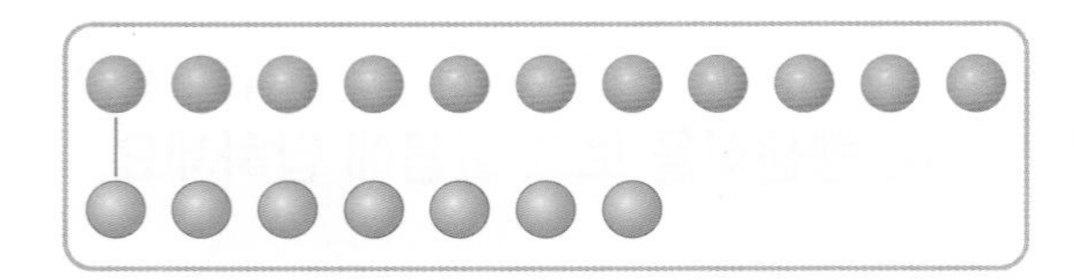

$11-7=\square$

02 애호박은 당근보다 몇 개 더 많은지 연결 모형을 이용하여 구하세요.

애호박
당근

( )

03 초콜릿 14개 중에서 5개를 먹었습니다. 먹은 초콜릿 수만큼 /을 그리고, 남은 초콜릿은 몇 개인지 식으로 나타내세요.

중요

$14-\square=\square$

04 대화를 보고 주경이가 빌린 책 중에서 읽지 않은 책은 몇 권인지 연결 모형을 이용하여 구하세요.

도서관에서 책을 15권이나 빌렸네.
그중에서 9권은 벌써 다 읽었어.
준호
주경

( )

유형 14 (십몇)−(몇)=(십)

예제 그림을 보고 □ 안에 알맞은 수를 써넣으세요.

$14-4$

10 □

$14-4=\square$

풀이 14를 10과 □로 가르기하여 □에서 4를 빼면 □이 남습니다.

→ $14-4=\square$

05 뺄셈을 해 보세요.

(1) $11-1=\square$

(2) $18-8=\square$

06 $13-3$을 계산한 것입니다. 바르게 계산한 사람의 이름을 쓰세요.

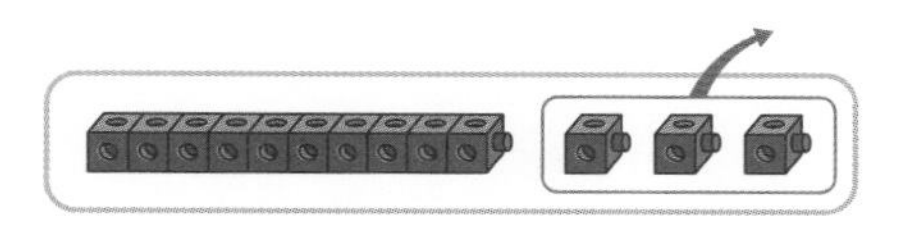

준우: 연결 모형에서 낱개 3개를 빼면 10개씩 묶음 1개가 남아서 $13-3=1$이야.
효주: 연결 모형에서 낱개 3개를 빼면 10개씩 묶음 1개가 남으니까 $13-3=10$이야.

(　　　　　　　)

유형 15 (십몇)－(몇)＝(몇)의 계산 방법

예제 □ 안에 알맞은 수를 써넣으세요.

$16-8$ → 10, □

$16-8=\square$

풀이 16을 10과 □으로 가르기하여 10에서 8을 빼고 남은 □와 □을 더합니다.

→ $10-8=\square$, $\square+\square=\square$

07 〈보기〉와 같이 계산해 보세요.

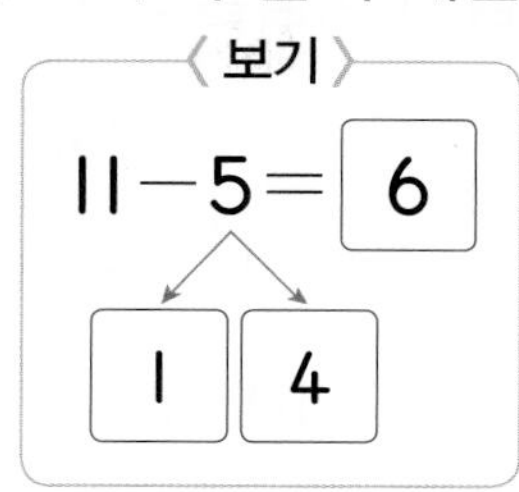

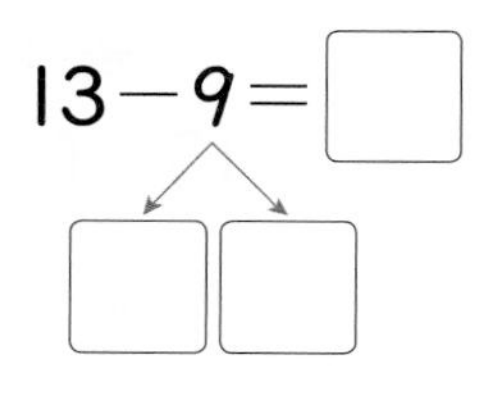

08 중요 $12-7$을 두 가지 방법으로 계산하려고 합니다. □ 안에 알맞은 수를 써넣으세요.

(1)
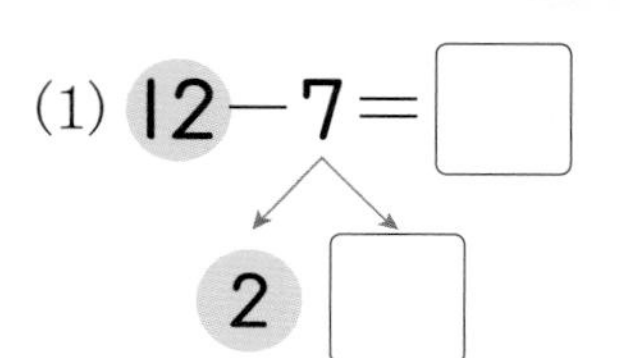

(2)
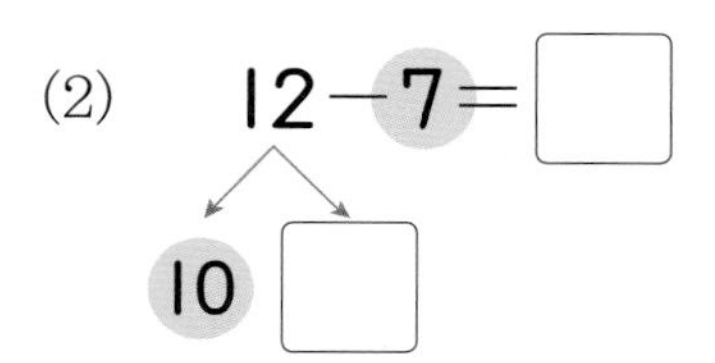

09 서술형 $14-6$의 계산 방법을 잘못 설명한 것입니다. 그 이유를 쓰고, 바르게 계산해 보세요.

14를 10과 4로 가르기하여 10에서 6을 빼고 남은 수에서 4를 뺍니다.

이유

바르게 계산

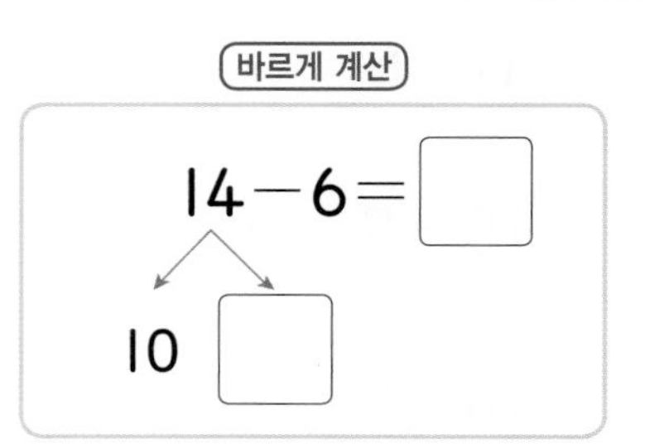

10 바르게 계산한 사람의 이름을 쓰세요.

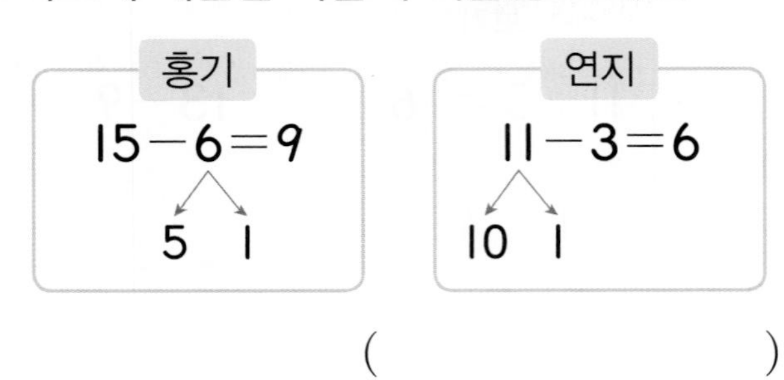

( )

유형 16 **(십몇)－(몇)＝(몇)**

예제 두 수의 차를 구하세요.

17 8

( )

풀이 두 수 중 큰 수에서 작은 수를 뺍니다.

➜ □－□＝□

11 빈칸에 알맞은 수를 써넣으세요.

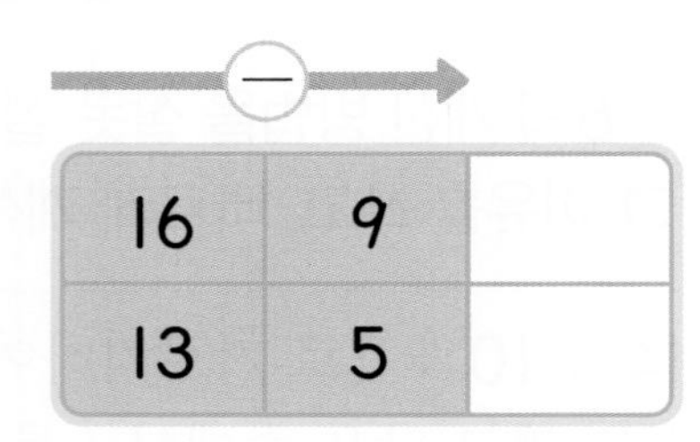

12 차를 구하여 이어 보세요.

중요★

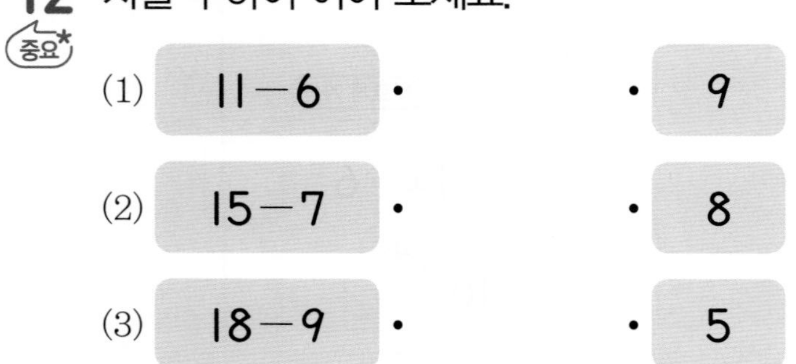

13 두 수의 차를 표에서 모두 찾아 ○표 하세요.

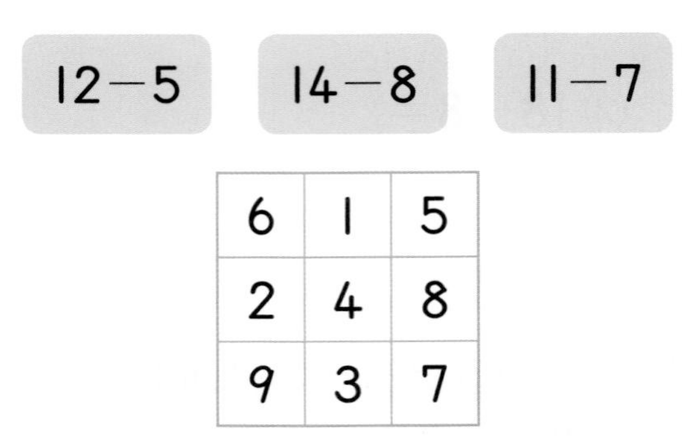

6	1	5
2	4	8
9	3	7

14 가장 큰 수와 가장 작은 수의 차를 구하세요.

9 14 7

( )

15 빈칸과 같은 색 깃발에서 수를 골라 뺄셈식을 완성해 보세요.

창의형

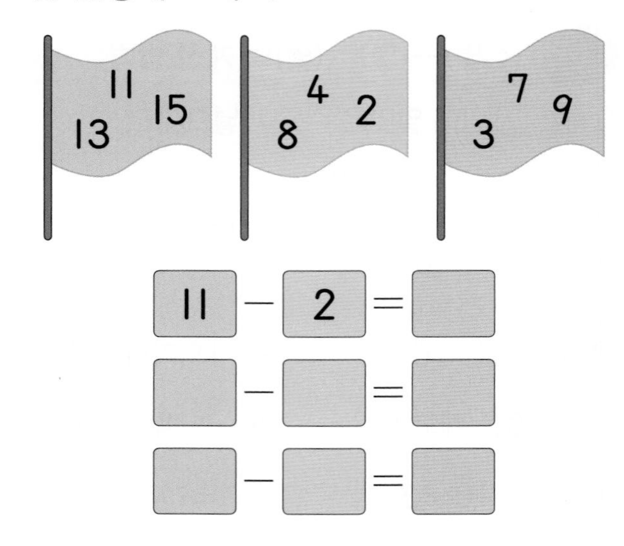

정답 27쪽

유형 17 계산 결과의 크기 비교하기

예제 계산 결과를 비교하여 ○ 안에 >, <를 알맞게 써넣으세요.

12−9 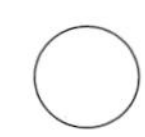 13−8

풀이 12−9=□, 13−8=□

→ □ ○ □

16 계산 결과가 더 큰 쪽에 ○표 하세요. (중요)

12−7	11−8
(　　)	(　　)

17 차가 5보다 큰 것은 모두 몇 개인지 구하세요.

㉠ 12−6　㉡ 13−9
㉢ 16−8　㉣ 11−2

(　　　　　　)

18 두 수의 차가 큰 식부터 순서대로 이어 보세요.

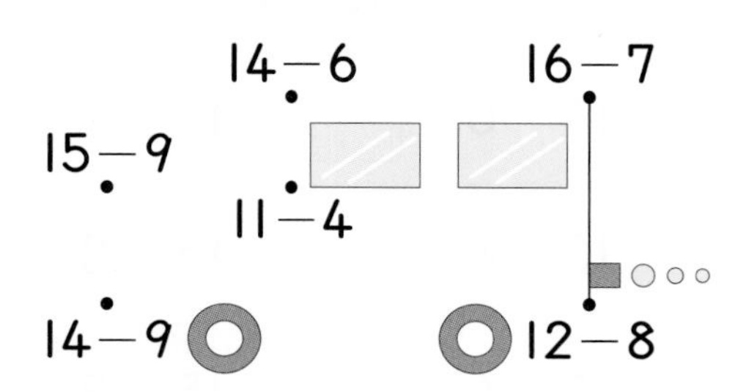

유형 18 실생활 속 (십몇)−(몇)=(몇)

예제 주차장에 자동차가 11대, 오토바이가 4대 있습니다. 자동차는 오토바이보다 몇 대 더 많을까요?

(　　　　　　)

풀이 자동차 수에서 오토바이 수를 빼면
자동차는 오토바이보다
□−□=□(대) 더 많습니다.

19 호준이가 딱지 3개를 더 샀더니 딱지가 모두 12개가 되었습니다. 처음에 가지고 있던 딱지는 몇 개였는지 구하세요.

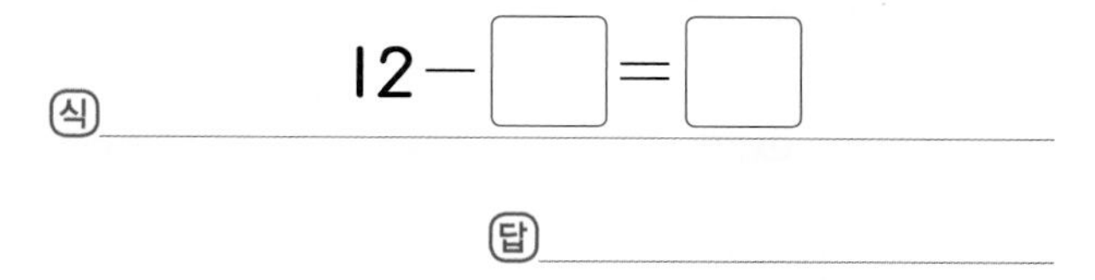

(식) 12−□=□

(답) ______________

20 연서가 사용한 색종이는 몇 장인지 구하세요.

(　　　　　　)

STEP 2 유형 다잡기

+플러스 유형 19 계산 결과가 가장 큰(작은) 뺄셈식 만들기

예제 수 카드 두 장을 골라 차가 가장 큰 뺄셈식을 만들어 보세요.

11 13  4

□ − □ = □

풀이 차가 가장 크려면 가장 (큰 , 작은) 수에서 가장 (큰 , 작은) 수를 빼야 합니다.

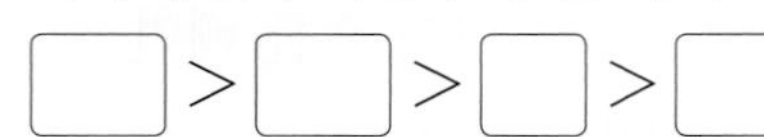

□ > □ > □ > □

➜ 차가 가장 큰 뺄셈식:

□ − □ = □

21 티셔츠 두 장을 골라 등 번호의 수의 차를 구하려고 합니다. 차가 가장 클 때의 차는 얼마일까요?

(　　　　　　　　)

22 두 상자에서 공을 각각 한 개씩 뽑아 적힌 두 수의 차가 가장 작은 뺄셈식을 만들어 보세요.

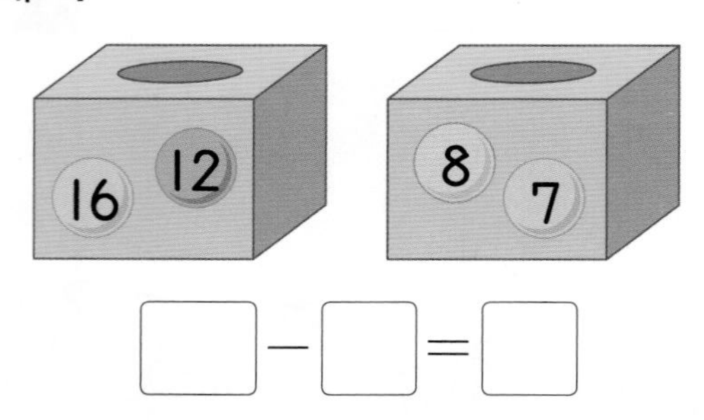

□ − □ = □

유형 20 뺄셈식에서 규칙 찾기

예제 □ 안에 알맞은 수를 써넣으세요.

$16-9=$ □
$17-9=$ □
$18-9=$ □

1씩 커지는 수에서 같은 수를 빼면 차도 □씩 커집니다.

풀이

$16-9=$ □
$17-9=$ □) +□
$18-9=$ □) +□

23  중요 뺄셈을 하고, 알맞은 말에 ○표 하세요.

$12-7=$ □
$12-6=$ □
$12-5=$ □
$12-4=$ □

같은 수에서 1씩 작아지는 수를 빼면 차는 1씩 (커집니다 , 작아집니다).

24 뺄셈을 해 보세요.

$15-6=9$	
$14-6=$ □	$15-7=$ □
$13-6=$ □	$15-8=$ □
$12-6=$ □	$15-9=$ □

25 서술형 뺄셈을 하고, 알게 된 점을 설명해 보세요.

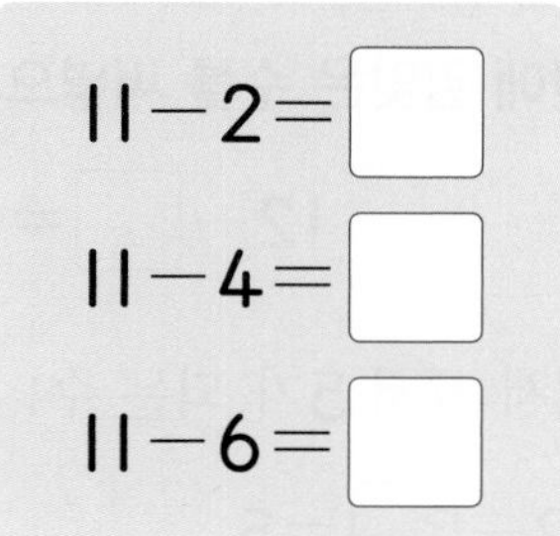

알게 된 점

26 차가 6이 되도록 □ 안에 알맞은 수를 써넣으세요.

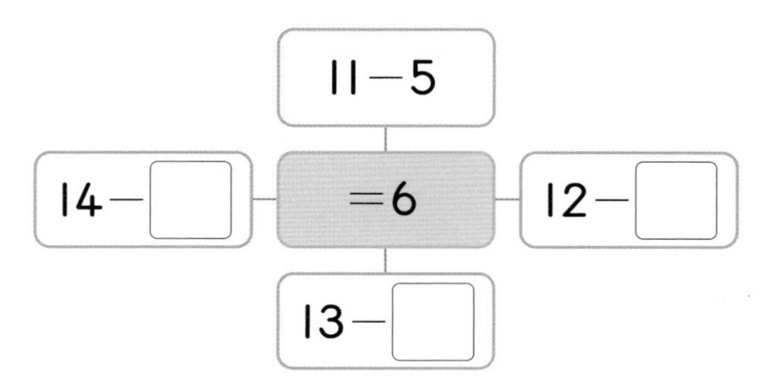

27 수 카드 3장으로 서로 다른 뺄셈식을 만들어 보세요.

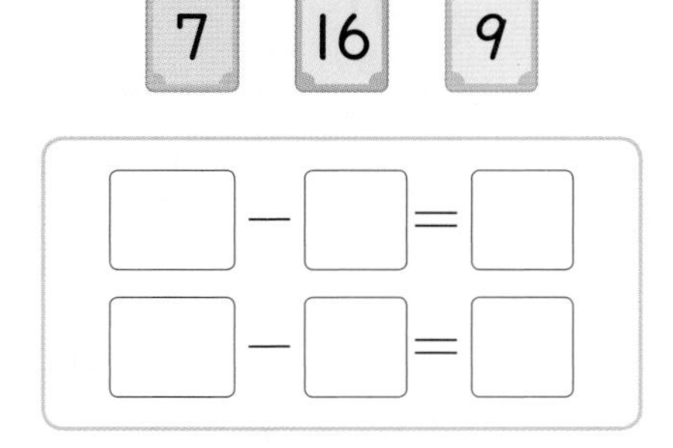

유형 21 **차가 같은 뺄셈식 찾기**

예제 차가 7인 뺄셈식에 모두 ○표 하세요.

14－7	14－8	14－9
	15－8	15－9
		16－9

풀이 14－7＝□, 14－8＝□,
14－9＝□, 15－8＝□,
15－9＝□, 16－9＝□
➔ 차가 7인 뺄셈식: 14－□, 15－□,
16－□

28 두 수의 차가 같은 것끼리 같은 색으로 색칠해 보세요.

15－6　17－9

11－2	11－3	11－4	11－5
	12－3	12－4	12－5
		13－4	13－5
			14－5

29 중요 차가 같은 식을 찾아 〈보기〉와 같이 ○, △, □표 하세요.

〈보기〉

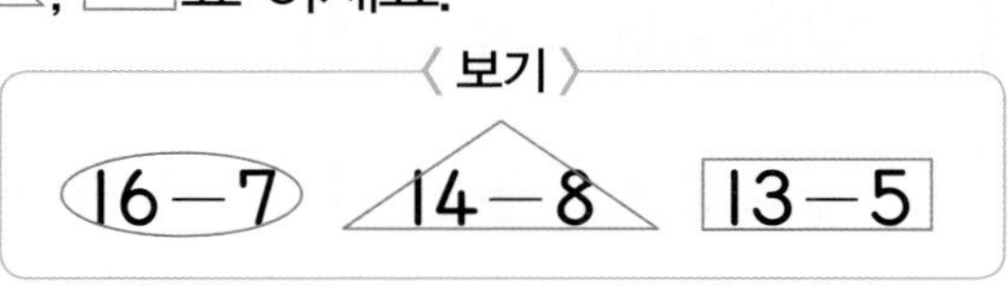

18－9	13－7	15－9
12－4	17－8	14－6

유형 22 (십몇)−(몇)=(몇)의 표에서 규칙 찾기

예제 뺄셈표를 보고 알맞은 말에 ○표 하세요.

15−6	15−7	15−8	15−9
	16−7	16−8	16−9
		17−8	17−9
			18−9

→ 방향으로 놓인 뺄셈식은 차가 1씩
(커집니다 , 작아집니다).

풀이 → 방향: 같은 수에서 1씩
(커지는 , 작아지는) 수를 빼면
차는 1씩 (커집니다 , 작아집니다).

[30~31] 뺄셈표를 보고 물음에 답하세요.

12−7	12−8	12−9
13−7		13−9
	14−8	14−9
15−7	15−8	

30 위 빈칸에 알맞은 식을 써넣으세요.

31 중요* 알맞은 말에 ○표 하세요.

↘ 방향으로 놓인 뺄셈식은 차가 모두
(같습니다 , 다릅니다).

+플러스 유형 23 뺄셈식에서 □ 안에 알맞은 수 구하기

예제 □ 안에 알맞은 수를 써넣으세요.

12−□=5

풀이 12에서 빼서 5가 되는 수: □

→ 12−□=5

32 서술형 어떤 수에서 9를 뺐더니 4가 되었습니다. 어떤 수는 얼마인지 풀이 과정을 쓰고, 답을 구하세요.

1단계 어떤 수를 □라 하여 뺄셈식 세우기

2단계 어떤 수 구하기

답 ____________

33 다음과 같이 11을 넣으면 3이 나오는 상자가 있습니다. 이 상자에 16을 넣으면 얼마가 나올까요?

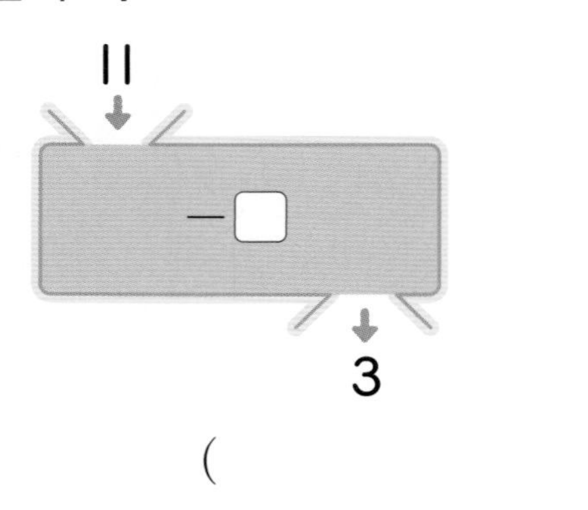

(   )

유형 24 빼셈식이 되는 세 수 찾기

예제 수 카드 3장을 골라 (십몇)－(몇)＝(몇)의 뺄셈식을 만들어 보세요.

9 17 8 13

□－□＝□

풀이 17과 13에서 남은 두 수를 각각 빼어 봅니다.

17－□＝□, 17－□＝□

13－□＝□, 13－□＝□

➜ 뺄셈식: □－□＝□

34 민정이는 주어진 수 중에서 3개를 골라 (십몇)－(몇)＝(몇)인 뺄셈식을 만들려고 합니다. 뺄셈식을 만드는 데 필요 없는 수를 찾아 쓰세요.

14 8 9 5

( )

35 옆으로 뺄셈식이 되는 세 수를 찾아 모두 □－□＝□로 표시해 보세요.

11	－ 8 ＝	3	2
18	14	9	5
13	7	6	3

유형 25 덧셈과 뺄셈 해결하기

예제 빈칸에 알맞은 수를 써넣으세요.

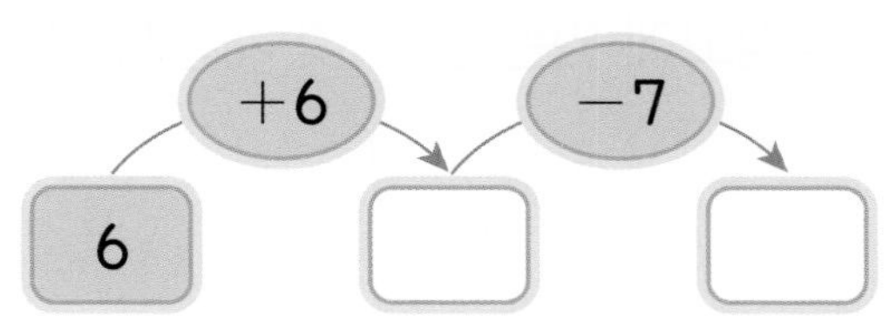

풀이 앞에서부터 순서대로 계산합니다.

6＋6＝□, □－7＝□

36 ㉠과 ㉡에 알맞은 수의 차를 구하세요.

4＋9＝㉠ 15－7＝㉡

( )

37 중요 6＋9와 합이 같은 식을 모두 찾아 빨간색으로, 13－4와 차가 같은 식을 모두 찾아 파란색으로 색칠해 보세요.

7＋7	7＋8	12－4
12－3	14－6	8＋5
8＋7	11－2	9＋6

4 단원

38 냉장고에 귤이 16개 있었는데 그중 7개를 먹고 9개를 사 와서 넣었습니다. 지금 냉장고에 있는 귤은 몇 개일까요?

(　　　　　　)

39 현승이와 동생은 젤리를 각각 12개씩 가지고 있습니다. 젤리를 각자 몇 개씩 먹었더니 현승이는 4개, 동생은 7개가 남았습니다. 두 사람이 먹은 젤리는 모두 몇 개일까요?

(　　　　　　)

+플러스 유형 26 모양이 나타내는 수 구하기

예제 같은 모양은 같은 수를 나타냅니다. ◆에 알맞은 수를 구하세요.

6+8=●
●−9=◆

(　　　　　　)

풀이 6+8=□ → ●=□
●−9=□−9=□ → ◆=□

40 같은 모양은 같은 수를 나타냅니다. ♣에 알맞은 수를 구하세요.

11−▲=2
▲+4=♣

(　　　　　　)

41 서술형 같은 모양은 같은 수를 나타냅니다. ♥에 알맞은 수는 얼마인지 풀이 과정을 쓰고, 답을 구하세요.

★+★=12　　♥−★=9

1단계 ★에 알맞은 수 구하기

2단계 ♥에 알맞은 수 구하기

답 ______

+플러스 유형 27 실생활 속 계산 결과의 크기 비교하기

예제 이번 달에 영우는 책을 13권 읽었고, 민지는 동화책 8권과 소설책 4권을 읽었습니다. 책을 더 많이 읽은 사람은 누구인지 쓰세요.

(　　　　　　)

풀이 (민지가 읽은 책 수)=8+□=□(권)
읽은 책의 수를 비교하면
13 ◯ □ 입니다.
→ 책을 더 많이 읽은 사람: □

42 대화를 보고 지금 사탕을 더 많이 가지고 있는 사람은 누구인지 쓰세요.

나는 사탕을
5개 가지고 있어.
나는 17개를 가지고
있었는데 9개를 먹었어.
규민
미나

(　　　　　　　　　　)

43 중요* 과일 가게에 배가 16개, 사과가 18개 있습니다. 이 중에서 배 8개와 사과 9개를 팔았다면 배와 사과 중에서 더 많이 남은 과일을 쓰세요.

(　　　　　　　　　　)

44 태호와 정수가 투호 놀이를 하였습니다. 1회와 2회를 합하여 화살을 더 많이 넣은 사람은 누구인지 쓰세요.

	1회	2회
태호	5개	8개
정수	3개	9개

(　　　　　　　　　　)

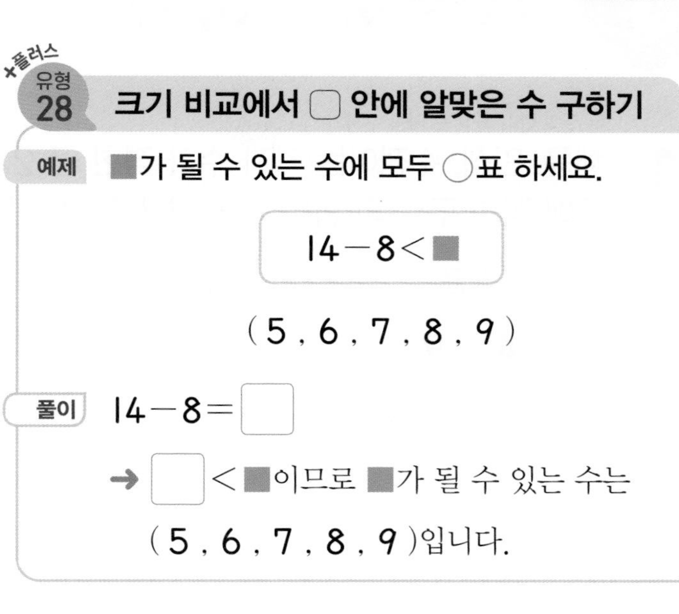

+플러스 유형 28 **크기 비교에서 □ 안에 알맞은 수 구하기**

예제 ■가 될 수 있는 수에 모두 ○표 하세요.

$14-8<■$

(5 , 6 , 7 , 8 , 9)

풀이 $14-8=□$

➜ □<■이므로 ■가 될 수 있는 수는 (5 , 6 , 7 , 8 , 9)입니다.

45 1부터 9까지의 수 중에서 □ 안에 들어갈 수 있는 수를 모두 구하세요.

$12-9>□$

(　　　　　　　　　　)

46 서술형 □ 안에 들어갈 수 있는 가장 큰 수는 얼마인지 풀이 과정을 쓰고, 답을 구하세요.

$5+6>□$

1단계 5+6 계산하기

2단계 □ 안에 들어갈 수 있는 가장 큰 수 구하기

답

4 단원

STEP 3 응용 해결하기

두 수의 합이 가장 큰 사람 구하기

1 채윤, 민석, 수정이는 각자 수가 적힌 공 2개를 골랐습니다. 공에 적힌 두 수의 합이 가장 큰 사람의 이름을 쓰세요.

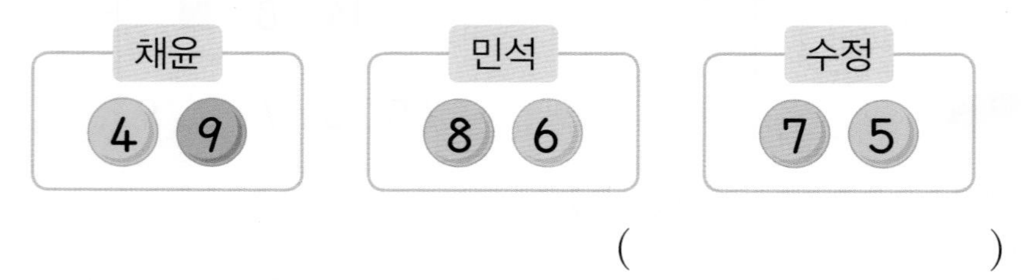

( )

어떤 수 구한 후 계산하기

2 어떤 수와 8을 더했더니 15가 되었습니다. 어떤 수와 6의 합은 얼마인지 구하세요.

( )

해결 tip

문제에 어떤 수가 있다면?

어떤 수를 □라 하고 식을 세웁니다.

어떤 수와 8을 더했더니 15가 되었습니다.
□ +8 =15

구슬 수의 차 구하기

서술형

3 호진이와 세나가 가지고 있는 구슬 수의 차를 구하려고 합니다. 풀이 과정을 쓰고, 답을 구하세요.

호진: 나는 빨간색 구슬 3개가 있고, 파란색 구슬은 빨간색 구슬보다 5개 더 많이 가지고 있어.
세나: 나는 노란색 구슬 6개가 있고, 초록색 구슬은 노란색 구슬보다 3개 더 적게 가지고 있어.

풀이

답

두 번째에 얻어야 하는 점수 구하기 서술형

4 화살을 두 번 던져서 점수의 합이 큰 사람이 이기는 놀이를 하고 있습니다. 주영이가 이기려면 두 번째에 적어도 몇 점을 얻어야 하는지 풀이 과정을 쓰고, 답을 구하세요.

	첫 번째	두 번째
인희	6점	7점
주영	5점	

풀이

답

☐ 안에 들어갈 수 있는 수 구하기

5 1부터 9까지의 수 중에서 ☐ 안에 들어갈 수 있는 수를 모두 구하세요.

13－8＞12－☐

(   )

계산하여 미로 탈출하기

6 다음 방법으로 미로를 탈출해 보세요.

시작에서 출발하여 ■에 들어가 있는 수를 더하거나 빼서 나오는 합이나 차가 일치하는 곳 ☐으로 이동합니다.

15 (시작)	7	8	3	11
6		5		5
7	4	12	6	6
4		3		9
16	5	9	4	13 (탈출)

해결 tip

☐ 안에 들어갈 수 있는 수는?

4＜7－☐

☐ 안에 수를 하나씩 써넣어 확인해 봅니다.

☐＝1 → 4＜6(○)
☐＝2 → 4＜5(○)
☐＝3 → 4＜4(×)

미로를 탈출하려면?

15에서 시작하여 오른쪽으로 갈지 아래로 갈지 계산해 봅니다.

15－7＝8(○)
15－6＝7(×)

정답 31쪽

차가 더 큰 사람 구하기

7 선아와 서준이가 각자 가지고 있는 수 카드 중 2장을 골라 두 수의 차가 가장 큰 뺄셈식을 만들었습니다. 차가 더 큰 뺄셈식을 만든 사람은 누구일까요?

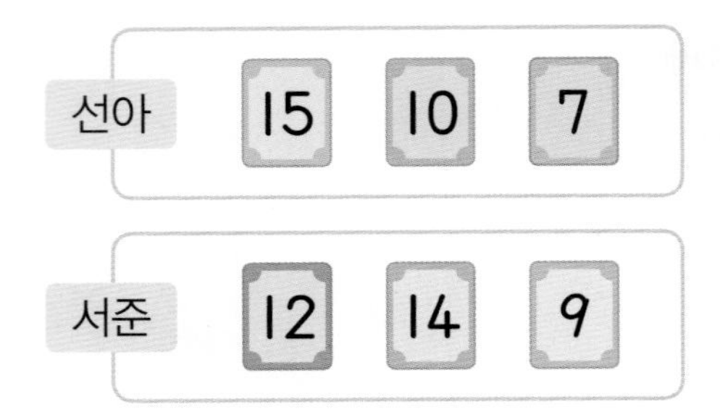

(1) 선아가 만든 뺄셈식을 구하세요.

( )

(2) 서준이가 만든 뺄셈식을 구하세요.

( )

(3) 차가 더 큰 뺄셈식을 만든 사람은 누구일까요?

( )

해결 tip

차가 가장 큰 뺄셈식은?

■ − ▲

가장 큰 수 가장 작은 수

모양에서 규칙 찾기

8 다음은 어떤 수를 더하거나 빼는 것을 모양으로 나타낸 것입니다. 모양의 규칙을 찾아 ㉠에 알맞은 수를 구하세요.

4♥=12 1♥♥=㉠

(1) ♥의 규칙을 찾아 □ 안에 알맞은 수를 써넣고, 알맞은 말에 ○표 하세요.

♥의 규칙: □ 을/를 (더합니다 , 뺍니다).

(2) ㉠에 알맞은 수를 구하세요.

( )

평가 4단원 마무리

맞힌 개수

01 그림을 보고 □ 안에 알맞은 수를 써넣으세요.

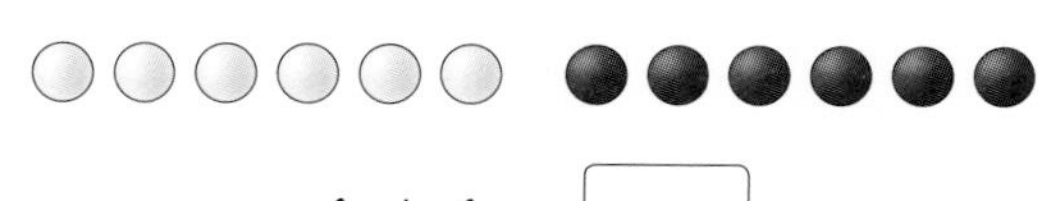

$6+6=$ □

02 □ 안에 알맞은 수를 써넣으세요.

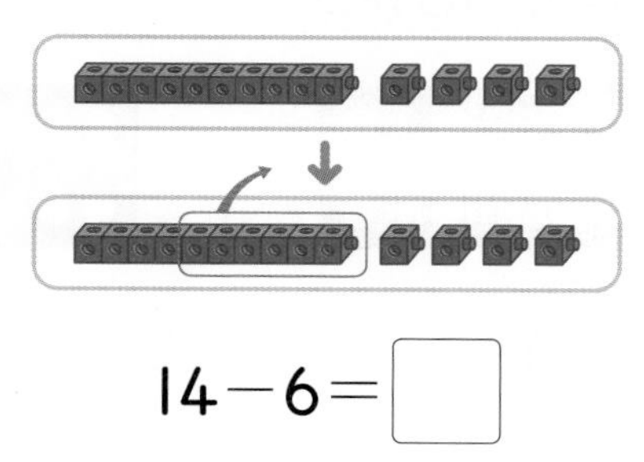

$14-6=$ □

03 □ 안에 알맞은 수를 써넣으세요.

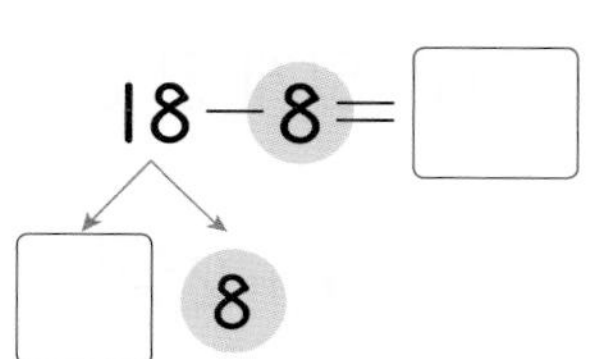

04 빨간색 색종이는 노란색 색종이보다 몇 장 더 많을까요?

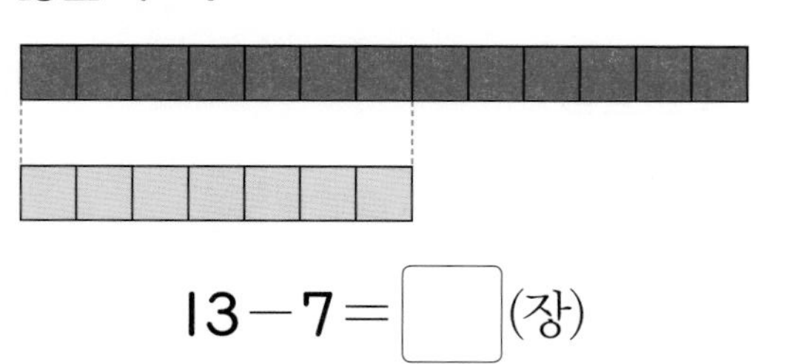

$13-7=$ □(장)

05 〈보기〉와 같이 계산해 보세요.

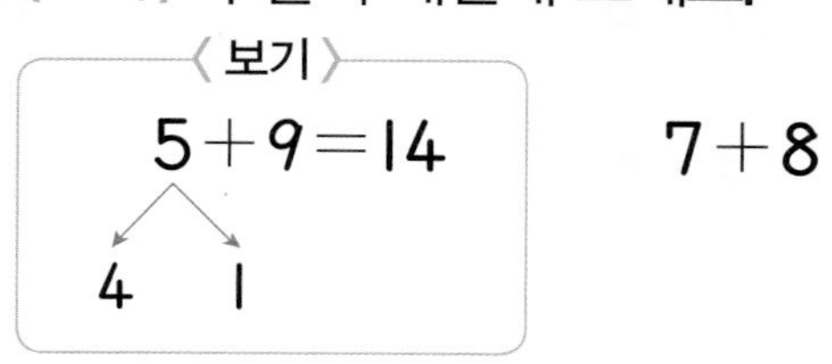

$7+8$

06 빈칸에 알맞은 수를 써넣으세요.

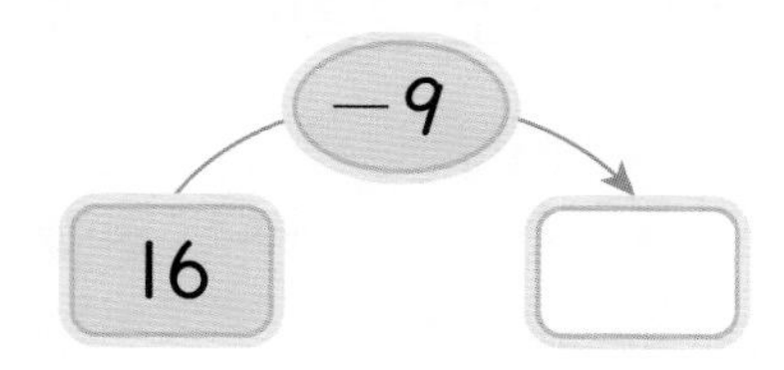

07 크기를 비교하여 ○ 안에 >, =, <를 알맞게 써넣으세요.

$13-8$ ○ 6

08 □ 안에 알맞은 수를 써넣으세요.

$6+7=$ □	$8+9=$ □
$7+6=$ □	$9+8=$ □

4 단원

09 관계있는 것끼리 이어 보세요.

(1) $9+3$ • • 10

(2) $7+7$ • • 12

(3) $13-3$ • • 14

[10~11] 그림을 보고 물음에 답하세요.

10 포도주스와 사과주스는 모두 몇 개인지 구하세요.

식 ______________________

답 ______________

11 오렌지주스는 포도주스보다 몇 개 더 많은지 구하세요.

식 ______________________

답 ______________

12 꽃병에 장미 15송이가 꽂혀 있었습니다. 그중 8송이가 시들어서 버렸다면 꽃병에 남은 장미는 몇 송이일까요?

( )

13 합이 같도록 점을 그리고, □ 안에 알맞은 수를 써넣으세요.

$9+4=$ □ $6+$ □ $=$ □

14 덧셈을 하고, 알게 된 점을 설명해 보세요.

서술형

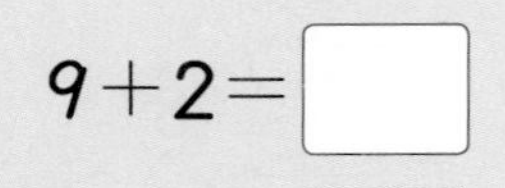

$9+2=$ □

$8+3=$ □

$7+4=$ □

$6+5=$ □

알게 된 점 ______________________

____

15 빈칸과 같은 색 칠판에서 수를 골라 덧셈식과 뺄셈식을 완성해 보세요.

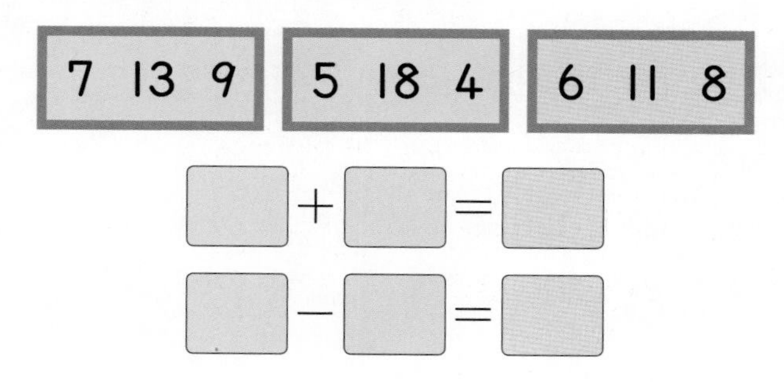

16 1부터 9까지의 수 중에서 □ 안에 들어갈 수 있는 수는 모두 몇 개인지 풀이 과정을 쓰고, 답을 구하세요. (서술형)

$15-9<\square$

풀이

답

17 버스에 8명이 타고 있었는데 이번 정류장에서 4명이 타고, 6명이 내렸습니다. 지금 버스에 타고 있는 사람은 몇 명인지 구하세요.

(　　　　　　)

18 13−5와 차가 같은 식에 모두 ○표 하세요.

11−2	11−3	11−4	11−5
	12−3	12−4	12−5
		13−4	13−5
			14−5

19 수 카드 두 장을 골라 합이 가장 큰 덧셈식을 만들어 보세요.

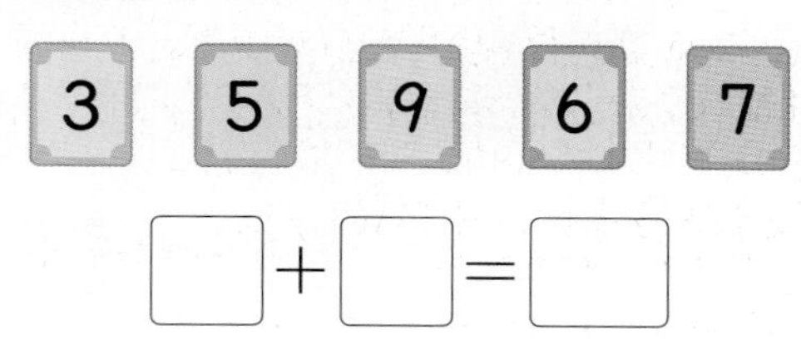

□ + □ = □

20 같은 모양은 같은 수를 나타냅니다. ●에 알맞은 수는 얼마인지 풀이 과정을 쓰고, 답을 구하세요. (서술형)

▲+▲=16
11−●=▲

풀이

답

4 단원

5

규칙 찾기

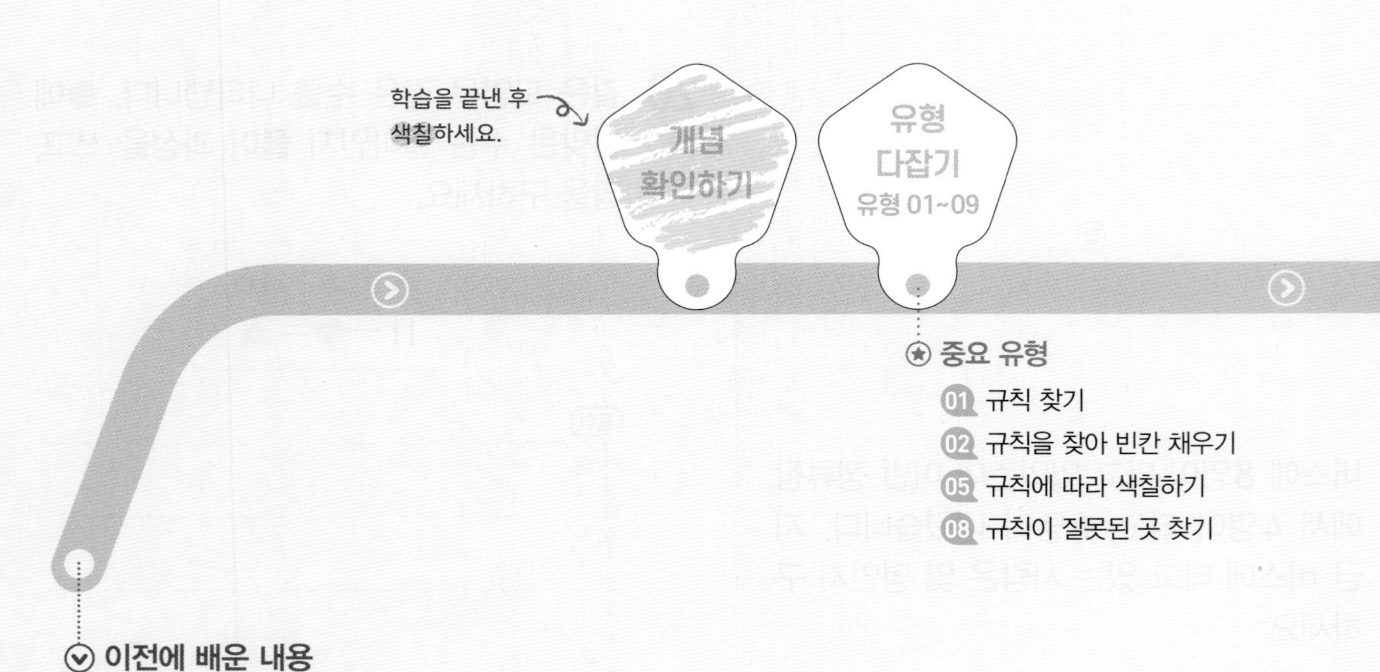
학습을 끝낸 후
색칠하세요.
개념
확인하기
유형
다잡기
유형 01~09
중요 유형
01 규칙 찾기
02 규칙을 찾아 빈칸 채우기
05 규칙에 따라 색칠하기
08 규칙이 잘못된 곳 찾기
이전에 배운 내용
[누리과정]
주변에서 반복되는 규칙 찾기

개념
확인하기

유형
다잡기
유형 10~18

응용
해결하기

5단원
마무리

⊛ 중요 유형

11 수 배열에서 빈칸 채우기
12 수 배열표에서 규칙 찾기
16 같은 규칙으로 수 배열하기
17 규칙을 모양으로 나타내기
18 규칙을 수로 나타내기

⊙ 다음에 배울 내용

[2-2] 규칙 찾기

여러 가지 무늬에서 규칙 찾기
쌓은 모양에서 규칙 찾기
덧셈표, 곱셈표에서 규칙 찾기

STEP 1 개념 확인하기

① 규칙 찾기

반복되는 규칙 찾기

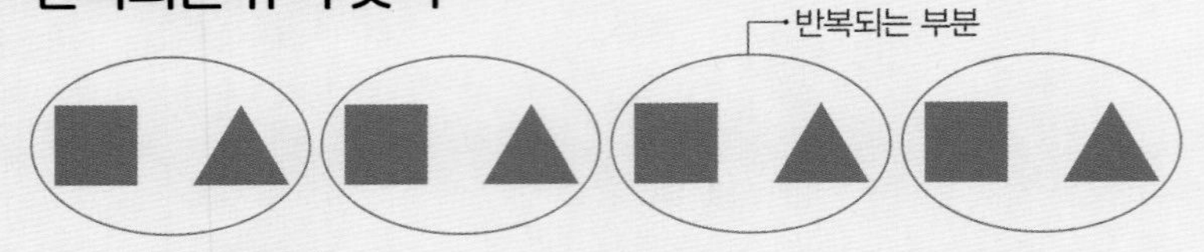

네모(■), 세모(▲) **모양**이 반복됩니다.

- 모양, 색깔, 크기 등 반복되는 부분을 묶어서 표시하면 규칙을 찾기 쉽습니다.

규칙 찾아 빈칸 채우기

꽃의 색깔이 **분홍색**, **노란색**, **분홍색**으로 반복됩니다.

➜ 빈칸에 알맞은 것: **분홍색 꽃**( )

- 규칙을 찾으면 다음에 올 것을 예상할 수 있습니다.

② 규칙 만들기

2개가 반복되는 규칙

, 이 반복됩니다.

3개가 반복되는 규칙

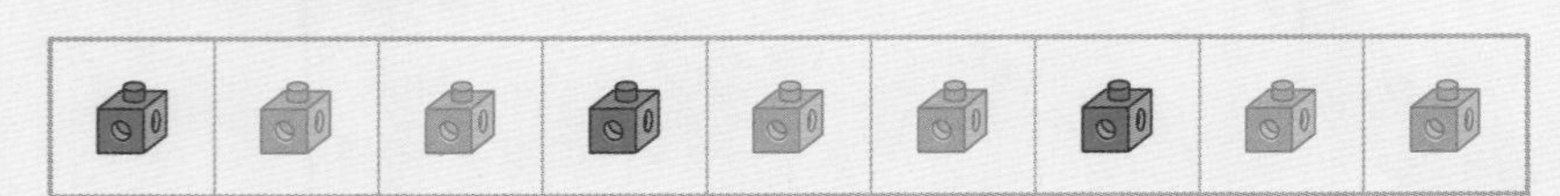

, , 이 반복됩니다.

③ 규칙을 만들어 무늬 꾸미기

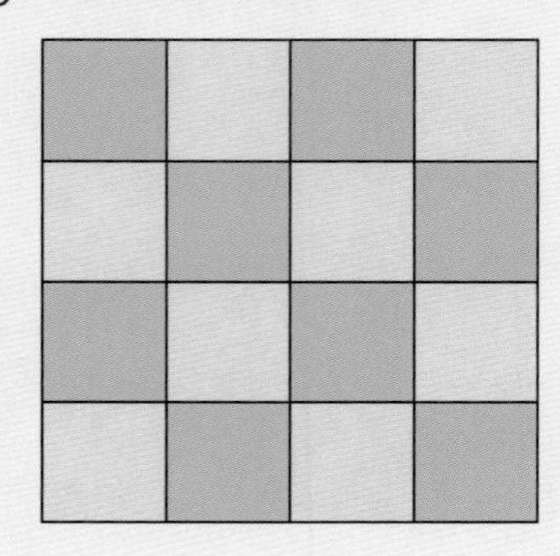

- 첫째 줄(셋째 줄)의 규칙
  ➜ **연두색**, **노란색**이 반복됩니다.
- 둘째 줄(넷째 줄)의 규칙
  ➜ **노란색**, **연두색**이 반복됩니다.

정답 33쪽

[01~03] 반복되는 부분에 ⬭ 표시해 보세요.

01

02

03 ▷ ▷ ◁ ◁ ▷ ▷ ◁ ◁ ▷ ▷ ◁ ◁

[04~06] 규칙을 찾아 빈칸에 알맞은 것에 ○표 하세요.

04

→ 빈칸에 알맞은 것: (,)

05

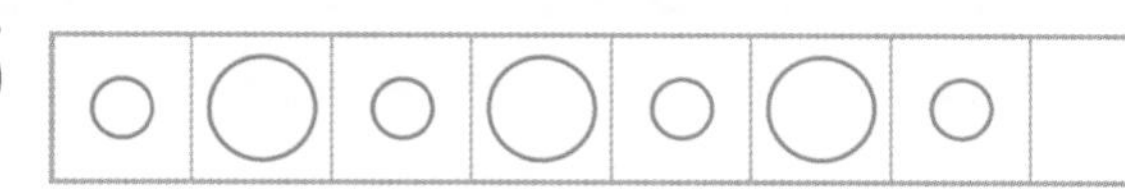

→ 빈칸에 알맞은 것: (○ , ◯)

06

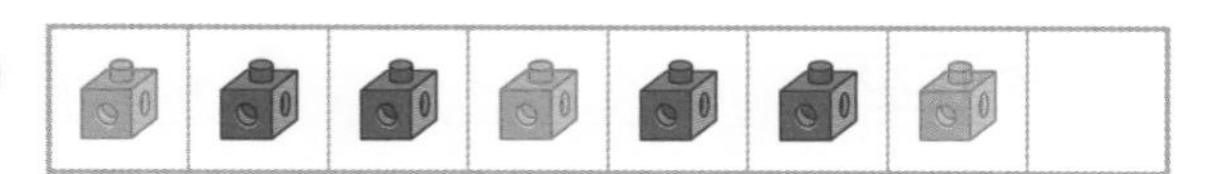

→ 빈칸에 알맞은 것: (,)

[07~08] 규칙을 찾아 알맞게 색칠해 보세요.

07

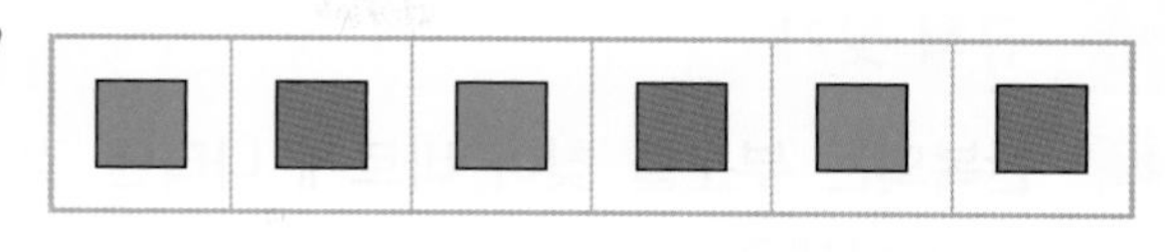

→ 반복되는 규칙: □, □

08

→ 반복되는 규칙: ♡, ♡, ♡

[09~10] 규칙에 따라 빈칸을 알맞게 색칠해 보세요.

09

10

11 규칙에 따라 빈칸에 알맞은 모양을 그려 보세요.

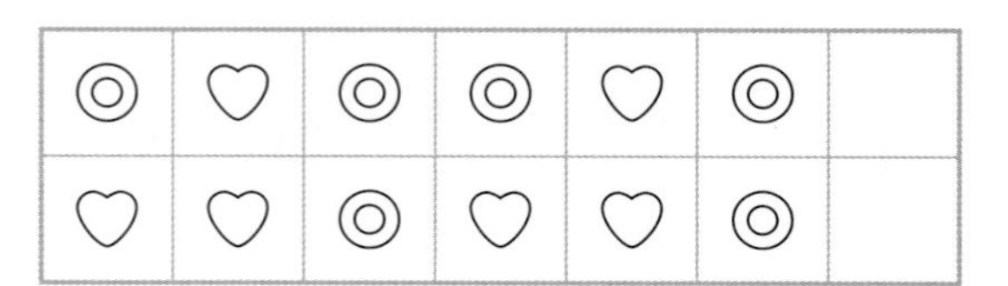

유형 다잡기

유형 01 규칙 찾기

예제 반복되는 부분을 찾아 바르게 나타낸 것에 ◯표 하세요.

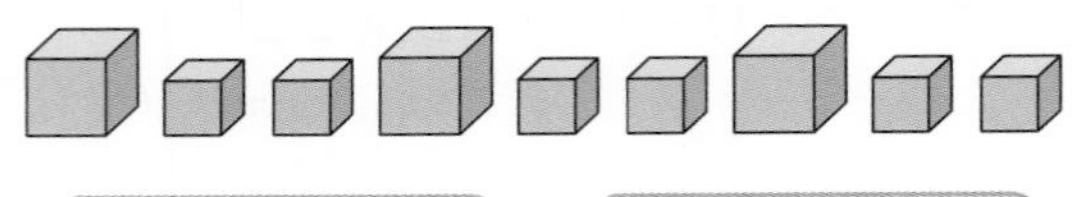

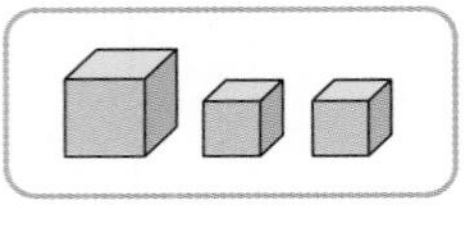
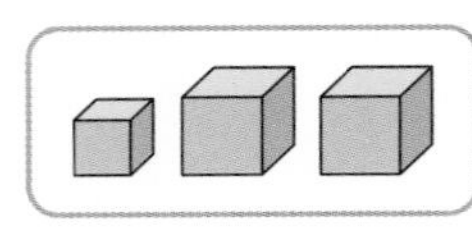

(　　) (　　)

풀이 규칙을 찾으면 모양이 큰 것, 작은 것, □이 반복됩니다.

01 반복되는 부분에 ⬭ 표시하고, 규칙을 찾아 □ 안에 알맞은 말을 써넣으세요.

□, □가 반복됩니다.

[02~03] 규칙을 찾아 □ 안에 알맞은 말을 써넣으세요.

02 중요*

양말, □이 반복됩니다.

03

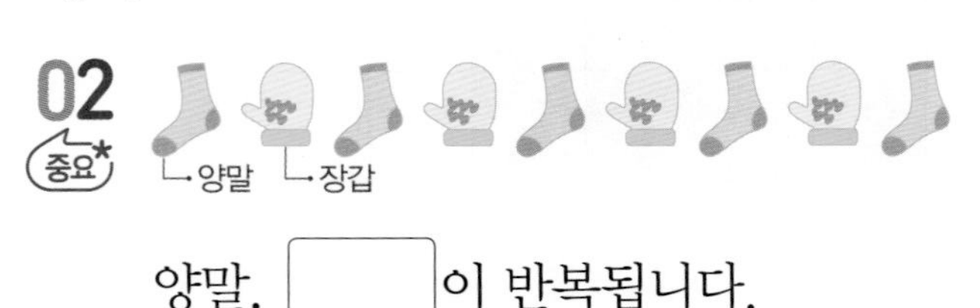

□, □, 숟가락이 반복됩니다.

04 규칙에 따라 모양을 놓은 것을 찾아 기호를 쓰세요.

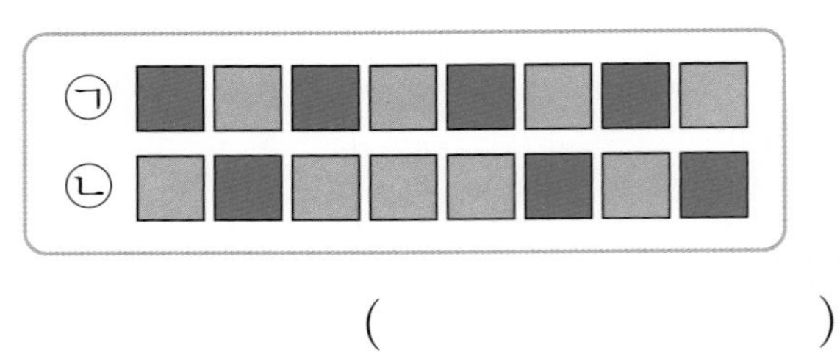

(　　　　)

05 규칙을 바르게 말한 사람은 누구일까요?

흰색 집게와 검은색 집게가 한 개씩 반복돼.
흰색 집게 두 개와 검은색 집게 한 개가 반복돼.
주경
현우

(　　　　)

06 서술형 규칙을 잘못 설명한 것을 찾아 기호를 쓰고, 바르게 고쳐 보세요.

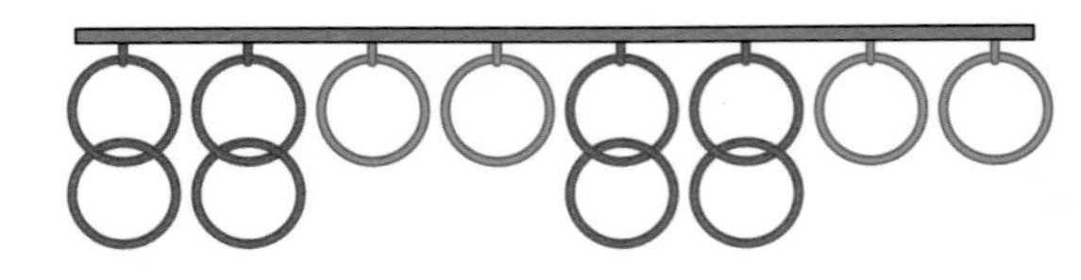

㉠ 색이 빨간색, 빨간색, 초록색, 초록색으로 반복됩니다.
㉡ 개수가 2개, 2개, 1개씩 반복됩니다.

답 ________

바르게 고치기 ________

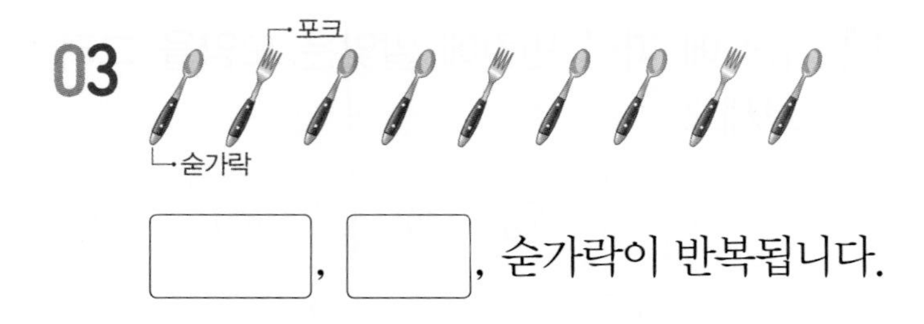

유형 02 규칙을 찾아 빈칸 채우기

예제 **규칙에 따라 ▢ 안에 들어갈 그림을 찾아 기호를 쓰세요.**

( )

풀이 규칙을 찾으면 무궁화, ▢, ▢가 반복됩니다.

07 솜사탕과 막대사탕이 놓여 있습니다. 규칙에 따라 ▢ 안에 들어갈 그림의 이름을 쓰세요.

( )

[08~09] 규칙에 따라 ▢ 안에 알맞은 모양을 그려 보세요.

08 ★ ◆ ★ ◆ ▢ ◆ ★ ▢ ★

09

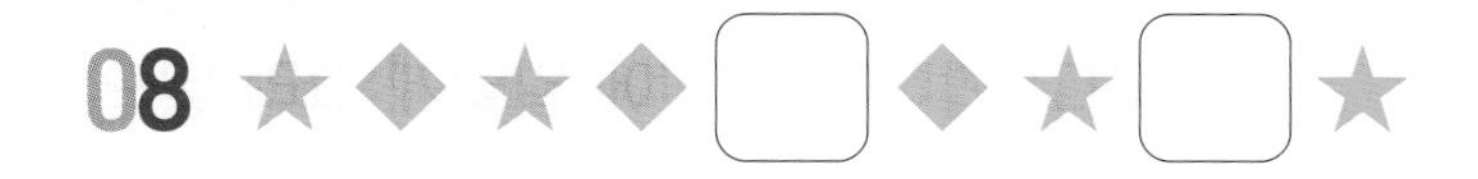

10 규칙에 따라 모양을 그렸습니다. ♥ 모양을 그려야 하는 곳의 번호를 쓰세요. (중요)

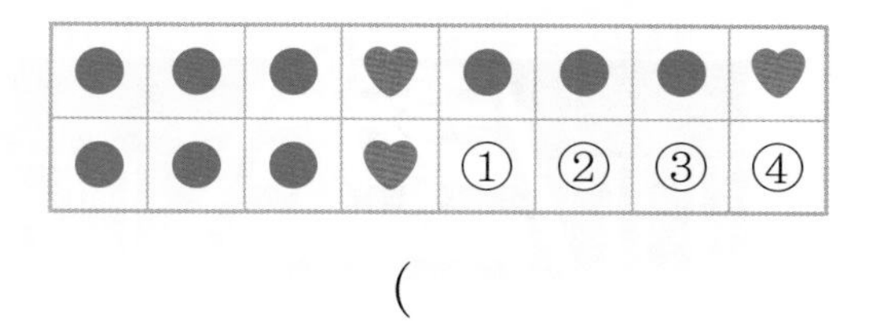

( )

유형 03 생활 속 규칙 찾기

예제 **그림을 보고 규칙을 바르게 설명한 것에 ○표 하세요.**

- 화분의 꽃이 키가 큰 것과 작은 것이 반복됩니다. ( )
- 화분의 꽃이 한 송이, 세 송이씩 반복됩니다. ( )

풀이
- 꽃은 키가 큰 것, 작은 것이 반복됩니다.
- 꽃의 수는 한 송이, ▢ 송이씩 반복됩니다.

11 신호등의 불이 켜지는 규칙을 바르게 말한 사람의 이름을 쓰세요.

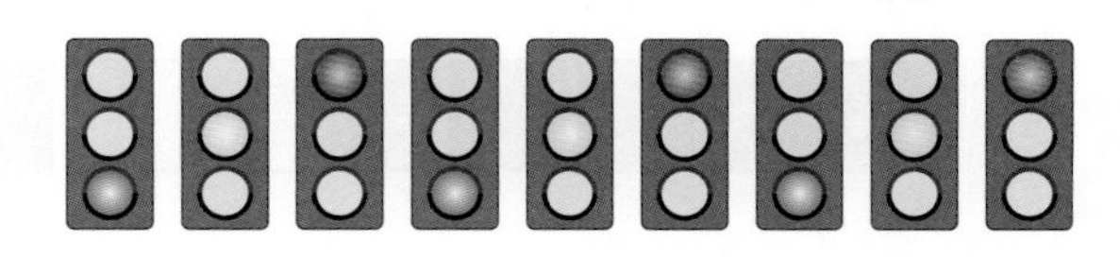

규하: 초록 불, 노란 불, 빨간 불이 반복돼.
해나: 초록 불, 빨간 불, 노란 불이 반복되며 켜져.

( )

[12~13] 그림을 보고 물음에 답하세요.

12 울타리를 보고 ☐ 안에 알맞게 써넣으세요.

> 울타리 색이 빨간색, 흰색, ☐ 으로 반복됩니다.

13 위의 횡단보도의 색깔과 규칙이 같은 것을 찾아 기호를 쓰세요.

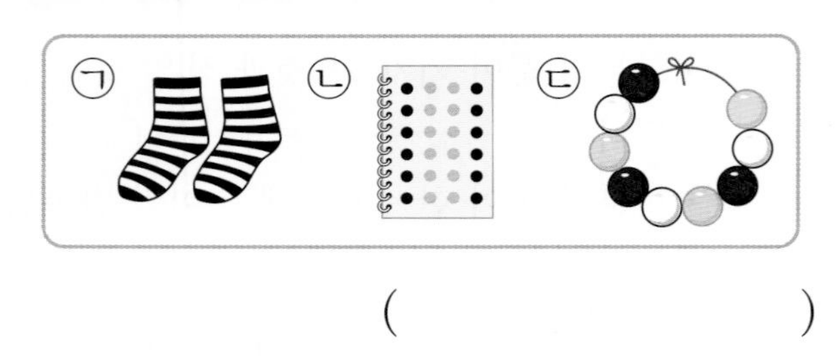

(　　　　　　　)

유형 04 규칙이 주어졌을 때 규칙에 맞게 놓기

예제 색종이를 보라색, 보라색, 연두색이 반복되도록 놓았습니다. 빈칸에 알맞은 색종이를 연결해 보세요.

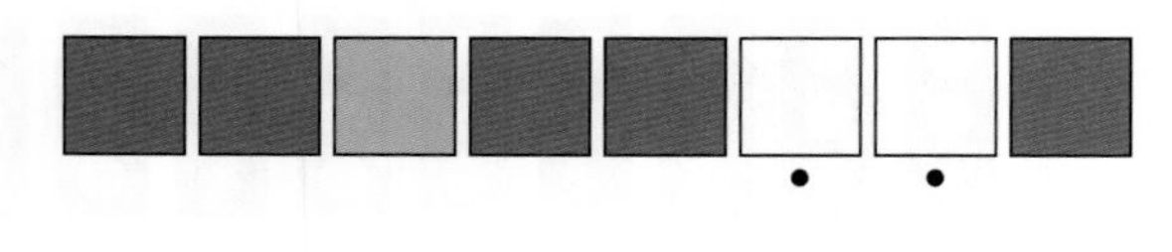

풀이 색종이는 보라색, 보라색, 연두색이 반복되므로 첫 번째 빈칸에는 ☐, 두 번째 빈칸에는 ☐ 을 놓아야 합니다.

14 (중요) 주어진 〈규칙〉에 맞게 연결 모형을 놓은 사람은 누구일까요?

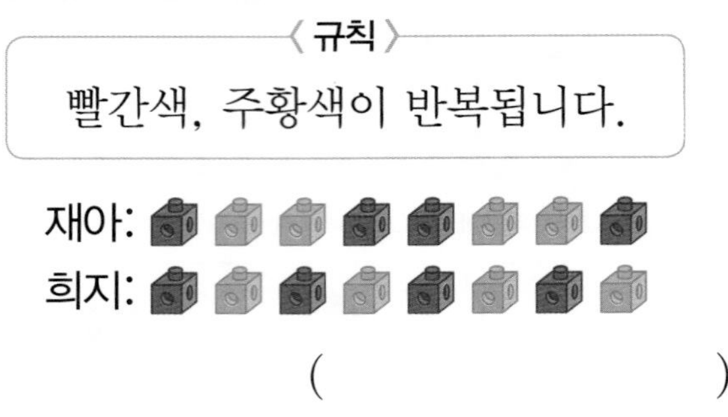

〈규칙〉
빨간색, 주황색이 반복됩니다.
재아:
희지:

(　　　　　　　)

15 리아가 만든 규칙에 맞게 빈 곳에 놓을 물건의 이름을 차례로 쓰세요.

나는 야구공, 테니스공이 반복되는 규칙을 만들었어.
리아

(　　　　　　), (　　　　　　)

16 고양이와 토끼를 놓은 규칙처럼 바둑돌을 놓으려고 합니다. 빈칸에 알맞게 그려 넣으세요.

유형 05 규칙에 따라 색칠하기

예제 **규칙에 따라 연두색을 색칠해 보세요.**

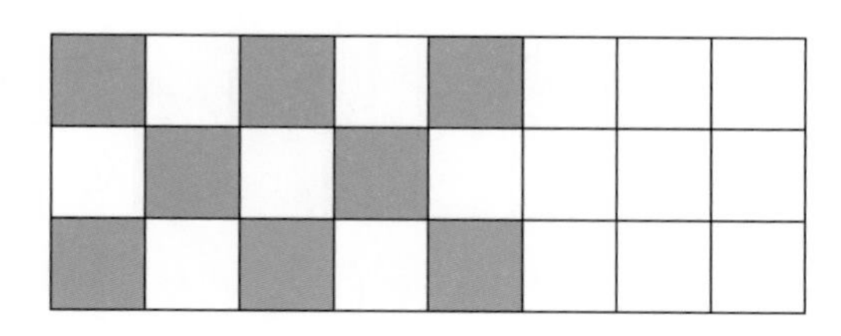

풀이
- 첫째 줄, 셋째 줄: 연두색, 흰색이 반복됩니다.
- 둘째 줄: [ ], [ ]이 반복됩니다.

17 규칙에 따라 색칠해 보세요. (중요)

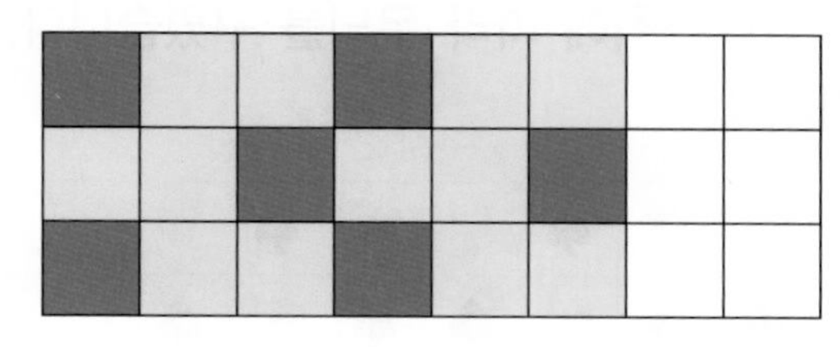

18 규칙에 따라 색칠해 보세요.

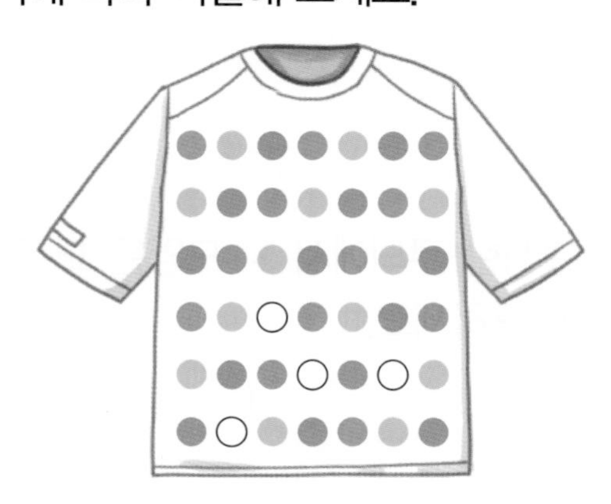

19 빨간색과 초록색으로 나만의 규칙을 만들어 빈칸을 색칠해 보세요. (창의형)

유형 06 규칙에 따라 무늬 꾸미기

예제 **◇, □ 모양으로 규칙을 만들어 무늬를 꾸몄습니다. 빈칸에 알맞은 모양을 그려 보세요.**

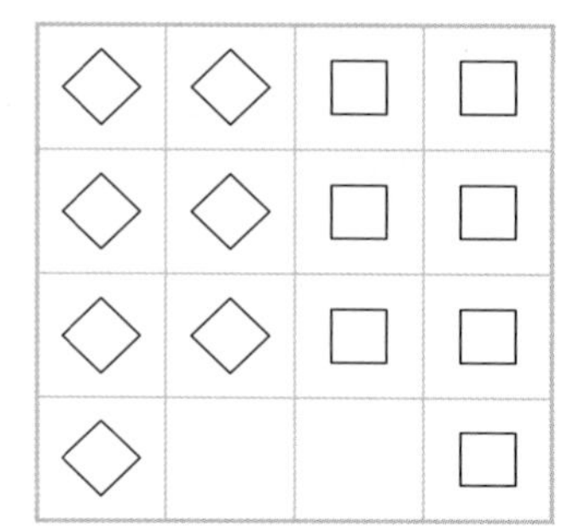

풀이 ◇와 □ 모양이 [ ]번씩 반복되도록 꾸민 무늬입니다.

20 〈보기〉의 규칙으로 무늬를 꾸며 보세요.

〈보기〉
- 첫째 줄: ★, ◆가 반복됩니다.
- 둘째 줄: ◆, ★이 반복됩니다.

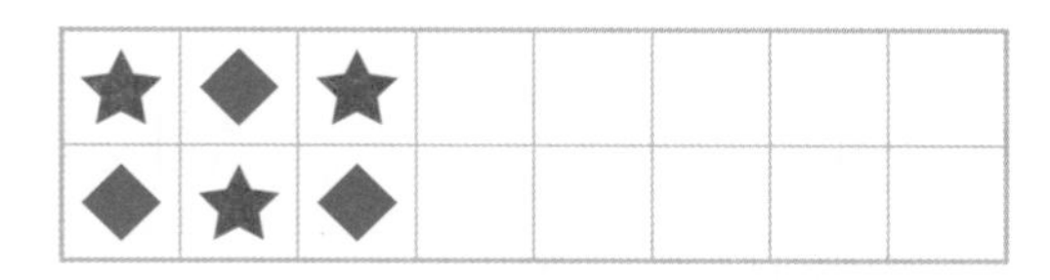

21 규칙에 따라 무늬를 완성해 보세요.

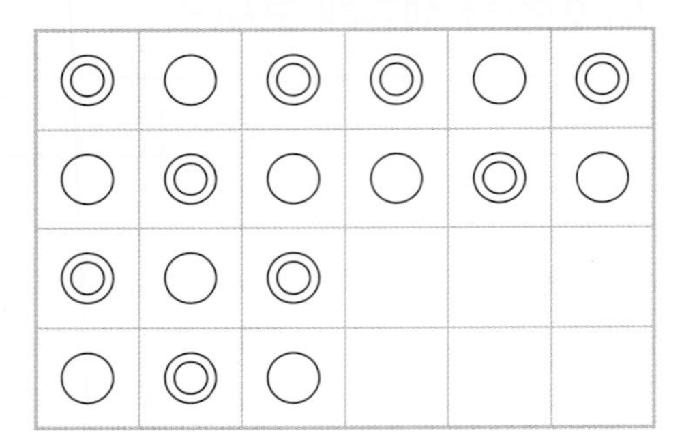

22 두 가지 모양을 골라 무늬를 꾸며 보세요.

창의형

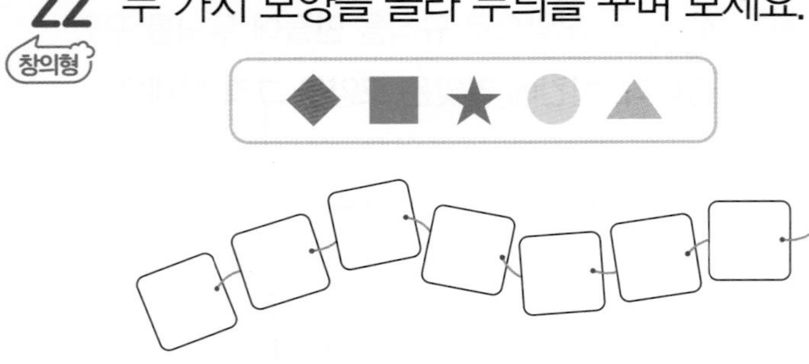

+플러스 유형 07

규칙에 맞게 놓았을 때 개수 구하기

예제 규칙에 맞게 빈칸에 구슬을 놓으면 초록색 구슬은 모두 몇 개가 될까요?

(　　　　　　)

풀이 초록색, 파란색, [　　] 구슬이 반복되므로 빈칸에는 차례로 [　　], [　　] 구슬이 놓입니다. ➜ [　] 개

23 규칙에 따라 색칠할 때 빈칸에 빨간색은 몇 칸 칠하게 될까요?

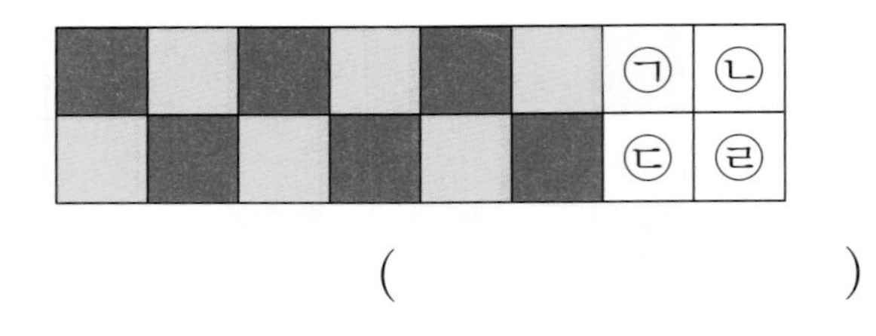

(　　　　　　)

[24~25] 규칙에 따라 무늬를 꾸몄습니다. 물음에 답하세요.

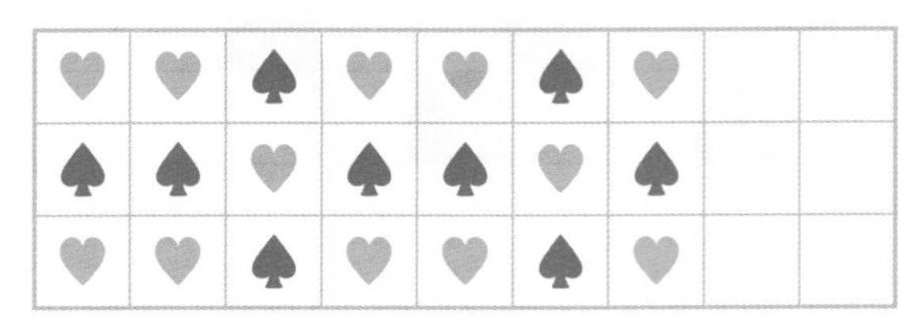

24 위 무늬를 완성해 보세요.

25 완성한 무늬에서 ♥ 모양은 모두 몇 개인지 구하세요.

중요

(　　　　　　)

플러스 유형 08 규칙이 잘못된 곳 찾기

예제 규칙에 따라 공깃돌을 놓았습니다. 잘못 놓은 것을 찾아 ×표 하세요.

풀이 초록색, 보라색, [   ] 공깃돌이 반복됩니다.

➜ 오른쪽에서 (첫 번째 , 두 번째)에는 보라색이 놓여야 합니다.

26 규칙에 따라 무늬를 꾸몄습니다. 모양이 잘못 그려진 곳을 찾아 ×표 하세요. (중요)

○	△	○	△	○	△
△	○	△	○	○	○
○	△	○	△	○	△

27 과일을 규칙에 따라 놓다가 잘못하여 🍎 1개를 빼고 놓았습니다. 🍎가 빠진 곳을 찾아 기호를 쓰세요.

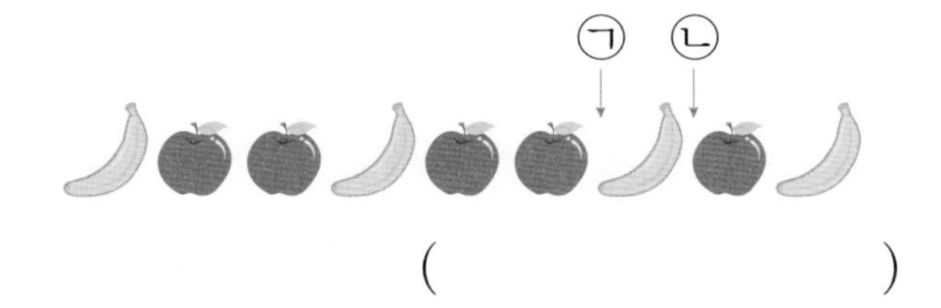

(   )

플러스 유형 09 빈칸에 알맞은 색(모양) 비교하기

예제 규칙에 따라 색종이로 꾸몄습니다. ㉠과 ㉡에 알맞은 색이 같으면 ○표, 다르면 ×표 하세요.

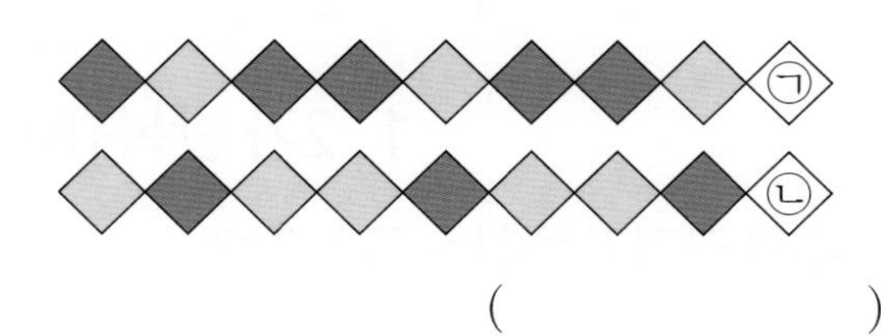

(   )

풀이 첫째 줄은 보라색, 노란색, 보라색이 반복되고, 둘째 줄은 노란색, [   ], [   ]이 반복됩니다.

➜ ㉠은 보라색, ㉡은 [   ]이므로 ㉠과 ㉡의 색은 (같습니다 , 다릅니다).

28 규칙에 따라 빈칸을 색칠할 때 같은 색을 칠해야 하는 곳을 찾아 번호를 쓰세요.

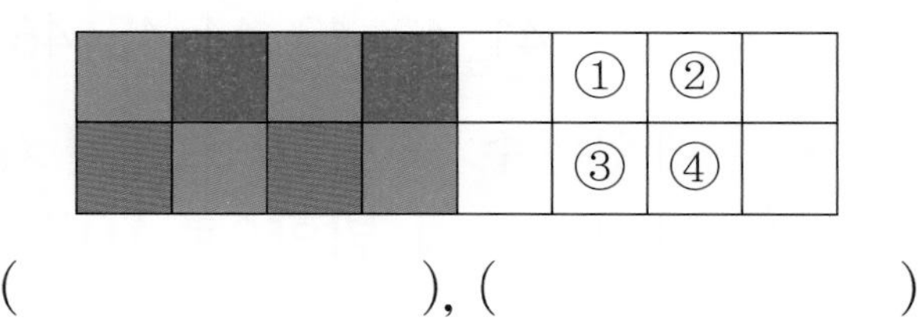

(   ), (   )

29 규칙에 따라 무늬를 완성했을 때 알맞은 모양이 다른 하나를 찾아 기호를 쓰세요.

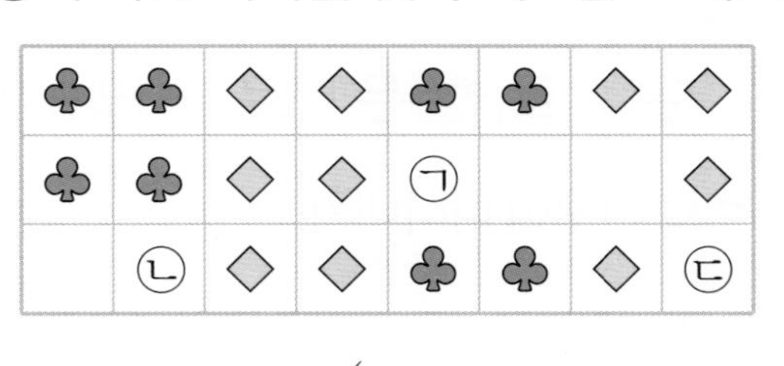

(   )

5 단원

STEP 1 개념 확인하기

④ 수 배열에서 규칙 찾기

수가 반복되는 규칙 찾기

1	2	1	2	1	2	1	2	1

1, 2가 반복됩니다.

수의 크기가 변하는 규칙 찾기

1	3	5	7	9	11	13	15

1부터 시작하여 **2씩 커집니다.**

⑤ 수 배열표에서 규칙 찾기

1	2	3	4	5	6	7	8	9	10
11	12	13	14	15	16	17	18	19	20
21	22	23	24	25	26	27	28	29	30
31	32	33	34	35	36	37	38	39	40
41	42	43	44	45	46	47	48	49	50

- ▭에 있는 수: → **방향**으로 **1씩 커집니다.**
- ▭에 있는 수: ↓ **방향**으로 **10씩 커집니다.**

● 수 배열표에서는 다양한 규칙을 찾을 수 있습니다.
- ↙ 방향으로 9씩 커집니다. 예 10, 19, 28, 37, 46
- ↘ 방향으로 11씩 커집니다. 예 5, 16, 27, 38, 49

⑥ 규칙을 여러 가지 방법으로 나타내기

모양으로 바꾸어 나타내기

(공, 상자, 상자이 반복)

공	상자	상자	공	상자	상자	공	상자	상자
○	□	□	○	□	□	○	□	□

공은 ○로, 상자은 □로 나타냈습니다.

● 모양의 생김새에 맞게 공은 ○로, 상자은 □로 나타냈습니다.

수로 바꾸어 나타내기

(귤, 체리, 귤이 반복)

귤	체리	귤	귤	체리	귤	귤	체리	귤
1	2	1	1	2	1	1	2	1

귤은 1로, 체리는 2로 나타냈습니다.

● 과일의 수에 맞게 귤은 1로, 체리는 2로 나타냈습니다.

정답 35쪽

[01~03] 수 배열에서 규칙을 찾아 ▢ 안에 알맞은 수를 써넣으세요.

01 3 - 4 - 3 - 4 - 3 - 4

▢, ▢가 반복됩니다.

02 5 - 10 - 15 - 20 - 25 - 30

5부터 시작하여 ▢씩 커집니다.

03 38 - 37 - 36 - 35 - 34 - 33

38부터 시작하여 ▢씩 작아집니다.

[04~06] 규칙에 따라 빈칸에 알맞은 수를 써넣으세요.

04 5 - 2 - 5 - 2 - 5 - ▢

05 1 - 3 - 3 - 1 - 3 - 3 - 1 - ▢ - ▢

06 4 - 6 - 8 - 10 - 12 - ▢

07 주어진 규칙에 맞게 빈칸에 알맞은 수를 써넣으세요.

1, 1, 2, 2가 반복됩니다.

1 - 1 - 2 - 2 - ▢ - ▢ - ▢ - ▢

[08~09] 수 배열표를 보고 물음에 답하세요.

21	22	23	24	25	26	27	28	29	30
31	32	33	34	35	36	37	38	39	40
41	42	43	44	45	46	47	48	49	50
51	52	53	54	55	56	57	58	59	60
61	62	63	64	65	66	67	68	69	70
71	72	73	74	75	76	77	78	79	80

08 ▢에 있는 수에는 어떤 규칙이 있는지 알맞은 말에 ○표 하세요.

41부터 시작하여 → 방향으로 1씩 (커집니다 , 작아집니다).

09 ▢에 있는 수에는 어떤 규칙이 있는지 알맞은 수에 ○표 하세요.

26부터 시작하여 ↓ 방향으로 (1 , 10)씩 커집니다.

10 규칙에 따라 빈칸에 1, 3으로 나타내세요.

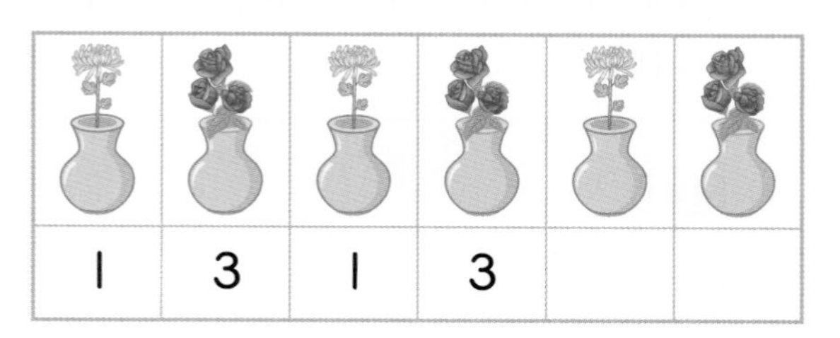

1	3	1	3		

5 단원

STEP 2

유형 다잡기

유형 10 수 배열에서 규칙 찾기

예제 수 배열에서 규칙을 바르게 찾은 것에 ○표 하세요.

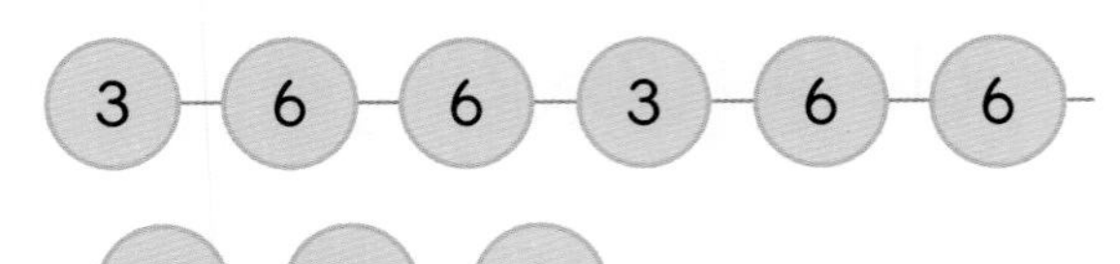

3 - 6 - 6

3부터 시작하여 3씩 커집니다.	3, 6, 6이 반복됩니다.
(　　)	(　　)

풀이 (3, 6, 6), (3, 6, 6), (3, 6, 6)

➜ □, □, □이 반복됩니다.

01 수 배열에서 규칙을 찾아보세요.

➜ 24부터 시작하여 □씩 (커집니다 , 작아집니다).

02 (서술형) 〈보기〉와 같이 수 배열에서 찾을 수 있는 규칙을 2가지 쓰세요.

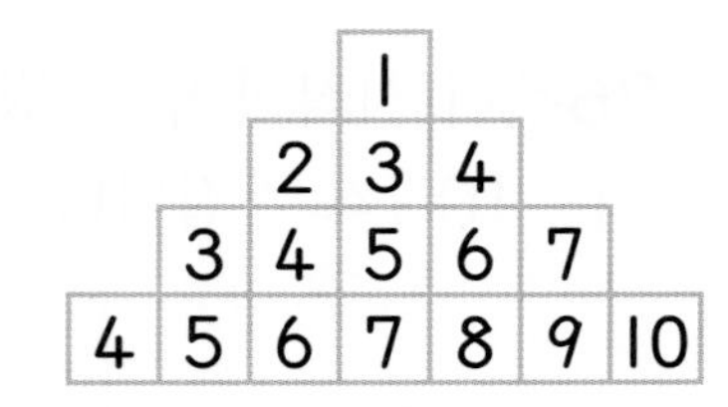

			1			
		2	3	4		
	3	4	5	6	7	
4	5	6	7	8	9	10

〈보기〉

1부터 시작하여 ↙ 방향으로 1씩 커집니다.

규칙 1 ______

규칙 2 ______

유형 11 수 배열에서 빈칸 채우기

예제 규칙에 따라 빈 곳에 알맞은 수를 써넣으세요.

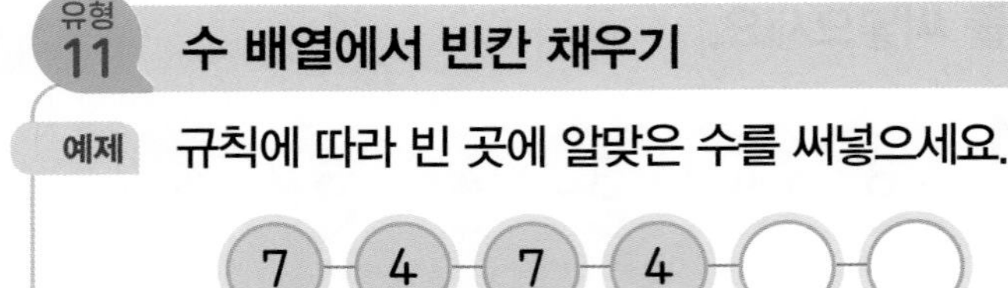

풀이 7, □가 반복됩니다.

➜ 빈 곳에 알맞은 수는 □, □입니다.

03 규칙에 따라 빈칸에 알맞은 수를 써넣으세요.

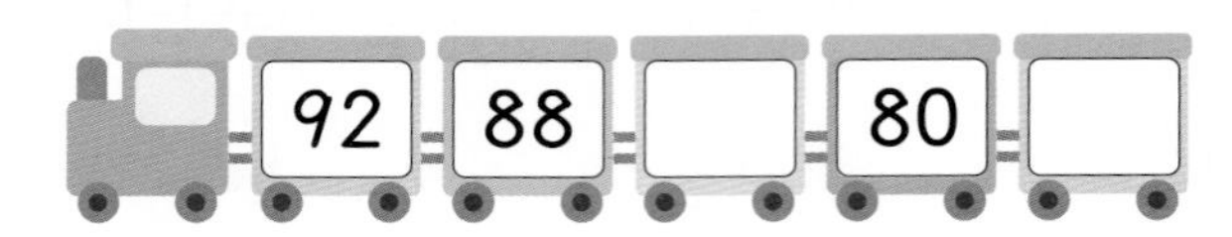

04 (중요★) 〈규칙〉에 따라 빈칸에 알맞은 수를 써넣으세요.

〈규칙〉

13부터 시작하여 5씩 커집니다.

13 - □ - □ - □ - □

05 도율이가 말한 규칙대로 빈칸에 수를 써넣으세요.

↓ 방향으로 4씩 커져.

도율

10	11	12	13

06 54부터 시작하여 3씩 작아지는 규칙으로 수를 쓸 때 ㉠에 알맞은 수는 얼마일까요?

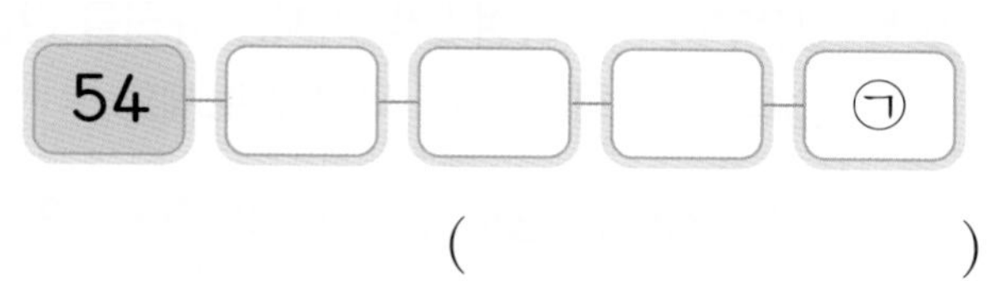

( )

유형 12 **수 배열표에서 규칙 찾기**

예제 수 배열표에서 ▒에 있는 수에는 어떤 규칙이 있는지 알아보세요.

61	62	63	64	65	66	67	68	69	70
71	72	73	74	75	76	77	78	79	80
81	82	83	84	85	86	87	88	89	90
91	92	93	94	95	96	97	98	99	100

81부터 시작하여 □씩 커집니다.

풀이 ▒에 있는 수는 81, 82, 83, 84, 85, 86, 87, 88, 89, 90으로 □씩 커집니다.

07 ▒에 있는 수들은 ↘ 방향으로 어떤 규칙이 있는지 알아보세요.

21	22	23	24	25	26	27	28	29	30
31	32	33	34	35	36	37	38	39	40
41	42	43	44	45	46	47	48	49	50
51	52	53	54	55	56	57	58	59	60

21부터 시작하여 □씩 커집니다.

08 중요★ 색칠한 수에 있는 규칙으로 알맞지 않은 것을 찾아 기호를 쓰세요.

11	15	19	23	27	31	35	39
12	16	20	24	28	32	36	40
13	17	21	25	29	33	37	41
14	18	22	26	30	34	38	42

㉠ 26부터 시작하여 ↗ 방향으로 3씩 커집니다.

㉡ 26부터 시작하여 ↗ 방향으로 1씩 커집니다.

㉢ 35부터 시작하여 ↙ 방향으로 3씩 작아집니다.

( )

09 블록에 쓰여진 수 배열표를 보고 규칙을 바르게 설명한 것을 찾아 ○표 하세요.

7	8	9
4	5	6
1	2	3

9	8	7
6	5	4
3	2	1

초록색 블록은 ← 방향으로 1씩 커집니다.
( )

노란색 블록은 → 방향으로 1씩 작아집니다.
( )

우리 중에 빠져야 할 수가 있어!

5 단원

유형 13 수 배열표에서 빈칸 채우기

예제 수 배열표에서 빈칸에 알맞은 수를 써넣으세요.

11	12	13		15	16	17	18	19	20
21		23	24	25		27	28	29	
	32	33	34		36	37	38	39	40

풀이 • → 방향으로 ☐씩 커집니다.

• ↓ 방향으로 ☐씩 커집니다.

10 규칙에 따라 ■에 알맞은 수를 써넣으세요.

51	52	53	54	55	56	57	58	59	60
61	62	63	64	65	66	67	68	69	70
71	72	73	74	75	76				
81	82	83	84	85	86				

11 서술형 규칙을 찾아 ♥와 ★에 알맞은 수를 각각 구하려고 합니다. 풀이 과정을 쓰고, 답을 구하세요.

16	17	18	19	20
21		23	24	
♥		28		30
				★

1단계 ♥에 알맞은 수 구하기

2단계 ★에 알맞은 수 구하기

답 ♥: ________, ★: ________

유형 14 규칙에 맞게 수 배열표에 나타내기

예제 32부터 시작하여 5씩 커지는 규칙을 만들었습니다. 규칙에 따라 색칠해 보세요.

31	32	33	34	35	36	37	38	39	40
41	42	43	44	45	46	47	48	49	50
51	52	53	54	55	56	57	58	59	60

풀이 32부터 시작하여 5씩 커지는 수는 32, 37, 42, 47, ☐, ☐입니다.

12 중요★ 연서가 말한 규칙에 따라 색칠해 보세요.

연서: 41부터 시작하여 8씩 커지는 규칙이야.

41	42	43	44	45	46	47	48	49	50
51	52	53	54	55	56	57	58	59	60
61	62	63	64	65	66	67	68	69	70

13 규칙에 따라 바르게 색칠한 것은 보라색과 초록색 중 어느 것일까요?

• 보라색: 70부터 시작하여 5씩 커지는 규칙입니다.

• 초록색: 72부터 시작하여 9씩 커지는 규칙입니다.

70	71	72	73	74	75	76	77	78	79
80	81	82	83	84	85	86	87	88	89
90	91	92	93	94	95	96	97	98	99

(   )

14 규칙을 정해 색칠하고, 규칙을 쓰세요.

창의형

30	29	28	27	26	25	24	23	22	21
20	19	18	17	16	15	14	13	12	11
10	9	8	7	6	5	4	3	2	1

규칙

플러스 유형 15 찢어진 수 배열표에서 알맞은 수 구하기

예제 찢어진 수 배열표를 보고 ㉠에 알맞은 수를 구하세요.

21	22	23	24	25	26	
31				㉠		

( )

풀이 → 방향으로 □씩 커지고, ↓ 방향으로 □씩 커집니다.

➜ ㉠에 알맞은 수: □

15 찢어진 수 배열표를 보고 74가 들어갈 칸을 찾아 번호를 쓰세요.

중요

52	53	54	55	56	57	
61	62					
		①	②	③		

( )

16 수 배열표의 일부분입니다. ㉠에 알맞은 수를 구하세요.

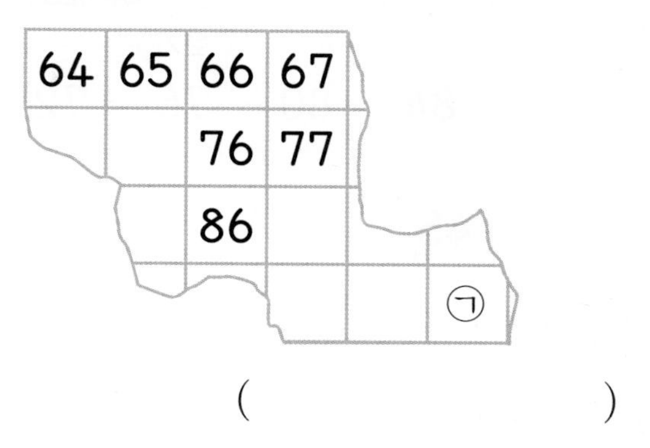

( )

플러스 유형 16 같은 규칙으로 수 배열하기

예제  모양의 수 배열과 같은 규칙이 되도록 빈 곳에 알맞은 수를 써넣으세요.

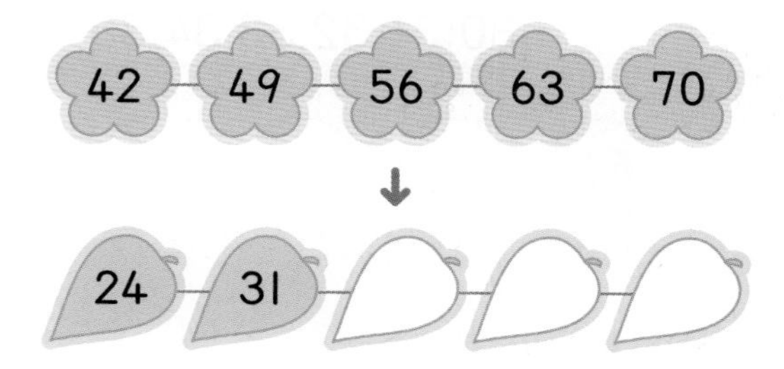

풀이 42, 49, 56, 63, 70은 42부터 시작하여 □씩 커집니다.

➜ 24부터 시작하여 7씩 커지도록 수를 쓰면 24, 31, □, □, □입니다.

17 규민이가 말한 규칙에 따라 20과 30을 빈칸에 써넣으세요.

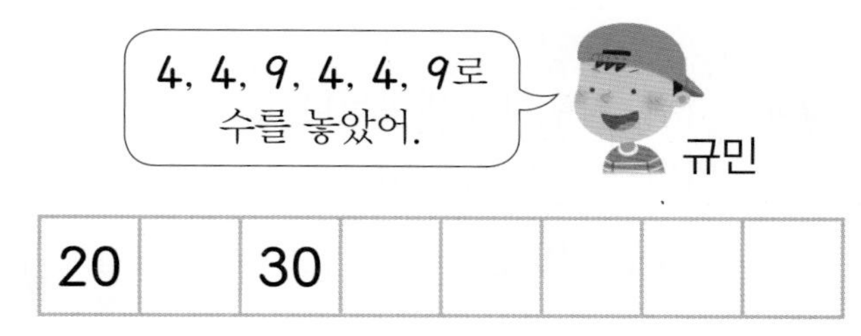

20		30					

18 〈보기〉와 같은 규칙으로 45부터 수를 쓸 때 ㉠에 알맞은 수를 구하세요.

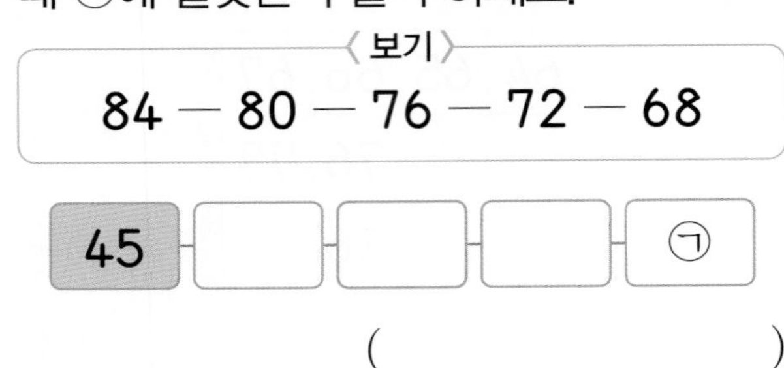

( )

19 색칠한 수에서 ↓ 방향의 규칙과 같은 규칙이 되도록 빈 곳에 알맞은 수를 쓰려고 합니다. ★에 알맞은 수를 구하세요.

18	19	20	21	22	23
24	25	26	27	28	29
30	31	32	33	34	35

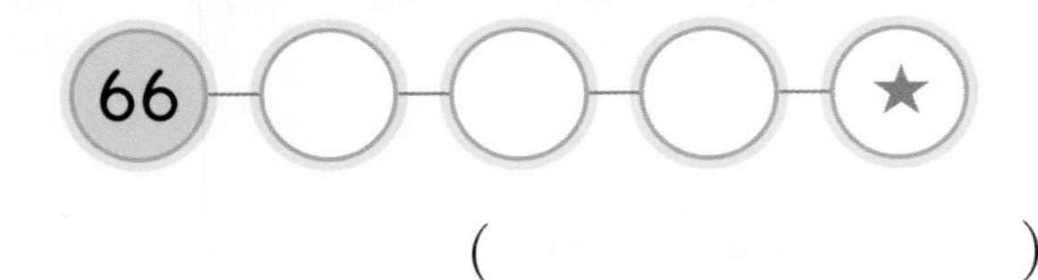

( )

유형 17 규칙을 모양으로 나타내기

예제 규칙에 따라 빈칸에 알맞은 모양을 그려 보세요.

×	△	×	△				

풀이 가위, 지우개가 반복됩니다.
가위를 ×로, 지우개를 △로 나타내면 빈칸에 알맞은 모양은 ×, □, □, △입니다.

20 중요 〈보기〉와 같은 규칙으로 빈칸에 알맞은 모양을 그려 보세요.

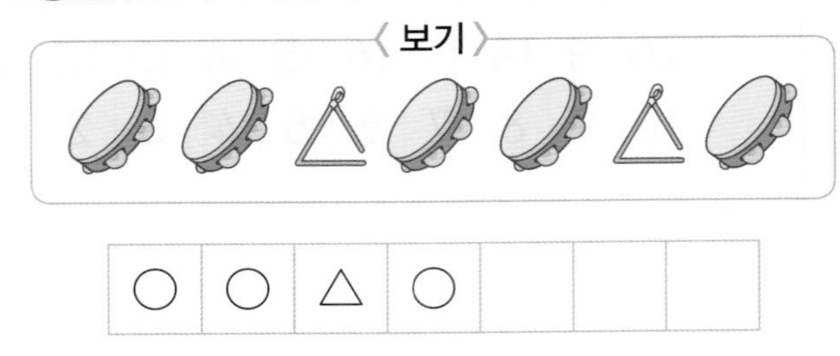

○	○	△	○			

21 서술형 (나)는 (가)의 규칙에 따라 □와 △를 사용하여 나타낸 것입니다. (나)의 빈칸에 알맞은 모양은 무엇인지 풀이 과정을 쓰고, 답을 구하세요.

(가)									
(나)	□		□	□	△		□	△	□

1단계 (가)의 규칙 알아보기

2단계 (나)의 빈칸에 알맞은 모양 구하기

답

22 □, ○, ○가 반복되는 규칙으로 나타낼 수 없는 것을 찾아 기호를 쓰세요.

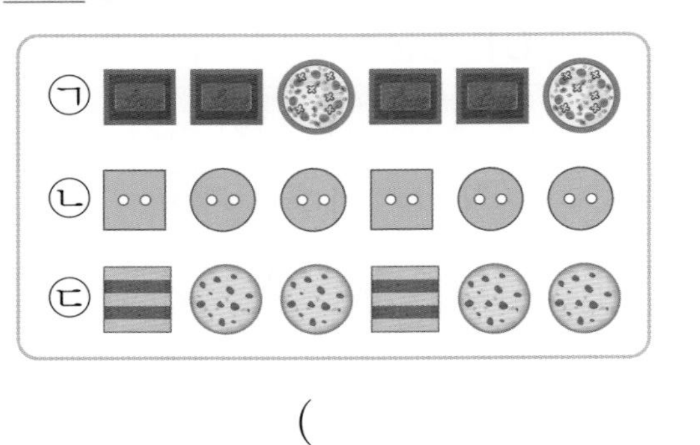

( )

유형 18 규칙을 수로 나타내기

예제 규칙에 따라 빈칸에 알맞은 주사위의 눈을 그리고, 수를 써넣으세요.

⚂	⚅	⚅	⚂	⚅	
3	6	6			

풀이 ⚂, ⚅, (⚂ , ⚅)이 반복됩니다.

⚂을 3으로, ⚅을 □으로 나타냅니다.

→ 빈칸에 알맞은 주사위: □

빈칸에 알맞은 수: □, □, □

23 준호의 규칙을 완성하고, 규칙에 따라 1과 2로 나타내세요. 중요*

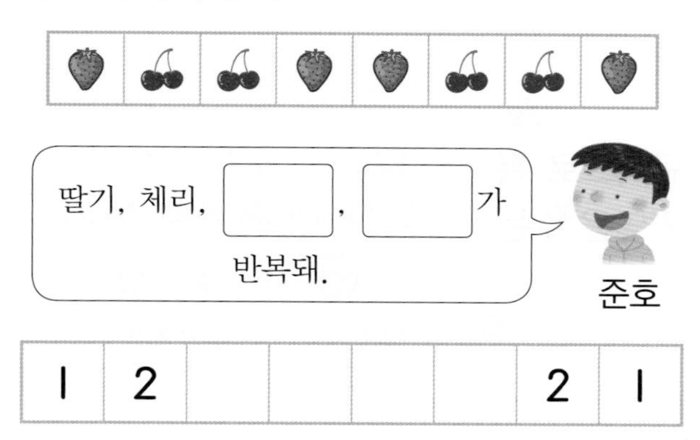

1	2					2	1

24 몸 동작을 보고 규칙에 따라 0과 2로 나타내세요.

0	2				

25 규칙에 따라 빈칸에 알맞은 모양을 그리고, 수로 나타내세요.

○	◎	◉	○	◎	◉	○		
1	2		1	2	3	1		

26 〈보기〉의 규칙에 따라 수로 바르게 나타낸 것의 기호를 쓰세요.

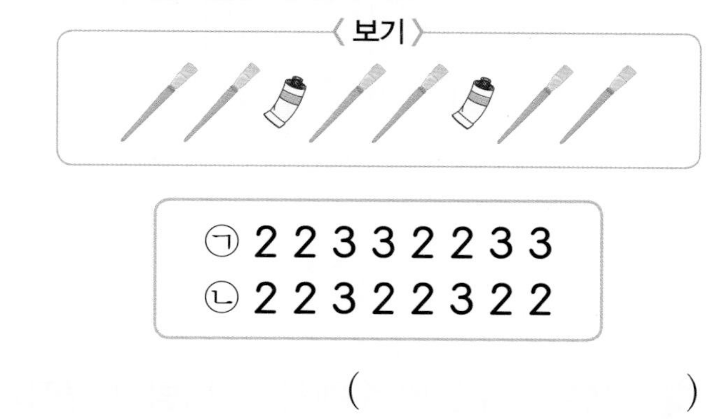

〈보기〉

㉠ 2 2 3 3 2 2 3 3

㉡ 2 2 3 2 2 3 2 2

( )

27 규칙을 여러 가지 방법으로 나타내세요.

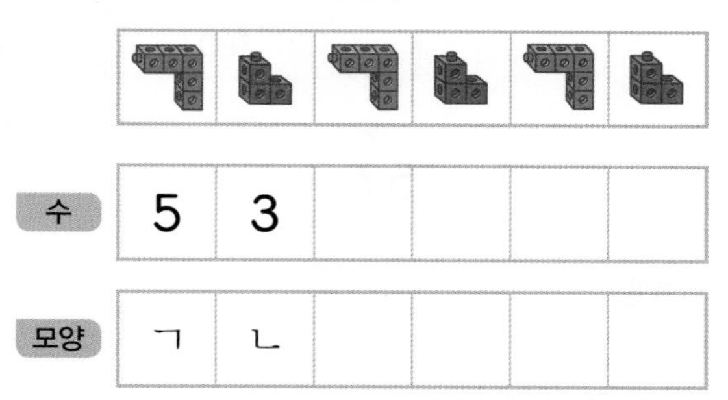

수	5	3				
모양	ㄱ	ㄴ				

STEP 3 응용 해결하기

순서에 맞는 수 구하기

1 규칙에 따라 수를 썼습니다. 9번째에 써야 할 수를 구하세요.

50 46 42 38 34 ...

( )

가장 많은 색깔 구하기

2 규칙에 따라 무늬를 완성했을 때 하늘색, 연두색, 분홍색 중에서 색칠된 칸 수가 가장 많은 색깔을 구하세요.

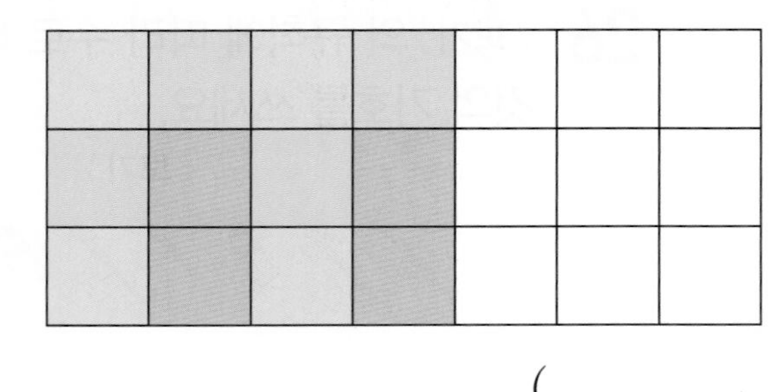

( )

같은 규칙으로 수 배열하기 서술형

3 색칠한 부분의 수에서 ↖ 방향의 규칙과 같은 규칙으로 복숭아 모양의 빈 곳에 수를 쓰려고 합니다. ♣에 알맞은 수는 얼마인지 풀이 과정을 쓰고, 답을 구하세요.

23	24					29
				34		
	38				42	
		46			49	

풀이

답

해결 tip

색칠한 수의 규칙은?

방향에 따라 규칙이 달라집니다.

↘ 방향	수가 커집니다.
↖ 방향	수가 작아집니다.

규칙에 따라 놓았을 때 어느 것이 몇 개 더 많은지 구하기

4 다음과 같은 규칙으로 바둑돌을 15개 놓는다면 흰색 바둑돌과 검은색 바둑돌 중 어느 것이 몇 개 더 많을까요?

○ ● ○ ○ ● ○ ○ ● ○ ···

( ), ( )

빈 곳에 알맞은 수의 크기 비교하기

서술형

5 규칙에 따라 수를 써넣을 때 빈 곳에 알맞은 수가 작은 것부터 차례로 기호를 쓰려고 합니다. 풀이 과정을 쓰고, 답을 구하세요.

50 - 80 - 50 - 80 - 50 - ㉠

90 - 85 - 80 - ㉡ - 70 - 65

67 - 71 - 75 - ㉢ - 83 - 87

풀이

답

수 배열표에서 알맞은 수 구하기

6 수 배열표에서 ♥와 ★에 알맞은 수를 구하세요.

2	4	6	8	10	12
		20	18	16	14
		♥			36
	★			40	

♥ ( ), ★ ( )

해결 tip

다양한 수 배열에서 규칙을 찾으려면?

어떤 규칙에 해당하는지 찾아봅니다.

수가 반복됩니다.
수가 ●씩 커집니다.
수가 ■씩 작아집니다.

배열표 빈칸에 들어갈 수는?

작은 수부터 차례로 이어가며 순서를 먼저 확인합니다.

2	4	6	8	10	12
24	22	20	18	16	14

5 단원

정답 38쪽

수 카드에 적힌 두 수의 차 구하기

7 규칙에 따라 수 카드를 계속 놓았을 때 셋째와 열째에 놓인 수 카드에 적힌 두 수의 차를 구하세요.

9 → 4 → 8 → 9 → 4 → 8 → 9 → …

첫째 둘째 셋째 넷째 다섯째 여섯째 일곱째

(1) 여덟째, 아홉째, 열째에 놓인 수 카드에 적힌 수를 차례로 쓰세요.

( )

(2) 셋째와 열째에 놓인 수 카드에 적힌 두 수의 차를 구하세요.

( )

경기장의 의자 번호 찾기

8 어느 경기장 의자에 규칙에 따라 번호가 붙어 있습니다. 민호의 자리가 다열 다섯째라면 의자의 번호는 몇 번인지 구하세요.

(1) 민호의 자리를 찾아 ○표 하세요.

(2) 민호의 의자 번호는 몇 번일까요?

( )

해결 tip

주어진 자리를 찾으려면?

	첫째	둘째	셋째
가열			
나열			
다열			■

다열 셋째

맞힌 개수

01 규칙에 따라 □ 안에 알맞은 그림을 그려 보세요.

02 규칙에 따라 빈칸에 알맞은 음식의 이름을 써넣으세요.

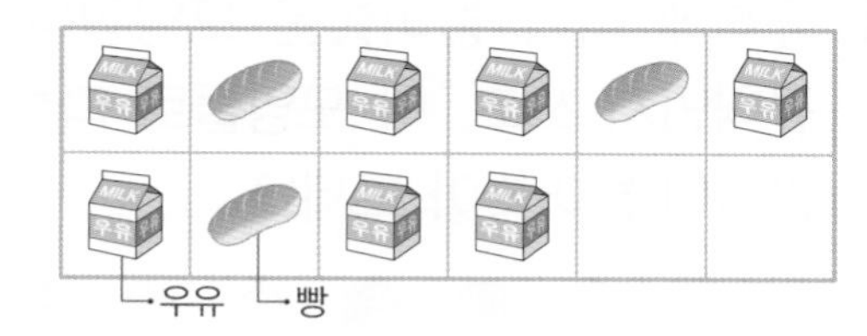

[03~04] 수 배열표를 보고 물음에 답하세요.

1	2	3	4	5	6	7	8	9	10
11	12	13	14	15	16	17	18	19	20
21	22	23	24	25	26	27	28	29	30
31	32	33	34	35	36	37	38	39	40
41	42	43	44	45	46	47	48	49	50
51	52	53	54	55	56				

03 ······에 있는 수에는 어떤 규칙이 있나요?

1부터 시작하여 ↘ 방향으로 □씩 커집니다.

04 규칙에 따라 ▒에 알맞은 수를 써넣으세요.

05 가위, 자, 자가 반복되는 규칙을 만든 것에 ○표 하세요.

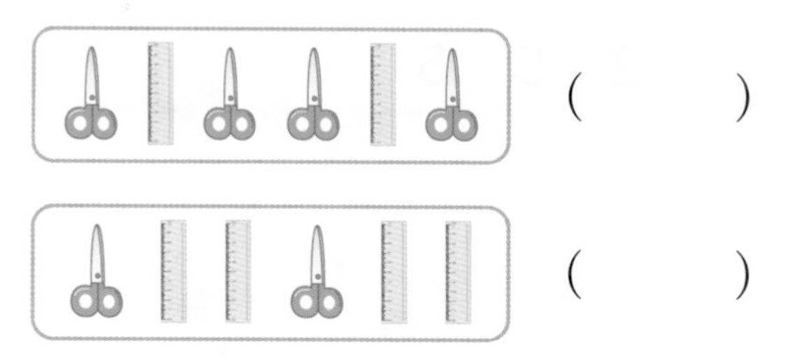

( )

( )

06 규칙에 따라 ○, △, ×로 나타내 보세요.

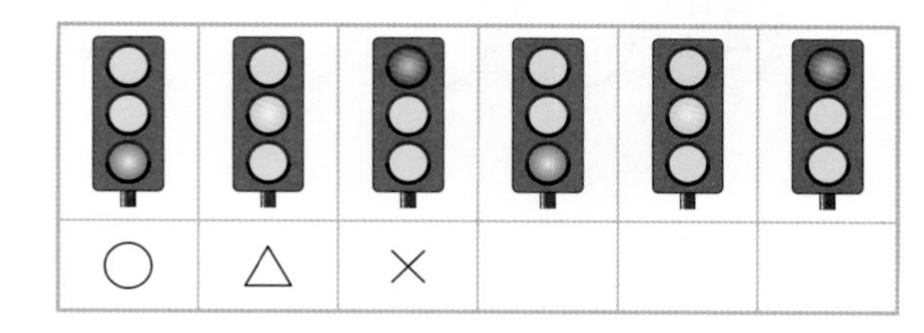

07 규칙에 따라 목도리를 색칠해 보세요.

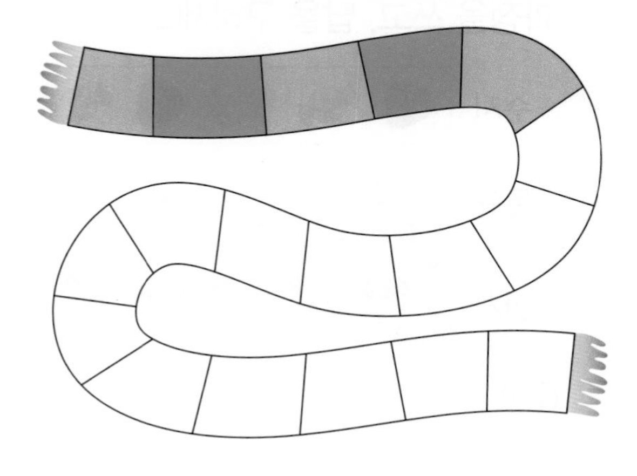

08 규칙에 따라 빈 곳에 알맞은 수를 써넣으세요.

09 주사위의 규칙에 따라 빈칸에 알맞은 수를 써넣으세요.

2	5	5					

10 23부터 시작하여 5씩 커지는 규칙으로 빈 곳에 알맞은 수를 써넣으세요.

11 (서술형) 규칙을 만들어 물건을 늘어놓았습니다. 만든 규칙이 다른 한 사람은 누구인지 풀이 과정을 쓰고, 답을 구하세요.

12 규칙에 맞게 몸 동작을 완성할 때 빈칸에 알맞은 동작에 ○표 하세요.

( ) ( )

13 규칙에 따라 늘어놓은 모양입니다. 어떤 규칙인지 쓰고, 이 모양들로 다른 규칙을 만들어 늘어놓아 보세요.

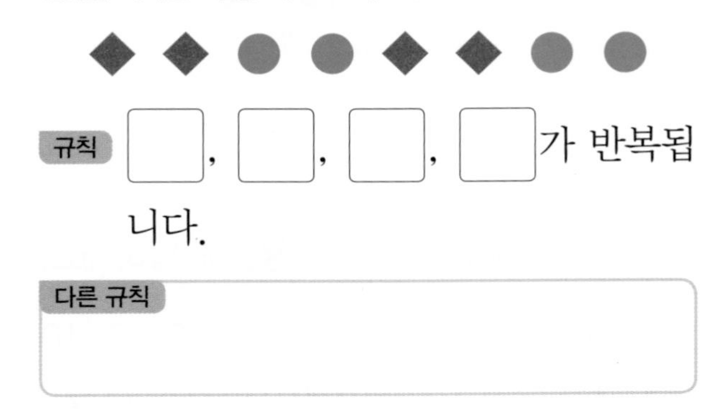

14 색칠한 수에 있는 규칙으로 알맞은 것을 찾아 기호를 쓰세요.

11	12	13	14	15	16	17	18
19	20	21	22	23	24	25	26
27	28	29	30	31	32	33	34
35	36	37	38	39	40	41	42

㉠ 17부터 시작하여 1씩 커집니다.
㉡ 17부터 시작하여 7씩 커집니다.
㉢ 38부터 시작하여 8씩 작아집니다.

( )

15 규칙을 찾아 ♥에 알맞은 수를 구하세요.

44	47	50				
45			54			
46	49				♥	

(　　　　　　　　)

16 규칙에 따라 무늬를 꾸몄습니다. 모양을 잘못 그린 곳을 찾아 ×표 하세요.

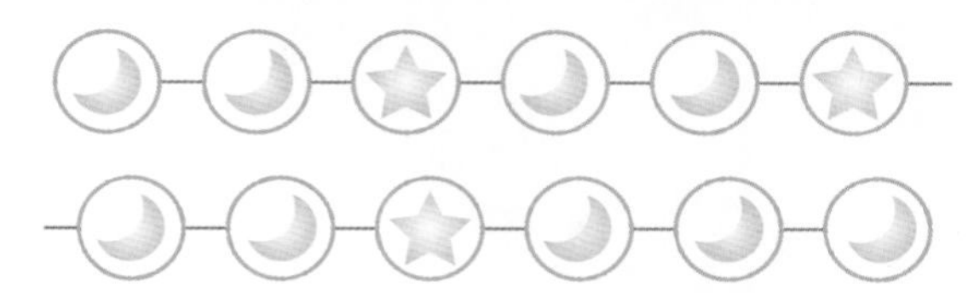

17 그림을 보고 깃발에서 찾을 수 있는 규칙을 2가지 쓰세요.
서술형

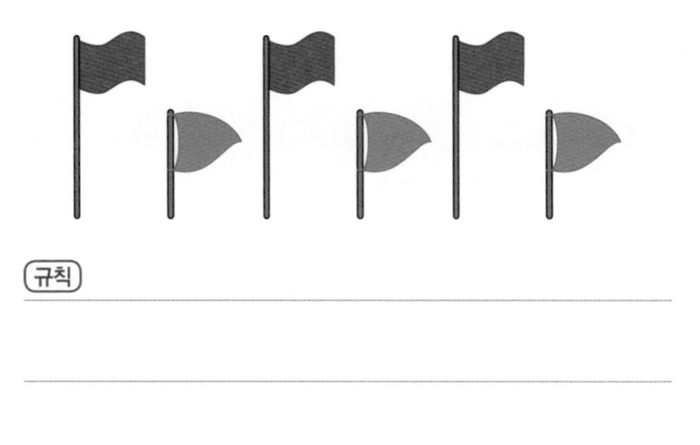

규칙

18 규칙에 따라 빈칸을 색칠하려고 합니다. 같은 색끼리 짝 지은 것은 어느 것일까요?

(　　　　)

						㉠		
	㉡			㉢				㉣

① ㉠, ㉡　② ㉠, ㉢　③ ㉡, ㉢
④ ㉡, ㉣　⑤ ㉢, ㉣

19 규칙에 따라 구슬을 꿰어 팔찌를 만들려고 합니다. 사용한 구슬이 10개라면 파란색 구슬은 몇 개일까요?

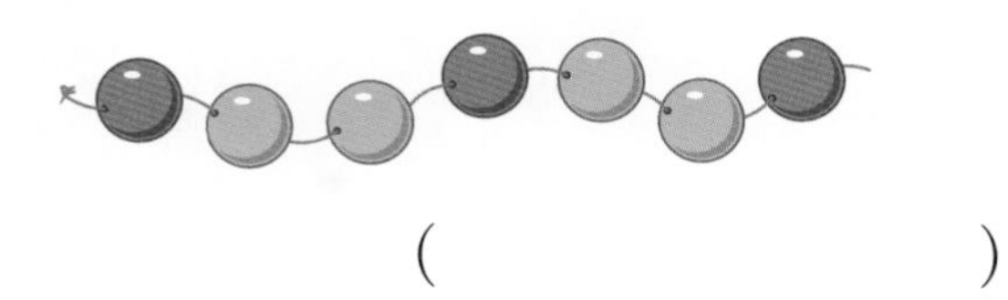

(　　　　　　　　)

20 규칙에 따라 수를 써넣을 때 알맞은 수가 더 작은 것의 기호를 쓰려고 합니다. 풀이 과정을 쓰고, 답을 구하세요.
서술형

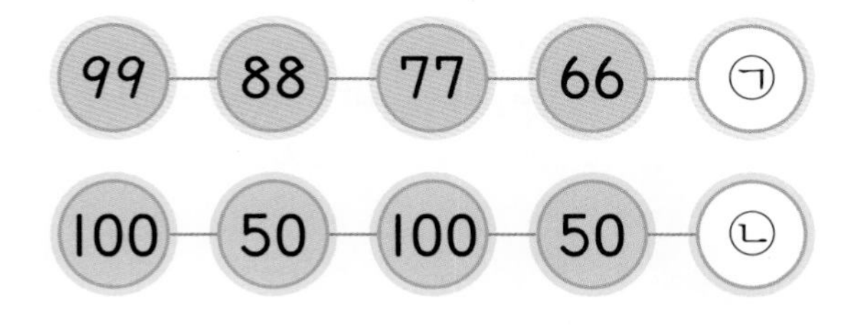

풀이

답

5 단원

덧셈과 뺄셈(3)

학습을 끝낸 후 색칠하세요.

개념 확인하기

유형 다잡기
유형 01~06

★ 중요 유형

02 (몇십몇)+(몇)

04 (몇십몇)+(몇십몇)

06 합이 ■인 덧셈식 만들기

이전에 배운 내용

[1-2] 덧셈과 뺄셈(2)

(몇)+(몇)=(십몇)

(십몇)−(몇)=(몇)

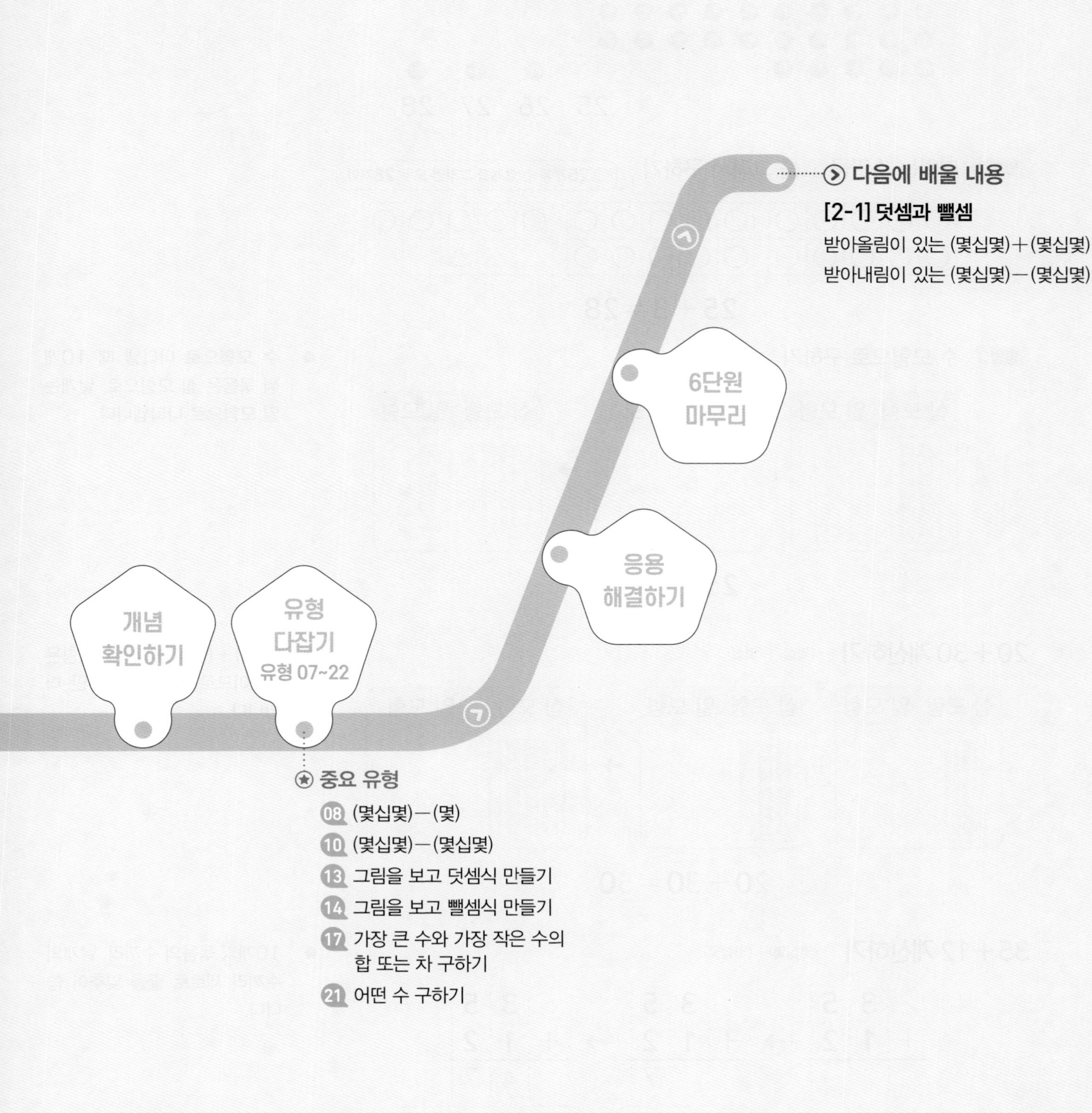
다음에 배울 내용
[2-1] 덧셈과 뺄셈
받아올림이 있는 (몇십몇)+(몇십몇)
받아내림이 있는 (몇십몇)−(몇십몇)
6단원
마무리
응용
해결하기
개념
확인하기
유형
다잡기
유형 07~22
중요 유형
08 (몇십몇)−(몇)
10 (몇십몇)−(몇십몇)
13 그림을 보고 덧셈식 만들기
14 그림을 보고 뺄셈식 만들기
17 가장 큰 수와 가장 작은 수의
합 또는 차 구하기
21 어떤 수 구하기

STEP 1 개념 확인하기

① 덧셈 알기

25＋3 계산하기 → (몇십몇)＋(몇)

방법1 이어 세기로 구하기

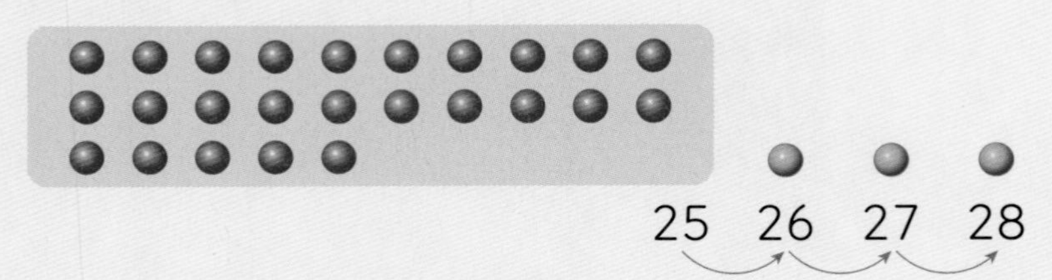

방법2 더하는 수만큼 △를 그려서 구하기

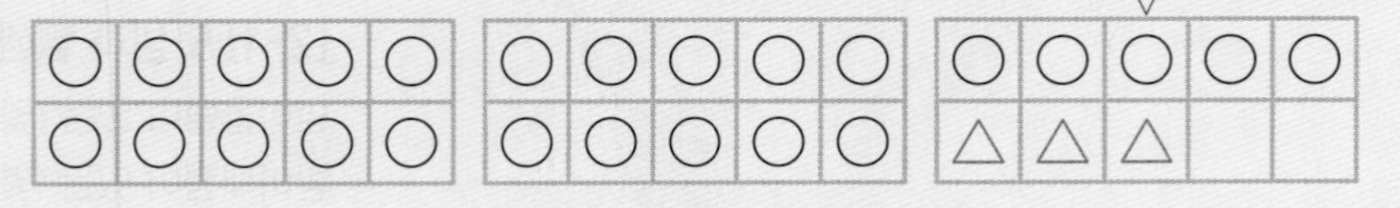

○ 25개에 △ 3개를 그리면 모두 28개야.

$25+3=28$

방법3 수 모형으로 구하기

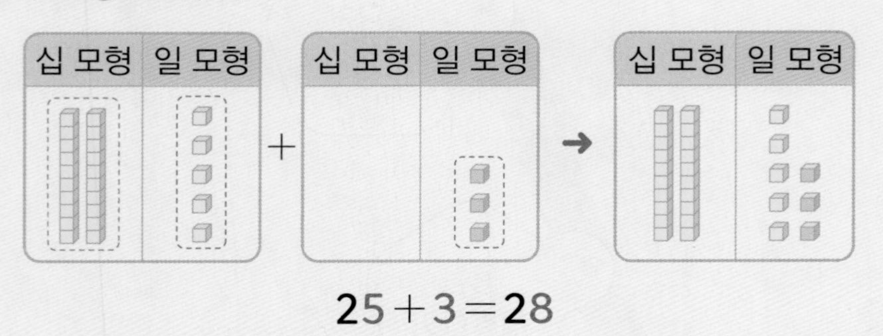

$25+3=28$

- 수 모형으로 나타낼 때 10개씩 묶음은 십 모형으로, 낱개는 일 모형으로 나타냅니다.

20＋30 계산하기 → (몇십)＋(몇십)

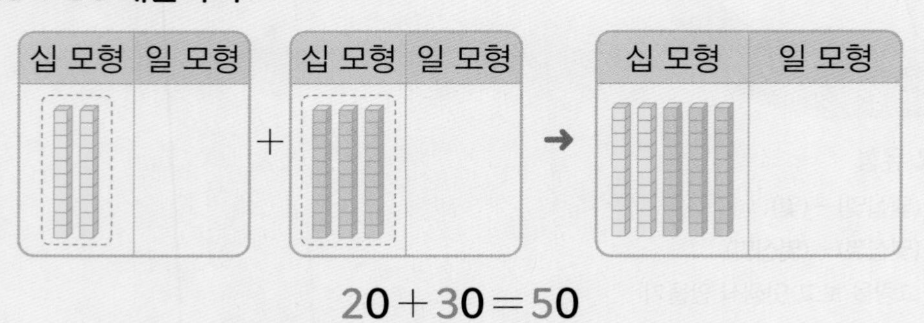

$20+30=50$

- (몇십)＋(몇십)에서 일 모형은 0개이므로 십 모형의 수만 더합니다.

35＋12 계산하기 → (몇십몇)＋(몇십몇)

$$\begin{array}{r} 3\,5 \\ +\,1\,2 \\ \hline \end{array} \rightarrow \begin{array}{r} 3\,5 \\ +\,1\,2 \\ \hline 7 \end{array} \rightarrow \begin{array}{r} 3\,5 \\ +\,1\,2 \\ \hline 4\,7 \end{array}$$

낱개의 수끼리 계산

10개씩 묶음의 수끼리 계산

- 10개씩 묶음의 수끼리, 낱개의 수끼리 세로로 줄을 맞추어 씁니다.

[01~02] 그림을 보고 ▢ 안에 알맞은 수를 써넣으세요.

01

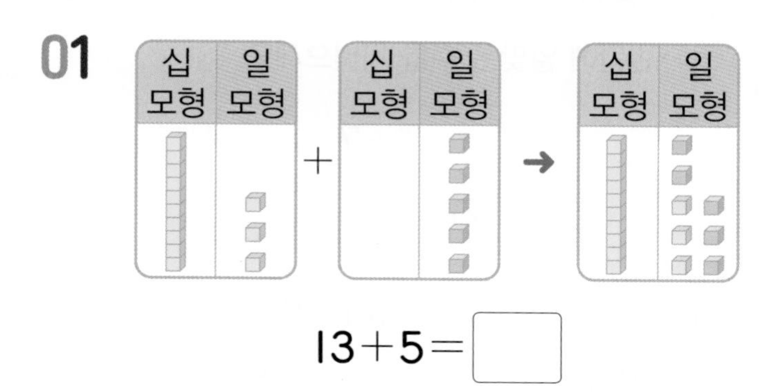

13+5=▢

02

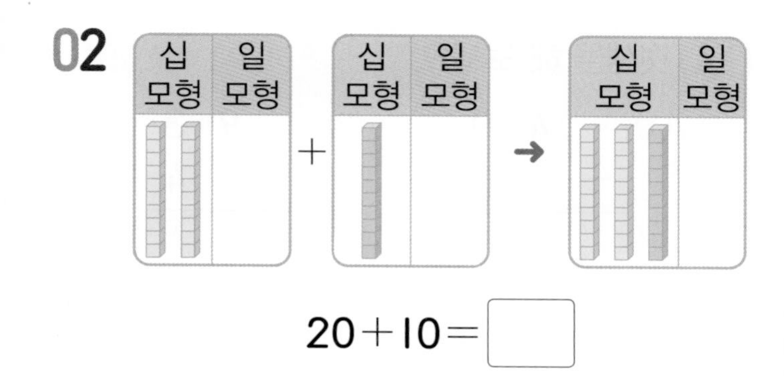

20+10=▢

[03~04] 그림을 보고 ▢ 안에 알맞은 수를 써넣으세요.

03

20+30=▢

04

26+12=▢

[05~07] ▢ 안에 알맞은 수를 써넣으세요.

05

$$\begin{array}{r} 3\ 2 \\ +\ \ \ 4 \\ \hline \square \end{array} \rightarrow \begin{array}{r} 3\ 2 \\ +\ \ \ 4 \\ \hline \square\square \end{array}$$

06

$$\begin{array}{r} 4\ 0 \\ +\ 5\ 0 \\ \hline \square \end{array} \rightarrow \begin{array}{r} 4\ 0 \\ +\ 5\ 0 \\ \hline \square\square \end{array}$$

07

$$\begin{array}{r} 2\ 3 \\ +\ 4\ 1 \\ \hline \square \end{array} \rightarrow \begin{array}{r} 2\ 3 \\ +\ 4\ 1 \\ \hline \square\square \end{array}$$

[08~11] 덧셈을 해 보세요.

08 80+5=▢

09 51+6=▢

10 50+20=▢

11 34+45=▢

6 단원

STEP 2 유형 다잡기

유형 01 여러 가지 방법으로 덧셈하기

예제 52+5를 이어 세기로 구하려고 합니다. □ 안에 알맞은 수를 써넣으세요.

52 53 54 □ □ □

52+5=□

풀이 52에서 5만큼 이어 세면 53, 54, □, □, □입니다.

→ 52+5=□

01 그림을 보고 □ 안에 알맞은 수를 써넣으세요.

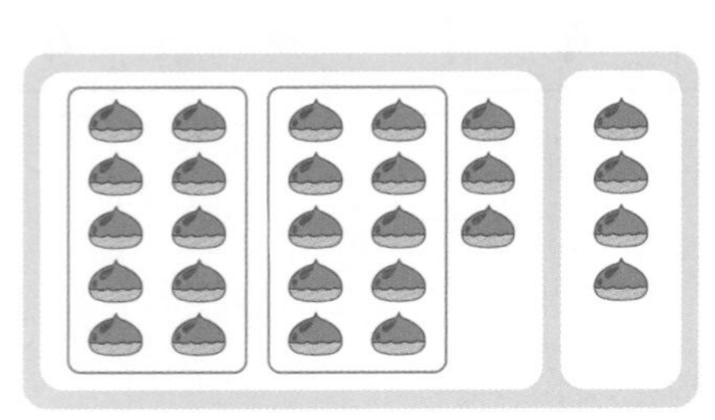

23+4=□

02 15+3을 구하려고 합니다. 더하는 수 3만큼 △를 그리고, □ 안에 알맞은 수를 써넣으세요.

○	○	○	○	○
○	○	○	○	○

○	○	○	○	○

15+3=□

유형 02 (몇십몇)+(몇)

예제 빈칸에 알맞은 수를 써넣으세요.

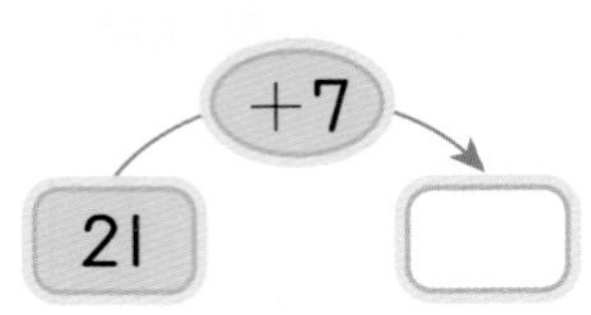

풀이 낱개의 수끼리 더하면 1+7=□이고, 10개씩 묶음의 수는 그대로 쓰면 21+7=□입니다.

03 덧셈을 해 보세요.

(1) $\begin{array}{r} 40 \\ +\ \ 6 \\ \hline \end{array}$ (2) $\begin{array}{r} 93 \\ +\ \ 4 \\ \hline \end{array}$

04 빈칸에 알맞은 수를 써넣으세요.

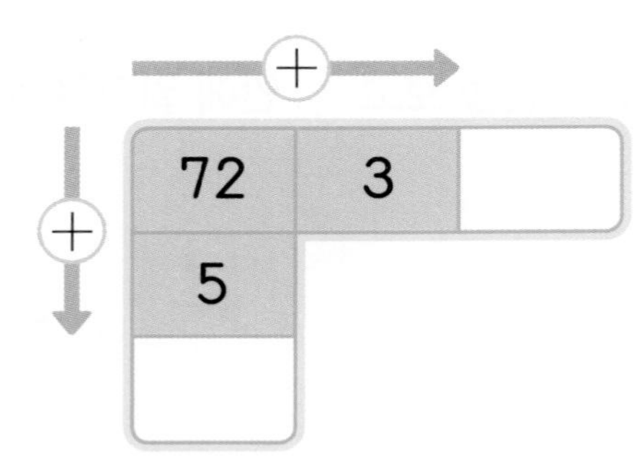

05 합이 35인 것을 찾아 ○표 하세요. 중요*

31+6 ( ) 30+5 ( ) 33+1 ( )

06 서술형 43+5를 계산한 것입니다. 계산이 잘못된 이유를 쓰고, 바르게 계산해 보세요.

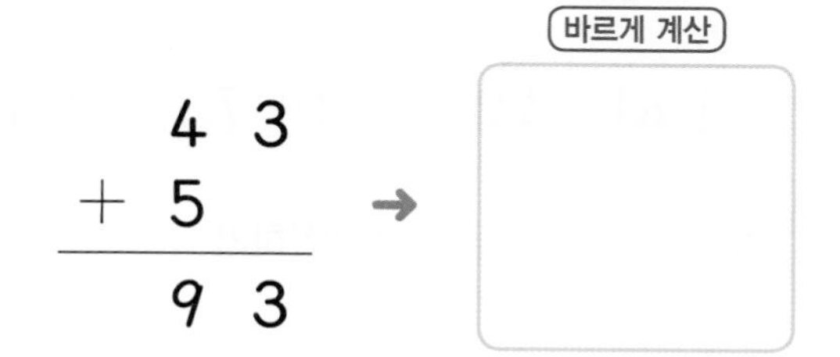

이유

07 합이 큰 순서대로 글자를 쓰세요.

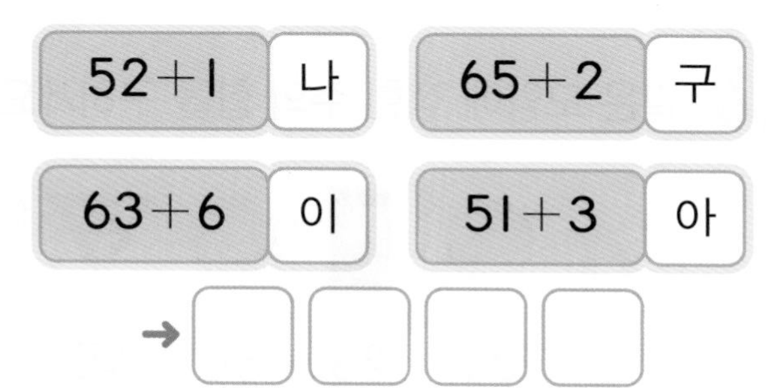

유형 03 (몇십)+(몇십)

예제 두 수의 합을 구하세요.

20	40

(　　　　　)

풀이 낱개의 수는 □이고, 10개씩 묶음의 수끼리 더하면 2+4=□이므로 20+40=□입니다.

08 덧셈을 해 보세요.

(1) 10+10

(2) 30+50

09 중요 빈 곳에 알맞은 수를 써넣으세요.

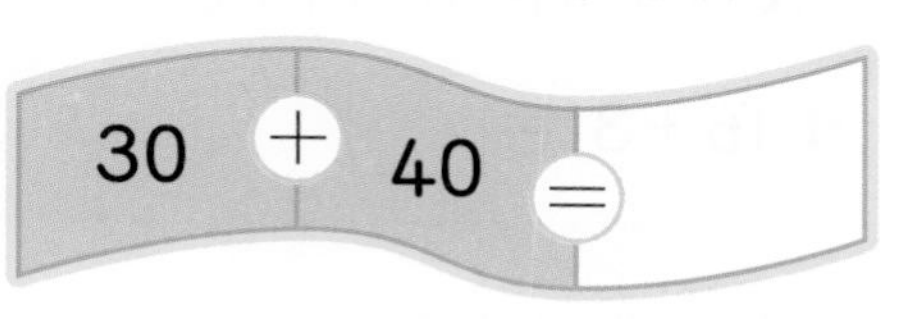

10 계산 결과를 비교하여 ○ 안에 >, =, <를 알맞게 써넣으세요.

20+20 ○ 40+10

11 합이 같은 것끼리 이어 보세요.

(1)	10+60 •	• 50+10
(2)	30+30 •	• 40+30
(3)	70+20 •	• 30+60

6 단원

STEP 2 유형 다잡기

유형 04 **(몇십몇)+(몇십몇)**

예제 빈 곳에 두 수의 합을 써넣으세요.

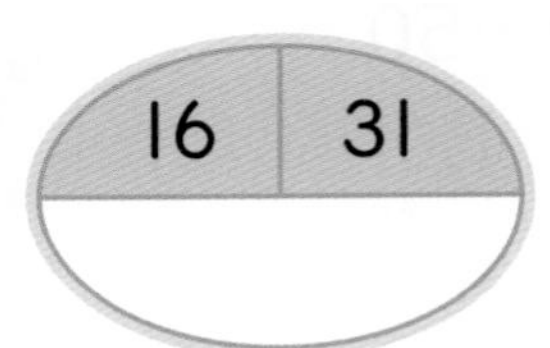

풀이 • 낱개의 수: 6+1=☐

• 10개씩 묶음의 수: 1+3=☐

→ 16+31=☐

12 덧셈을 해 보세요.

(1)
$$\begin{array}{r} 75 \\ +\ 24 \\ \hline \end{array}$$

(2)
$$\begin{array}{r} 33 \\ +\ 45 \\ \hline \end{array}$$

13 현우가 말하는 수를 구하세요.
중요*

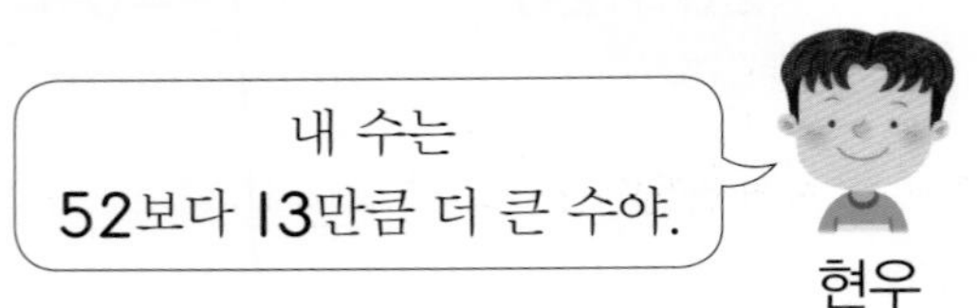

내 수는
52보다 13만큼 더 큰 수야.
현우

현우가 말하는 수: ☐

14 계산을 잘못한 것을 찾아 기호를 쓰세요.

㉠ 44+52=96
㉡ 20+37=59
㉢ 62+16=78

(　　　　　　)

15 합이 가장 큰 것을 찾아 기호를 쓰려고 합니다. 풀이 과정을 쓰고, 답을 구하세요.
서술형

㉠ 41+42 ㉡ 13+73 ㉢ 28+51

1단계 ㉠, ㉡, ㉢을 각각 계산하기

2단계 합이 가장 큰 것을 찾아 기호 쓰기

답

16 같은 모양에 적힌 수의 합을 구하세요.

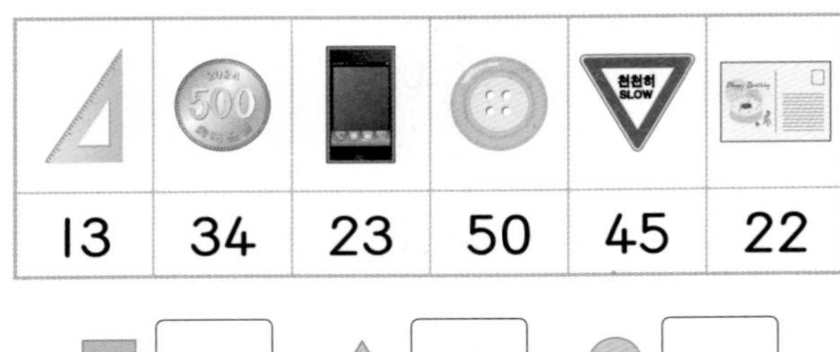

13	34	23	50	45	22

■ ☐ ▲ ☐ ● ☐

유형 05 **실생활 속 덧셈하기**

예제 윤수는 딱지를 32개 가지고 있습니다. 딱지 4개를 더 사 왔다면 윤수가 가지고 있는 딱지는 모두 몇 개일까요?

(　　　　　　)

풀이 (윤수가 가지고 있는 딱지 수)
=(처음 가지고 있던 딱지 수)
+(더 사 온 딱지 수)
=☐+☐=☐(개)

17 창의형 두 가지 색의 공을 고르고, 고른 두 가지 색의 공은 모두 몇 개인지 구하세요.

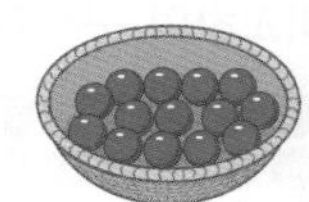
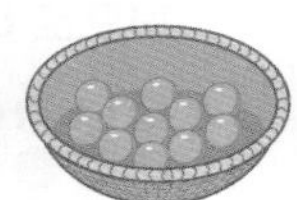
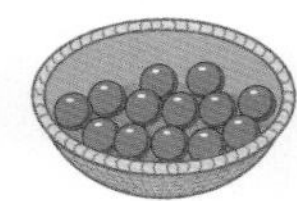
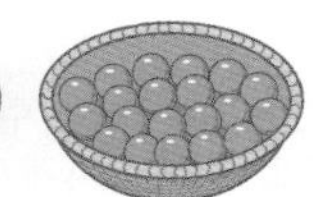

초록색 공	노란색 공	보라색 공	분홍색 공
14개	11개	13개	20개

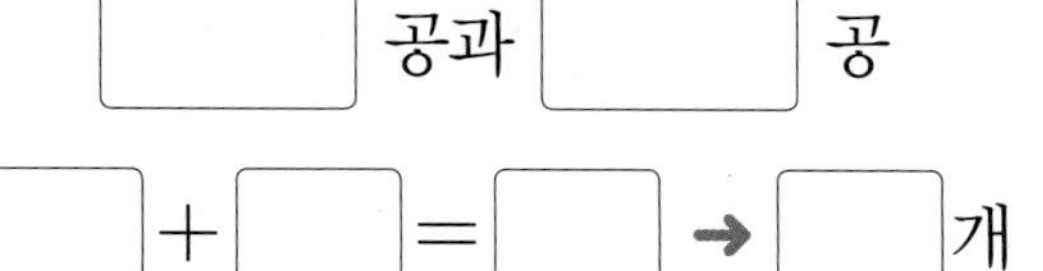

☐ 공과 ☐ 공

☐ + ☐ = ☐ → ☐ 개

18 상자와 바구니에 담겨있는 귤의 수를 나타낸 것입니다. 그림을 보고 이야기를 완성해 보세요.

> 우리 반은 오늘 농장에서 귤 따기 체험을 했어요. 딴 귤을 상자에 ☐ 개, 바구니에 ☐ 개 담았어요.

19 중요 준규와 연우 중에서 색종이를 더 많이 가지고 있는 사람은 누구일까요?

> 준규: 나는 빨간색 색종이 30장과 파란색 색종이 50장이 있어.
> 연우: 나는 분홍색 색종이 65장을 가지고 있어.

( )

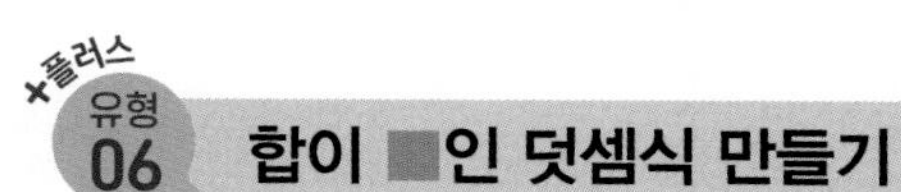

+플러스 유형 06 **합이 ■인 덧셈식 만들기**

예제 합이 45가 되는 두 수를 찾아 ○표 하세요.

14 22 31 33

풀이 낱개의 수끼리의 합이 5가 되는 두 수를 찾아 더해 봅니다.

14+☐=☐, 22+☐=☐

➜ 합이 45가 되는 두 수: ☐, ☐

20 합이 68이 되는 두 수를 찾아 ○표 하고, 덧셈식으로 나타내세요.

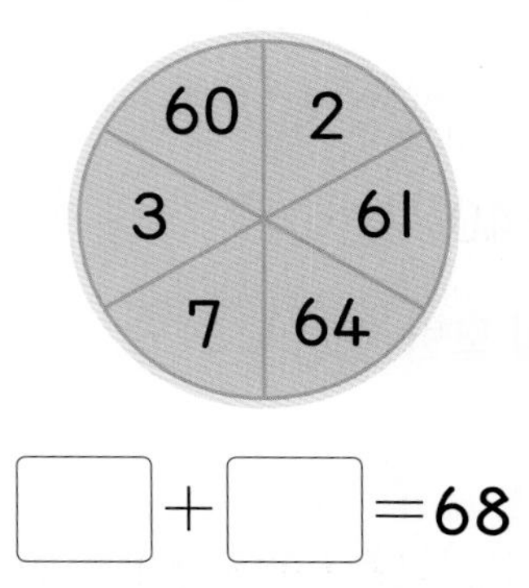

☐ + ☐ = 68

21 두 바구니에서 수를 각각 하나씩 골라 합이 57이 되는 덧셈식을 만들어 보세요.

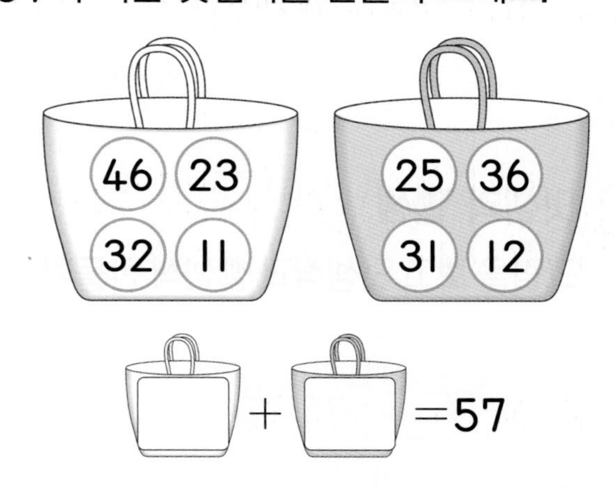

☐ + ☐ = 57

6 단원

STEP 1 개념 확인하기

② 뺄셈 알기

26－2 계산하기 → (몇십몇)－(몇)

방법1 빼는 수만큼 /을 그려서 구하기

○ 26개에서 빼는 수 2만큼 /으로 지우면 24개가 남아.

○	○	○	○	○	○	○	○	○	○	○	○	○	○	∅
○	○	○	○	○	○	○	○	○	○	∅				

$26-2=24$

방법2 수 모형으로 구하기

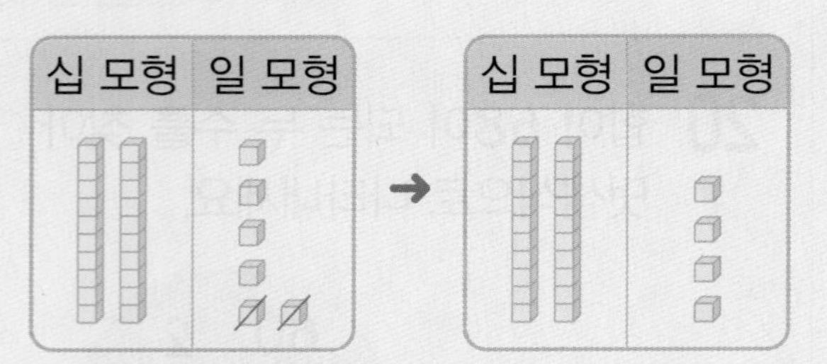

$26-2=24$

- 그림으로 비교하여 구하기

빨간색 구슬과 파란색 구슬을 하나씩 짝 지어 보면 빨간색 구슬이 24개 남습니다.
→ $26-2=24$

60－40 계산하기 → (몇십)－(몇십)

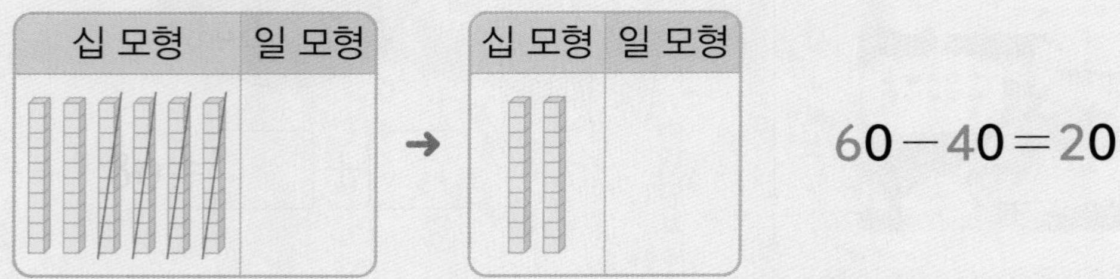

$60-40=20$

36－13 계산하기 → (몇십몇)－(몇십몇)

$$\begin{array}{r} 36 \\ -\ 13 \\ \hline \end{array} \rightarrow \begin{array}{r} 36 \\ -\ 13 \\ \hline 3 \end{array} \rightarrow \begin{array}{r} 36 \\ -\ 13 \\ \hline 23 \end{array}$$

낱개의 수끼리 계산 / 10개씩 묶음의 수끼리 계산

- 10개씩 묶음의 수끼리, 낱개의 수끼리 세로로 줄을 맞추어 씁니다.

③ 덧셈과 뺄셈

그림을 보고 덧셈식과 뺄셈식 만들기

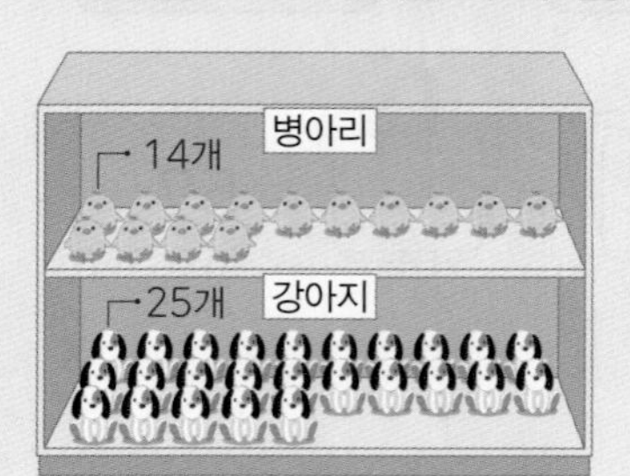

- 병아리 인형과 강아지 인형은 모두 39개입니다. → $14+25=39$
- 강아지 인형은 병아리 인형보다 11개 더 많습니다. → $25-14=11$

[01~02] 그림을 보고 ▢ 안에 알맞은 수를 써넣으세요.

01

십 모형 일 모형 → 십 모형 일 모형

$35-4=$ ▢

02

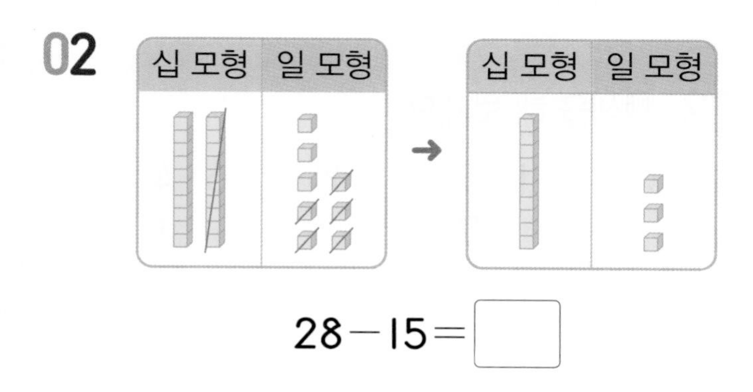

$28-15=$ ▢

[03~05] ▢ 안에 알맞은 수를 써넣으세요.

03

$$\begin{array}{r} 8\ 7 \\ -\quad 2 \\ \hline \square \end{array} \rightarrow \begin{array}{r} 8\ 7 \\ -\quad 2 \\ \hline \square\square \end{array}$$

04

$$\begin{array}{r} 6\ 0 \\ -\ 3\ 0 \\ \hline \square \end{array} \rightarrow \begin{array}{r} 6\ 0 \\ -\ 3\ 0 \\ \hline \square\square \end{array}$$

05

$$\begin{array}{r} 5\ 3 \\ -\ 2\ 0 \\ \hline \square \end{array} \rightarrow \begin{array}{r} 5\ 3 \\ -\ 2\ 0 \\ \hline \square\square \end{array}$$

[06~09] 뺄셈을 해 보세요.

06 $43-3=$ ▢

07 $90-20=$ ▢

08 $68-17=$ ▢

09 $94-51=$ ▢

[10~11] 그림을 보고 덧셈식과 뺄셈식으로 나타내세요.

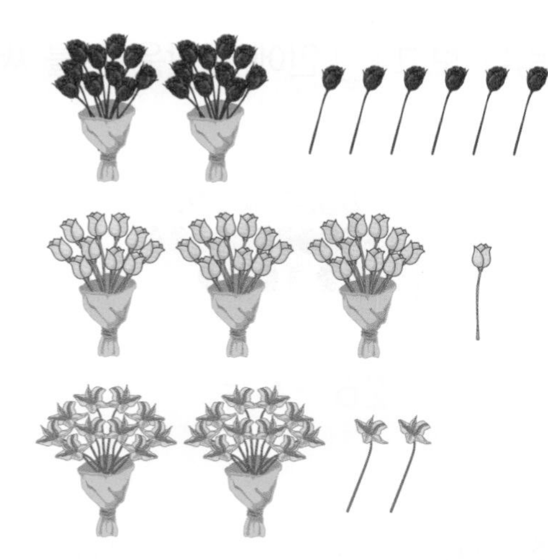

10 빨간색 꽃과 노란색 꽃은 모두 몇 송이인지 덧셈식으로 나타내세요.

$26+$ ▢ $=$ ▢ (송이)

11 빨간색 꽃은 파란색 꽃보다 몇 송이 더 많은지 뺄셈식으로 나타내세요.

$26-$ ▢ $=$ ▢ (송이)

6 단원

STEP 2 유형 다잡기

유형 07 여러 가지 방법으로 뺄셈하기

예제 27－3을 비교하기로 구하려고 합니다. □ 안에 알맞은 수를 써넣으세요.

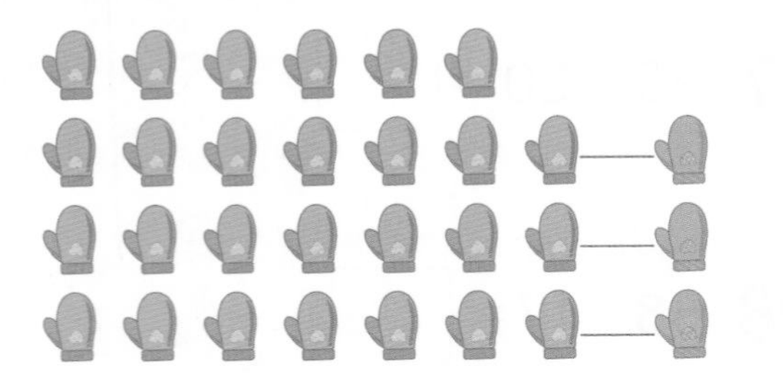

27－3＝□

풀이 갈색 장갑 27개와 초록색 장갑 □개를 하나씩 짝 지으면 갈색 장갑이 □개 남습니다. ➜ 27－3＝□

01 그림을 보고 □ 안에 알맞은 수를 써넣으세요.

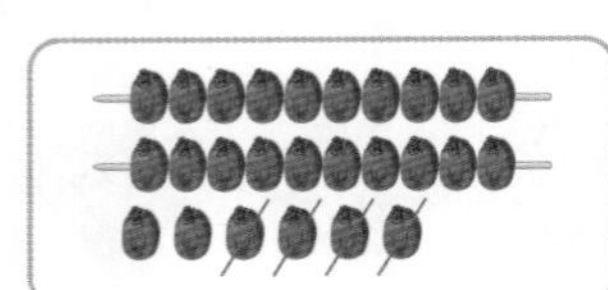

26－4＝□

02 38－6을 구하려고 합니다. 빼는 수 6만큼 /을 그리고, □ 안에 알맞은 수를 써넣으세요.

38－6＝□

유형 08 (몇십몇)－(몇)

예제 다음이 나타내는 수를 구하세요.

83보다 2만큼 더 작은 수

(　　　　　)

풀이 83보다 2만큼 더 작은 수는 83에서 □를 뺀 값입니다.
➜ 83－□＝□

03 뺄셈을 해 보세요.

(1)
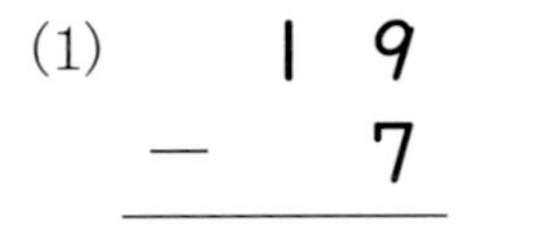

(2)
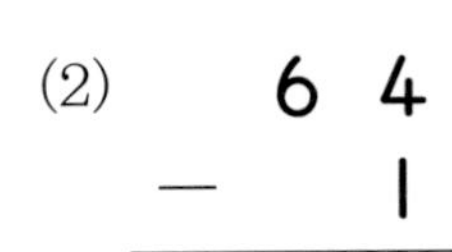

04 계산이 옳은 것에 ○표, 틀린 것에 ×표 하세요.

45－2＝25 (　　　)

73－3＝70 (　　　)

05 빈칸에 알맞은 수를 써넣으세요.

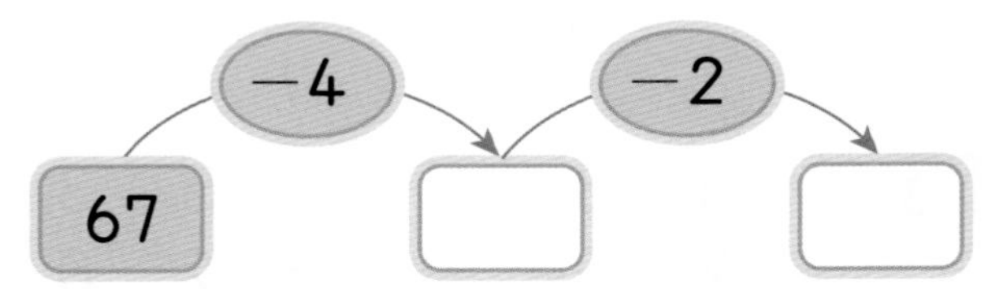

06 중요 57－3을 계산한 것입니다. 잘못된 부분을 찾아 바르게 계산해 보세요.

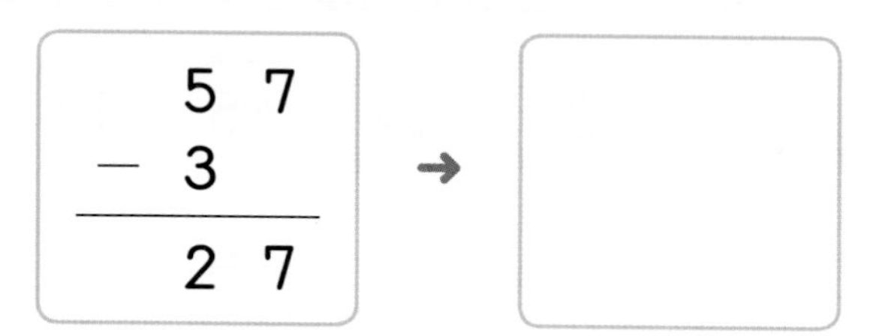

07 서술형 ㉠과 ㉡이 나타내는 수의 차를 구하려고 합니다. 풀이 과정을 쓰고, 답을 구하세요.

㉠ 10개씩 묶음 3개와 낱개 5개인 수
㉡ 삼

1단계 ㉠, ㉡을 각각 수로 나타내기

2단계 ㉠과 ㉡이 나타내는 수의 차 구하기

답

유형 09 **(몇십)－(몇십)**

예제 큰 수에서 작은 수를 뺀 값을 구하세요.

20　60

(　　　)

풀이 두 수의 크기를 비교하면 □ > □ 입니다.
➜ □－□＝□

08 뺄셈을 해 보세요.

(1) 30－10

(2) 80－30

09 □ 안에 알맞은 수를 써넣으세요.

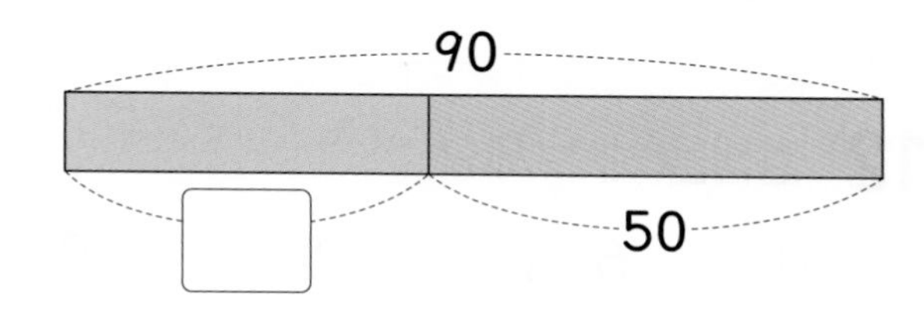

10 중요 차가 큰 것부터 차례로 1, 2, 3을 쓰세요.

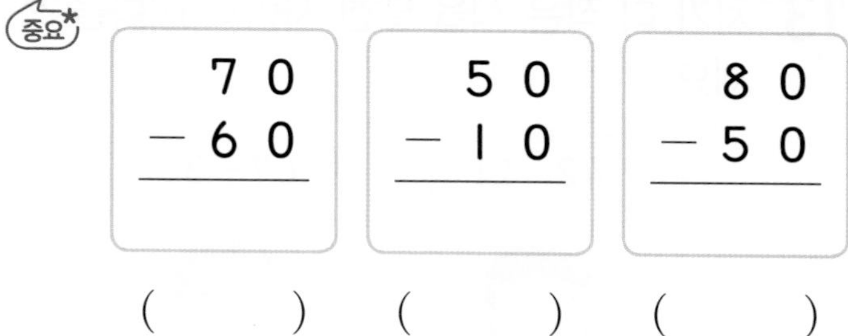

(　)　(　)　(　)

11 빈칸에 알맞은 수를 써넣으세요.

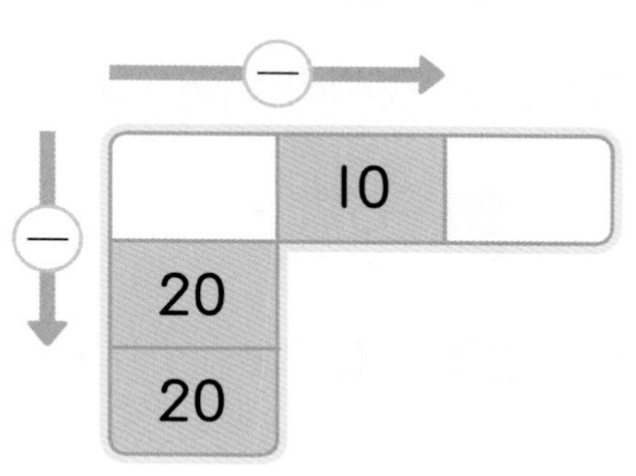

유형 10 **(몇십몇)−(몇십몇)**

예제 빈칸에 두 수의 차를 써넣으세요.

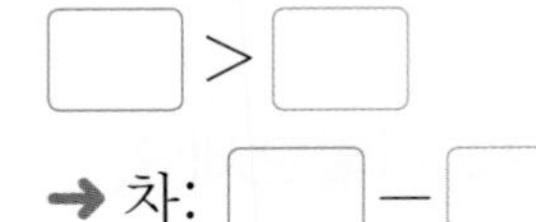

풀이 두 수의 차는 큰 수에서 작은 수를 뺍니다.

□ > □

➜ 차: □ − □ = □

12 뺄셈을 해 보세요.

(1) $\begin{array}{r} 61 \\ -\ 40 \\ \hline \end{array}$ (2) $\begin{array}{r} 49 \\ -\ 26 \\ \hline \end{array}$

13 차가 더 작은 식을 말한 사람의 이름을 쓰세요.

( )

14 차가 같은 것끼리 이어 보세요.
중요

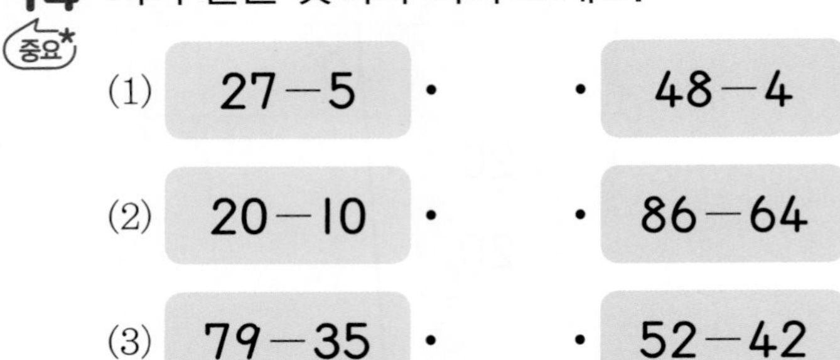

15 수 카드 4장 중에서 2장을 골라 두 수의 차를 구하는 뺄셈식을 만들어 보세요.
창의형

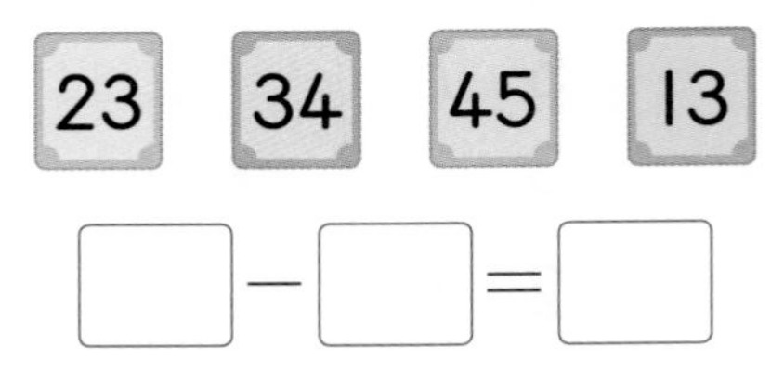

□ − □ = □

16 규칙에 따라 빈칸을 채우고 ㉡−㉠을 구하세요.

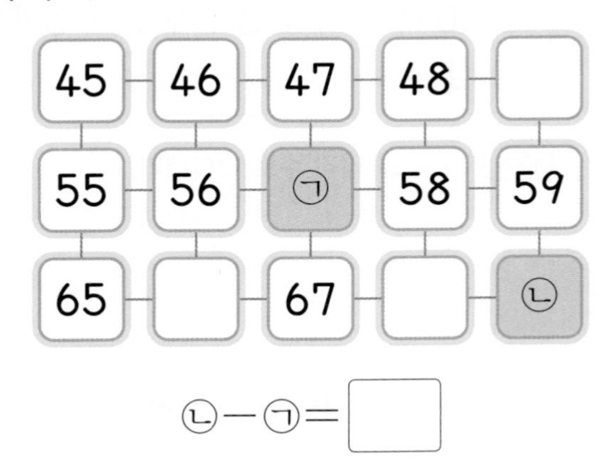

㉡−㉠= □

유형 11 **실생활 속 뺄셈하기**

예제 줄넘기를 준우는 40번, 현아는 70번 했습니다. 누가 줄넘기를 몇 번 더 많이 했는지 구하세요.

( ), ( )

풀이 줄넘기 횟수를 비교하면 40 ◯ 70이므로 (준우 , 현아)가 줄넘기를

□ − □ = □ (번) 더 많이 했습니다.

17 우리 반 학생은 모두 29명입니다. 축구 대회 준비 시간에 응원 연습을 하는 학생은 모두 몇 명인지 구하세요.

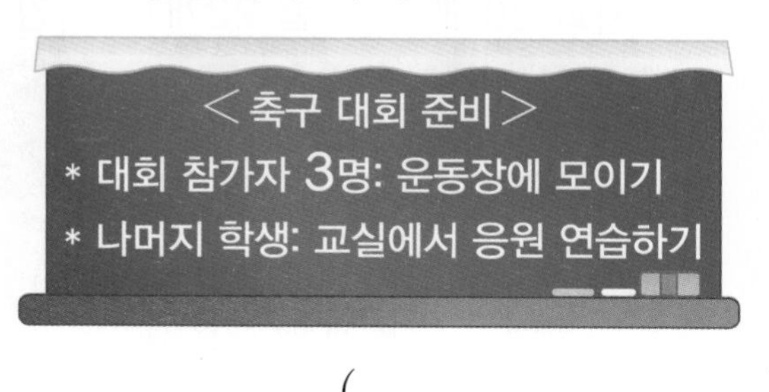

<축구 대회 준비>
* 대회 참가자 3명: 운동장에 모이기
* 나머지 학생: 교실에서 응원 연습하기

(   )

18 가게에 있는 색깔별 모자 수입니다. 가장 많은 모자와 가장 적은 모자의 차는 몇 개일까요?

중요*

빨간색	초록색	파란색	노란색
35개	48개	20개	59개

(   )

19 ☐ 안에 알맞은 수를 써넣어 이야기를 완성해 보세요.

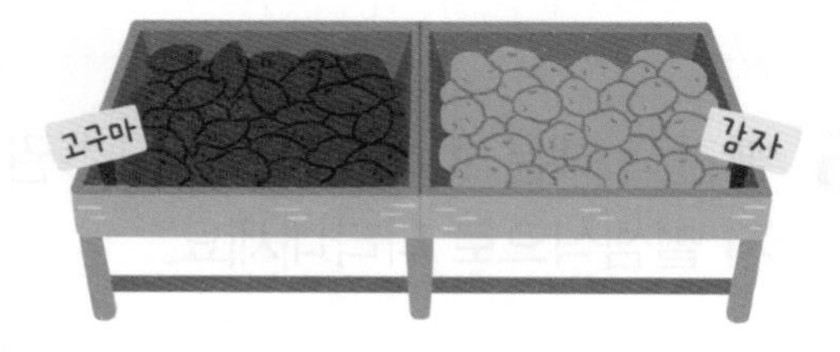

고구마 84개 중 31개를 팔고 남은 고구마는 ☐개, 감자 78개 중 24개를 팔고 남은 감자는 ☐개예요. 내일은 더 열심히 팔아야겠어요.

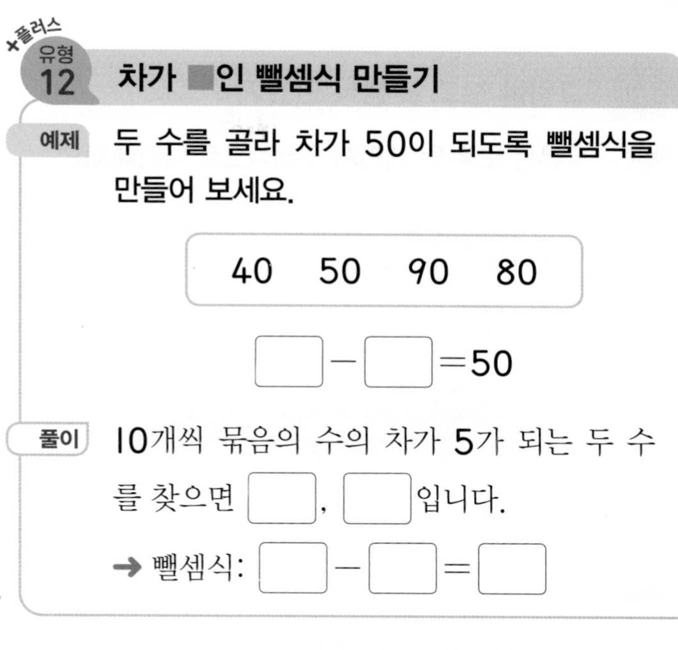

+플러스 유형 12 **차가 ■인 뺄셈식 만들기**

예제 두 수를 골라 차가 50이 되도록 뺄셈식을 만들어 보세요.

40 50 90 80

☐ − ☐ = 50

풀이 10개씩 묶음의 수의 차가 5가 되는 두 수를 찾으면 ☐, ☐입니다.

→ 뺄셈식: ☐ − ☐ = ☐

20 수 카드를 ☐ 안에 한 번씩만 넣어 뺄셈식을 완성해 보세요.

[3] [4] → ☐6 − 2☐ = 23

21 두 주머니에서 공을 각각 하나씩 골라 차가 64가 되는 뺄셈식을 만들어 보세요.

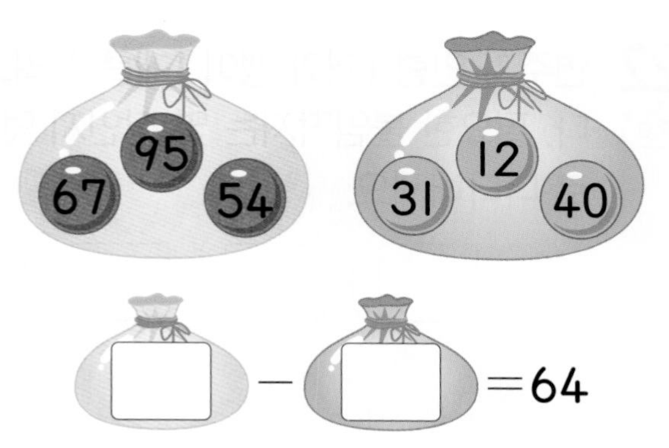

☐ − ☐ = 64

유형 13 그림을 보고 덧셈식 만들기

예제 우유는 모두 몇 개인지 덧셈식으로 나타내세요.

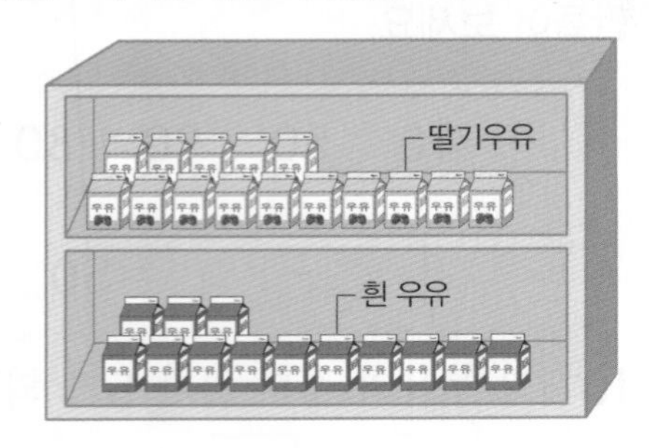

□+□=□

풀이 (전체 우유의 수)
=(딸기우유의 수)+(흰 우유의 수)
=□+□=□(개)

[22~23] 알뜰 시장에서 각 물건을 사는 데 필요한 붙임딱지의 수입니다. 물음에 답하세요.

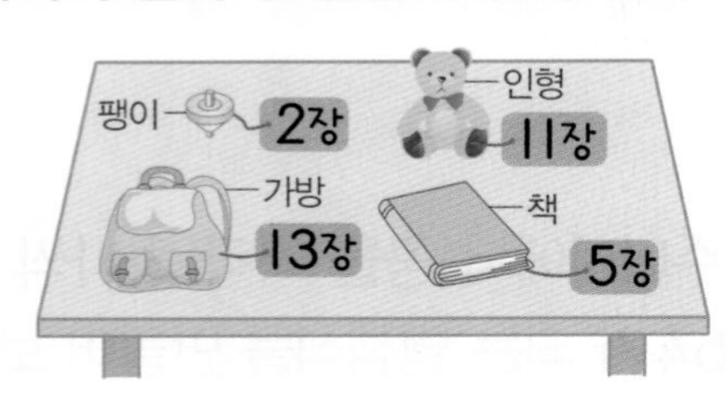

22 중요 연주가 인형 1개와 팽이 1개를 사려고 합니다. 필요한 붙임딱지는 몇 장인지 덧셈식으로 나타내세요.

□+□=□(장)

23 승재가 가방을 2개 샀다면 사용한 붙임딱지는 몇 장일까요?

식 ______________________

답 ______________

24 창의형 그림을 보고 여러 가지 덧셈식으로 나타내세요.

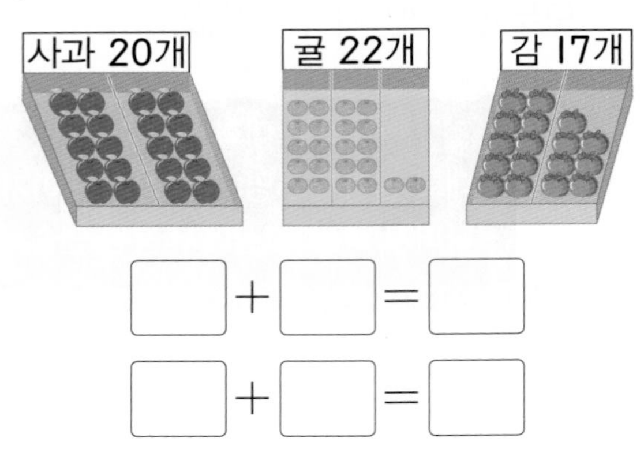

□+□=□

□+□=□

유형 14 그림을 보고 뺄셈식 만들기

예제 남은 달걀은 몇 개인지 뺄셈식으로 나타내세요.

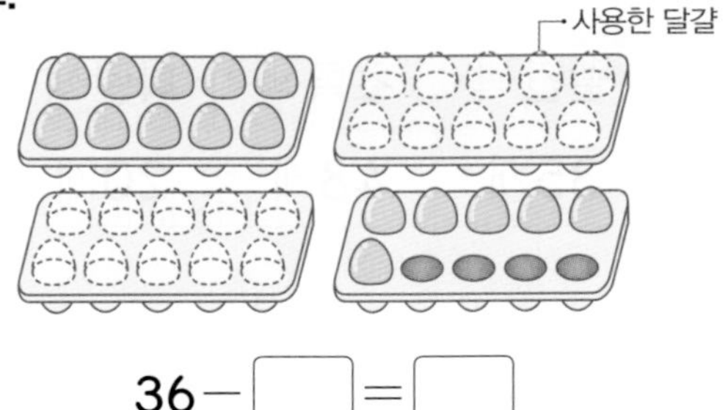

36−□=□

풀이 (남은 달걀 수)
=(처음 달걀 수)−(사용한 달걀 수)
=36−□=□(개)

25 빨간색 책은 초록색 책보다 몇 권 더 많은지 뺄셈식으로 나타내세요.

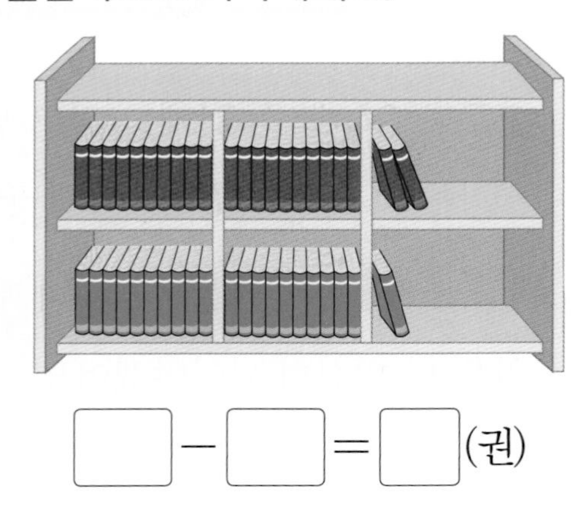

□−□=□(권)

26 그림을 보고 뺄셈식을 만들어 보세요.

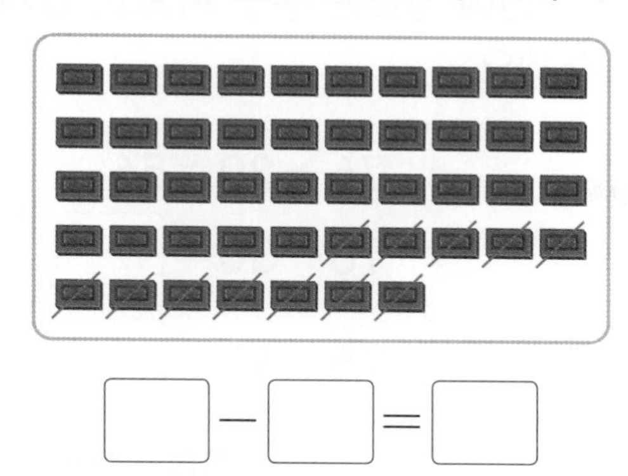

☐ − ☐ = ☐

27 그림을 보고 뺄셈 이야기를 만들고, 식으로 나타내세요.
창의형

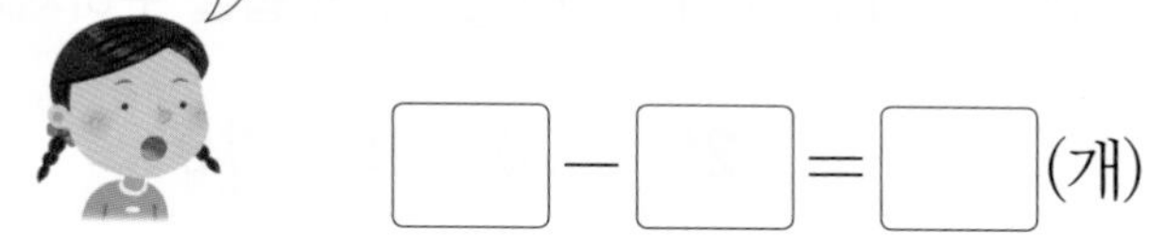

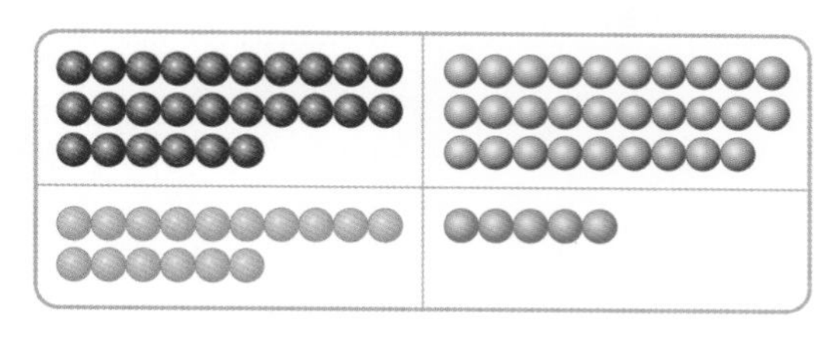
☐ 구슬은 ☐ 구슬보다
몇 개 더 많을까?

☐ − ☐ = ☐(개)

유형 15 **덧셈식에서 규칙 찾기**

예제 **덧셈을 하고, 알맞은 말에 ○표 하세요.**

17＋42＝☐
42＋17＝☐

두 수의 순서를 바꾸어 더해도 계산 결과는
(같습니다 , 다릅니다).

풀이 17＋42＝☐, 42＋17＝☐
→ 17＋42 ◯ 42＋17

28 덧셈을 해 보세요.

32＋10＝☐
32＋20＝☐
32＋30＝☐
32＋40＝☐

29 그림을 보고 빈칸에 알맞은 수를 써넣으세요.
중요

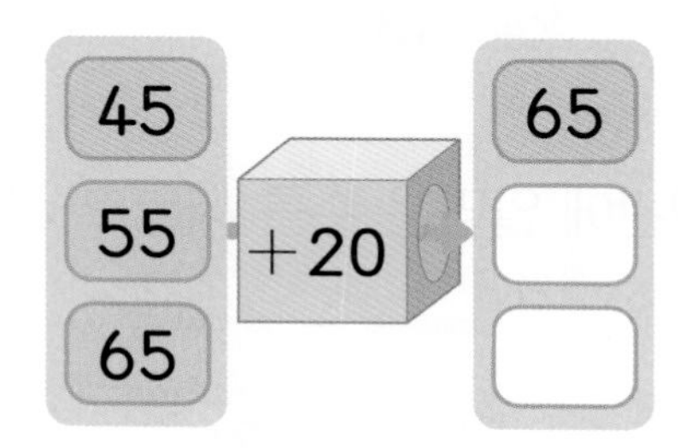
45
55
65
＋20
65

30 합이 같은 것끼리 같은 색으로 칠해 보세요.

20＋35	15＋60	10＋70
70＋10	60＋15	35＋20

6 단원

유형 16 뺄셈식에서 규칙 찾기

예제 □ 안에 알맞은 수를 써넣으세요.

27－13＝14
26－13＝□
25－13＝□
24－13＝□

1씩 작아지는 수에서 같은 수를 빼면 차도 □씩 작아집니다.

풀이

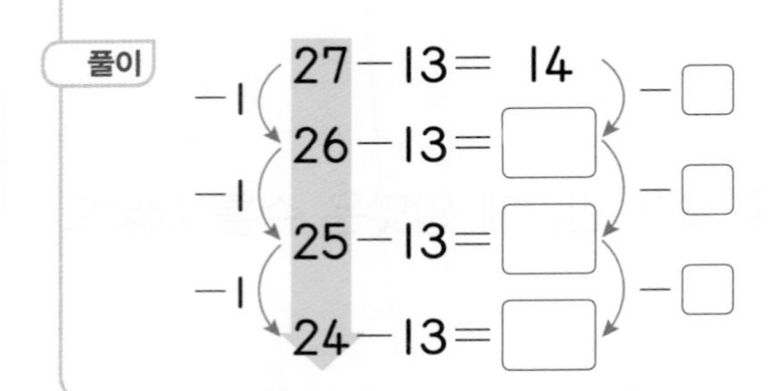

31 빈칸에 알맞은 수를 써넣으세요. (중요)

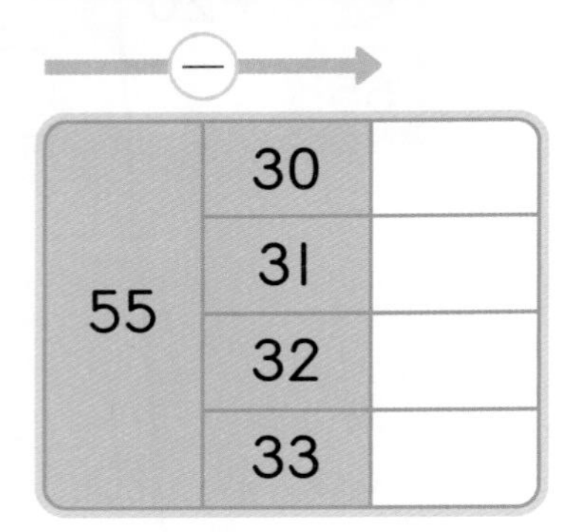

32 계산 결과가 64인 칸은 노란색, 63인 칸은 빨간색, 62인 칸은 파란색으로 색칠해 보세요.

77－13	77－14	77－15
	78－15	78－16
		79－17

33 □ 안에 알맞은 수를 써넣고, 알게 된 점을 쓰세요. (서술형)

76－20＝56
76－30＝□
76－40＝□
□－50＝26
76－□＝16

알게 된 점

+플러스 유형 17 가장 큰 수와 가장 작은 수의 합 또는 차 구하기

예제 가장 큰 수와 가장 작은 수의 합을 구하세요.

20 40 10 70

( )

풀이 □ ＞ □ ＞ □ ＞ □

가장 큰 수: □, 가장 작은 수: □

➜ (가장 큰 수)＋(가장 작은 수)
＝□＋□＝□

34 공에 적힌 수 중에서 가장 큰 수와 가장 작은 수의 차를 구하세요.

26 3 95 5

( )

35 중요★ 깃발 중에서 2개를 골라 깃발에 적힌 수를 한 번씩만 사용하여 몇십몇을 만들려고 합니다. 물음에 답하세요.

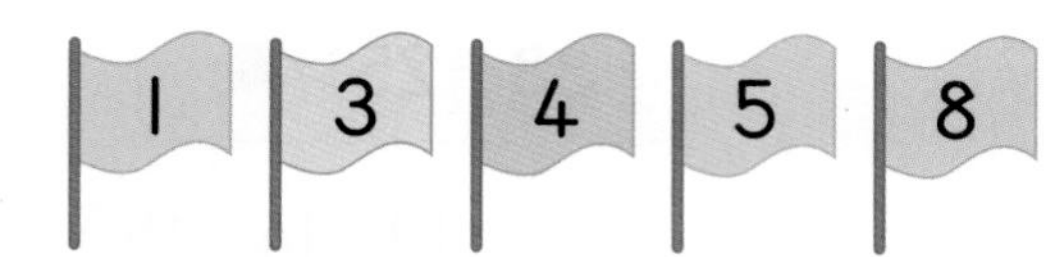

(1) 만들 수 있는 수 중에서 가장 큰 수와 가장 작은 수를 각각 구하세요.

가장 큰 수 (　　　　　　)
가장 작은 수 (　　　　　　)

(2) 만들 수 있는 수 중에서 가장 큰 수와 가장 작은 수의 합을 구하세요.

(　　　　　　)

+플러스 유형 18 합 또는 차가 가장 큰(작은) 식 만들기

예제 두 수의 차가 가장 크도록 두 수를 골라 ☐ 안에 써넣고, 계산해 보세요.

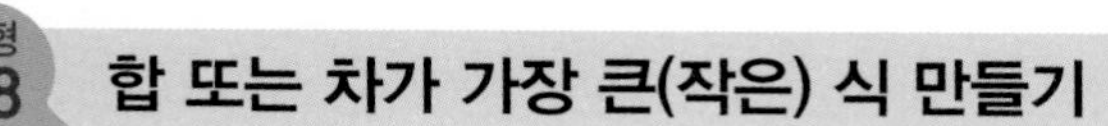

☐ − ☐ = ☐

풀이 차가 가장 크려면 가장 (큰 , 작은) 수에서 가장 (큰 , 작은) 수를 빼야 합니다.

차가 가장 큰 뺄셈식: ☐ − ☐ = ☐

36 두 수의 합이 가장 작도록 두 수를 골라 ☐ 안에 써넣고, 계산해 보세요.

☐ + ☐ = ☐

37 주사위에 적힌 수를 ☐ 안에 한 번씩만 써넣어 합이 가장 큰 덧셈식을 만들고, 합을 구하세요.

(　　　　　　)

38 구슬에 적힌 수 중에서 2개를 골라 몇십몇을 만들고, 만든 몇십몇과 11의 차를 구하려고 합니다. 차가 가장 작도록 뺄셈식을 완성해 보세요.

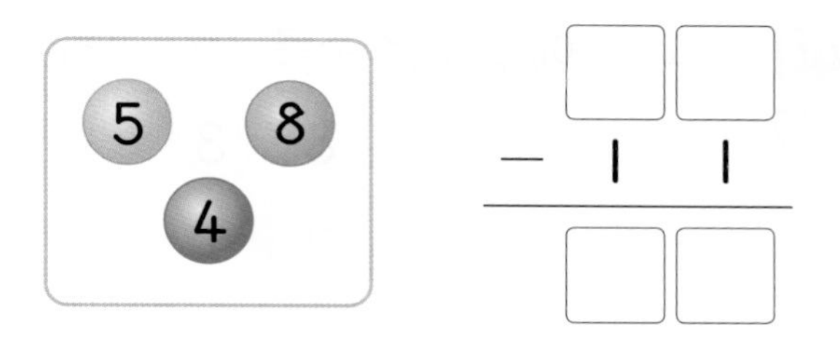

39 풍선에 적힌 수를 ☐ 안에 한 번씩 모두 써넣어 합이 가장 작은 덧셈식을 만들고, 합을 구하세요.

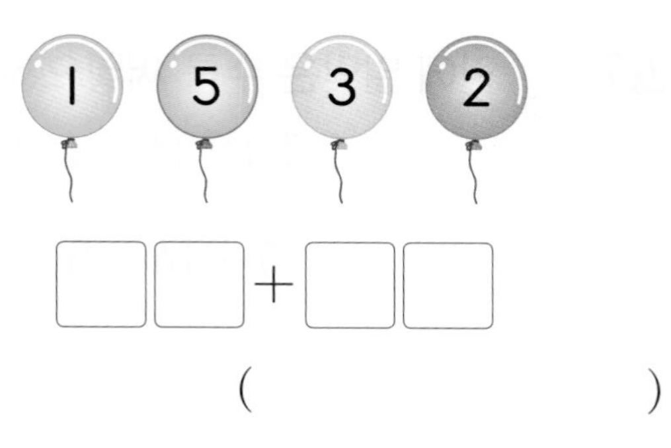

☐☐ + ☐☐

(　　　　　　)

6 단원

+플러스 유형 19 덧셈식 또는 뺄셈식에서 ☐ 안에 알맞은 수 구하기

예제 수 카드를 ☐ 안에 한 번씩 모두 써넣어 덧셈식을 완성해 보세요.

$$\begin{array}{r} \square\ 4 \\ +\ 2\ \square \\ \hline 5\ 9 \end{array}$$

풀이 수 카드의 수를 각각 넣어 계산하여 합이 59가 되는 식을 찾습니다.

$$\begin{array}{r} 5\ 4 \\ +\ 2\ 3 \\ \hline \square \end{array} \qquad \begin{array}{r} 3\ 4 \\ +\ 2\ 5 \\ \hline \square \end{array}$$

40 ㉠과 ㉡에 알맞은 수를 각각 구하세요. (중요)

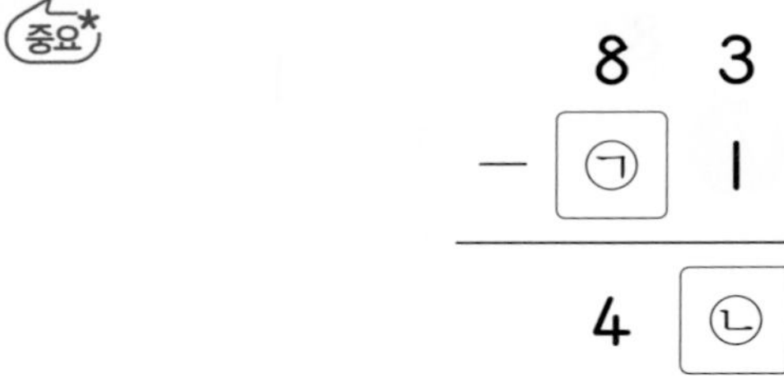

㉠ (   ), ㉡ (   )

41 ☐ 안에 알맞은 수를 써넣으세요.

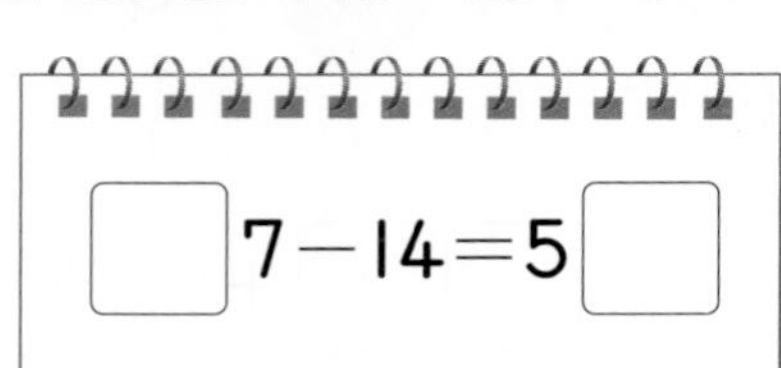

+플러스 유형 20 크기 비교에서 ☐ 안에 알맞은 수 구하기

예제 ■에 알맞은 수를 모두 찾아 ○표 하세요.

38−25>■

(11 , 12 , 13 , 14 , 15)

풀이 38−25=☐

➜ ☐>■이므로 ■에 알맞은 수는 (11 , 12 , 13 , 14 , 15)입니다.

42 ☐ 안에 들어갈 수 있는 수 중에서 가장 큰 수를 구하세요.

25+31>☐

(   )

43 종이에 잉크가 번져 수가 보이지 않습니다. 1부터 9까지의 수 중에서 보이지 않는 곳에 들어갈 수 있는 수를 모두 구하세요.

73+ ▒ <78

(   )

+플러스 유형 21 어떤 수 구하기

예제 어떤 수를 구하세요.

> 어떤 수에 7을 더했더니
> 89가 되었습니다.

( )

풀이 어떤 수를 ■라 하여 덧셈식을 만들면

■ + 7 = □입니다.

➜ □ + 7 = □이므로 어떤 수는

□입니다.

+플러스 유형 22 모양이 나타내는 수 구하기

예제 같은 모양은 같은 수를 나타냅니다. ◆에 알맞은 수를 구하세요.

> 42 + 13 = ●
> ● + 20 = ◆

( )

풀이 42 + 13 = □ ➜ ● = □

● + 20 = □ + 20 = □

➜ ◆ = □

44 대화를 읽고 어떤 수를 구하세요.

중요

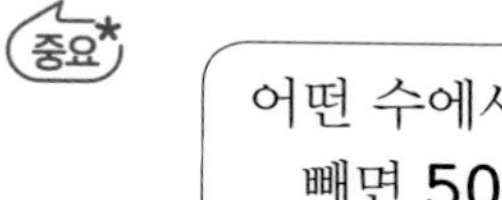

리아: 어떤 수에서 20을 빼면 50이야.

준호: 그럼 어떤 수는 얼마지?

리아 준호

( )

45 어떤 수에 33을 더했더니 65가 되었습니다. 어떤 수에 27을 더하면 얼마인지 구하세요.

( )

46 같은 모양은 같은 수를 나타냅니다. ▲에 알맞은 수는 얼마인지 풀이 과정을 쓰고, 답을 구하세요.

서술형

```
  ▲ 8
− ★ ★
─────
  1 5
```

1단계 ★에 알맞은 수 구하기

2단계 ▲에 알맞은 수 구하기

답

47 같은 모양은 같은 수를 나타냅니다. 각 모양에 알맞은 수를 구하세요.

> ♥ + ♥ = 40
> 10 + ♥ = ♠
> ♠ + 30 = ♣

♥ ( ), ♠ ( ), ♣ ( )

응용 해결하기

계산 결과의 차 구하기

1 연주네 반과 지훈이네 반의 학생 수를 나타낸 것입니다. 두 반의 학생 수의 차는 몇 명인지 구하세요.

연주네 반

남학생	여학생
13명	16명

지훈이네 반

남학생	여학생
14명	12명

(　　　　　　　　)

뺄셈식에서 기호에 알맞은 수를 찾아 합 구하기

2 ㉠과 ㉡은 1부터 9까지의 수 중 하나입니다. ㉠과 ㉡의 합을 구하세요.

㉠9－5㉡＝42

(　　　　　　　　)

두 사람이 모은 딱지 수의 차 구하기

3 세 사람의 대화를 보고 현우가 모은 딱지는 주경이가 모은 딱지보다 몇 개 더 많은지 풀이 과정을 쓰고, 답을 구하세요.

나는 47개를 모았어.
연서

나는 36개를 모았어.
현우

나는 연서보다 15개 적게 모았어.
주경

풀이

답

해결 tip

반 전체 학생 수는?

반 전체 학생

남학생 ＋ 여학생

(반 전체 학생 수)
＝(남학생 수)＋(여학생 수)

수를 모양으로 나타낸 식의 계산

4 같은 모양은 같은 수를 나타냅니다. ▭ 안에 알맞은 수를 구하세요.

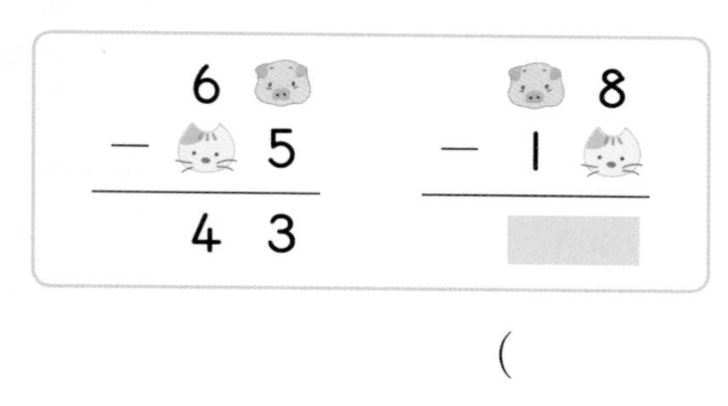

( )

해결 tip

🐷와 🐱에 알맞은 수를 구하려면?

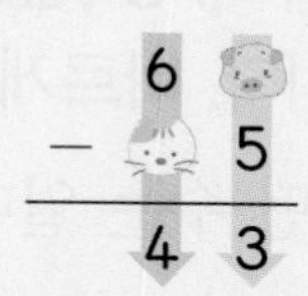

주어진 식을 낱개의 수끼리(↓), 10개씩 묶음의 수끼리(↓) 계산합니다.

계산 결과가 같을 때 ▢ 안에 알맞은 수 구하기

5 두 식의 계산 결과가 같을 때 ▢ 안에 알맞은 수를 구하세요.

$23+51$ 

( )

가장 큰 몇십몇을 만들고 두 수의 차 구하기 서술형

6 미주와 도윤이는 각자 가지고 있는 공에 적힌 수를 한 번씩만 사용하여 가장 큰 몇십몇을 만들었습니다. 미주와 도윤이가 만든 두 수의 차는 얼마인지 풀이 과정을 쓰고, 답을 구하세요.

풀이

답

가장 큰 몇십몇을 만들려면?

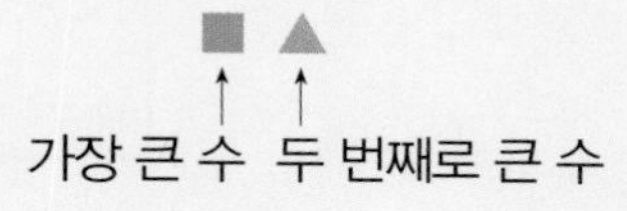

정답 45쪽

바르게 계산한 값 구하기

7 어떤 수에 34를 더해야 할 것을 잘못하여 뺐더니 21이 되었습니다. 바르게 계산한 값을 구하세요.

(1) 어떤 수는 얼마인지 구하세요.

( )

(2) 바르게 계산한 값을 구하세요.

( )

□ 안에 공통으로 들어갈 수 있는 수 구하기

8 1부터 9까지의 수 중에서 □ 안에 공통으로 들어갈 수 있는 수는 모두 몇 개인지 구하세요.

- $42+\square<46$
- $57-34>2\square$

(1) $42+\square<46$에서 □ 안에 들어갈 수 있는 수를 모두 구하세요.

( )

(2) $57-34>2\square$에서 □ 안에 들어갈 수 있는 수를 모두 구하세요.

( )

(3) □ 안에 공통으로 들어갈 수 있는 수는 모두 몇 개인지 구하세요.

( )

해결 tip

바르게 계산한 값을 구하려면?

어떤 수를 □로 하여 잘못 계산한 식 쓰기

↓

어떤 수 □ 구하기

↓

바르게 계산하기

맞힌 개수

01 그림을 보고 □ 안에 알맞은 수를 써넣으세요.

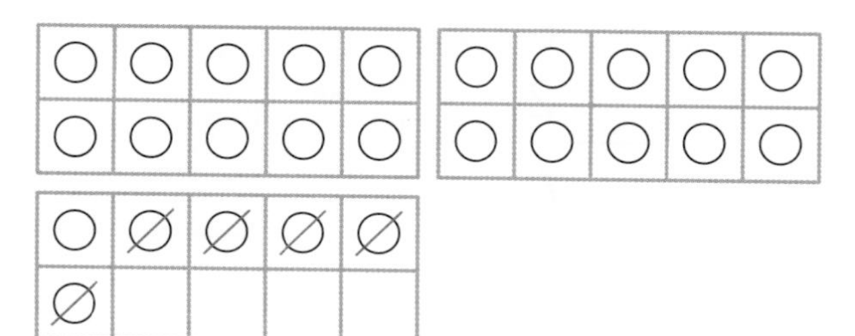

$26-5=\square$

02 덧셈을 해 보세요.

$$\begin{array}{r} 3\ 5 \\ +\quad 4 \\ \hline \end{array}$$

03 수수깡이 모두 몇 개인지 구하려고 합니다. □ 안에 알맞은 수를 써넣으세요.

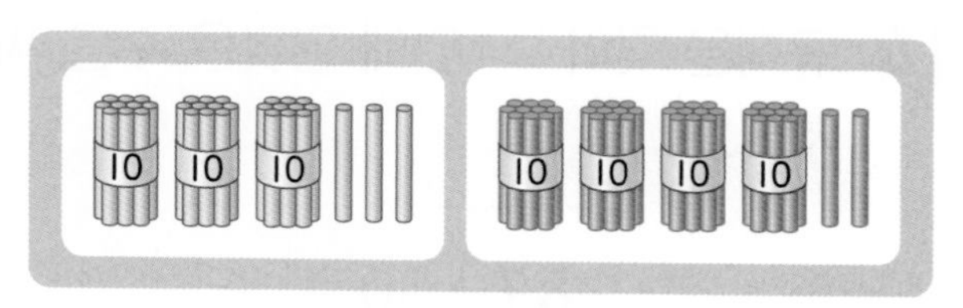

$33+\square=\square$

04 □ 안에 알맞은 수를 써넣으세요.

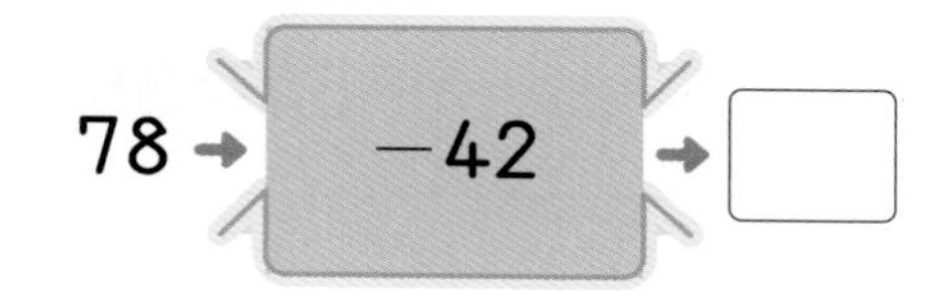

05 □ 안에 알맞은 수를 써넣으세요.

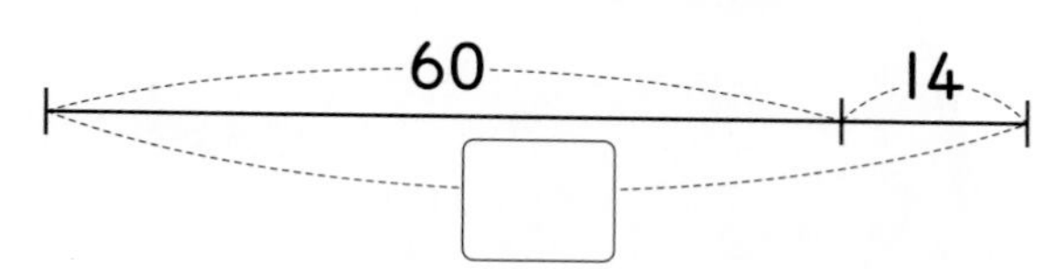

06 크기를 비교하여 ○ 안에 >, <를 알맞게 써넣으세요.

45−13 ○ 33

07 규민이가 설명하는 수를 구하세요.

내 수는 20보다 60만큼 더 큰 수야.
규민

(   )

08 그림을 보고 빈칸에 알맞은 수를 써넣으세요.

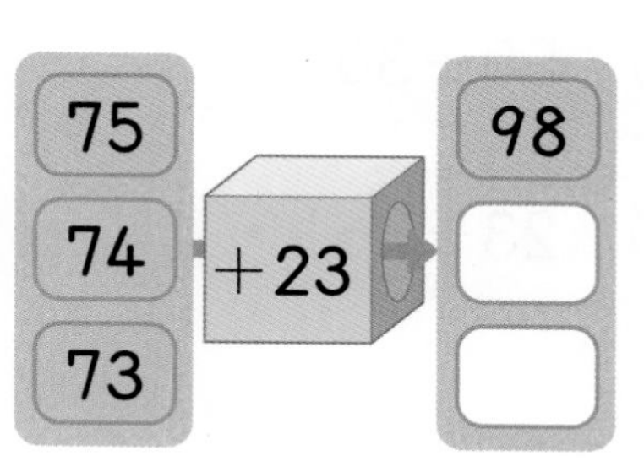

6 단원

[09~10] 그림을 보고 물음에 답하세요.

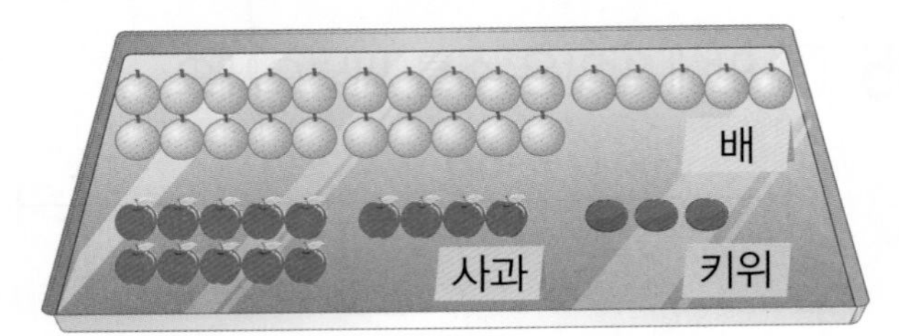

09 배와 키위는 모두 몇 개인지 덧셈식으로 나타내세요.

□ + □ = □

10 배는 사과보다 몇 개 더 많은지 뺄셈식으로 나타내세요.

□ − □ = □

11 합이 같은 것끼리 이어 보세요.

(1) 18+31 • • 36+23

(2) 50+30 • • 30+50

(3) 23+36 • • 31+18

12 65−2를 계산한 것입니다. 잘못된 곳을 찾아 이유를 쓰고, 바르게 계산해 보세요.

서술형

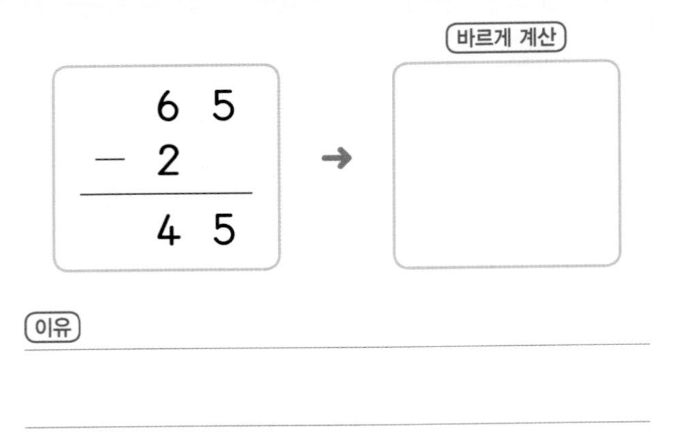

이유

13 가장 큰 수와 가장 작은 수의 차를 구하세요.

80 99 6

(　　　　　　)

14 규칙을 찾아 □ 안에 알맞은 수를 써넣으세요.

89−50=□
89−51=□
89−52=□
89−□=36
□−54=35

정답 46쪽

15 □ 안에 알맞은 수를 써넣으세요.

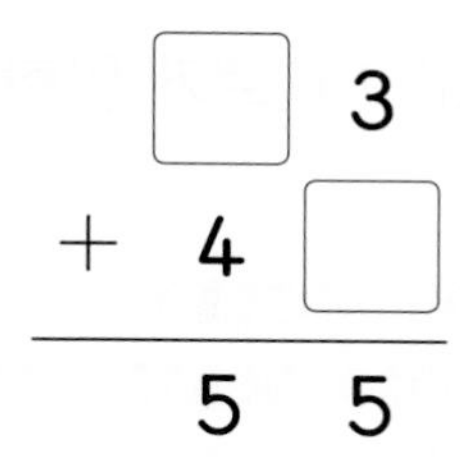

16 같은 모양에 적힌 수의 합을 구하세요.

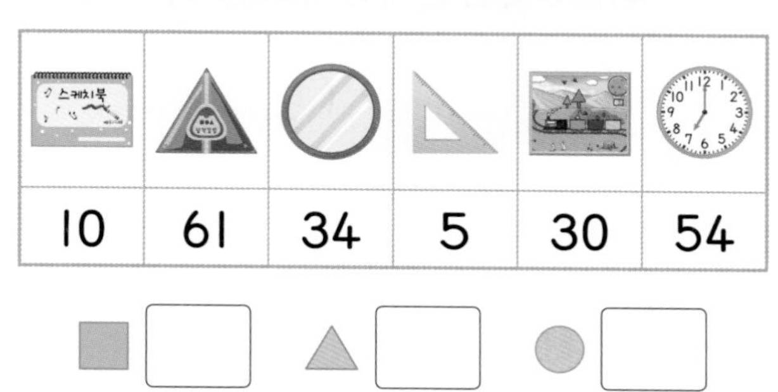

17 서술형 지연이는 바둑돌을 48개 가지고 있고, 윤하는 흰색 바둑돌 30개와 검은색 바둑돌 20개를 가지고 있습니다. 바둑돌을 더 많이 가지고 있는 사람은 누구인지 풀이 과정을 쓰고, 답을 구하세요.

18 풍선에 적힌 두 수를 골라 차가 11이 되는 뺄셈식을 만들어 보세요.

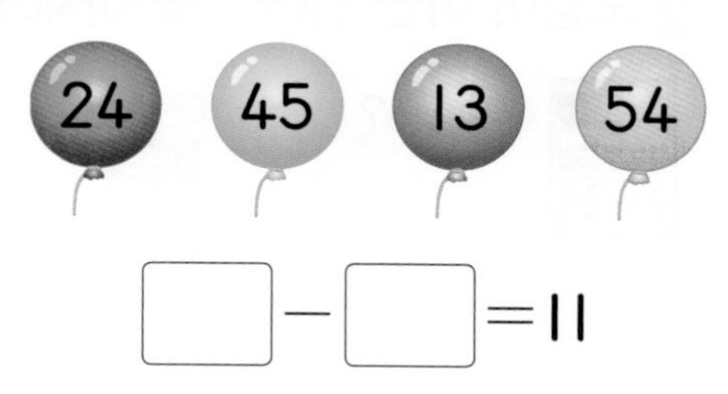

19 서술형 어떤 수에 32를 더하면 67이 됩니다. 어떤 수에서 15를 빼면 얼마인지 풀이 과정을 쓰고, 답을 구하세요.

20 수 카드 4장을 □ 안에 모두 한 번씩만 써넣어 덧셈식을 만들려고 합니다. 계산 결과가 가장 작을 때의 합을 구하세요.

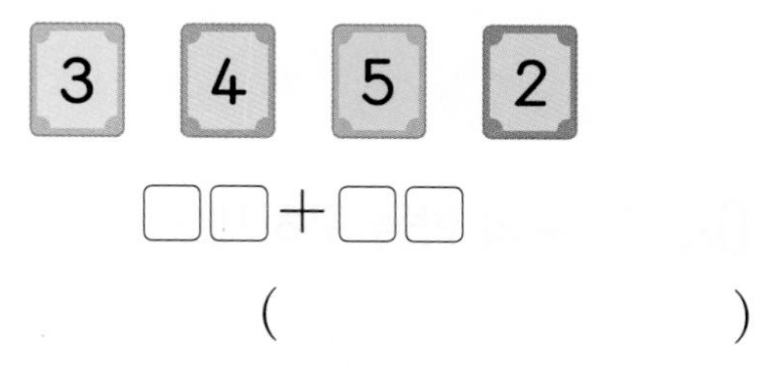

( )

6 단원

맞힌 개수

3단원 | 유형 01

01 ■ 모양이 아닌 것에 ×표 하세요.

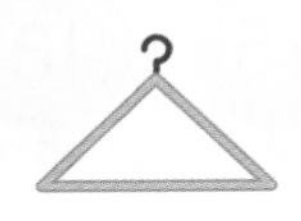  

( ) ( ) ( ) ( )

2단원 | 유형 02

02 빈칸에 알맞은 수를 써넣으세요.

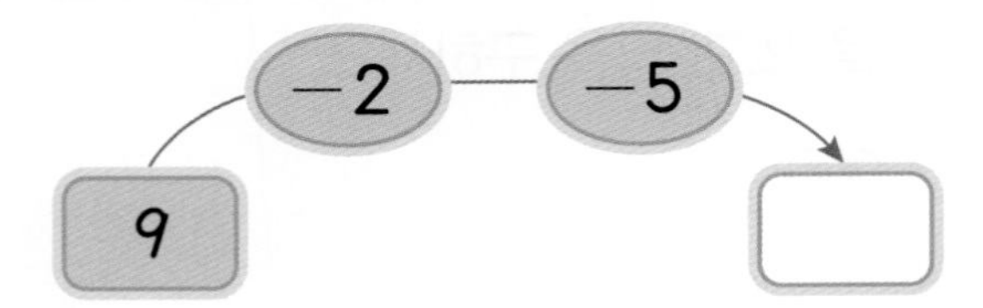

5단원 | 유형 02

03 규칙에 따라 □ 안에 알맞은 모양을 그려 보세요.

6단원 | 유형 02

04 두 수의 합을 구하세요.

61 7

( )

1단원 | 유형 04

05 그림을 보고 바르게 말한 사람의 이름을 쓰세요.

윤서: 곶감은 10개씩 묶음 7개와 낱개 6개입니다.

하준: 곶감은 75개입니다.

( )

4단원 | 유형 03

06 바르게 계산한 것을 찾아 기호를 쓰세요.

㉠ $7+8=15$

㉡ $8+4=13$

( )

3단원 | 유형 15

07 시계를 보고 시각을 쓰세요.

( )

1단원 | 유형 20

08 딱지를 태민이는 62개, 재우는 71개 가지고 있습니다. 딱지를 더 많이 가지고 있는 사람은 누구일까요?

(　　　　　　　　)

5단원 | 유형 01

09 구슬을 보고 규칙을 알맞게 말한 사람의 이름을 쓰세요.

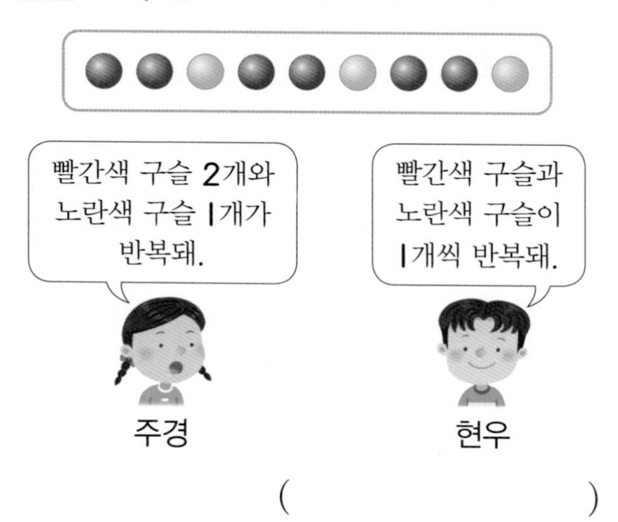

빨간색 구슬 2개와 노란색 구슬 1개가 반복돼.
빨간색 구슬과 노란색 구슬이 1개씩 반복돼.
주경
현우

(　　　　　　　　)

4단원 | 유형 18

10 찹쌀떡 15개 중에서 8개를 먹었습니다. 남은 찹쌀떡은 몇 개일까요?

(　　　　　　　　)

2단원 | 유형 05

11 계산 결과를 비교하여 ◯ 안에 $>$, $<$를 알맞게 써넣으세요.

(1) $2+4+3$ ◯ $6+1+1$

(2) $7-3-3$ ◯ $9-4-2$

6단원 | 유형 15

12 빈칸에 알맞은 수를 써넣으세요.

(+) →

31	20	
	22	
	24	
	26	

1단원 | 유형 25

13 홀수는 모두 몇 개일까요?

2　5　7　14　19

(　　　　　　　　)

전단원 총정리

3단원 | 유형 06

14 뾰족한 부분이 3군데인 모양의 물건을 모두 찾아 기호를 쓰세요.

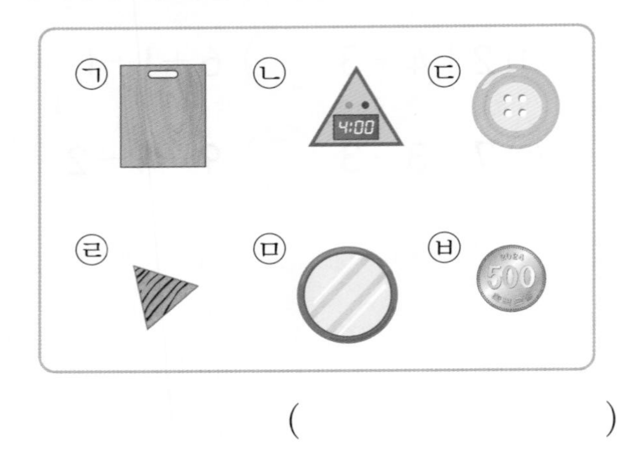

( )

2단원 | 유형 16

15 합이 같은 것끼리 이어 보세요.

(1)	1+5+5 •		• 1+10
(2)	4+4+6 •		• 10+2
(3)	8+2+3 •		• 10+3
			• 4+10

1단원 | 유형 08

16 도율이가 가지고 있는 탁구공은 모두 몇 개일까요?

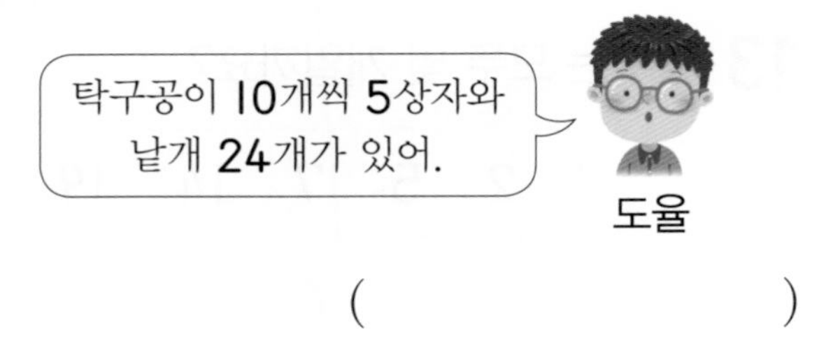

탁구공이 10개씩 5상자와 낱개 24개가 있어.
도율

( )

4단원 | 유형 26

17 같은 모양은 같은 수를 나타냅니다. ▲에 알맞은 수를 구하세요.

7+●=12
14−●=▲

( )

2단원 | 유형 19

18 7에서 어떤 수를 빼야 할 것을 잘못하여 7에 어떤 수를 더했더니 10이 되었습니다. 바르게 계산한 값은 얼마인지 풀이 과정을 쓰고, 답을 구하세요.

서술형

풀이

답

5단원 | 유형 04

19 〈보기〉와 같은 규칙으로 나타낸 것을 찾아 기호를 쓰세요.

〈보기〉

⚾ 🎾 🎾 ⚾ 🎾 🎾

㉠ 곰 인형, 로봇, 로봇, 곰 인형, 로봇, 로봇

㉡ 사과, 사과, 귤, 사과, 사과, 귤

( )

6단원 | 유형 10

20 (서술형) 차가 가장 큰 것을 찾아 기호를 쓰려고 합니다. 풀이 과정을 쓰고, 답을 구하세요.

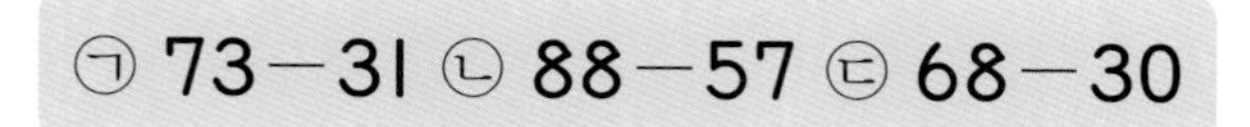

풀이

답

4단원 | 유형 08

21 합이 같은 식을 찾아 〈보기〉와 같이 ◯, △, □표 하세요.

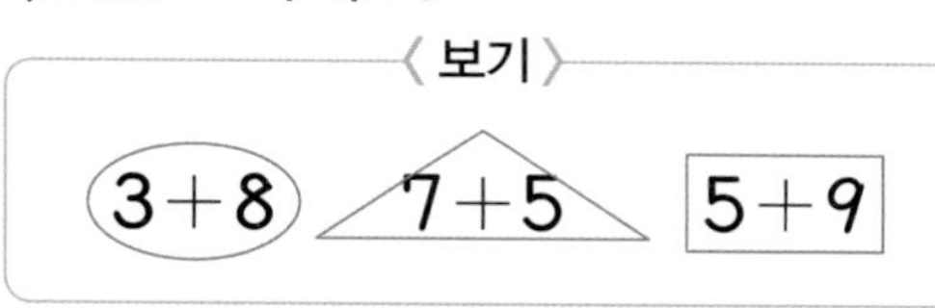

3+9	8+6	7+4
8+4	5+6	7+7

3단원 | 유형 19

22 친구들이 오늘 아침에 일어난 시각을 나타낸 것입니다. 가장 일찍 일어난 사람의 이름을 쓰세요.

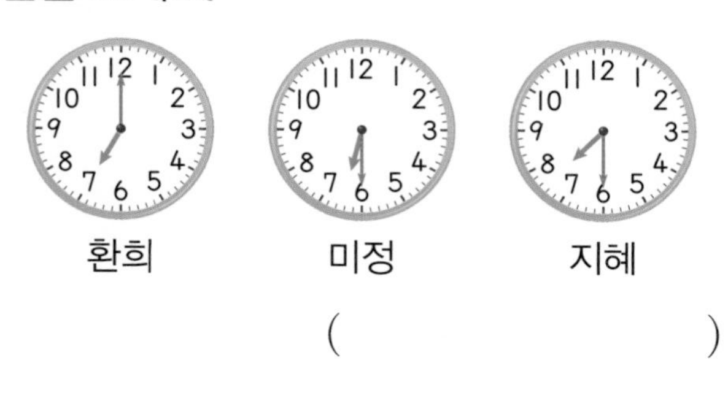

(　　　　　　)

5단원 | 유형 16

23 (서술형) 45부터 시작하여 색칠한 수에 있는 규칙과 같은 규칙으로 16부터 수를 쓰려고 합니다. ㉠에 알맞은 수를 구하는 풀이 과정을 쓰고, 답을 구하세요.

42	45	48	51	54
57	60	63	66	69
72	75	78	81	84

풀이

답

6단원 | 유형 20

24 □ 안에 들어갈 수 있는 수에 모두 ◯표 하세요.

41+14<□

(53 , 54 , 55 , 56 , 57)

4단원 | 유형 19

25 가와 나에서 각각 수 카드를 한 장씩 골라 적힌 두 수의 차를 구하려고 합니다. 차가 가장 작을 때의 값을 구하세요.

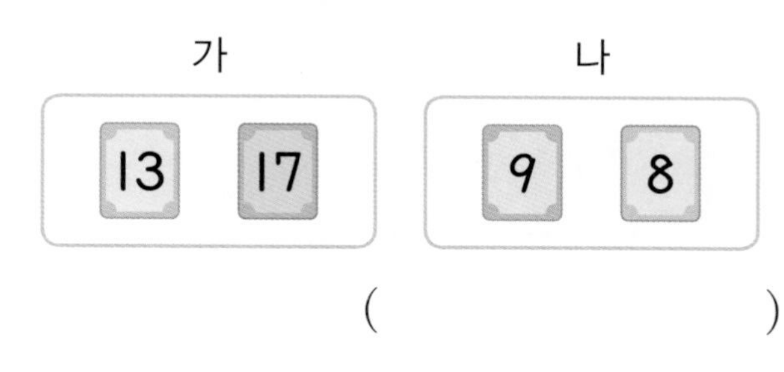

(　　　　　　)

MEMO

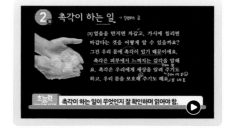

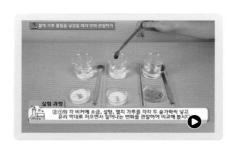

큐브 유형

초등 수학

1·2

서술형 강화책

서술형 다지기 | 서술형 완성하기

동아출판

서술형 강화책

차례

초등 수학 1·2

	단원명	쪽수
1	100까지의 수	02~09쪽
2	덧셈과 뺄셈(1)	10~17쪽
3	모양과 시각	18~23쪽
4	덧셈과 뺄셈(2)	24~31쪽
5	규칙 찾기	32~39쪽
6	덧셈과 뺄셈(3)	40~47쪽

큐브 유형

서술형 강화책

초등 수학

1·2

수의 크기 비교하기

1 구슬을 주원이는 육십오 개, 현동이는 아흔 개 가지고 있습니다. **구슬을 더 많이 가지고 있는 사람**은 누구인지 풀이 과정을 쓰고, 답을 구하세요.

조건 정리
- 주원이가 가지고 있는 구슬: 육십 ☐ 개
- 현동이가 가지고 있는 구슬: 아흔 개

풀이

❶ 구슬의 수를 각각 수로 나타내기

구슬 수를 각각 수로 나타내면
육십오는 ☐이고, 아흔은 ☐입니다.

❷ 구슬을 더 많이 가지고 있는 사람 구하기

10개씩 묶음의 수를 비교하면 ☐ > ☐입니다.
따라서 ☐ > ☐이므로
구슬을 더 많이 가지고 있는 사람은 ☐입니다.

수의 크기 비교는
10개씩 묶음의 수를 비교한 후
낱개의 수를 비교해.

답 ☐

정답 49쪽

유사 **1-1** 채소 가게에 양파가 육십 개, 감자가 쉰여섯 개 있습니다. **채소 가게에 더 많이 있는 채소**는 무엇인지 풀이 과정을 쓰고, 답을 구하세요.

풀이

답

유사 **1-2** 제과점에서 오늘 팔린 빵 수를 나타낸 표입니다. **제과점에서 더 적게 팔린 빵**은 무엇인지 풀이 과정을 쓰고, 답을 구하세요.

종류	단팥빵	크림빵
팔린 빵 수(개)	여든여섯	팔십팔

풀이

답

1 단원

발전 **1-3** **가장 작은 수를 말한 사람의 이름**을 쓰려고 합니다. 풀이 과정을 쓰고, 답을 구하세요.

1단계 각각 수로 나타내기

2단계 가장 작은 수를 말한 사람 구하기

답

가장 큰(작은) 수 만들기

2 수 카드를 한 번씩만 사용하여 몇십몇을 만들려고 합니다. **만들 수 있는 가장 큰 수**는 얼마인지 풀이 과정을 쓰고, 답을 구하세요.

8 2 5

조건 정리
- 수 카드의 수: ☐, 2, ☐
- 만들려는 수: 몇십몇

풀이
❶ 세 수의 크기 비교하기

세 수 ☐, 2, ☐의 크기를 비교하면

☐ > ☐ > ☐입니다.

수 카드의 크기를 비교하여 10개씩 묶음의 수와 낱개의 수에 놓을 수를 알아봐.

❷ 만들 수 있는 가장 큰 수 구하기

10개씩 묶음의 수가 (클수록 , 작을수록) 큰 수이므로

10개씩 묶음의 수에 가장 (큰 , 작은) 수인 ☐을 놓고,

낱개의 수에 두 번째로 (큰 , 작은) 수인 ☐를 놓습니다.

따라서 만들 수 있는 가장 큰 수는 ☐입니다.

답 ☐

유사 **2-1** 수 카드를 한 번씩만 사용하여 몇십몇을 만들려고 합니다. **만들 수 있는 가장 큰 수**는 얼마인지 풀이 과정을 쓰고, 답을 구하세요.

4 6 9

풀이

답

발전 **2-2** 수 카드를 한 번씩만 사용하여 몇십몇을 만들려고 합니다. **만들 수 있는 가장 큰 수와 가장 작은 수**는 각각 얼마인지 풀이 과정을 쓰고, 답을 구하세요.

9 7 

1단계 세 수의 크기 비교하기

2단계 만들 수 있는 가장 큰 수와 가장 작은 수 각각 구하기

답 가장 큰 수: , 가장 작은 수:

발전 **2-3** 수 카드를 준서는 1, 8, 4를, 지혜는 7, 2, 3을 가지고 있습니다. 수 카드를 한 번씩만 사용하여 **가장 큰 몇십몇을 만들 때, 수가 더 작은 사람**은 누구인지 풀이 과정을 쓰고, 답을 구하세요.

1단계 준서와 지혜가 만든 가장 큰 수 각각 구하기

2단계 만든 수가 더 작은 사람 구하기

답

1 단원

두 수 사이의 수 구하기

3 ㉠과 ㉡ 사이의 수는 모두 몇 개인지 풀이 과정을 쓰고, 답을 구하세요.

㉠ 59보다 1만큼 더 큰 수
㉡ 66보다 1만큼 더 작은 수

조건 정리

- ㉠: 59보다 1만큼 더 (큰 , 작은) 수
- ㉡: 66보다 1만큼 더 (큰 , 작은) 수

풀이

❶ ㉠과 ㉡이 나타내는 수 각각 구하기

- ㉠ 59보다 1만큼 더 큰 수는 59 바로 (앞 , 뒤)의 수이므로 ☐입니다.
- ㉡ 66보다 1만큼 더 작은 수는 66 바로 (앞 , 뒤)의 수이므로 ☐입니다.

❷ ㉠과 ㉡ 사이의 수의 개수 구하기

㉠과 ㉡ 사이의 수는 ☐, ☐, ☐, ☐이므로

㉠과 ㉡ 사이의 수는 모두 ☐개입니다.

■와 ▲ 사이의 수에
■와 ▲는 들어가지 않아.

답 ☐개

유사 **3-1** **두 수 사이의 수**를 모두 쓰려고 합니다. 풀이 과정을 쓰고, 답을 구하세요.

75보다 1만큼 더 큰 수 | 81보다 1만큼 더 작은 수

풀이

답

발전 **3-2** **두 수 사이의 수 중에서 홀수**를 모두 구하려고 합니다. 풀이 과정을 쓰고, 답을 구하세요.

14보다 1만큼 더 작은 수 | 18보다 1만큼 더 큰 수

1단계 두 수를 각각 구하기

2단계 두 수 사이의 수 중에서 홀수 모두 구하기

답

발전 **3-3** **㉠과 ㉡ 사이의 수 중에서 짝수**를 구하려고 합니다. 풀이 과정을 쓰고, 답을 구하세요.

㉠ 십칠보다 1만큼 더 작은 수
㉡ 열아홉보다 1만큼 더 큰 수

1단계 ㉠과 ㉡이 나타내는 수 각각 구하기

2단계 ㉠과 ㉡ 사이의 수 중에서 짝수 구하기

답

1 단원

1 **가장 큰 수의 기호**를 쓰려고 합니다. 풀이 과정을 쓰고, 답을 구하세요.

㉠ 오십구 ㉡ 예순일곱 ㉢ 61

풀이

답

2 **가장 작은 수의 기호**를 쓰려고 합니다. 풀이 과정을 쓰고, 답을 구하세요.

㉠ 10개씩 묶음 7개와 낱개 3개
㉡ 일흔여섯 ㉢ 칠십

풀이

답

3 세 수 9, 5, 8을 한 번씩만 사용하여 몇십몇을 만들려고 합니다. **만들 수 있는 가장 큰 수와 가장 작은 수**는 각각 얼마인지 풀이 과정을 쓰고, 답을 구하세요.

풀이

답 가장 큰 수: , 가장 작은 수:

4 가와 나의 수 카드를 각각 한 번씩만 사용하여 가장 큰 몇십몇을 만들려고 합니다. **만든 수가 더 큰 것의 기호**는 무엇인지 풀이 과정을 쓰고, 답을 구하세요.

가

나

풀이

답

5 세 수를 한 번씩만 사용하여 가장 작은 몇십몇을 만들려고 합니다. **만든 수가 더 작은 사람**은 누구인지 풀이 과정을 쓰고, 답을 구하세요.

민교	도하
7, 5, 6	1, 8, 7

풀이

답

7 **㉠과 ㉡ 사이의 수 중에서 짝수**를 모두 구하려고 합니다. 풀이 과정을 쓰고, 답을 구하세요.

㉠ 12보다 1만큼 더 작은 수
㉡ 16보다 1만큼 더 작은 수

풀이

답

6 **두 수 사이의 수 중에서 홀수는 모두 몇 개**인지 구하려고 합니다. 풀이 과정을 쓰고, 답을 구하세요.

10보다 1만큼 더 큰 수

17보다 1만큼 더 큰 수

풀이

답

8 **선영이와 윤호가 말한 수 사이의 수 중에서 가장 큰 홀수**를 구하려고 합니다. 풀이 과정을 쓰고, 답을 구하세요.

선영: 십오보다 1만큼 더 작은 수
윤호: 이십보다 1만큼 더 큰 수

풀이

답

ⓢ 계산 결과의 크기 비교하기

1 **계산 결과가 더 큰 것의 기호**를 찾아 쓰려고 합니다. 풀이 과정을 쓰고, 답을 구하세요.

㉠ 3+1+1 ㉡ 9−2−1

조건 정리

- ㉠ 세 수의 덧셈: 3+☐+1
- ㉡ 세 수의 뺄셈: ☐−2−1

풀이

❶ ㉠ 계산하기

3+1+1의 계산을 해 봅니다.

세 수의 덧셈은 두 수를 먼저 더하고 두 수를 더한 값에 나머지 한 수를 더해.

3+1=☐

☐+1=☐

❷ ㉡ 계산하기

9−2−1의 계산을 해 봅니다.

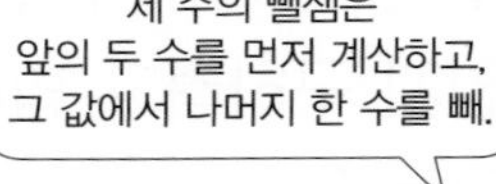

세 수의 뺄셈은
앞의 두 수를 먼저 계산하고,
그 값에서 나머지 한 수를 빼.

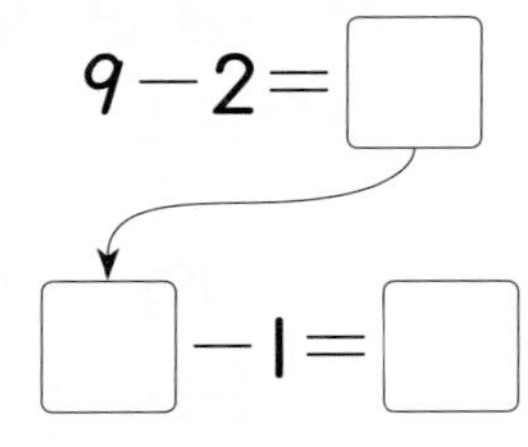

9−2=☐

☐−1=☐

❸ 계산 결과가 더 큰 것의 기호 쓰기

㉠ 3+1+1=☐, ㉡ 9−2−1=☐

따라서 ☐ > ☐이므로 계산 결과가 더 큰 것은 ☐입니다.

답 ☐

유사 **1-1** **계산 결과가 더 작은 것의 기호**를 찾아 쓰려고 합니다. 풀이 과정을 쓰고, 답을 구하세요.

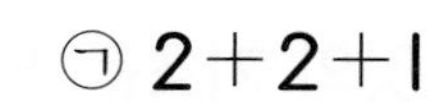

㉠ $2+2+1$ ㉡ $8-1-3$

풀이

답

발전 **1-2** 세 수의 합을 빈 곳에 써넣으려고 합니다. **빈 곳에 알맞은 수가 더 큰 것의 기호**는 무엇인지 풀이 과정을 쓰고, 답을 구하세요.

㉠
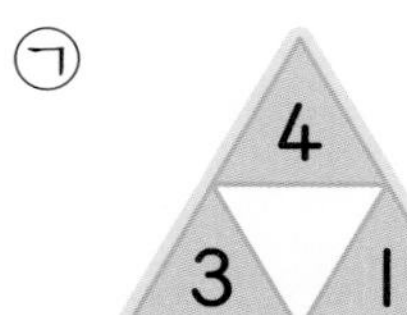

㉡
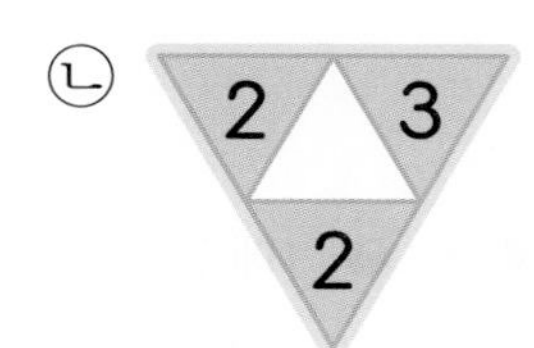

1단계 빈 곳에 알맞은 수 각각 구하기

2단계 빈 곳에 알맞은 수가 더 큰 것의 기호 쓰기

답

발전 **1-3** **계산 결과가 작은 것부터 차례로 기호**를 쓰려고 합니다. 풀이 과정을 쓰고, 답을 구하세요.

㉠ $9-3-2$ ㉡ $4+2+2$ ㉢ $3+3+1$

1단계 각각 계산하기

2단계 계산 결과가 작은 것부터 차례로 기호 쓰기

답

2 단원

모르는 수 구하여 수의 크기 비교하기

2 **㉠과 ㉡ 중 더 큰 것의 기호**를 쓰려고 합니다. 풀이 과정을 쓰고, 답을 구하세요.

㉠+7=10 5+㉡=10

조건 정리
- ㉠+7 = □
- 5+㉡ = □

풀이

❶ ㉠에 알맞은 수 구하기

㉠+7=10에서 7과 더해서 10이 되는 수는 □이므로 ㉠에 알맞은 수는 □입니다.

10이 되는 더하기를 이용하여 수를 구한 후 크기를 비교해 봐.

❷ ㉡에 알맞은 수 구하기

5+㉡=10에서 5와 더해서 10이 되는 수는 □이므로 ㉡에 알맞은 수는 □입니다.

❸ ㉠과 ㉡ 중 더 큰 것의 기호 쓰기

㉠에 알맞은 수는 □이고 ㉡에 알맞은 수는 □이므로 □ > □에서 더 큰 것의 기호는 □입니다.

답 □

유사 **2-1** □ **안에 알맞은 수가 더 큰 것을 찾아 기호**를 쓰려고 합니다. 풀이 과정을 쓰고, 답을 구하세요.

㉠ $8+\square=10$ ㉡ $10-\square=6$

풀이

답

발전 **2-2** **㉠과 ㉡의 차**를 구하려고 합니다. 풀이 과정을 쓰고, 답을 구하세요.

$㉠+1=10$ $10-㉡=4$

1단계 ㉠에 알맞은 수 구하기

2단계 ㉡에 알맞은 수 구하기

3단계 ㉠과 ㉡의 차 구하기

답

발전 **2-3** □ **안에 알맞은 수가 가장 큰 것을 찾아 기호**를 쓰려고 합니다. 풀이 과정을 쓰고, 답을 구하세요.

㉠ $\square+3=10$ ㉡ $10-\square=2$ ㉢ $6+\square=10$

1단계 □ 안에 알맞은 수 각각 구하기

2단계 □ 안에 알맞은 수가 가장 큰 것의 기호 쓰기

답

⊙ 크기 비교에서 □ 안에 알맞은 수 구하기

3 1부터 9까지의 수 중에서 ■ **안에 들어갈 수 있는 수**를 모두 구하려고 합니다. 풀이 과정을 쓰고, 답을 구하세요.

$1+4+■<9$

조건 정리 $1+4+■<□$

풀이 ❶ 식 간단히 나타내기

$1+4+■<9$에서

$1+4+■=□+■$이므로

$□+■<9$입니다.

세 수의 덧셈은 두 수를 더한 다음 남은 한 수를 더하면 되므로 1+4의 값을 먼저 구해.

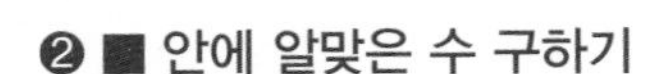
❷ ■ 안에 알맞은 수 구하기

$□+■<9$에서 ■ 안에 수를 넣어 계산하여 9보다 작은 것을 찾습니다.

$□+1=□$ (○, ×), $□+2=□$ (○, ×),

$□+3=□$ (○, ×), $□+4=□$ (○, ×), ...

따라서 ■ 안에 들어갈 수 있는 수는 □, □, □입니다.

답 □, □, □

정답 52쪽

유사 **3-1** 1부터 9까지의 수 중에서 □ **안에 들어갈 수 있는 가장 큰 수**를 구하려고 합니다. 풀이 과정을 쓰고, 답을 구하세요.

$$10-\square>7$$

풀이

답

유사 **3-2** 1부터 9까지의 수 중에서 □ **안에 들어갈 수 있는 가장 작은 수**를 구하려고 합니다. 풀이 과정을 쓰고, 답을 구하세요.

$$8-3-\square<3$$

풀이

답

발전 **3-3** 1부터 9까지의 수 중에서 □ **안에 공통으로 들어갈 수 있는 수**를 모두 구하려고 합니다. 풀이 과정을 쓰고, 답을 구하세요.

$$10-5>\square \qquad 2+3+\square<8$$

1단계 $10-5>\square$에 들어갈 수 있는 수 구하기

2단계 $2+3+\square<8$에 들어갈 수 있는 수 구하기

3단계 □ 안에 공통으로 들어갈 수 있는 수 모두 구하기

답

1 경미와 수지가 모은 붙임딱지 수를 모양에 따라 나타내었습니다. **붙임딱지를 더 많이 모은 사람**은 누구인지 풀이 과정을 쓰고, 답을 구하세요.

모양	■	△	○
경미	5장	1장	1장
수지	4장	2장	3장

풀이

답

2 **계산 결과가 작은 것부터 차례로 기호를** 쓰려고 합니다. 풀이 과정을 쓰고, 답을 구하세요.

㉠ $3+2+3$
㉡ $9-1-4$
㉢ $6+1+2$

풀이

답

3 **㉠과 ㉡의 차**를 구하려고 합니다. 풀이 과정을 쓰고, 답을 구하세요.

$4+㉠=10$　　$㉡-3=7$

풀이

답

4 **□ 안에 알맞은 수가 가장 작은 것을 찾아 기호**를 쓰려고 합니다. 풀이 과정을 쓰고, 답을 구하세요.

㉠ $\square+8=10$
㉡ $10-\square=5$
㉢ $7+\square=10$

풀이

답

정답 52쪽

5

□ **안에 알맞은 수가 큰 것부터 차례로 기호**를 쓰려고 합니다. 풀이 과정을 쓰고, 답을 구하세요.

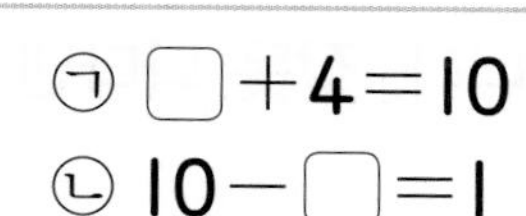

㉠ $\square+4=10$
㉡ $10-\square=1$
㉢ $3+\square=10$

풀이

답

6

1부터 9까지의 수 중에서 □ **안에 들어갈 수 있는 가장 작은 수**를 구하려고 합니다. 풀이 과정을 쓰고, 답을 구하세요.

$10-\square<4$

풀이

답

7

1부터 9까지의 수 중에서 □ **안에 들어갈 수 있는 수**를 모두 구하려고 합니다. 풀이 과정을 쓰고, 답을 구하세요.

$9-3-\square>3$

풀이

답

8

1부터 9까지의 수 중에서 □ **안에 공통으로 들어갈 수 있는 수**를 모두 구하려고 합니다. 풀이 과정을 쓰고, 답을 구하세요.

$4+2+\square<9$　　$7-1-2>\square$

풀이

답

조건에 알맞은 모양 찾기

1 설명을 읽고 몸으로 모양을 나타내려고 합니다. **잘못 나타낸 사람**은 누구인지 풀이 과정을 쓰고, 답을 구하세요.

- 뾰족한 부분이 있습니다.
- 곧은 선이 있습니다.

조건 정리
- 뾰족한 부분이 (있습니다 , 없습니다).
- 곧은 선이 (있습니다 , 없습니다).

풀이

❶ 설명하는 모양 알아보기

뾰족한 부분이 있는 모양은 (■ , ▲ , ●) 모양입니다.

곧은 선이 있는 모양은 (■ , ▲ , ●) 모양입니다.

❷ 세 사람이 몸으로 만든 모양 알아보기

현우가 만든 모양은 (■ , ▲ , ●) 모양입니다.

준호가 만든 모양은 (■ , ▲ , ●) 모양입니다.

연서가 만든 모양은 (■ , ▲ , ●) 모양입니다.

❸ 잘못 나타낸 사람 찾기

설명을 나타낸 모양은 (■ , ▲ , ●) 모양이므로 잘못 나타낸 사람은 [ ] 입니다.

답 [ ]

정답 54쪽

유사 **1-1** 통조림을 **종이 위에 대고 그릴 때 나오는 모양의 표지판**을 찾아 기호를 쓰려고 합니다. 풀이 과정을 쓰고, 답을 구하세요.

풀이

답

발전 **1-2** **뾰족한 부분이 4군데인 모양은 모두 몇 개**인지 풀이 과정을 쓰고, 답을 구하세요.

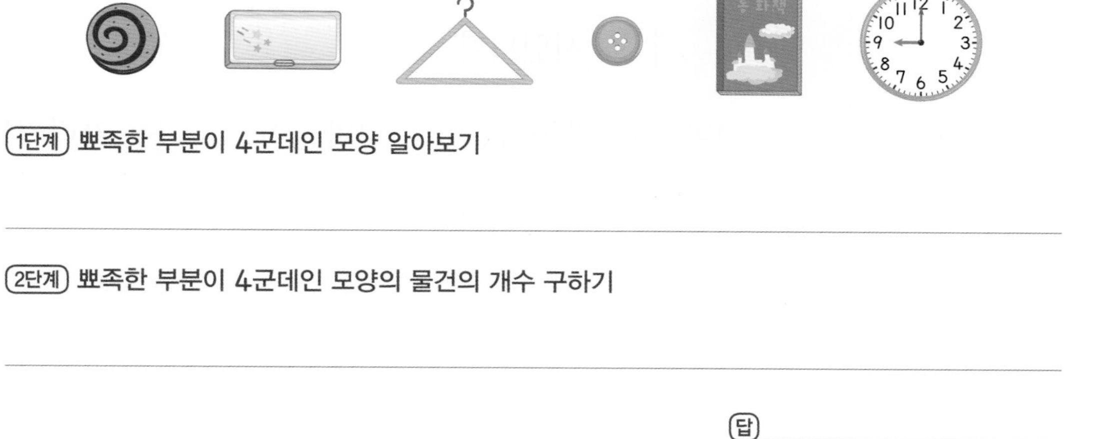

1단계 뾰족한 부분이 4군데인 모양 알아보기

2단계 뾰족한 부분이 4군데인 모양의 물건의 개수 구하기

답

발전 **1-3** 왼쪽 상자에 **물감을 묻혀 찍었을 때 나올 수 없는 모양의 물건**을 찾아 기호를 쓰려고 합니다. 풀이 과정을 쓰고, 답을 구하세요.

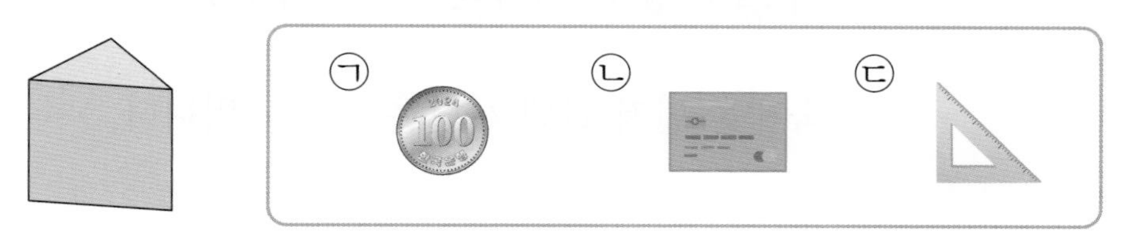

1단계 상자에 물감을 묻혀 찍었을 때 나올 수 있는 모양 알아보기

2단계 상자에 물감을 묻혀 찍었을 때 나올 수 없는 모양의 물건의 기호 쓰기

답

3 단원

시각의 순서 알기

2 오늘 저녁에 숙제를 끝낸 시각을 나타낸 것입니다. **숙제를 먼저 끝낸 사람은 누구인지** 풀이 과정을 쓰고, 답을 구하세요.

미리 성우

풀이 ❶ 숙제를 끝낸 시각 각각 구하기

미리: 짧은바늘이 ☐, 긴바늘이 ☐를 가리키므로

☐시입니다.

성우: 짧은바늘이 ☐, 긴바늘이 ☐를 가리키므로

☐시입니다.

❷ 숙제를 먼저 끝낸 사람 구하기

이 중 더 빠른 시각은 ☐시이므로

숙제를 먼저 끝낸 사람은 ☐입니다.

■시에서 ■가 작을수록 빠른 시각이야.

답 ☐

유사 **2-1** 오늘 낮에 수영을 끝낸 시각을 나타낸 것입니다. **수영을 먼저 끝낸 사람**은 누구인지 풀이 과정을 쓰고, 답을 구하세요.

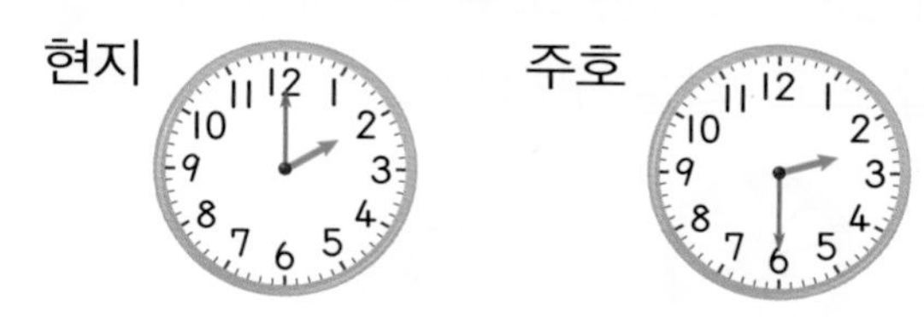

풀이

답

발전 **2-2** 찬율이가 일요일 낮 동안에 한 일입니다. 찬율이가 **가장 먼저 한 일**은 무엇인지 풀이 과정을 쓰고, 답을 구하세요.

피아노 치기

줄넘기

1단계 각각의 시각 구하기

2단계 가장 먼저 한 일 구하기

답

발전 **2-3** 태욱이 친구들이 오늘 저녁에 식사를 끝낸 시각을 나타낸 것입니다. **시각이 늦은 것부터 차례로 기호**를 쓰려고 합니다. 풀이 과정을 쓰고, 답을 구하세요.

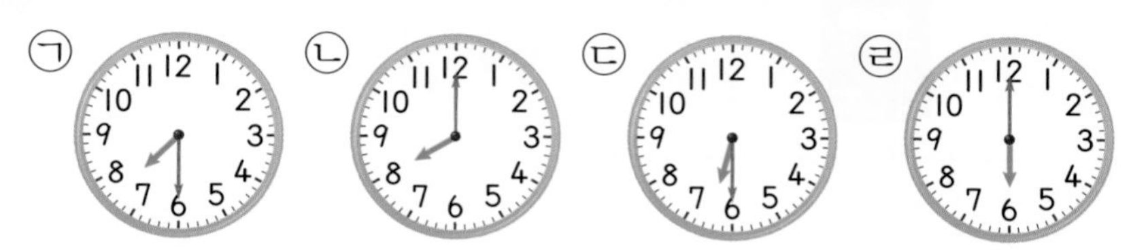

1단계 각각의 시각 구하기

2단계 시각이 늦은 것부터 차례로 기호 쓰기

답

3 단원

1 **뾰족한 부분이 없는 모양은 모두 몇** 개인지 풀이 과정을 쓰고, 답을 구하세요.

풀이

답

2 **설명하는 모양의 물건은 모두 몇** 개인지 풀이 과정을 쓰고, 답을 구하세요.

- 곧은 선이 있습니다.
- 뾰족한 부분이 3군데입니다.

풀이

답

3 다음 물건을 **찰흙 위에 찍었을 때 나올 수 없는 모양**은 ■, ▲, ● 모양 중 어느 것인지 풀이 과정을 쓰고, 답을 구하세요.

도시락통 꽃병 동전 북 책

풀이

답 (■ , ▲ , ●) 모양

4 왼쪽 물건에 **물감을 묻혀 찍었을 때 나올 수 없는 모양의 물건**을 찾아 기호를 쓰려고 합니다. 풀이 과정을 쓰고, 답을 구하세요.

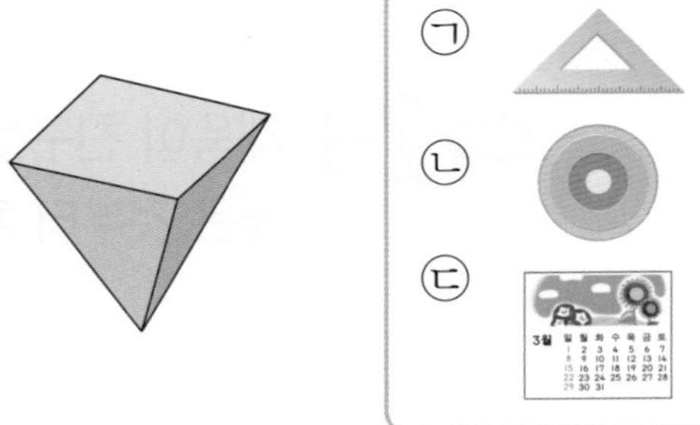

풀이

답

5 토요일 낮에 달리기를 시작한 시각을 나타낸 것입니다. **달리기를 먼저 시작한 사람**은 누구인지 풀이 과정을 쓰고, 답을 구하세요.

승주

재하

풀이

답

6 낮에 놀이터에 온 시각을 나타낸 것입니다. **가장 먼저 놀이터에 온 사람**은 누구인지 풀이 과정을 쓰고, 답을 구하세요.

은채

준우

경호

풀이

답

7 유찬이가 학교 수업을 마치고 한 일입니다. 유찬이가 **가장 늦게 한 일**은 무엇인지 풀이 과정을 쓰고, 답을 구하세요.

간식 먹기

그림 그리기

학원 가기

풀이

답

3 단원

8 잠자리에 든 시각을 나타낸 것입니다. **가장 늦게 잠자리에 든 날**을 구하려고 합니다. 풀이 과정을 쓰고, 답을 구하세요.

3일

4일

5일

6일

풀이

답

계산 결과가 ■인 식 찾기

1 **계산 결과가 12인 식은 모두 몇 개**인지 구하려고 합니다. 풀이 과정을 쓰고, 답을 구하세요.

7+5　　3+9　　5+6

조건 정리

• 덧셈식: 7+□, 3+□, □+6

• 찾는 계산 결과: □

풀이

❶ 덧셈식 계산하기

7+5=□

2　□

3+9=□

2　□

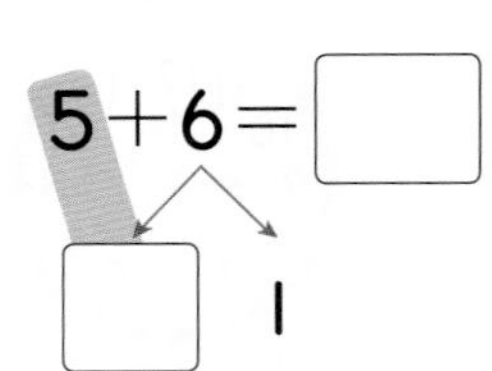

■와 ●의 덧셈은 10을 만들기 위해 ■나 ●를 가르기해.

❷ 계산 결과가 12인 식의 개수 구하기

계산 결과가 12인 식은

□+□, □+□이므로 모두 □개입니다.

답 □개

정답 56쪽

유사 **1-1** **계산 결과가 7인 식은 모두 몇 개**인지 구하려고 합니다. 풀이 과정을 쓰고, 답을 구하세요.

14－5	13－6	15－8

풀이

답

발전 **1-2** **계산 결과가 다른 식을 말한 한 사람**은 누구인지 풀이 과정을 쓰고, 답을 구하세요.

1단계 덧셈식 계산하기

2단계 계산 결과가 다른 식을 말한 사람 구하기

답

발전 **1-3** **계산 결과가 가장 큰 것의 기호**를 쓰려고 합니다. 풀이 과정을 쓰고, 답을 구하세요.

㉠ 16－8	㉡ 12－5	㉢ 15－9	㉣ 11－7

1단계 각각 계산하기

2단계 계산 결과가 가장 큰 것의 기호 쓰기

답

4 단원

두 수를 골라 식 만들기

2 색이 다른 수 카드를 각각 한 장씩 골라 **차가 가장 작은 뺄셈식**을 만들려고 합니다. 풀이 과정을 쓰고, 답을 구하세요.

13 15 7 9

조건 정리
- 보라색 카드의 수: 13, □
- 노란색 카드의 수: □, 9
- 구하려는 식: 차가 가장 (큰 , 작은) 뺄셈식

풀이

❶ 차가 가장 작은 뺄셈식 만드는 방법 알기

차가 가장 작은 뺄셈식을 만들려면 보라색 카드에서 더 (큰 , 작은) 수를 고르고, 노란색 카드에서 더 (큰 , 작은) 수를 골라야 합니다.

❷ 차가 가장 작은 뺄셈식 만들기

보라색 카드에서 더 (큰 , 작은) 수는 □이고,

노란색 카드에서 더 (큰 , 작은) 수는 □입니다.

따라서 차가 가장 작은 뺄셈식은 □ − □ = □입니다.

답 □ − □ = □

유사 **2-1** 두 상자에서 수를 각각 하나씩 골라 **차가 가장 큰 뺄셈식**을 만들려고 합니다. 풀이 과정을 쓰고, 답을 구하세요.

11 14	8 6

풀이

답

발전 **2-2** 3개의 공 중에서 2개를 골라 합이 가장 큰 덧셈식을 만들려고 합니다. 가와 나 중 **계산 결과가 더 큰 것**은 어느 것인지 풀이 과정을 쓰고, 답을 구하세요.

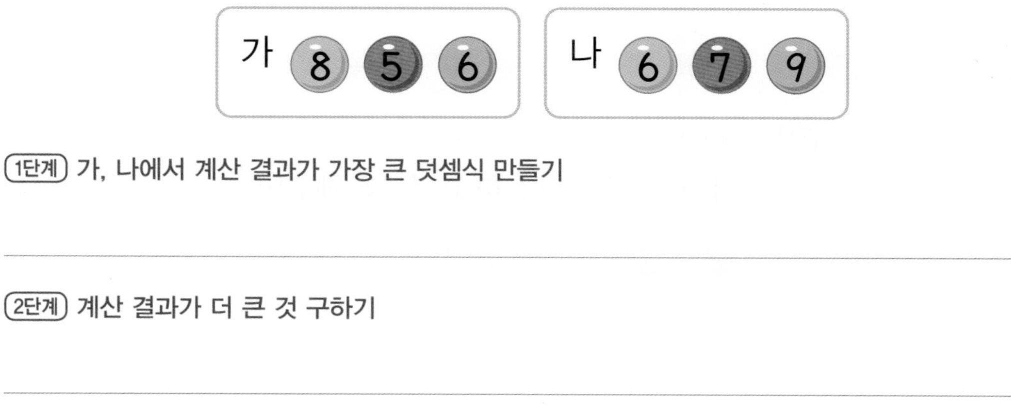

1단계 가, 나에서 계산 결과가 가장 큰 덧셈식 만들기

2단계 계산 결과가 더 큰 것 구하기

답

발전 **2-3** 연서는 수 카드 2장의 합을 현우보다 크게 하려고 합니다. 연서는 상자에 있는 수 카드 중 **어떤 수 카드를 선택**해야 하는지 풀이 과정을 쓰고, 답을 구하세요.

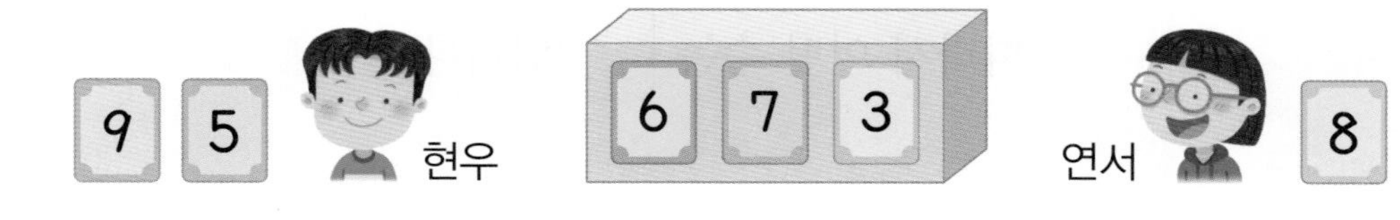

1단계 현우의 두 수의 합 구하기

2단계 연서가 선택해야 할 수 카드 구하기

답

4 단원

⊙ 어떤 수 구하기

3 어떤 수에 3을 더했더니 12가 되었습니다. **어떤 수는 얼마**인지 풀이 과정을 쓰고, 답을 구하세요.

조건 정리

- 어떤 수에 더한 수: □
- 계산 결과: □

풀이

❶ 어떤 수 구하는 식 세우기

어떤 수를 ■라 하고 식을 세우면

■+3=□ 입니다.

어떤 수를 ■라 하여 나타낸 식이 꼭 포함되도록 풀이를 써야 해.

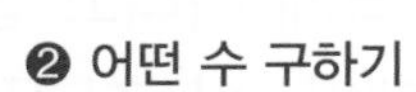

❷ 어떤 수 구하기

■+3=□ 에서 □+3=12이므로 ■=□ 입니다.

따라서 어떤 수는 □ 입니다.

답 □

유사 **3-1** 다음을 보고 **어떤 수는 얼마**인지 풀이 과정을 쓰고, 답을 구하세요.

어떤 수에 8을 더했더니 17이 되었습니다.

풀이

답

발전 **3-2** 어떤 수에서 4를 빼야 하는데 잘못하여 4를 더했더니 11이 되었습니다. **바르게 계산하면 얼마**인지 풀이 과정을 쓰고, 답을 구하세요.

1단계 어떤 수 구하기

2단계 바르게 계산한 값 구하기

답

발전 **3-3** 어떤 수에 5를 더해야 하는데 잘못하여 5를 뺐더니 3이 되었습니다. **바르게 계산하면 얼마**인지 풀이 과정을 쓰고, 답을 구하세요.

1단계 어떤 수 구하기

2단계 바르게 계산한 값 구하기

답

1 **계산 결과가 6인 식은 모두 몇 개**인지 구하려고 합니다. 풀이 과정을 쓰고, 답을 구하세요.

16－9　　12－6　　14－7

풀이

답

2 **계산 결과가 가장 큰 것의 기호**를 쓰려고 합니다. 풀이 과정을 쓰고, 답을 구하세요.

㉠ 8＋5　　㉡ 7＋7
㉢ 4＋8　　㉣ 6＋9

풀이

답

3 3, 5, 8, 6 중 2장을 뽑아 덧셈식을 만들 때, **합이 가장 클 때의 합**을 구하려고 합니다. 풀이 과정을 쓰고, 답을 구하세요.

풀이

답

4 3장의 수 카드 중에서 2장을 꺼내어 합이 가장 작은 덧셈식을 만들려고 합니다. 가와 나 중 **계산 결과가 더 작은 것**은 어느 것인지 풀이 과정을 쓰고, 답을 구하세요.

가

나

풀이

답

정답 57쪽

5 리아는 빨간색 카드 [7]과 [5]를, 파란색 카드 [9]를 가지고 있습니다. 빨간색 카드의 합보다 파란색 카드의 합을 더 작게 하려고 합니다. 리아는 다음 파란색 카드 중 **어떤 수를 뽑아야** 하는지 풀이 과정을 쓰고, 답을 구하세요.

[2] [8] [4]

풀이

답

6 다음을 보고 **어떤 수는 얼마**인지 풀이 과정을 쓰고, 답을 구하세요.

어떤 수에 6을 더했더니 14가 되었습니다.

풀이

답

7 어떤 수에서 6을 빼야 하는데 잘못하여 6을 더했더니 15가 되었습니다. **바르게 계산하면 얼마**인지 풀이 과정을 쓰고, 답을 구하세요.

풀이

답

8 어떤 수에 7을 더해야 하는데 잘못하여 7을 뺐더니 1이 되었습니다. **바르게 계산하면 얼마**인지 풀이 과정을 쓰고, 답을 구하세요.

풀이

답

수 배열에서 알맞은 수 구하기

1 규칙을 찾아 ㉠, ㉡에 **알맞은 수**는 얼마인지 풀이 과정을 쓰고, 답을 구하세요.

65 — 70 — 75 — ㉠ — 85 — ㉡

조건 정리

• 주어진 수 배열: 65 — 70 — □ — ㉠ — □ — ㉡

→ 65부터 시작하여 수가 (커집니다 , 작아집니다).

풀이

❶ 수의 규칙 찾기

주어진 수 65, 70, 75에서

□씩 커지는 규칙을 찾을 수 있습니다.

앞의 수에서 몇씩 뛰어 세면 뒤의 수가 되는지 알아봐.

❷ ㉠, ㉡에 알맞은 수 구하기

65부터 시작하여 □씩 커지는 규칙으로 수를 써 봅니다.

65 — 70 — 75 — □(㉠) — 85 — □(㉡)

따라서 ㉠에 알맞은 수는 □이고,

㉡에 알맞은 수는 □입니다.

답 ㉠ □, ㉡ □

유사 **1-1** ㉠에 알맞은 수를 구하려고 합니다. 풀이 과정을 쓰고, 답을 구하세요.

풀이

답

발전 **1-2** 찬영이와 준기는 같은 규칙에 따라 수를 배열하였습니다. ㉠, ㉡에 알맞은 수는 얼마인지 풀이 과정을 쓰고, 답을 구하세요.

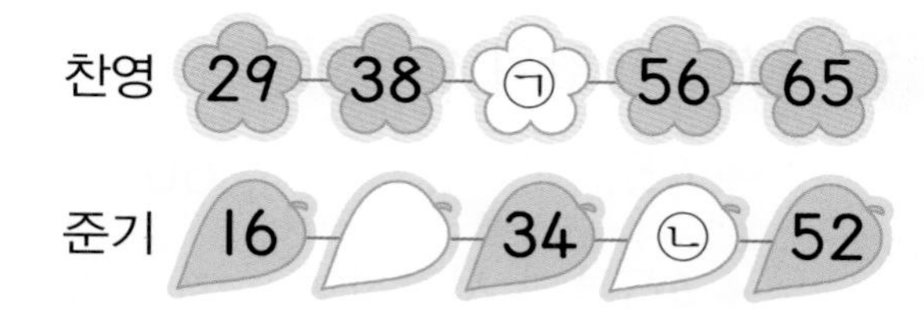

1단계 규칙 찾기

2단계 ㉠, ㉡에 알맞은 수 각각 구하기

답 ㉠: , ㉡:

발전 **1-3** 규칙에 따라 수를 써넣을 때 ㉠, ㉡에 알맞은 수가 더 큰 것의 기호를 쓰려고 합니다. 풀이 과정을 쓰고, 답을 구하세요.

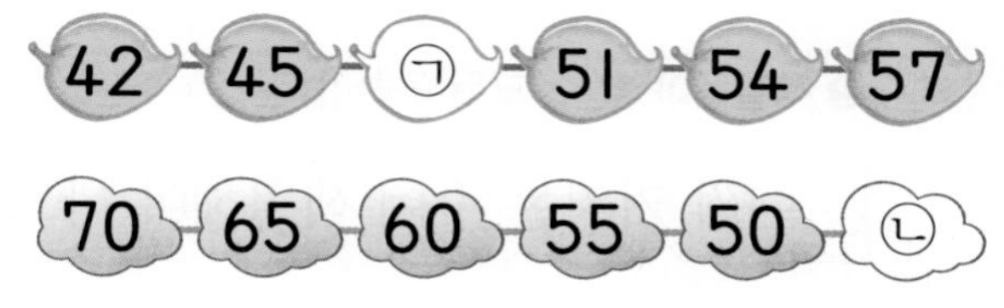

1단계 ㉠, ㉡에 알맞은 수 각각 구하기

2단계 수가 더 큰 것의 기호 쓰기

답

5 단원

⊙ 수 배열표에서 규칙 찾기

2 색칠한 수의 규칙에 따라 색칠하려고 합니다. 70 다음에 **색칠해야 할 수**를 모두 구하는 풀이 과정을 쓰고, 답을 구하세요.

41	42	43	44	45	46	47	48	49	50
51	52	53	54	55	56	57	58	59	60
61	62	63	64	65	66	67	68	69	70
71	72	73	74	75	76	77	78	79	80

조건 정리

• 색칠한 칸의 수 알아보기

→ 45, □, □, 60, □, 70

→ 45부터 시작하여 수가 (커집니다 , 작아집니다).

풀이

❶ 색칠한 수의 규칙 찾기

45　50　55　60　65　70

+□ +□ +□ +□ +□

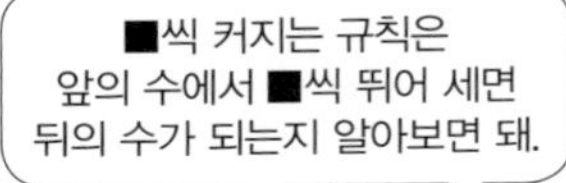

■씩 커지는 규칙은
앞의 수에서 ■씩 뛰어 세면
뒤의 수가 되는지 알아보면 돼.

색칠한 수의 규칙은

45부터 시작하여 □씩 커지는 규칙입니다.

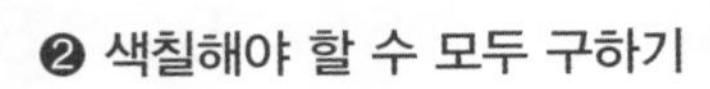

❷ 색칠해야 할 수 모두 구하기

□씩 커지는 수에 색칠해야 하므로 70 다음에 색칠해야 할 수는

□, □입니다.

답 □, □

정답 59쪽

유사 **2-1** 색칠한 수의 규칙에 따라 색칠하려고 합니다. 69 다음에 **색칠해야 할 수**를 모두 구하는 풀이 과정을 쓰고, 답을 구하세요.

51	52	53	54	55	56	57	58	59	60
61	62	63	64	65	66	67	68	69	70
71	72	73	74	75	76	77	78	79	80

풀이

답

발전 **2-2** 분홍색으로 색칠한 수의 규칙에 따라 보라색으로 색칠하려고 합니다. 24 다음에 **색칠해야 할 수**를 모두 구하는 풀이 과정을 쓰고, 답을 구하세요.

21	22	23	24	25	26	27	28	29	30
31	32	33	34	35	36	37	38	39	40
41	42	43	44	45	46	47	48	49	50

1단계 분홍색으로 색칠한 수의 규칙 찾기

2단계 색칠해야 할 수 모두 구하기

답

발전 **2-3** 71부터 시작하여 색칠한 수의 규칙과 같도록 20부터 빈칸에 수를 써넣으려고 합니다. **★에 알맞은 수**는 얼마인지 풀이 과정을 쓰고, 답을 구하세요.

71	72	73	74	75	76	77	78	79	80
81	82	83	84	85	86	87	88	89	90

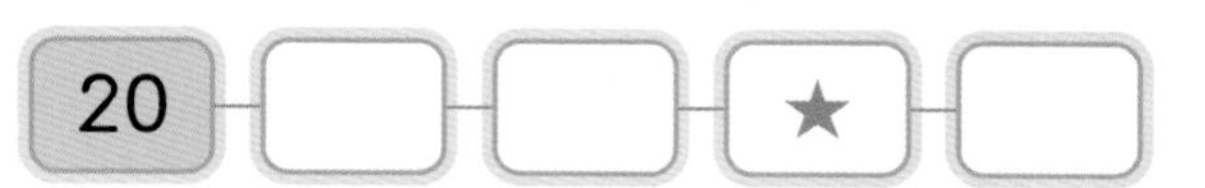

1단계 수 배열표에서 색칠한 수의 규칙 찾기

2단계 ★에 알맞은 수 구하기

답

규칙을 수나 모양으로 나타내기

3 규칙에 따라 ○, △를 **사용하여 바르게 나타낸 것의 기호**를 찾아 쓰려고 합니다. 풀이 과정을 쓰고, 답을 구하세요.

㉠ ○△△○△△○△△
㉡ ○△○△○△○△○
㉢ ○△○○△○○△○

풀이 ❶ 규칙 찾기

규칙을 찾으면  , ( , )가 반복됩니다.

❷ ○, △로 바르게 나타낸 것의 기호 찾기

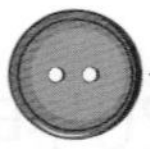

를 ○, 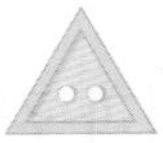 를 △로 하여 나타내면

☐ ☐ ☐ ☐ ☐ ☐ ☐ ☐ ☐ 입니다.

규칙에 따라 ○, △를 사용하여 바르게 나타낸 것의 기호를 찾으면 ☐ 입니다.

답 ☐

정답 59쪽

유사 3-1 〈보기〉의 **규칙을 5, 2로 바르게 말한 사람**은 누구인지 풀이 과정을 쓰고, 답을 구하세요.

〈보기〉

서아: 5 2 2 5 5 2 2 5
온유: 5 2 5 5 2 5 5 2

풀이

답

발전 3-2 규칙에 따라 ㉠**에 알맞은 수**를 구하려고 합니다. 풀이 과정을 쓰고, 답을 구하세요.

2	2	4	2			㉠	

1단계 규칙 찾기

2단계 ㉠에 알맞은 수 구하기

답

발전 3-3 ◀, ▷, ◀**가 반복되는 규칙으로 나타낼 수 있는 것의 기호**를 찾아 쓰려고 합니다. 풀이 과정을 쓰고, 답을 구하세요.

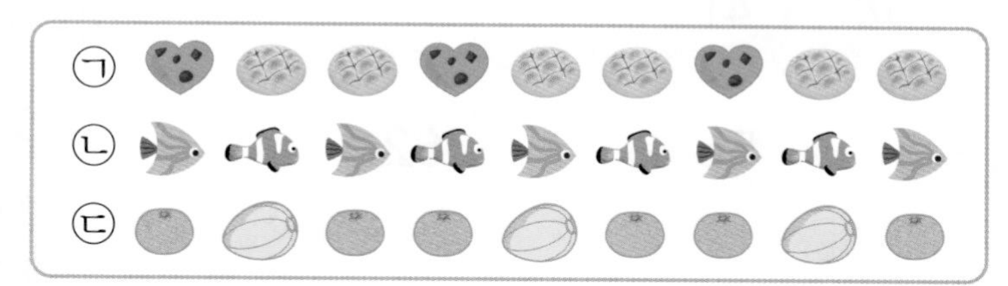

1단계 ◀, ▷로 나타내어 각각의 규칙 찾기

2단계 ◀, ▷, ◀가 반복되는 규칙으로 나타낼 수 있는 것의 기호 쓰기

답

1 ㉠에 **알맞은 수**를 구하려고 합니다. 풀이 과정을 쓰고, 답을 구하세요.

56 – 50 – 44 – 38 – ( ) – ㉠

풀이

답

2 같은 규칙에 따라 수를 배열하였습니다. ㉠, ㉡**에 알맞은 수**는 얼마인지 풀이 과정을 쓰고, 답을 구하세요.

35 – 38 – 41 – ㉠ – ( )

50 – ( ) – 56 – ㉡ – 62

풀이

답 ㉠: , ㉡:

3 규칙에 따라 수를 써넣을 때 ㉠, ㉡**에 알맞은 수가 더 큰 것의 기호**를 쓰려고 합니다. 풀이 과정을 쓰고, 답을 구하세요.

46 – 44 – 42 – 40 – ㉠ – 36

35 – 40 – 35 – ㉡ – 35 – 40

풀이

답

4 색칠한 수의 규칙에 따라 색칠하려고 합니다. 47 다음에 **색칠해야 할 수**를 모두 구하는 풀이 과정을 쓰고, 답을 구하세요.

31	32	33	34	35	36	37	38	39
40	41	42	43	44	45	46	47	48
49	50	51	52	53	54	55	56	57

풀이

답

5 노란색으로 색칠한 수의 규칙에 따라 61부터 초록색으로 색칠하려고 합니다. 61 다음에 **색칠해야 할 수**를 모두 구하는 풀이 과정을 쓰고, 답을 구하세요.

61	62	63	64	65	66	67	68	69	70
71	72	73	74	75	76	77	78	79	80
81	82	83	84	85	86	87	88	89	90

풀이

답

6 수 배열표에서 61부터 시작하여 색칠한 수의 규칙과 같도록 38부터 빈칸에 수를 써넣으려고 합니다. ㉠에 **알맞은 수**는 얼마인지 풀이 과정을 쓰고, 답을 구하세요.

61	63	65	67	69	71	73	75	77	79
81	83	85	87	89	91	93	95	97	99

풀이

답

7 규칙에 따라 ㉠에 **알맞은 수**를 구하려고 합니다. 풀이 과정을 쓰고, 답을 구하세요.

⚀	⚀	⚄		⚀			
1	1	5	1		5		㉠

풀이

답

8 ◎, ◯, ◯가 **반복되는 규칙으로 나타낼 수 있는 것의 기호**를 찾아 쓰려고 합니다. 풀이 과정을 쓰고, 답을 구하세요.

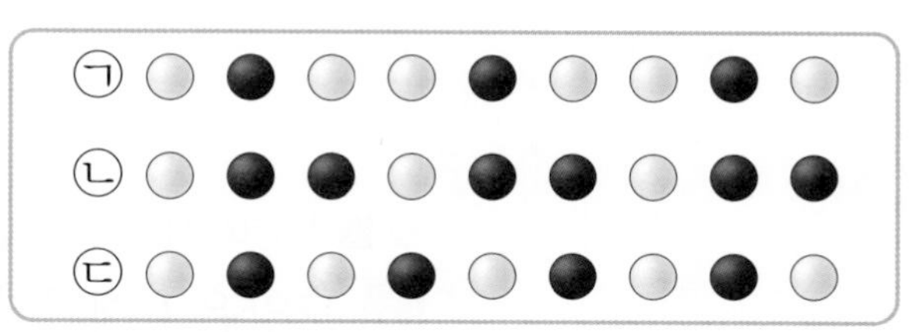

풀이

답

모양에 적힌 수의 계산

1 ■ **모양에 적힌 수의 합**을 구하려고 합니다. 풀이 과정을 쓰고, 답을 구하세요.

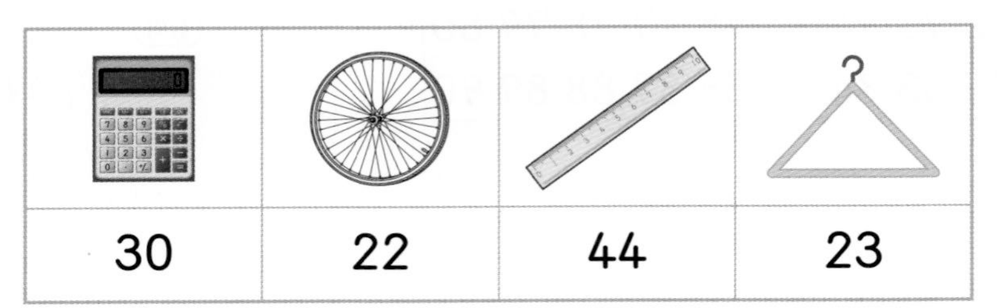

30	22	44	23

조건 정리

- 모양의 종류: ■, ▲, ●
- 구하려는 것: ■ 모양에 적힌 수의 (합 , 차)

풀이

❶ 물건의 모양 알아보기

계산기는 (■ , ▲ , ●) 모양,

바퀴는 (■ , ▲ , ●) 모양,

자는 (■ , ▲ , ●) 모양,

옷걸이는 (■ , ▲ , ●) 모양입니다.

❷ ■ 모양에 적힌 수의 합 구하기

■ 모양은 (계산기 , 바퀴 , 자 , 옷걸이)이므로

■ 모양에 적힌 수의 합은 ☐ + ☐ = ☐ 입니다.

답 ☐

유사 **1-1** ● **모양에 적힌 수의 차**는 얼마인지 풀이 과정을 쓰고, 답을 구하세요.

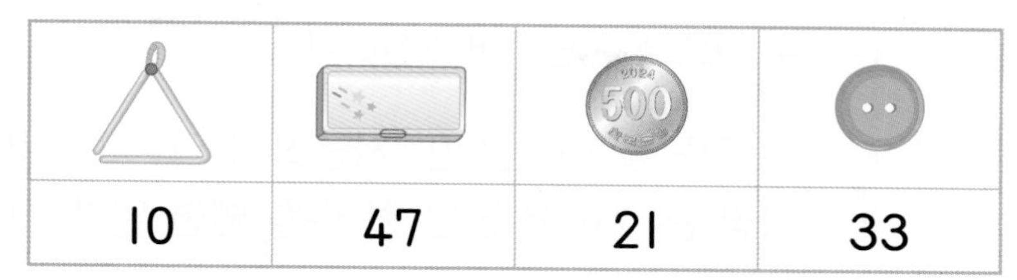

10	47	21	33

풀이

답

발전 **1-2** **같은 모양에 적힌 수의 합**은 얼마인지 풀이 과정을 쓰고, 답을 구하세요.

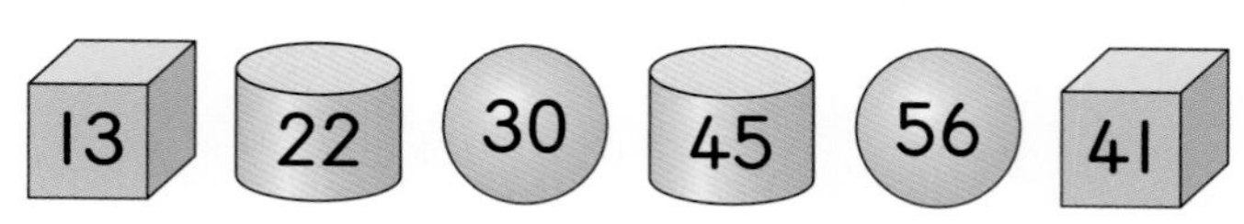

1단계 같은 모양에 적힌 수 각각 찾기

2단계 같은 모양에 적힌 수의 합 구하기

답 ■ 모양 : , ▮ 모양 : , ● 모양 :

발전 **1-3** **같은 모양에 적힌 수의 차**는 얼마인지 풀이 과정을 쓰고, 답을 구하세요.

㉠	㉡	㉢	㉣	㉤	㉥
56	37	44	20	31	16

1단계 같은 모양 찾기

2단계 같은 모양에 적힌 수의 차 구하기

답 ■ 모양 : , ▲ 모양 : , ● 모양 :

수 카드로 수 만들어 계산하기

2 수 카드를 한 번씩만 사용하여 가장 큰 몇십몇을 만들려고 합니다. 만든 **가장 큰 수에서 남은 한 수를 빼면 얼마인지** 풀이 과정을 쓰고, 답을 구하세요.

2 6 8

조건 정리

- 수 카드의 수: 2, ☐, 8
- 구하는 식: (가장 큰 수)−(남은 한 수)

풀이

❶ 수 카드로 만들 수 있는 가장 큰 수와 남은 한 수 구하기

수 카드의 크기를 비교하면

☐ > ☐ > ☐ 입니다.

수 카드의 크기를 비교한 후 가장 큰 수를 만들어 봐.

수 카드로 만들 수 있는 가장 큰 몇십몇은

10개씩 묶음의 수에 가장 (큰 , 작은) 수를,

낱개의 수에 두 번째로 (큰 , 작은) 수를 놓으면 됩니다.

가장 큰 몇십몇은 ☐ 이고, 남은 한 수는 ☐ 입니다.

❷ 가장 큰 수와 남은 한 수의 차 구하기

가장 큰 수에서 남은 한 수를 빼면

☐ − ☐ = ☐ 입니다.

답 ☐

유사 **2-1** 수 카드를 한 번씩만 사용하여 가장 큰 몇십몇을 만들려고 합니다. 만든 **가장 큰 수와 남은 한 수를 더하면 얼마인지** 풀이 과정을 쓰고, 답을 구하세요.

4 7 1

풀이

답

발전 **2-2** 수 카드를 모두 사용하여 덧셈식을 만들려고 합니다. 만들 수 있는 식 중 **합이 가장 작은 경우의 합**은 얼마인지 풀이 과정을 쓰고, 답을 구하세요.

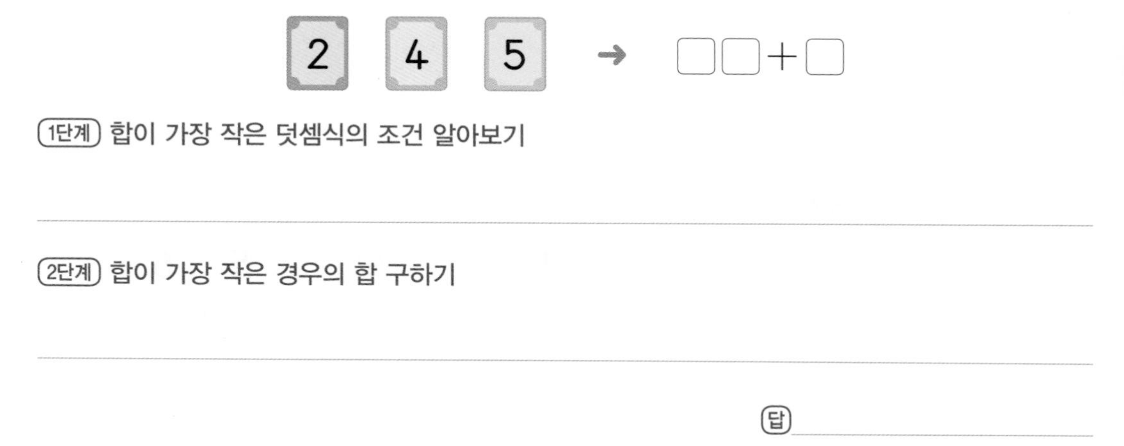

1단계 합이 가장 작은 덧셈식의 조건 알아보기

2단계 합이 가장 작은 경우의 합 구하기

답

발전 **2-3** 수 카드 중에서 2장을 골라 한 번씩만 사용하여 몇십몇을 만들려고 합니다. 만들 수 있는 **가장 큰 수와 가장 작은 수의 차**는 얼마인지 풀이 과정을 쓰고, 답을 구하세요.

1단계 만들 수 있는 가장 큰 수와 가장 작은 수 구하기

2단계 만들 수 있는 가장 큰 수와 가장 작은 수의 차 구하기

답

6 단원

계산 결과의 크기 비교하기

3 **계산 결과가 더 큰 것의 기호**를 찾아 쓰려고 합니다. 풀이 과정을 쓰고, 답을 구하세요.

㉠ 41+7　　㉡ 56−15

조건 정리
- 덧셈식: 41+□
- 뺄셈식: 56−□

풀이 ❶ 주어진 식 계산하기

㉠

	4	1
+		□
	□	□

㉡

	5	6
−	□	□
	□	□

10개씩 묶음의 수끼리, 낱개의 수끼리 계산해.

❷ 계산 결과가 더 큰 것의 기호 쓰기

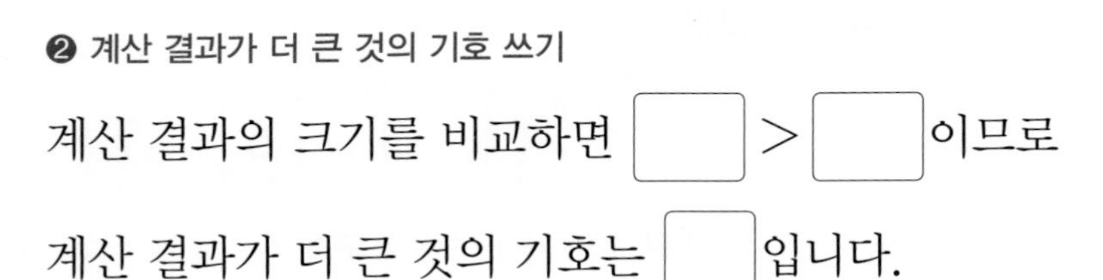

계산 결과의 크기를 비교하면 □ > □ 이므로

계산 결과가 더 큰 것의 기호는 □ 입니다.

답 □

유사 **3-1** **계산 결과가 더 작은 사람**의 이름을 쓰려고 합니다. 풀이 과정을 쓰고, 답을 구하세요.

희영: $47-11$ 준환: $15+23$

풀이

답

발전 **3-2** **계산 결과가 가장 큰 것의 기호**를 찾아 쓰려고 합니다. 풀이 과정을 쓰고, 답을 구하세요.

㉠ $45-2$ ㉡ $33+14$ ㉢ $50-20$

1단계 주어진 식 계산하기

2단계 계산 결과가 가장 큰 것의 기호 쓰기

답

발전 **3-3** **계산 결과가 큰 것부터 차례로 기호**를 쓰려고 합니다. 풀이 과정을 쓰고, 답을 구하세요.

㉠ $28+11$ ㉡ $49-13$ ㉢ $33+4$

1단계 주어진 식 계산하기

2단계 계산 결과가 큰 것부터 차례로 기호 쓰기

답

1 **같은 과일에 적힌 수의 합**을 구하려고 합니다. 풀이 과정을 쓰고, 답을 구하세요.

31 14 26 5 22 20

풀이

답 사과: , 귤: , 참외:

2 **같은 모양에 적힌 수의 합**을 구하려고 합니다. 풀이 과정을 쓰고, 답을 구하세요.

㉠	㉡	㉢
33	20	43
㉣	㉤	㉥
11	14	15

풀이

답 ■: , ▲: , ●:

3 수 카드를 한 번씩만 사용하여 가장 큰 몇십몇을 만들려고 합니다. 만든 **가장 큰 수와 남은 한 수를 더하면 얼마인지** 풀이 과정을 쓰고, 답을 구하세요.

3 2 

풀이

답

4 5, 6, 3 을 한 번씩 모두 사용하여 다음과 같은 덧셈식을 만들려고 합니다. **만들 수 있는 식 중 합이 가장 큰 경우의 합**은 얼마인지 풀이 과정을 쓰고, 답을 구하세요.

□□+□

풀이

답

5 수 카드 중에서 2장을 골라 한 번씩만 사용하여 몇십몇을 만들려고 합니다. 만들 수 있는 **가장 큰 수와 가장 작은 수의 차**는 얼마인지 풀이 과정을 쓰고, 답을 구하세요.

2  8 5  3

풀이

답

6 **계산 결과가 더 작은 사람**은 누구인지 풀이 과정을 쓰고, 답을 구하세요.

재이: $45-14$
정미: $25+12$

풀이

답

7 **계산 결과가 가장 큰 것의 기호**를 찾아 쓰려고 합니다. 풀이 과정을 쓰고, 답을 구하세요.

㉠ $60-40$
㉡ $36-23$
㉢ $24+3$

풀이

답

8 **계산 결과가 작은 것부터 차례로 기호**를 쓰려고 합니다. 풀이 과정을 쓰고, 답을 구하세요.

㉠ $23+16$
㉡ $49-2$
㉢ $10+20$

풀이

답

MEMO

큐브 유형

서술형 강화책 | 초등 수학 1·2

엄마표 학습 **큐브**

큡챌린지란?

큐브로 6주간 매주 자녀와
학습한 내용을 기록하고,
같은 목표를 가진 엄마들과 소통하며
함께 성장할 수 있는
엄마표 학습단입니다.

엄마표 학습, 큐브로 시작!

큡챌린지

수학은 큡

학습 태도 변화

학습단 참여 후 우리 아이는
"꾸준히 학습하는 습관이 잡혔어요."
"성취감이 높아졌어요."
"수학에 자신감이 생겼어요."

큡챌린지 이런 점이 좋아요

학습 지속률

10명 중 8.3명

학습 스케줄

매일 4쪽씩 학습!

항목	비율
주 5회 매일 4쪽	39%
주 5회 매일 2쪽	15%
1주에 한 단원 끝내기	17%
기타(개별 진도 등)	29%

6주 학습 완주자 →

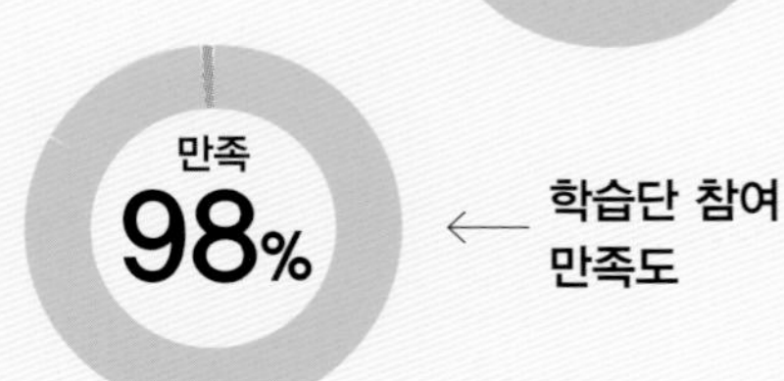

← 학습단 참여 만족도

학습 참여자 2명 중 1명은

6주 간 1권 끝!

큐브 유형

초등 수학

1·2

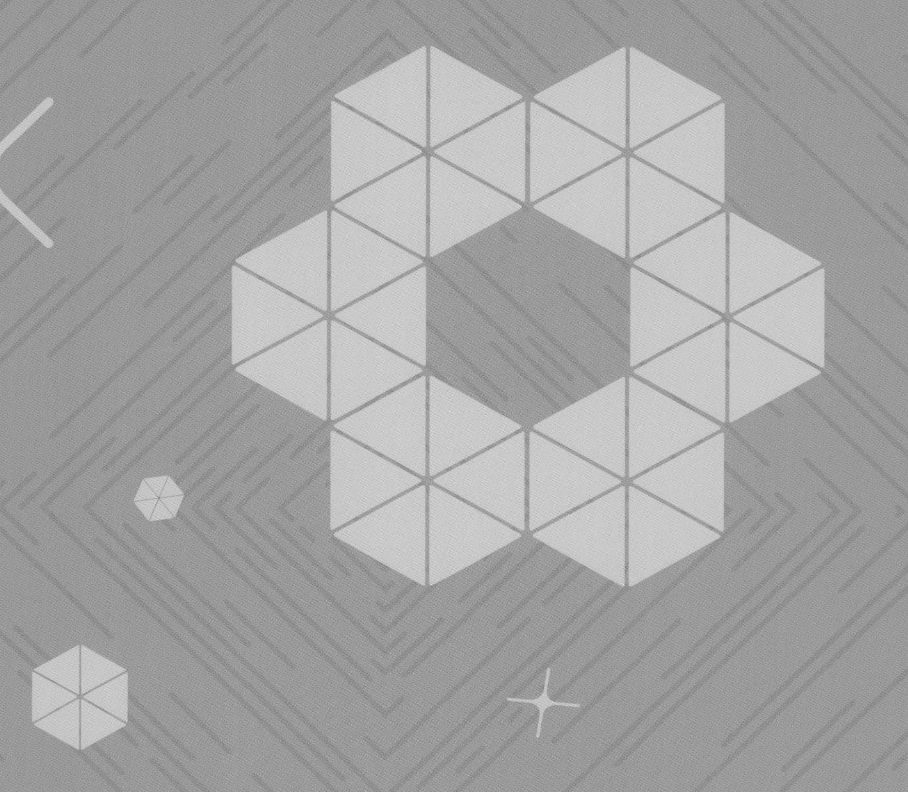

모바일 쉽고 편리한 빠른 정답

정답 및 풀이

동아출판

정답 및 풀이

차례

초등 수학 1·2

유형책	단원명		서술형 강화책
01~09쪽	1	100까지의 수	49~51쪽
09~15쪽	2	덧셈과 뺄셈(1)	51~53쪽
16~23쪽	3	모양과 시각	54~55쪽
23~32쪽	4	덧셈과 뺄셈(2)	56~58쪽
33~39쪽	5	규칙 찾기	58~60쪽
40~47쪽	6	덧셈과 뺄셈(3)	60~62쪽
47~48쪽	**1~6단원 총정리**		—

모바일 빠른 정답

QR코드를 찍으면 **정답 및 풀이**를 쉽고 빠르게 확인할 수 있습니다.

유형책 정답 및 풀이

모바일 빠른 정답
QR코드를 찍으면 정답 및 풀이를 쉽고 빠르게 확인할 수 있습니다.

1 100까지의 수

009쪽 1 STEP 개념 확인하기

01 70　　02 90
03 6, 3 / 63　　04 '육십'에 ○표
05 '여든'에 ○표　　06 '칠십사'에 ○표
07 90　　08 85
09 94　　10 7, 1
11 8, 9　　12 현지

01 10개씩 묶음의 수 뒤에 0을 붙입니다.

04 60 → 육십, 예순

05 80 → 팔십, 여든

06 74 → 칠십사, 일흔넷

08 팔십 오
8 5 → 85

09 아흔 넷
9 4 → 94

10 ■▲(몇십몇)에서 10개씩 묶음의 수는 ■, 낱개의 수는 ▲입니다.

12 70년은 칠십 년으로 읽습니다.

010쪽 2 STEP 유형 다잡기

01 6, 0, 60 / 풀이 6, 0
01 (1) 7 (2) 80　　02 90개
03 예

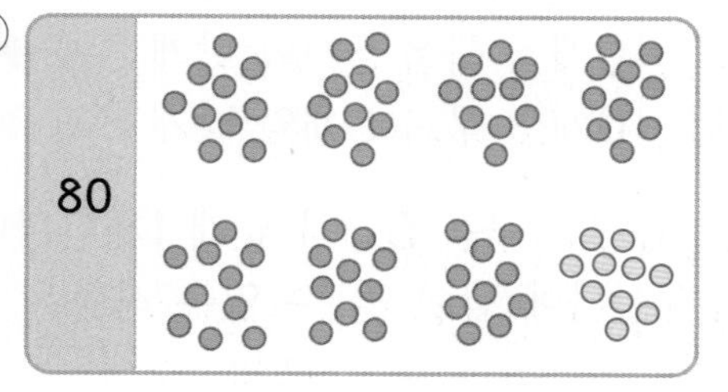

04 60개
02 ㉠ / 풀이 칠십
05

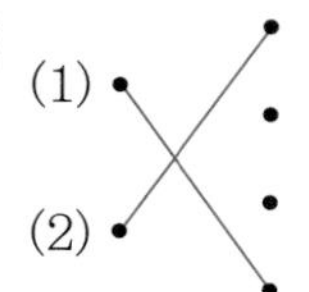

06 미나
03 90마리 / 풀이 9, 90
07 70개
08 6개
09 1단계 예 80은 10개씩 묶음 8개입니다. ▶ 2점
2단계 주어진 공은 10개씩 묶음 5개이므로 10개씩 묶음 3개가 더 있어야 합니다. ▶ 3점
답 3개

01 ■0 → 10개씩 묶음 ■개
(1) 70 → 10개씩 묶음 7개
(2) 10개씩 묶음 8개 → 80

02 10개씩 9봉지 → 10개씩 묶음 9개 → 90

03 80이므로 10개씩 묶음 8개가 되도록 ●를 10개 더 그립니다.

04 의자가 한 줄에 10개씩 6줄입니다.
10개씩 묶음 6개 → 60

05 (1) 10개씩 묶음 8개 → 80(팔십, 여든)
(2) 10개씩 묶음 6개 → 60(육십, 예순)

06 90은 구십 또는 아흔이라고 읽습니다.

07 탑을 7개 만들었다면 사용한 블록은 10개씩 묶음 7개이므로 모두 70개입니다.

08 한 상자에 초콜릿을 10개씩 담을 수 있습니다. 오른쪽 초콜릿은 10개씩 묶음 6개이므로 모두 담으려면 상자 6개가 필요합니다.

유형책 1 단원

012쪽 2STEP 유형 다잡기

04 (위에서부터) 81, 9 / 풀이 81, 9

10 예 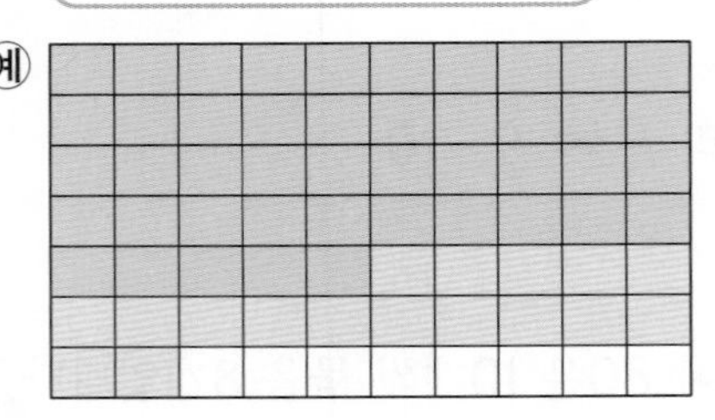 / 5, 6, 56

11 예

12 ㉠

13 예 고른 수 카드 5, 6
/ (위에서부터) 5, 6, 56 / 6, 5, 65

05 구십삼, 아흔셋 / 풀이 9, 3, 93, 아흔셋

14 65, '예순다섯'에 ○표

15 ④ 16 지나

06 ( )( )(×) / 풀이 70, 70, 90

17 1단계 예 ㉠ 여든둘 → 82, ㉡ 팔십오 → 85
㉢ 10개씩 묶음 8개와 낱개 2개인 수 → 82
▶ 3점
2단계 ㉠ 82, ㉡ 85, ㉢ 82이므로 나타내는 수가 다른 하나는 ㉡입니다. ▶ 2점
답 ㉡

18 주경, 66

10 10개씩 묶어 보면 10개씩 묶음 5개와 낱개 6개이므로 56입니다.

11 한 줄에 10칸입니다. 색칠된 칸이 6줄과 2칸이 되도록 빈칸을 더 색칠합니다.

12 ㉠ 방울토마토는 10개씩 묶음 7개와 낱개 7개입니다.

13 채점 가이드 수 카드 2장을 골라 수의 순서를 바꾸어 가며 서로 다른 몇십몇을 만들었는지 확인합니다.

14 색연필이 10개씩 묶음 6개와 낱개 5개입니다.
→ 65(육십오, 예순다섯)

15 ④ 73은 칠십삼 또는 일흔셋이라고 읽습니다.

16 • 세호: 육십칠 또는 예순일곱으로 읽습니다.
• 재영: 67은 10개씩 묶음 6개와 낱개 7개인 수입니다.

18 • 주경: 육십육 → 66
• 준호: 10개씩 묶음 9개와 낱개 6개인 수 → 96
• 리아: 아흔여섯 → 96
따라서 다른 수를 말한 사람은 주경이고, 말하는 수는 66입니다.

014쪽 2STEP 유형 다잡기

07 72개 / 풀이 7, 2, 72

19 58개, 63개 20 6상자

21 85살

08 75개 / 풀이 1, 7, 75

22 83개

23 1단계 예 낱개 32개는 10개씩 묶음 3개와 낱개 2개와 같습니다. ▶ 2점
2단계 10개씩 묶음 6개와 낱개 32개는 10개씩 묶음 9개와 낱개 2개와 같으므로 클립은 모두 92개입니다. ▶ 3점
답 92개

09 '팔십팔'에 ○표 / 풀이 팔십팔

24 도율 25 예 팔십육

10 60, 54 / 풀이 60, 54

26 지후

27 이야기 예 사랑 도서관은 공원로 육십삼에 있습니다.

19 • 사과: 10개씩 묶음 5개와 낱개 8개 → 58개
• 키위: 10개씩 묶음 6개와 낱개 3개 → 63개

20 61은 10개씩 묶음 6개와 낱개 1개입니다.
따라서 상자에 담아 팔 수 있는 사탕은 6상자입니다.

21 긴 초 8개는 80살, 짧은 초 5개는 5살을 나타내므로 할머니는 올해 85살입니다.

22 낱개 13개는 10개씩 묶음 1개와 낱개 3개와 같습니다.
연서가 딴 딸기: 10개씩 묶음 $7+1=8$(개)와 낱개 3개 → 83개

24 날수를 나타낼 때에는 90을 구십이라고 읽습니다. → 도율: 내 생일은 구십 일 남았어.

25 도넛이 10개씩 8판과 낱개 6개이므로 86개입니다.
86개는 '팔십육 개' 또는 '여든여섯 개'로 읽습니다.

26 윤서: 구십 년 → 육십 년

27 채점 가이드 그림에서 수를 찾아 이야기를 바르게 만들었으면 정답으로 인정합니다.

017쪽 1 STEP 개념 확인하기

01 80	02 90, 92
03 60	04 61
05 64	06 100, 백
07 '작습니다'에 ○표	
08 '큽니다'에 ○표	
09 81에 ○표	10 94에 ○표

11 예 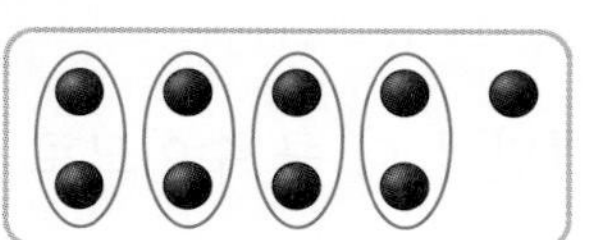 / '홀수'에 ○표

01 76부터 수를 순서대로 쓰면 76, 77, 78, 79, 80입니다.

02 88부터 수를 순서대로 쓰면 88, 89, 90, 91, 92입니다.

03 59보다 1만큼 더 큰 수는 59 바로 뒤의 수인 60입니다.

04 62보다 1만큼 더 작은 수는 62 바로 앞의 수인 61입니다.

05 63보다 1만큼 더 큰 수는 63 바로 뒤의 수인 64입니다.

06 99보다 1만큼 더 큰 수는 100이고 백이라고 읽습니다.

07 10개씩 묶음의 수가 다르면 10개씩 묶음의 수가 클수록 더 큰 수입니다.
$57 < 66$ → 57은 66보다 작습니다.
$5<6$

08 10개씩 묶음의 수가 같으므로 낱개의 수가 클수록 더 큰 수입니다.
$75 > 72$ → 75는 72보다 큽니다.
$5>2$

09 10개씩 묶음의 수를 비교하면 8은 6보다 큽니다.
→ 81은 69보다 큽니다.

10 10개씩 묶음의 수가 같으므로 낱개의 수를 비교하면 4는 2보다 큽니다.
→ 94는 92보다 큽니다.

11 9는 둘씩 짝을 지을 때 하나가 남는 수이므로 홀수입니다.

018쪽 2 STEP 유형 다잡기

11 71, 73 / 풀이 71, 73

01
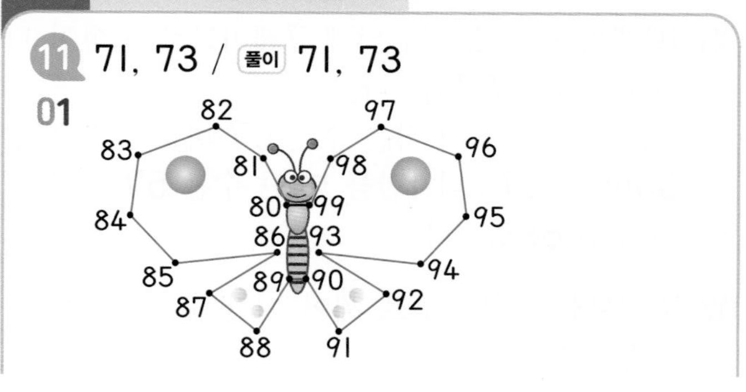

유형책 1 단원

02
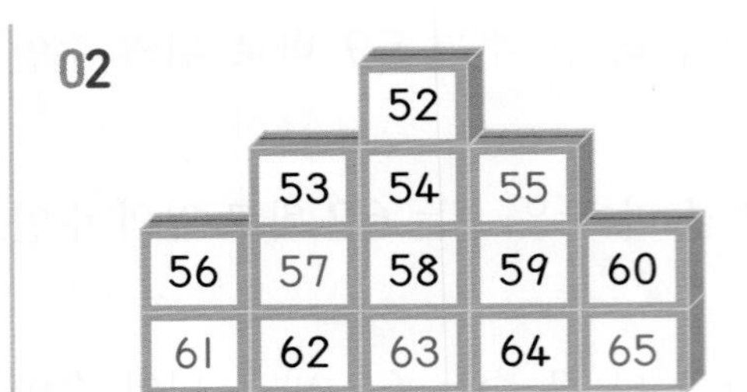

03 81

12 72, 74 / 풀이 72, 74

04 (1) (2)

05 66, 68

06 1단계 예 58보다 1만큼 더 작은 수는 58 바로 앞의 수이므로 57입니다. ▶ 3점
2단계 신호등에서 수가 1씩 작아지므로 58 다음에 나타날 수는 57입니다. ▶ 2점
답 57

13 79에 ○표 / 풀이 79

07 (위에서부터) 72, 69, 66, 64

08 준호

14 100 / 풀이 100

09 98, 100

01 80부터 99까지 수를 순서대로 이어 나비 그림을 완성합니다.

02 52부터 수를 위에서부터 순서대로 써넣습니다.

03 77, 78, 79, 80, 81, 82, 83이므로 ㉠에 알맞은 수는 81입니다.

04 (1) 79보다 1만큼 더 큰 수: 79 바로 뒤의 수 → 80
(2) 83보다 1만큼 더 작은 수: 83 바로 앞의 수 → 82

05 10개씩 묶음 6개와 낱개 7개이므로 모형이 나타내는 수는 67입니다.
67보다 1만큼 더 작은 수는 67 바로 앞의 수인 66이고, 67보다 1만큼 더 큰 수는 67 바로 뒤의 수인 68입니다.

07 73부터 수를 거꾸로 세어 빈칸에 순서대로 써넣습니다.

08 93부터 수를 거꾸로 쓴 것이므로
93, 92, 91, 90에서 빈칸에 알맞은 수는 91이고 91은 아흔하나로 읽습니다.

09 97보다 1만큼 더 큰 수는 98이고, 99보다 1만큼 더 큰 수는 100입니다.

020쪽 2STEP 유형 다잡기

10 1

15 87, 88 / 풀이 87, 88, 87, 88

11 1단계 예 57부터 62까지의 수를 순서대로 쓰면 57, 58, 59, 60, 61, 62입니다. ▶ 3점
2단계 따라서 57과 62 사이에 있는 수는 58, 59, 60, 61입니다. ▶ 2점
답 58, 59, 60, 61

12 3개

16 ㉢ / 풀이 59, 62

13
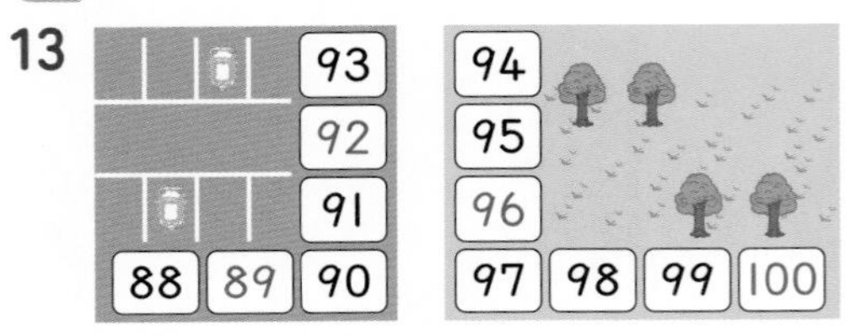

14 ③

17 >, '큽니다'에 ○표 / 풀이 '큰'에 ○표, >, '큽니다'에 ○표

15 64, <, 74

16 (○) (   )

17 (1) (2)

18 ㉡

19 68에 △표

10 100은 99보다 1만큼 더 큰 수이므로 1개 더 접어야 합니다.

12 ㉠ 일흔여덟 → 78, ㉡ 여든둘 → 82
78부터 82까지의 수를 순서대로 쓰면
78, 79, 80, 81, 82입니다.
따라서 ㉠과 ㉡ 사이에 있는 수는 79, 80, 81로 모두 3개입니다.

13 88부터 100까지의 수를 순서대로 씁니다.

14 74부터 79까지의 수를 순서대로 쓰면 74, 75, 76, 77, 78, 79이므로 빌려간 책의 번호는 75번, 76번, 77번, 78번입니다.
따라서 빌려간 책의 번호가 아닌 것은 73번입니다.

15 10개씩 묶음의 수를 비교하면 7은 6보다 큽니다.
➔ 64 < 74

16 아흔은 90, 육십이는 62입니다. 10개씩 묶음의 수를 비교하면 9는 6보다 크므로 더 큰 수는 아흔입니다.

17 (1) ■는 ▲보다 큽니다. ➔ ■ > ▲
(2) ■는 ▲보다 작습니다. ➔ ■ < ▲

18 ㉡ 10개씩 묶음의 수를 비교하면 8 > 7이므로 86은 79보다 큽니다.

19 10개씩 묶음의 수가 7보다 작은 수는 68입니다. 따라서 70보다 작은 수는 68입니다.

022쪽 2STEP 유형 다잡기

18 66, >, 65 / 풀이 '작은'에 ○표, >
20 (1) < (2) >
21 (1) 작습니다 (2) 큽니다
22 58
19 86, 54 / 풀이 86, 54
23 61에 △표
24 (2)(1)(3)
25 예 60, 57, 88, 61, 93, 75, 84, 68, 80, 59, 92, 79 (57, 84, 80에 색칠) / 84, 57
26 ㉢, ㉣, ㉡, ㉠
20 석규 / 풀이 <, 석규
27 주경
28 분홍색

29 1단계 예 10개씩 묶음의 수를 비교하면 87이 가장 작고, 96과 92의 낱개의 수를 비교하면 96이 가장 큽니다. ▶ 3점
2단계 96 > 92 > 87이므로 태호네 집에서 가장 먼 곳은 약국입니다. ▶ 2점
답 약국

20 10개씩 묶음의 수가 같으면 낱개의 수를 비교합니다.
(1) 72 < 74 (2 < 4)　(2) 96 > 93 (6 > 3)

21 (1) 8 < 9 ➔ 88은 89보다 작습니다.
(2) 7 > 2 ➔ 67은 62보다 큽니다.

22 • 60보다 1만큼 더 작은 수 → 59
• 57보다 1만큼 더 큰 수 → 58
➔ 59 > 58이므로 더 작은 수는 58입니다.

23 10개씩 묶음의 수가 같으므로 낱개의 수를 비교하면 1이 가장 작습니다.
➔ 가장 작은 수는 61입니다.

24 71, 79, 65의 10개씩 묶음의 수를 비교하면 7 > 6이므로 65가 가장 작습니다. 71과 79의 낱개의 수를 비교하면 1 < 9이므로 79가 71보다 큽니다.
따라서 79, 71, 65에 차례로 1, 2, 3을 씁니다.

25 채점 가이드 세 수를 골라 색칠하고 색칠한 세 수의 크기를 바르게 비교하였으면 정답으로 인정합니다.

26 ㉠ 91 ㉡ 85 ㉢ 59 ㉣ 70
10개씩 묶음의 수를 비교하면 59 < 70 < 85 < 91이므로 나타내는 수가 작은 것부터 차례로 기호를 쓰면 ㉢, ㉣, ㉡, ㉠입니다.

27 10개씩 묶음의 수가 8로 같으므로 낱개의 수를 비교하면 81 < 83입니다.
따라서 받은 행운권의 번호가 더 큰 사람은 주경입니다.

28 84, 74, 78의 10개씩 묶음의 수를 비교하면 74와 78이 84보다 작습니다. 74와 78의 낱개의 수를 비교하면 74가 78보다 작습니다.
따라서 가장 적은 색종이의 색깔은 74장인 분홍색입니다.

024쪽 2STEP 유형 다잡기

21 (○) / 풀이 61, 61, 72
( )

30 ㉡

31 1단계 빨간색 집게: 93개, 노란색 집게: 95개, 파란색 집게: 89개입니다. ▶ 2점
2단계 95>93>89이므로 가장 많이 있는 집게는 노란색입니다. ▶ 3점
답 노란색

22 66, 67, 68, 69 /
풀이 68, 69, 67, 66, 68, 69

32 87 88 (89) (90) (91) (92) 93

33 62, 60에 색칠 **34** ④

35 61, 73

23 0, 1, 2에 ○표 / 풀이 0, 1, 2

36 8, 9 **37** 4

24 67 / 풀이 6, 7, 67

38 98, 57

30 수로 나타내면 ㉠ 82, ㉡ 78, ㉢ 80입니다.
78<80<82이므로 나타내는 수가 가장 작은 것은 ㉡입니다.

32 • 88보다 큰 수: 89, 90, 91, 92, 93
• 93보다 작은 수: 92, 91, 90, 89, 88, 87
따라서 88보다 크고 93보다 작은 수는 89, 90, 91, 92입니다.

33 • 59보다 큰 수: 62, 60, 63
• 63보다 작은 수: 58, 62, 60
따라서 59보다 크고 63보다 작은 수는 62, 60입니다.

34 수로 나타내면
① 77 ② 74 ③ 78 ④ 87 ⑤ 75입니다.
87은 80보다 큰 수이므로 70보다 크고 80보다 작은 수가 아닌 것은 ④입니다.

35 68과 놓여져 있는 수의 크기를 각각 비교합니다.
68은 61보다 크고 73보다 작으므로 68 수 카드는 61과 73 수 카드 사이에 놓아야 합니다.

36 87<8□에서 10개씩 묶음의 수가 같고 7<□이므로 □ 안에 들어갈 수 있는 수는 8, 9입니다.

37 • 63<6□에서 10개씩 묶음의 수가 같고 3<□이므로 □ 안에 들어갈 수 있는 수는 4, 5, 6, 7, 8, 9입니다.
• 7□<75에서 10개씩 묶음의 수가 같고 □<5이므로 □ 안에 들어갈 수 있는 수는 0, 1, 2, 3, 4입니다.
따라서 □ 안에 공통으로 들어갈 수 있는 수는 4입니다.

38 10개씩 묶음의 수가 클수록 큰 수이므로 가장 큰 수를 만들려면 9>8>7>5에서 10개씩 묶음의 수로 9, 낱개의 수로 8을 놓습니다.
→ 가장 큰 수: 98
가장 작은 수를 만들려면 10개씩 묶음의 수로 5, 낱개의 수로 7을 놓습니다.
→ 가장 작은 수: 57

026쪽 2STEP 유형 다잡기

39 1단계 예 혜미: 8>6>3에서 10개씩 묶음의 수로 8, 낱개의 수로 6을 놓아 가장 큰 수인 86을 만듭니다.
지호: 9>7>1에서 10개씩 묶음의 수로 9, 낱개의 수로 7을 놓아 가장 큰 수인 97을 만듭니다. ▶ 3점
2단계 86<97이므로 수가 더 큰 사람은 지호입니다. ▶ 2점
답 지호

25 20, 짝수 / 풀이 20, 20, '짝수'에 ○표

40 홀수, 짝수, 홀수

41 20 5 13 16 4
2 10 9 11

42 2개 43 연서

26 5개 / 풀이 4, 6, 8, 4, 6, 8, 5

44 ○

45 '짝수'에 ○표, '홀수'에 ○표

27 69 / 풀이 68, 69, 70, 69

46 76, 78 47 88

40 둘씩 짝을 지을 때 남는 것이 없으면 짝수, 하나가 남으면 홀수입니다.
- 연필: 7개 ➔ 홀수
- 지우개: 6개 ➔ 짝수
- 가위: 3개 ➔ 홀수

41 낱개의 수가 0, 2, 4, 6, 8이면 짝수,
1, 3, 5, 7, 9이면 홀수입니다.
- 짝수: 20, 16, 4, 2, 10 ➔ 빨간색
- 홀수: 5, 13, 9, 11 ➔ 파란색

42 낱개의 수가 0, 2, 4, 6, 8이면 짝수입니다.
따라서 짝수는 6, 10으로 모두 2개입니다.

43 낱개의 수가 0, 2, 4, 6, 8이면 짝수,
1, 3, 5, 7, 9이면 홀수입니다.
규민: 14는 짝수입니다.
현우: 2, 18은 짝수입니다.

44 15보다 1만큼 더 큰 수는 16입니다.
16은 짝수이므로 미나의 말은 맞습니다.

45
- 도율이가 로봇을 사기 전: 둘씩 짝을 지을 때 남는 것이 없으므로 짝수입니다.
- 도율이가 로봇을 산 후: 둘씩 짝을 지을 때 로봇이 하나 남으므로 홀수입니다.

46 10개씩 묶음이 7개인 수 중 74보다 큰 수는 75, 76, 77, 78, 79입니다. 이 중 낱개의 수가 짝수인 수는 76, 78입니다.

47 80과 90 사이의 수 중 낱개의 수가 짝수인 수는 82, 84, 86, 88입니다.
이 중 10개씩 묶음의 수와 낱개의 수가 같은 수는 88입니다.

028쪽 3STEP 응용 해결하기

1 33개

2 7명

3
> ❶ 세 사람이 가지고 있는 딱지를 각각 수로 나타내기 ▶ 3점
> ❷ 가장 많이 가지고 있는 사람 구하기 ▶ 2점

예 ❶ 시원: 낱개 12장은 10장씩 묶음 1개와 낱개 2장이므로 72장, 희지: 80장보다 한 장 더 적은 79장, 정우: 75장보다 한 장 더 많은 76장입니다.
❷ 10개씩 묶음의 수가 모두 7로 같으므로 낱개의 수를 비교하면 9 > 6 > 2입니다.
따라서 딱지를 가장 많이 가지고 있는 사람은 희지입니다.
답 희지

4
> ❶ ㉠과 ㉡이 나타내는 수 구하기 ▶ 2점
> ❷ ㉠과 ㉡ 사이의 수 중 짝수는 몇 개인지 구하기 ▶ 3점

예 ❶ ㉠ 열셋보다 1만큼 더 큰 수는 14, ㉡ 스물하나보다 1만큼 더 작은 수는 20입니다.
❷ 14와 20 사이의 수는 15, 16, 17, 18, 19이고 이 중 짝수는 16, 18로 2개입니다.
답 2개

5 65, 75, 85

6 4개

7 (1) 9, 8, 7 (2) 동화책

8 (1) 7, 8, 9 (2) 78, 89 (3) 89

1 10개씩 봉지 7개에서 4개를 주었으므로 남은 자두는 10개씩 봉지 7−4=3(개)와 낱개 3개입니다.
따라서 남은 자두는 33개입니다.

2 수로 나타내면 예순여덟은 68, 일흔여섯은 76입니다.
68과 76 사이에 있는 수는 69, 70, 71, 72, 73, 74, 75로 7개입니다.
따라서 누리와 효민이 사이에 서 있는 사람은 모두 7명입니다.
주의 68과 76 사이에 있는 수에 68과 76은 포함하지 않습니다.

유형책 1단원

5 10개씩 묶음의 수가 5, 6, 7, 8인 수 중 낱개의 수가 5인 수는 55, 65, 75, 85입니다. 이 중에서 57보다 크고 86보다 작은 수는 65, 75, 85입니다.

6 수 카드로 만들 수 있는 75보다 큰 몇십몇은 7□, 8□입니다.
10개씩 묶음의 수가 7, 8인 몇십몇 중에서 75보다 큰 수를 구하면 78, 82, 85, 87로 모두 4개입니다.

7 (1) 각 책의 수의 10개씩 묶음의 수를 구하면 동화책: 9, 역사책: 6, 과학책: 8, 위인전: 7입니다. ➔ 9>8>7>6
(2) 가장 큰 수는 10개씩 묶음의 수가 가장 큰 9■이므로 가장 많은 책은 동화책입니다.

8 (1) 몇십몇 중에서 70보다 큰 수는 7□, 8□, 9□입니다.
(2) 낱개의 수는 10개씩 묶음의 수보다 1만큼 더 크므로 78, 89입니다.
(3) 78, 89 중에서 낱개의 수가 홀수인 것은 89입니다.

031쪽 1단원 마무리

01 80
02 (1)-(2)의 오른쪽, (2)-(1)의 오른쪽, (3)-(3)의 오른쪽 (선 잇기)
03 84
04 59, 62
05 >
06 ㉢
07 88, 90
08 12, 짝수
09 58송이
10 ㉡
11 8상자
12 96
13 79개
14
> ❶ 잘못된 것을 찾아 기호 쓰기 ▶ 2점
> ❷ 잘못된 이유를 바르게 설명하기 ▶ 3점

❶ ㉡
❷ 예 87은 여든일곱 또는 팔십칠로 읽어야 합니다.

15 채윤
16
> ❶ 여든셋을 수로 나타내기 ▶ 2점
> ❷ 77보다 크고 여든셋보다 작은 수는 모두 몇 개인지 구하기 ▶ 3점

예 ❶ 수로 나타내면 여든셋은 83입니다.
❷ 77보다 크고 83보다 작은 수는 78, 79, 80, 81, 82로 모두 5개입니다.
답 5개
17 78
18 3개
19
> ❶ 접은 종이배를 수로 나타내기 ▶ 2점
> ❷ 종이배를 가장 적게 접은 사람 구하기 ▶ 3점

예 ❶ 수로 나타내면 선희: 56개, 혜주: 73개, 찬우: 59개입니다.
❷ 10개씩 묶음의 수를 비교하면 73이 가장 크고, 56과 59의 낱개의 수를 비교하면 56이 59보다 작습니다.
따라서 종이배를 가장 적게 접은 사람은 56개를 접은 선희입니다.
답 선희
20 65

01 10개씩 묶음 8개 ➔ 80

02 (1) 칠십 ➔ 70
(2) 구십 ➔ 90
(3) 예순 ➔ 육십 ➔ 60

03 10개씩 묶음 8개와 낱개 4개 ➔ 84

04 60 바로 앞의 수는 59이고, 61 바로 뒤의 수는 62입니다.

05 10개씩 묶음의 수가 같으므로 낱개의 수를 비교합니다.
➔ 77 > 72
7>2

06 ㉢ 69는 육십구 또는 예순아홉이라고 읽습니다.

07 • 89보다 1만큼 더 작은 수: 89 바로 앞의 수
→ 88
• 89보다 1만큼 더 큰 수: 89 바로 뒤의 수
→ 90

08 복숭아는 12개이고, 둘씩 짝을 지으면 남는 것이 없으므로 12는 짝수입니다.

09 10송이씩 5묶음과 낱개 8송이 → 58송이

10 낱개의 수가 0, 2, 4, 6, 8이면 짝수, 1, 3, 5, 7, 9이면 홀수입니다.
㉠ 1은 홀수입니다.
㉢ 5, 13은 홀수입니다.

11 80은 10개씩 묶음 8개이므로 8상자를 사야 합니다.

12 90, 82, 96의 10개씩 묶음의 수를 비교하면 $9>8$이므로 90과 96이 82보다 큽니다.
90과 96의 낱개의 수를 비교하면 $6>0$이므로 96이 90보다 큽니다.
따라서 가장 큰 수는 96입니다.

13 10개씩 묶음 6개와 낱개 19개입니다.
낱개 19개는 10개씩 묶음 1개와 낱개 9개이므로 모형은 10개씩 묶음 7개와 낱개 9개입니다.
→ 79개

15 도영: 번호 56은 오십육이라고 읽습니다.

17 어떤 수보다 1만큼 더 큰 수가 80이므로 어떤 수는 80보다 1만큼 더 작은 수인 79입니다.
→ 79보다 1만큼 더 작은 수는 78입니다.

18 ㉠ 74보다 1만큼 더 큰 수는 75입니다.
㉡ 10개씩 묶음 7개와 낱개 9개인 수는 79입니다.
따라서 75와 79 사이에 있는 수는 76, 77, 78로 모두 3개입니다.

20 낱개의 수가 1, 3, 5, 7, 9이면 홀수이므로 낱개의 수 자리에 5를 놓습니다. 10개씩 묶음의 수가 작을수록 더 작은 수이므로 10개씩 묶음의 수 자리에 6을 놓습니다.
따라서 낱개의 수가 홀수인 가장 작은 수는 65입니다.

2 덧셈과 뺄셈(1)

037쪽 1STEP 개념 확인하기

01 ○
02 (위에서부터) 6, 6, 9 / 9
03 (위에서부터) 3, 3, 8 / 8
04 (위에서부터) 9 / 8, 8, 9
05 ×
06 (위에서부터) 3, 3, 1 / 1
07 (위에서부터) 2 / 5, 5, 2
08 (위에서부터) 4 / 6, 6, 4

01 초록색 블록 2개, 노란색 블록 3개, 빨간색 블록 2개를 더하는 식은 $2+3+2$입니다.

05 전체 구슬 8개에서 구슬 2개를 뺀 후 1개를 더 빼는 식은 $8-2-1$입니다.

유형책
2 단원

038쪽 2STEP 유형 다잡기

01 1, 4, 7 / 풀이 1, 4, 3, 7
01 9
02 6, 2, 8
03 (1) •—• (3번째)
(2) •—• (1번째)
(3) •—• (2번째)

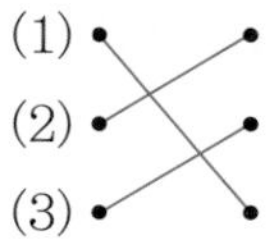

04 예 2, 4, 2, 8 / 예 5, 3, 1, 9
02 4, 3, 3, 4, 2 / 풀이 3, 4, 6, 4, 2
05 (1) 2 (2) 4
06 3
07 1단계 예 $5-2-1=3-1=2$ ▶ 2점
2단계 ㉠ $9-5-2=4-2=2$,
㉡ $6-4-1=2-1=1$
따라서 $5-2-1$과 계산 결과가 같은 것은 ㉠입니다. ▶ 3점
답 ㉠

08 1 09 지원
03 1, 4, 3, 8 / 풀이 1, 4, 5, 8
10 3, 2, 2(또는 2, 3, 2)

01 6에서 2만큼 더 간 후 다시 1만큼 더 가면 9입니다.
→ $6+2+1=9$

02 앞에서부터 두 수씩 순서대로 계산합니다.
→ $3+3+2=6+2=8$

03 (1) $2+2+4=4+4=8$
(2) $1+3+2=4+2=6$
(3) $4+2+1=6+1=7$

04 • 분홍색 풍선에 적힌 수: 2, 4, 2
→ $2+4+2=8$
• 연두색 풍선에 적힌 수: 5, 3, 1
→ $5+3+1=9$
참고 풍선에 적힌 수의 순서를 다르게 하여 여러 가지 덧셈식을 만들 수도 있습니다.
• 분홍색 풍선: $2+2+4=8$, $4+2+2=8$
• 연두색 풍선: $1+3+5=9$, $3+1+5=9$

05 (1) $5-1-2=4-2=2$
(2) $9-2-3=7-3=4$

06 $8-1-4=7-4=3$

08 $6>3>2$이므로 가장 큰 수는 6입니다.
→ $6-2-3=4-3=1$

09 세 수의 뺄셈은 앞에서부터 차례로 계산해야 합니다.
$7-3-1$에서 $7-3=4$를 먼저 계산하면 $4-1=3$이므로 바르게 계산한 사람은 지원입니다.

10 (먹고 남은 송편 수)
=(처음 있던 송편 수)−(내가 먹은 송편 수)
−(동생이 먹은 송편 수)
$=7-3-2=4-2=2$(개)

040쪽 2STEP 유형 다잡기

11 6골
12 3, 2, 3(또는 2, 3, 3)
13 1점, 3점 / 7점
04 1, 6(또는 6, 1) / 풀이 7, 7, 1, 6
14 예 4, 1
15 예

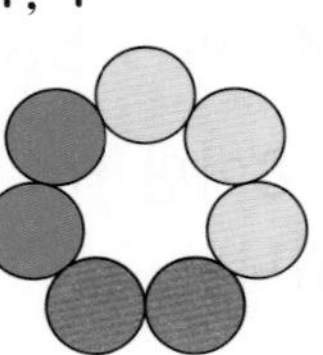

/ 2, 2, 3, 7
05 ㉠ / 풀이 6, 9, 5, 7, ㉠
16 (1) < (2) > (3) >
17 윤아
06 1, 2에 ○표 / 풀이 3, 3, 3
18 3개
19 1단계 예 7보다 크고 9보다 작은 수는 8입니다. ▶ 2점
2단계 $\square+5+1=\square+6$에서 $\square+6=8$이고 $2+6=8$이므로 $\square=2$입니다. ▶ 3점
답 2

11 1반이 2반, 3반, 4반과 각각 경기를 하여 넣은 골의 수를 모두 더합니다.
→ $2+1+3=6$(골)
주의 1반이 아닌 다른 반의 골 수를 더하지 않도록 주의합니다.

12 (남은 덩어리 수)
=(처음 있던 덩어리 수)
−(토끼를 만드는 데 사용한 덩어리 수)
−(강아지를 만드는 데 사용한 덩어리 수)
$=8-3-2=5-2=3$(덩어리)

13 파란색과 분홍색 콩 주머니는 3점, 초록색 콩 주머니는 1점인 곳에 놓여 있습니다.
→ (얻은 점수)$=3+1+3=4+3=7$(점)

14 8에서 순서대로 빼서 3이 되는 두 장의 수 카드의 수는 4와 1 또는 2와 3입니다.
따라서 만들 수 있는 뺄셈식은 $8-4-1=3$, $8-1-4=3$, $8-2-3=3$, $8-3-2=3$입니다.

15 (채점 가이드) 세 가지 색깔을 사용하여 팔찌를 색칠하고 색깔별로 세어서 합이 7이 되는 덧셈식을 만들었으면 정답으로 인정합니다.

16 (1) $1+3+4=4+4=8$, $5+2+2=7+2=9$ → $8<9$

(2) $6-1-1=5-1=4$, $8-2-3=6-3=3$ → $4>3$

(3) $4+2+1=6+1=7$, $9-1-4=8-4=4$ → $7>4$

17 $5-2-1=3-1=2$

→ 계산 결과는 3보다 작으므로 바르게 말한 사람은 윤아입니다.

18 $3+1+\square=4+\square$에서 $4+\square<8$입니다.

$4+\underline{1}=5$(○), $4+\underline{2}=6$(○),

$4+\underline{3}=7$(○), $4+4=8$(×)

→ □ 안에 들어갈 수 있는 수는 1, 2, 3으로 모두 3개입니다.

043쪽 1 STEP 개념 확인하기

01 9, 10 / 10
02 6, 7, 8 / 6
03 10
04 7
05 5
06 9
07 3
08 10, 16
09 10, 13
10 10, 18
11 10, 14

01 모형이 8개 하고 2개 더 있으므로 8부터 이어 세면 9, 10입니다.

→ $8+2=10$

02 모형 10개에서 4개를 지웠으므로 10부터 거꾸로 세어 보면 9, 8, 7, 6입니다.

→ $10-4=6$

03 7과 3을 더하면 10이 됩니다.

04 3과 더해서 10이 되는 수는 7입니다.

05 5와 더해서 10이 되는 수는 5입니다.

06 10에서 1을 빼면 9가 됩니다.

07 10에서 3을 빼면 7이 됩니다.

044쪽 2 STEP 유형 다잡기

07 10, 1, 10 / (풀이) 10, 10, 10, 1, 10

01 ( )(○)

02 (1단계) 예 ㉠ $6+4=10$, ㉡ $2+7=9$, ㉢ $1+9=10$ ▶ 3점

(2단계) $3+7=10$

→ 합이 같은 것의 기호: ㉠, ㉢ ▶ 2점

답 ㉠, ㉢

03

8+1	4+6	9+1	6+4	9+0
5+3	5+5	2+7	2+8	1+8
0+9	3+6	5+4	7+3	4+5
3+5	7+2	4+4	1+9	6+3

/ 7

08 2, 8, 10 / (풀이) 2, 8, 10

04 식 $5+5=10$ 답 10쪽

05 10명

09 8, 2(또는 2, 8) / (풀이) 6, 2, 8, 2, 8

06 예 / 4, 6

07 예 (2 8 1 / 4 3 9 / 5 4 6) / 예 $10=1+9$, $10=4+6$

10 4 / (풀이) 10, 10, 4

08

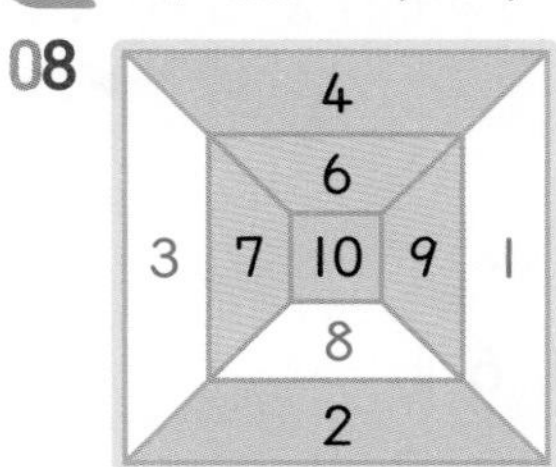

유형책 2 단원

01 $5+4=9(\times)$, $8+2=10(\bigcirc)$

03 덧셈식을 계산하여 10이 되는 칸을 모두 색칠합니다.
➔ 색칠한 부분은 '7'이 됩니다.

04 (어제와 오늘 읽은 동화책 쪽수)
=(어제 읽은 쪽수)+(오늘 읽은 쪽수)
$=5+5=10$(쪽)

05 (운동장에 있는 남학생 수)$=3+4=7$(명)
(운동장에 있는 학생 수)
=(여학생 수)+(남학생 수)
$=3+7=10$(명)

06 채점 가이드 두 가지 색깔을 사용하여 색칠하고 색깔별로 세어서 합이 10이 되는 덧셈식을 만들었으면 정답으로 인정합니다.

07 10이 되는 두 수를 찾아 묶고, 이를 이용하여 $10=\square+\square$의 덧셈식을 씁니다.
1과 9, 4와 6 ➔ $10=1+9$, $10=4+6$

08 파란색 부분과 분홍색 부분의 수를 더하여 연두색 부분의 수 10이 되도록 빈칸에 수를 써넣습니다.
➔ $3+7=10$, $2+8=10$, $1+9=10$

046쪽 2STEP 유형 다잡기

09 (1단계) 예 ㉠ $7+3=10 \rightarrow \square=7$
㉡ $5+5=10 \rightarrow \square=5$
㉢ $1+9=10 \rightarrow \square=9$ ▶ 3점
(2단계) $9>7>5$이므로 ㉢이 가장 큽니다.
▶ 2점

(답) ㉢

11 2개 / 풀이 10, 2, 2

10 7 **11** 6개

12 3, 7 / 풀이 10, 3, 7, 10, 3, 7

12 ㉡ **13** 4, 5

14

$10-1$	$10-9$
$10-7$	$10-8$

15 예 (하트 10개 중 2개 지움) / 2, 2, 8

13 6층 / 풀이 10, 4, 6

16 7장 **17** 10개

10 경주: 4와 더해서 10이 되는 수는 6입니다.
→ ㉠=6
현아: 9와 더해서 10이 되는 수는 1입니다.
→ ㉡=1
➔ ㉠+㉡$=6+1=7$

11 흰색 바둑돌의 수를 □개라 하면 $2+\square=10$입니다. 2와 더해서 10이 되는 수는 8이므로 $\square=8$입니다.
➔ 검은색 바둑돌과 흰색 바둑돌의 개수의 차:
$8-2=6$(개)

12 우유와 쿠키를 하나씩 짝 지으면 우유는 쿠키보다 6개 더 많습니다.
➔ $10-4=6$

13 $10-6=4$, $10-5=5$

14 $10-1=9$(파란색), $10-9=1$(초록색)
$10-7=3$(노란색), $10-8=2$(보라색)

15 ♥ 모양을 지우고 10에서 지운 수만큼 뺍니다.
채점 가이드 /으로 ♥ 모양을 지우고, 10에서 지운 ♥의 수만큼을 빼는 뺄셈식을 만들었으면 정답으로 인정합니다.

16 (경훈이가 가지고 있던 색종이 수)
$=8+2=10$(장)
(동생에게 주고 남은 색종이 수)
$=10-3=7$(장)

17 (남은 귤의 수)$=10-3=7$(개)
(남은 사과의 수)$=10-7=3$(개)
➔ (남은 귤과 사과의 수)$=7+3=10$(개)

048쪽 2STEP 유형 다잡기

14 예 , 5 / 풀이 5, 5

18 (　　) (○)

19 1단계 예 • ㉠−4=6 → ㉠=10
• 10−㉡=2 → ㉡=8 ▶ 3점
2단계 두 수의 차는 10−8=2입니다. ▶ 2점
답 2

15 4자루 / 풀이 10, 6, 4, 4

20 2장　　21 7명

16 [3] [7] [6], 16 /
풀이 3, 7(또는 7, 3), 6, 6, 16

22 (　　) (○) (○)

23 (1) 4, 13 (2) 2, 19

24 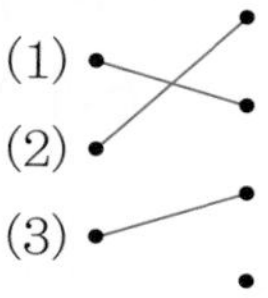　　25 ③

26 예  / 8, 2

18 10−□=4 → □=6
10−□=7 → □=3
➔ 6>3

20 사용한 도화지 수: □장
10−□=8 ➔ □=2이므로 사용한 도화지는 2장입니다.

21 (운동장에 있는 학생 수)
=(남학생 수)+(여학생 수)
=6+4=10(명)
교실로 들어간 학생 수: □명
10−□=3 ➔ □=7이므로 교실로 들어간 학생은 7명입니다.

22 5+5+2=10+2=12
7+9+1=7+10=17

23 (1) 6과 더해서 10이 되는 수는 4입니다.
➔ 6+4+3=10+3=13
(2) 8과 더해서 10이 되는 수는 2입니다.
➔ 9+2+8=9+10=19

24 (1) 1+9+3=10+3(=13)
(2) 4+6+6=10+6(=16)
(3) 4+2+8=4+10(=14)

25 1+□+□=11이므로 □+□=10이 되어야 합니다.
➔ 합이 10이 되는 두 수로 짝 지은 것은 ③입니다.

26 채점 가이드 합이 10개가 되도록 빈 접시에 ○를 그리고, 그린 ○의 수를 세어 □ 안에 알맞은 수를 써넣었으면 정답으로 인정합니다.

유형책
2 단원

050쪽 2STEP 유형 다잡기

17 10, 10 / 풀이 10, 10

27 (왼쪽에서부터) 7, 3 / 3, 7

28 9, 11 / 10, 11 / '같습니다'에 ○표

18 17개 / 풀이 7, 5, 5, 7, 10, 17

29 14

30 1단계 예 1모둠: 6+4+7=10+7=17(개)
2모둠: 8+3+7=8+10=18(개) ▶ 4점
2단계 17<18이므로 2모둠이 더 많이 넣었습니다. ▶ 1점
답 2모둠

19 19 / 풀이 9, 9, 19

31 4

32 1단계 예 어떤 수를 □라 하면 잘못 계산한 식은 □−4=6입니다.
10−4=6이므로 □=10입니다. ▶ 3점
2단계 바르게 계산한 값: 10+4=14 ▶ 2점
답 14

20 8, 2, 6에 ○표 / 풀이 8, 2(또는 2, 8), 8, 2(또는 2, 8), 6, 8, 2, 6

33 3　　34 예 4, 6, 9

27 • 3에 7을 더하면 10입니다.
7에 3을 더하면 10입니다.
• 10에서 3을 빼면 7입니다.
10에서 7을 빼면 3입니다.

28 세 수의 덧셈은 더하는 순서를 바꾸어도 결과는 같습니다.

29 (동화책 수)+(시집 수)+(위인전 수)
$=9+1+4=10+4=14$(권)

31 어떤 수를 □라 하면 잘못 계산한 식은 □$+3=10$입니다.
$7+3=10$이므로 □$=7$입니다.
→ 바르게 계산한 값: $7-3=4$

33 더해서 10이 되는 두 수는 7과 3입니다.
$7+3+$□$=15$이므로 $10+$□$=15$에서 □$=5$입니다.
→ 합이 15가 되는 세 수는 7, 3, 5이므로 가장 작은 수는 3입니다.

34 10과 9의 합이 19이므로 더해서 10이 되는 두 수를 찾으면 4와 6입니다.
→ $4+6+9=10+9=19$

052쪽 3STEP 응용 해결하기

1 현우 **2** 4

3
❶ 준서와 동생의 나이 구하기 ▶ 3점
❷ 세 사람의 나이의 합 구하기 ▶ 2점

예 ❶ (준서의 나이)$=9-3=6$(살)
(동생의 나이)$=6-2=4$(살)
❷ (세 사람의 나이의 합)
$=9+6+4=19$(살)
답 19살

4 예 1, 2, 4, 7

5
❶ 현지가 가지고 있는 과일의 수 구하기 ▶ 2점
❷ 민수가 가지고 있는 배의 수 구하기 ▶ 3점

예 ❶ (현지가 가지고 있는 과일의 수)
$=5+1+3=9$
❷ 민수가 가지고 있는 배의 수를 □라 하면
(민수가 가지고 있는 과일의 수)
$=3+$□$+4=9$입니다.
$7+$□$=9$에서 $7+2=9$이므로 □$=2$입니다. 따라서 민수가 가지고 있는 배는 2개입니다.
답 2개

6 2, 3

7 (1) 6, 7, 8, 9 (2) 1, 2, 3, 4, 5, 6 (3) 6

8 (1) 3 (2) 6 (3) 4

1 규민: $5+3+7=15$, 미나: $9+1+4=14$,
현우: $2+8+6=16$
$16>15>14$이므로 세 수의 합이 가장 큰 사람은 현우입니다.

2 더해서 10이 되는 두 수씩 짝을 지으면 7과 3, 2와 8이므로 남은 수는 6입니다. 6과 더해서 10이 되는 수는 4입니다.

4 더하는 수들이 작을수록 계산 결과가 작습니다.
$1<2<4<6<8$이므로 작은 수부터 3개를 고르면 1, 2, 4입니다. 덧셈식을 만들면 $1+2+4=7$입니다.

6 $9-1-3=5$, $8-5-2=1$이므로 위의 수에서 아래 두 수를 뺀 값이 ○ 안의 수가 되는 규칙입니다.
$7-2-3=$㉠에서 $7-2-3=2$이므로 ㉠$=2$입니다.
$8-4-$㉡$=1$에서 $4-$㉡$=1$이므로 ㉡$=3$입니다.

7 (1) $8-1-2=5$이므로 $5<$□입니다. □ 안에 들어갈 수 있는 수는 6, 7, 8, 9입니다.
(2) $10-3=7$이므로 $7>$□입니다. □ 안에 들어갈 수 있는 수는 6, 5, 4, 3, 2, 1입니다.
(3) □ 안에 공통으로 들어갈 수 있는 수는 6입니다.

8 (1) $7+$♥$=10$에서 $7+3=10$이므로 ♥$=3$입니다.
(2) ♥$=3$이므로 $3+3=$●에서 ●$=6$입니다.
(3) ●$=6$이므로 $10-6=$◆에서 ◆$=4$입니다.

055쪽 2단원 마무리

01 9

02 1

03 ○

04 1 / $6-4=2$ → $2-1=1$

05 (점 잇기 그림)

06 $6+(3+7)$, 16

07 8, 4, 10

08 3

09 =

10 10개

11 연호, 5장

12 (   ) (○)

13 예 (점 2개, 점 8개) / 2, 8

14
❶ ㉠, ㉡을 각각 계산하기 ▶ 3점
❷ 계산 결과가 더 큰 것의 기호 쓰기 ▶ 2점

예 ❶ ㉠ $9-1-2=8-2=6$
㉡ $1+2+2=3+2=5$
❷ $6>5$이므로 계산 결과가 더 큰 것은 ㉠입니다.
답 ㉠

15 $4+6+3=13$ / 13개

16 9, 1(또는 1, 9)

17
❶ 현아네 모둠 학생 수 구하기 ▶ 3점
❷ 안경을 안 쓴 학생 수 구하기 ▶ 2점

예 ❶ (현아네 모둠 학생 수)$=5+5=10$(명)
❷ (안경을 안 쓴 학생 수)$=10-2=8$(명)
답 8명

18 7

19 1, 2, 3

20
❶ 어떤 수 구하기 ▶ 3점
❷ 바르게 계산한 값 구하기 ▶ 2점

예 ❶ 어떤 수를 □라 하면 잘못 계산한 식은 $10+\square=16$입니다. $10+6=16$이므로 $\square=6$입니다.
❷ 바르게 계산한 값: $10-6=4$
답 4

01 공깃돌이 파란색 4개, 노란색 2개, 빨간색 3개가 있으므로 모두 9개입니다.
→ $4+2+3=6+3=9$

02 클로버 모양 7개에서 2개를 덜어 내고 4개를 더 덜어 내면 1개가 남습니다.
→ $7-2-4=5-4=1$

03 $8+2+1=10+1(=11)$

04 앞에서부터 두 수씩 차례로 계산합니다.

06 합이 10이 되는 두 수는 3과 7입니다.
→ $6+3+7=6+10=16$

07 새 8마리에 2마리가 더 오면 10마리입니다.
→ $8+2=10$
개구리 6마리와 4마리를 더하면 10마리입니다.
→ $6+4=10$

09 $9+1=10$, $1+9=10$
참고 두 수의 순서를 바꾸어 더해도 결과는 같습니다.

10 (당근 수)
=(처음 바구니에 있던 당근 수)+(더 담은 당근 수)
$=7+3=10$(개)

11 $10>5$이므로
연호가 민우보다 딱지를 $10-5=5$(장) 더 많이 접었습니다.

12 $9-4-1=5-1=4$(×)
$5+3+7=5+10=15$(○)

13 오른쪽 칸의 점이 8개이므로 10개가 되려면 빈 칸에 점을 2개 그려야 합니다.
→ $2+8=10$

15 (세 사람이 모은 구슬 수)
$=4+6+3=10+3=13$(개)

16 4와 더해 14가 되는 수는 10이므로 합이 10이 되는 수 카드 2장을 찾으면 9와 1입니다.

18 $2+8=10$이므로
$3+㉠=10$ → $3+7=10$에서 ㉠$=7$입니다.

19 $\square+2+3=\square+5<9$
$1+5=6$(○), $2+5=7$(○),
$3+5=8$(○), $4+5=9$(×)
따라서 □ 안에 들어갈 수 있는 수는 1, 2, 3입니다.

유형책 2 단원

3 모양과 시각

061쪽 1STEP 개념 확인하기

01 (액자)
02 (옷걸이)
03 (30 표지판)
04 ● 에 ○표
05 ■ 에 ○표
06 ▲ 에 ○표
07 (○) (   ) (   )
08 (   ) (   ) (○)
09 (   ) (   ) (○)
10 8
11 2

01 ■ 모양은 액자입니다.
참고 같은 모양을 찾을 때에는 색깔이나 크기는 생각하지 않고 모양만 살펴봅니다.

02 ▲ 모양은 옷걸이입니다.

03 ● 모양은 표지판입니다.

04 컵의 바닥에 물감을 묻혀 종이에 찍으면 ● 모양이 나옵니다.

05 지우개에 물감을 묻혀 종이에 찍으면 ■ 모양이 나옵니다.

06 삼각김밥에 물감을 묻혀 종이에 찍으면 ▲ 모양이 나옵니다.

07 뾰족한 부분이 4군데 있는 모양은 ■ 모양입니다.
참고 ▲ 모양은 뾰족한 부분이 3군데 있고, ● 모양은 뾰족한 부분이 없습니다.

08 뾰족한 부분이나 곧은 선 없이 둥근 부분만 있는 모양은 ● 모양입니다.

09 곧은 선이 없는 모양은 ● 모양입니다.

10 꽃은 ▲ 모양 8개, ● 모양 1개로 꾸몄습니다.

11 잠자리는 ■ 모양 5개, ● 모양 2개로 꾸몄습니다.

062쪽 2STEP 유형 다잡기

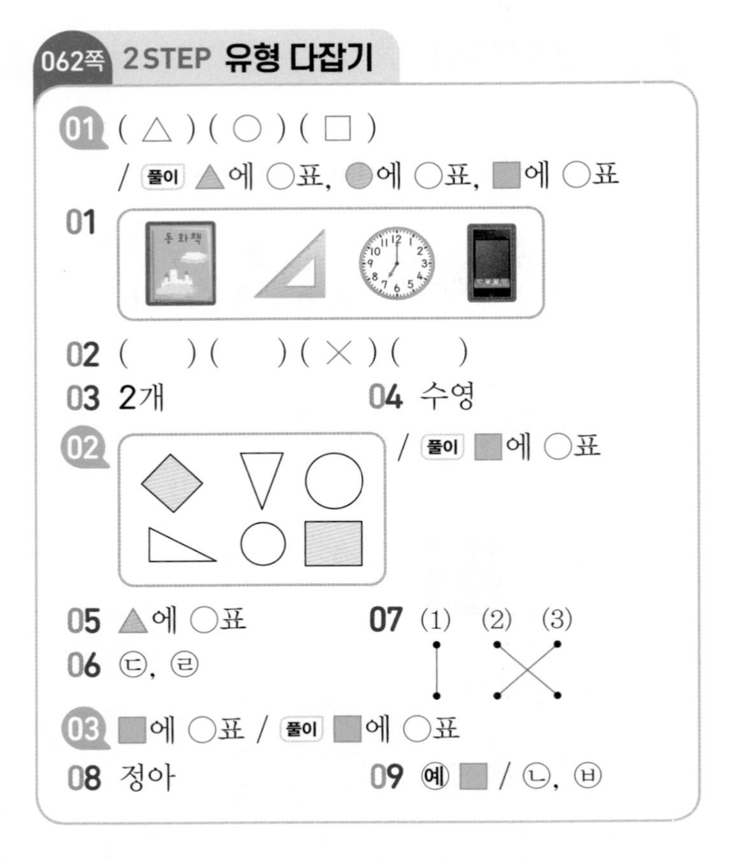

01 (△) (○) (□) / 풀이 ▲ 에 ○표, ● 에 ○표, ■ 에 ○표
01 (동화책, 삼각자, 시계, 휴대 전화)
02 (   ) (   ) (×) (   )
03 2개
04 수영
02 (도형) / 풀이 ■ 에 ○표
05 ▲ 에 ○표
06 ㉢, ㉣
07 (1) (2) (3)
03 ■ 에 ○표 / 풀이 ■ 에 ○표
08 정아
09 예 ■ / ㉡, ㉥

01 ■ 모양은 동화책, 휴대 전화입니다.

02 자는 ■ 모양입니다.

03 ● 모양: 케이크, 훌라후프 → 2개

04 • ● 모양: 거울 → 1개 • ▲ 모양: 액자 → 1개
• ■ 모양: 에어컨, 창문 → 2개

05 표지판은 ▲ 모양입니다.

06 동전은 ● 모양입니다. → ㉢ 접시, ㉣ 창문
참고 • ■ 모양: ㉡ 방석, ㉥ 도마
• ▲ 모양: ㉠ 삼각김밥, ㉤ 깃발

07 (1) ● 모양: 접시, 탬버린
(2) ■ 모양: 달력, 스케치북
(3) ▲ 모양: 표지판, 삼각자

08 • 정아: 편지 봉투와 계산기는 ■ 모양, 동전 지갑은 ▲ 모양입니다.
• 은상: 컵 받침과 튜브는 모두 ● 모양입니다.
따라서 잘못 모은 사람은 정아입니다.

09 ■ 모양: ㉡, ㉥, ▲ 모양: ㉠, ● 모양: ㉢, ㉤
채점 가이드 모을 모양을 정하고, 정한 모양의 단추를 모두 찾아 기호를 썼으면 정답으로 인정합니다.

064쪽 2STEP 유형 다잡기

04 ■에 ○표 / 풀이 3, 2, 2, ■에 ○표

10 (2)(1)(3)

11 2개

05 (1) (2) (3) / 풀이 ●에 ○표, ▲에 ○표, ■에 ○표

12 (○)( )( )

13 ○

14 준호

15 ●에 ○표

16 1단계 예 물건의 긴 부분을 종이 위에 대고 본뜨면 ■ 모양이 나오고, 양끝 부분을 종이 위에 대고 본뜨면 ▲ 모양이 나옵니다. ▶ 3점
2단계 물건을 본뜨면 ■ 모양과 ▲ 모양이 나오고 ● 모양은 나오지 않습니다. ▶ 2점
답 ㉢

06 ( )(○)( ) / 풀이 ▲에 ○표

17 ①, ⑤

18 ㉠, ㉣, ㉤

10 • ■ 모양: 건반, 지우개, 수첩 ➔ 3개
• ▲ 모양: 손수건, 샌드위치 ➔ 2개
• ● 모양: 과자, 단추, 피자, 귤 ➔ 4개
2<3<4이므로 수가 적은 모양부터 차례로 쓰면 ▲, ■, ●입니다.
따라서 ▲, ■, ● 모양에 차례로 1, 2, 3을 씁니다.

11 ■ 모양: 2개, ▲ 모양: 2개, ● 모양: 4개
➔ 4−2=2(개)

12 고무찰흙 위에 찍으면 (삼각기둥)은 ▲ 모양, (원기둥)은 ● 모양, (직육면체)은 ■ 모양이 나옵니다.

13 통조림 캔을 본떠 그리면 ● 모양이 그려집니다.

14 손으로 준호는 ■ 모양, 주경이는 ● 모양, 규민이는 ▲ 모양을 만들었습니다.

15 둥근 부분이 있는 모양은 ● 모양입니다.

17 뾰족한 부분이 4군데인 모양은 ■ 모양입니다.
■ 모양의 물건은 딱지, 카드입니다.

18 둥근 부분이 있는 모양은 ● 모양입니다.
● 모양의 물건은 탬버린, CD, 냄비 뚜껑입니다.

066쪽 2STEP 유형 다잡기

07 ㉠ / 풀이 '있습니다'에 ○표, '없습니다'에 ○표, 4

19 리아

20 (○)( )

21 같은 점 예 ■ 모양과 ▲ 모양은 뾰족한 부분이 있습니다. ▶ 3점
다른 점 뾰족한 부분이 ■ 모양은 4군데 있고, ▲ 모양은 3군데 있습니다. ▶ 2점

22 설명 예 ■ 모양은 둥근 부분이 없어서 자전거가 잘 굴러가지 않을 것입니다.

08 ▲에 ○표, 6 / 풀이 ▲, 2, 4, 6

23 ■, ▲에 ○표

24 3개, 5개

25 4개

09 예

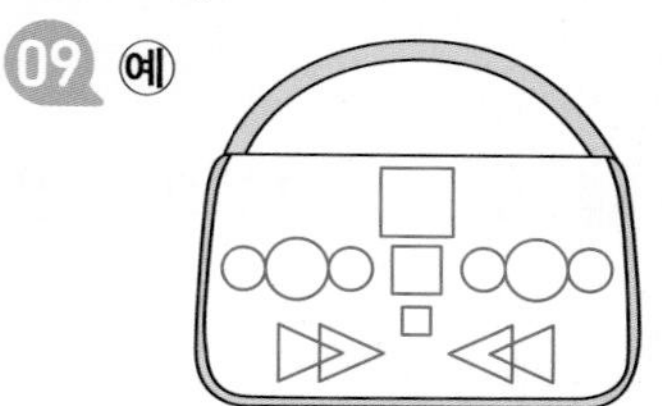

26 예

27 예

19 △ 모양은 곧은 선이 있고, 뾰족한 부분이 3군데 있습니다. 둥근 부분이 있는 모양은 ● 모양이므로 잘못 설명한 사람은 리아입니다.

20 모은 물건은 ● 모양입니다.
● 모양은 뾰족한 부분이 없고, 둥근 부분이 있습니다.

22 채점 가이드 ■ 모양은 둥근 부분이 없어 잘 굴러가지 않는다는 내용을 썼으면 정답으로 인정합니다.

23 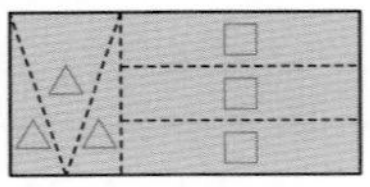 ■ 모양이 3개, △ 모양이 3개 생깁니다.

24 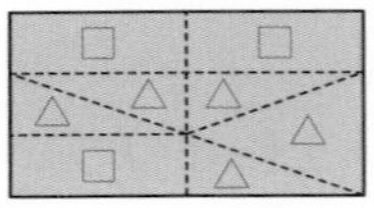 ■ 모양이 3개, △ 모양이 5개 생깁니다.

25 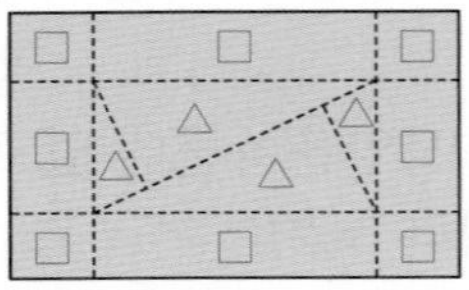 ■ 모양이 8개, △ 모양이 4개 생깁니다.
따라서 ■ 모양은 △ 모양보다 $8-4=4$(개) 더 많습니다.

26 • 머리 부분: 여러 가지 △ 모양을 사용하여 꾸며 봅니다.
• 몸통 부분: 여러 가지 ■ 모양을 사용하여 꾸며 봅니다.

27 현우의 설명에 맞게 ■, △, ● 모양으로 집과 나무를 꾸며 봅니다.

068쪽 2STEP 유형 다잡기

10 ㉡ / 풀이 ■, △에 ○표 / ■, △, ●에 ○표
28 (×) ( ) ( )
29 △에 ○표 **30** 승아
11 2, 3, 3 / 풀이 2, 3, 3
31 ㉠ **32** ●에 ○표
33 9개
34 1단계 예 모양을 꾸미는 데 혜미는 ■ 모양을 2개 사용했고, 경호는 ■ 모양을 4개 사용했습니다. ▶ 3점
2단계 $2<4$이므로 ■ 모양을 더 적게 사용한 사람은 혜미입니다. ▶ 2점
답 혜미
12 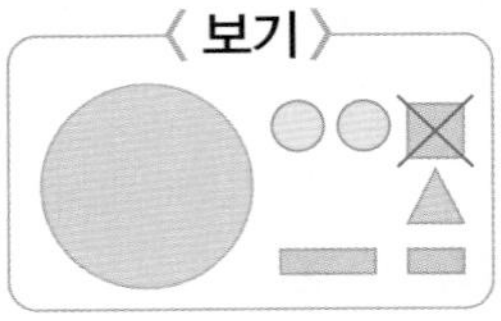 〈보기〉 / 풀이 2, 1, 3, ■에 ○표
35 ( ) (○) **36** 연호

28 새의 머리와 다리는 ● 모양, 나머지는 △ 모양으로 꾸몄습니다.
따라서 사용하지 않은 모양은 ■ 모양입니다.

29 왼쪽 모양은 ■, △ 모양을 사용했고, 오른쪽 모양은 △, ● 모양을 사용했습니다.
따라서 공통으로 사용한 모양은 △ 모양입니다.

30 • 윤미: 바퀴는 ● 모양으로 꾸몄습니다.
• 재호: 기차의 첫째 칸 지붕을 △ 모양으로 꾸몄습니다.

31 △ 모양을 ㉠은 6개, ㉡은 4개 사용했습니다.
따라서 사용한 △ 모양이 6개인 것은 ㉠입니다.

32 ■ 모양은 5개, △ 모양은 4개, ● 모양은 7개이므로 가장 많이 사용한 모양은 ● 모양입니다.

33 ● 모양은 게를 꾸미는 데 3개, 거북을 꾸미는 데 6개 사용했습니다.
→ $3+6=9$(개)

35 • 왼쪽: ■ 모양 2개, △ 모양 2개, ● 모양 3개
• 오른쪽: ■ 모양 2개, △ 모양 3개, ● 모양 2개
주어진 모양은 ■ 모양 2개, △ 모양 3개, ● 모양 2개이므로 주어진 모양을 모두 사용하여 꾸민 모양은 오른쪽입니다.

36 • 연호: ■ 모양 4개, △ 모양 1개, ● 모양 2개
• 소영: ■ 모양 4개, ● 모양 2개
주어진 모양은 ■ 모양 4개, △ 모양 1개, ● 모양 2개이므로 모두 사용한 사람은 연호입니다.

071쪽 1STEP 개념 확인하기

01 10, 12, 10　　02 5, 12, 5
03 '1시'에 색칠　　04 '6시'에 색칠
05 '3시'에 색칠　　06 8, 9, 6, 8, 30
07 2, 3, 6, 2, 30
08 　　09
10　　11 

01 짧은바늘: 10, 긴바늘: 12 → 10시

02 짧은바늘: 5, 긴바늘: 12 → 5시

03 짧은바늘이 1을 가리키고, 긴바늘이 12를 가리키므로 1시입니다.

04 짧은바늘이 6을 가리키고, 긴바늘이 12를 가리키므로 6시입니다.

05 짧은바늘이 3을 가리키고, 긴바늘이 12를 가리키므로 3시입니다.

06 짧은바늘: 8과 9 사이, 긴바늘: 6 → 8시 30분

07 짧은바늘: 2와 3 사이, 긴바늘: 6 → 2시 30분

08 긴바늘이 12를 가리키도록 그립니다.

09 짧은바늘이 2를 가리키도록 그립니다.

10 긴바늘이 6을 가리키도록 그립니다.

11 긴바늘이 6을 가리키도록 그립니다.

072쪽 2STEP 유형 다잡기

13 4 / 풀이 4, 12, 4
01 (　　) (○) (　　)
02 3시　　03 ㉢
04 예 2시에 수영장에 가서 수영을 했습니다.
14 / 풀이 9, 9, 12
05 (1)　(2) 
06 해찬
15 (　　) (○) / 풀이 2, 3, 6, 2, 30 / 3, 4, 6, 3, 30
07 (1) 5, 30 (2) 9, 30
08 (1) (2) (3)
09 7시 30분
10 ㉠, ㉣

01 각 시계가 나타내는 시각을 알아봅니다.
왼쪽 시계: 8시, 가운데 시계: 11시,
오른쪽 시계: 9시
따라서 시각을 바르게 쓴 것은 가운데 시계입니다.
참고 시계의 긴바늘이 12를 가리키면 '몇 시'입니다.

02 긴바늘이 12를 가리키면 '몇 시'입니다.
짧은바늘이 3을 가리키므로 3시입니다.

03 ㉠ 6시 ㉡ 6시 ㉢ 12시
→ 나타내는 시각이 다른 하나는 ㉢입니다.

04 시계가 나타내는 시각은 짧은바늘이 2, 긴바늘이 12를 가리키므로 2시입니다.
따라서 '2시'를 넣어 그 시각에 한 일을 씁니다.
채점 가이드 2시에 할 만한 일을 썼으면 정답으로 인정합니다.

05 (1) 짧은바늘이 5, 긴바늘이 12를 가리키도록 그립니다.
(2) 짧은바늘이 1, 긴바늘이 12를 가리키도록 그립니다.

06 짧은바늘이 8을 가리키고, 긴바늘이 12를 가리키도록 나타낸 사람은 해찬입니다.

07 (1) 짧은바늘: 5와 6 사이, 긴바늘: 6
→ 5시 30분

(2) 짧은바늘: 9와 10 사이, 긴바늘: 6
→ 9시 30분

참고 시계의 긴바늘이 6을 가리키면 '몇 시 30분'입니다.

08 (1) 짧은바늘: 11과 12 사이, 긴바늘: 6
→ 11시 30분
(2) 짧은바늘: 8과 9 사이, 긴바늘: 6
→ 8시 30분
(3) 짧은바늘: 1과 2 사이, 긴바늘: 6
→ 1시 30분

09 시계의 긴바늘이 6을 가리키면 '몇 시 30분'입니다. 짧은바늘이 7과 8 사이를 가리키므로 7시 30분입니다.

참고

10 시계의 긴바늘이 6을 가리키면 '몇 시 30분'입니다. 따라서 긴바늘이 6을 가리키는 시각은 ㉠, ㉣입니다.

참고 ㉡, ㉢은 긴바늘이 12를 가리킵니다.

074쪽 2STEP 유형 다잡기

16

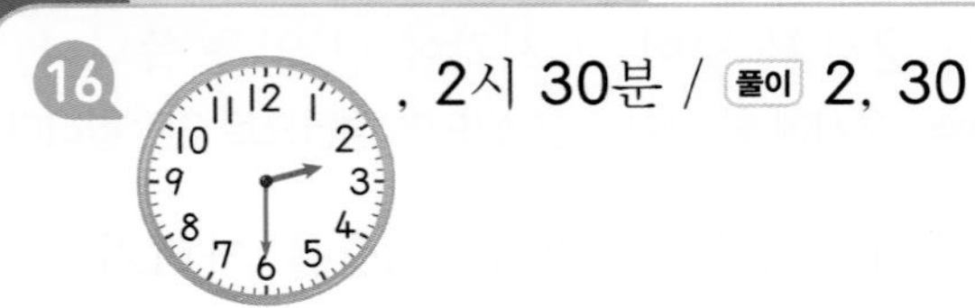

, 2시 30분 / 풀이 2, 30

11 (1) (2)

12 이유 예 9시 30분은 짧은바늘이 9와 10 사이를 가리켜야 하는데 8과 9 사이를 가리키도록 나타냈으므로 잘못되었습니다. ▶ 5점

17 4시 / 풀이 4, 12, 4

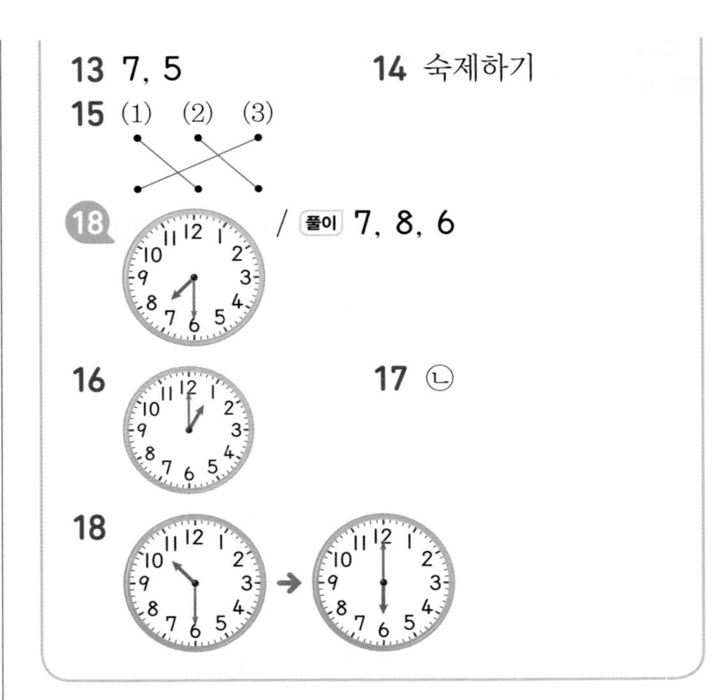

13 7, 5 14 숙제하기

15 (1) (2) (3)

18 / 풀이 7, 8, 6

16

17 ㉡

18

11 (1) 12시 30분
→ 짧은바늘: 12와 1 사이, 긴바늘: 6
(2) 4시 30분
→ 짧은바늘: 4와 5 사이, 긴바늘: 6

13 • 일어난 시각: 시계의 짧은바늘이 7, 긴바늘이 12를 가리키므로 7시입니다.
• 독서를 한 시각: 시계의 짧은바늘이 5, 긴바늘이 12를 가리키므로 5시입니다.

14 영재는 2시에 축구하기, 5시 30분에 숙제하기, 8시 30분에 일기 쓰기를 했습니다.

15 시계가 나타내는 시각은 (1) 1시 30분, (2) 4시, (3) 12시 30분입니다.

16 1시 → 짧은바늘: 1, 긴바늘: 12

17 주경이와 도율이가 만나는 시각은 3시입니다. 3시를 시계에 바르게 나타낸 것은 짧은바늘이 3, 긴바늘이 12를 가리키도록 그린 ㉡입니다.

18 10시 30분 → 짧은바늘: 10과 11 사이
긴바늘: 6
6시 → 짧은바늘: 6, 긴바늘: 12

076쪽 2STEP 유형 다잡기

19 ( ) (○) / 풀이 '작을수록'에 ○표, '낮 2시 30분'에 ○표
19 은서 20 어머니
21 1단계 예 세혁이가 일어난 시각은 9시 30분이고, 은비가 일어난 시각은 8시 30분입니다. ▶ 3점
2단계 9시 30분이 8시 30분보다 늦은 시각이므로 더 늦게 일어난 사람은 세혁이입니다. ▶ 2점
답 세혁
22 (3) (2) (1)
20 1 / 풀이 1, 12, 1
23 7시 30분 24 서우
21 (○) ( ) / 풀이 6, 5, 6
25 ㉠, ㉡ 26 성미, 진수

19 7시 30분이 8시보다 빠른 시각입니다.
따라서 더 일찍 아침 식사를 한 사람은 은서입니다.

20 윤영이는 9시, 어머니는 11시 30분, 아버지는 10시 30분에 잠자리에 듭니다. 따라서 가장 늦게 잠자리에 드는 사람은 어머니입니다.

22 퍼즐 맞추기: 5시, 태권도 하기: 4시 30분, 간식 먹기: 3시
따라서 일찍 한 일부터 차례로 쓰면 간식 먹기, 태권도 하기, 퍼즐 맞추기입니다.

23 짧은바늘이 7과 8 사이를 가리키고, 긴바늘이 6을 가리키므로 거울에 비친 시계가 나타내는 시각은 7시 30분입니다.

24 짧은바늘이 3과 4 사이를 가리키고, 긴바늘이 6을 가리키므로 3시 30분입니다.
따라서 시각을 바르게 말한 사람은 서우입니다.

25 ㉠ 3시 30분 ㉡ 3시 ㉢ 1시 30분
→ 낮 2시 30분과 낮 4시 사이에 볼 수 있는 시계는 ㉠, ㉡입니다.

26 성미: 8시 30분, 현재: 7시 30분, 진수: 10시
따라서 주어진 시각 중 8시와 10시 30분 사이의 시각은 8시 30분(성미), 10시(진수)입니다.

078쪽 3STEP 응용 해결하기

1 5개
2 ❶ 사용한 ■, ▲, ● 모양의 수를 각각 구하기 ▶ 3점
❷ 가장 많이 사용한 모양과 가장 적게 사용한 모양의 개수의 차 구하기 ▶ 2점

예 ❶ 물고기를 ■ 모양 10개, ▲ 모양 5개, ● 모양 6개로 꾸몄습니다.
❷ 가장 많이 사용한 ■ 모양은 가장 적게 사용한 ▲ 모양보다 $10-5=5$(개) 더 많습니다.
답 5개
3 ㉢
4 ❶ 주어진 모양을 만드는 데 필요한 ■, ▲, ● 모양의 개수 각각 구하기 ▶ 3점
❷ 지후가 주어진 모양을 꾸미는 데 더 필요한 모양과 개수 구하기 ▶ 2점

예 ❶ 주어진 모양을 꾸미려면 ■ 모양 1개, ▲ 모양 6개, ● 모양 4개가 필요합니다.
❷ 지후가 주어진 모양을 꾸미려면 ▲ 모양이 $6-3=3$(개) 더 필요합니다.
답 ▲ 모양, 3개
5 ㉡, 4시 6 6개
7 (1) (2) ▲ 모양, 8개
8 (1) '몇 시 30분'에 ○표
(2) 3시 30분, 4시 30분 (3) 4시 30분

1 뾰족한 부분이 있는 모양은 ■ 모양, ▲ 모양입니다.
■ 모양: ㉡, ㉣ → 2개
▲ 모양: ㉠, ㉤, ㉥ → 3개
따라서 뾰족한 부분이 있는 모양의 물건은 모두 $2+3=5$(개)입니다.

유형책 3 단원

3 ㉠  ㉡ 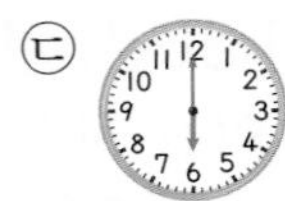 ㉢

→ 시계의 짧은바늘과 긴바늘이 서로 반대 방향을 가리키는 시각은 ㉢ 6시입니다.

5 • ㉠ 짧은바늘이 4와 5 사이, 긴바늘이 6을 가리키므로 4시 30분입니다.
• ㉡ 짧은바늘이 4, 긴바늘이 12를 가리키므로 4시입니다.
4시가 4시 30분보다 빠른 시각이므로 규리가 줄넘기를 시작한 시각은 ㉡ 4시입니다.

6 ㉠㉡㉢에서 크고 작은 ■ 모양은
㉠, ㉡, ㉢, ㉠㉡, ㉡㉢, ㉠㉡㉢으로 모두 6개입니다.

7 (2) (1)에서 그린 점선을 따라 자르면 ▲ 모양이 8개 만들어집니다.

8 (2) 3시와 5시 사이의 시각 중 몇 시 30분은 3시 30분과 4시 30분입니다.
(3) 3시 30분과 4시 30분 중 4시보다 늦은 시각은 4시 30분입니다.

081쪽 3단원 마무리

01 ㉠, ㉣
02 5
03 (1), (2) (선 잇기)
04 (도형)
05 ㉡
06 (시계)
07 2, 3, 2
08 (1), (2), (3) (선 잇기)
09 예 (그림)

10 그림에 맞는 시각과 상황으로 이야기 만들기 ▶ 5점

예 지혜는 9시 30분에 그림을 그렸습니다.

11 선주

12 ❶ 주희와 민서가 모은 모양 알아보기 ▶ 3점
❷ 잘못 모은 사람 구하기 ▶ 2점

예 ❶ 주희가 모은 모양은 모두 ■ 모양입니다. 민서가 모은 모양은 ▲ 모양과 ● 모양입니다.
❷ 따라서 잘못 모은 사람은 민서입니다.
답 민서

13 ㉠, ㉤
14 2개, 4개
15 ■에 ○표
16 윤희
17 미나
18 예은
19 ㉢

20 ❶ ■ 모양과 ▲ 모양의 개수 각각 구하기 ▶ 3점
❷ ■ 모양은 ▲ 모양보다 몇 개 더 적은지 구하기 ▶ 2점

예 ❶ ■ 모양은 2개 사용했고, ▲ 모양은 6개 사용했습니다.
❷ 따라서 ■ 모양은 ▲ 모양보다 $6-2=4$(개) 더 적습니다.
답 4개

01 ● 모양인 물건은 ㉠ 시계, ㉣ 접시입니다.

02 짧은바늘: 5, 긴바늘: 12 → 5시

03 (1) 짧은바늘: 10과 11 사이, 긴바늘: 6 → 10시 30분
(2) 짧은바늘: 4, 긴바늘: 12 → 4시

04 △을 제외한 나머지 모양은 모두 ■ 모양입니다.

05 초콜릿은 ■ 모양입니다.
㉠ ● 모양, ㉡ ■ 모양, ㉢ ▲ 모양

06 12시 30분
→ 짧은바늘: 12와 1 사이, 긴바늘: 6

07
• ■ 모양: ∨표 → 2개
• ▲ 모양: ×표 → 3개
• ● 모양: /표 → 2개

08 (1) 뾰족한 부분이 4군데입니다. → ■ 모양
(2) 뾰족한 부분이 3군데입니다. → ▲ 모양
(3) 뾰족한 부분이 없습니다. → ● 모양

09 겉옷은 ■ 모양, 티셔츠는 ▲ 모양, 치마는 ● 모양으로 꾸며 봅니다.

11 은호: ■, ▲, ● 모양을 모두 사용했습니다.

13 뾰족한 부분이 없는 모양은 ● 모양입니다.
→ ● 모양인 물건은 ㉠ 도넛, ㉤ 바퀴입니다.

14 종이를 점선을 따라 모두 자르면 ■ 모양이 2개, ▲ 모양이 4개 생깁니다.

15 ■ 모양 5개, ▲ 모양 3개, ● 모양 4개이므로 가장 많은 모양은 ■ 모양입니다.

16 • 수진이가 들어온 시각: 7시
• 윤희가 들어온 시각: 6시 30분
6시 30분이 7시보다 빠르므로 집에 더 일찍 들어온 사람은 윤희입니다.

17 8시 30분과 9시 30분 중 8시와 9시 사이의 시각은 8시 30분이므로 8시와 9시 사이에 학교에 도착한 사람은 미나입니다.

18 ● 모양을 수현이는 2개, 예은이는 4개 사용했습니다. 따라서 ● 모양을 더 많이 사용한 사람은 예은입니다.

19 ㉠ 짧은바늘: 11과 12 사이, 긴바늘: 6
㉡ 짧은바늘: 6, 긴바늘: 12
㉢ 짧은바늘: 12, 긴바늘: 12
따라서 짧은바늘과 긴바늘이 같은 곳을 가리키는 시각은 ㉢ 12시입니다.

4 덧셈과 뺄셈(2)

087쪽 1 STEP 개념 확인하기

01 12 / 12
02 10, 11 / 11
03 4, 14
04 5, 15
05 (위에서부터) 11, 1
06 (위에서부터) 11, 1
07 12, 13
08 ×

01 흰색 바둑돌의 수 8에서 9, 10, 11, 12로 4만큼 이어 세면 12입니다.
→ $8+4=12$

02 흰색 바둑돌의 수 9에서 10, 11로 2만큼 이어 세면 11입니다.
→ $9+2=11$

03 5를 1과 4로 가르기하여 9와 1을 더해 10을 만들고 남은 4를 더하면 14입니다.

04 7을 5와 2로 가르기하여 8과 2를 더해 10을 만들고 남은 5를 더하면 15입니다.

05 5를 4와 1로 가르기하여 6과 4를 더해 10을 만들고 남은 1을 더하면 11입니다.

06 6을 1과 5로 가르기하여 5와 5를 더해 10을 만들고 남은 1을 더하면 11입니다.

07 $7+5=12$, $7+6=13$

08 같은 수에 1씩 큰 수를 더하면 합도 1씩 커집니다.

088쪽 2 STEP 유형 다잡기

01 예 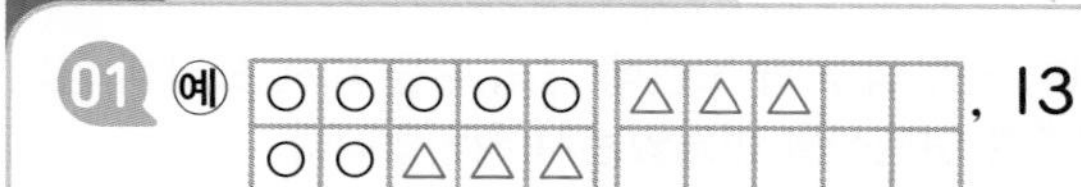, 13
/ 풀이 13, 13

01 10, 12 / 12
02 예 (구슬 그림) / 11개
02 (위에서부터) 16, 6 / 풀이 6, 10, 6, 16
03 (위에서부터) 12, 2
04 (위에서부터) (1) 14, 4 (2) 14, 4
05 ㉡
03 ㉡ / 풀이 17, 12, ㉡
06 (위에서부터) 13 / 17 / 15, 15
07 지연
08 (위에서부터) 11 / 예 8, 5, 13
09 예 '집'에 ○표, '기차'에 ○표 / 4, 7 (또는 7, 4)

01 연필의 수를 8부터 2씩 뛰어 세면 10, 12이므로 모두 $8+4=12$(자루)입니다.

02 더 사 온 귤의 수인 5개만큼 왼쪽으로 구슬을 옮기려면 윗줄에서 4개, 아랫줄에서 1개를 옮겨야 합니다. 왼쪽에 있는 구슬은 모두 11개이므로 귤은 모두 11개입니다.
참고 아랫줄의 빨간색 구슬 5개를 한꺼번에 옮겨 구할 수도 있습니다.

03 5를 2와 3으로 가르기하여 7과 3을 더해 10을 만들고, 남은 2를 더합니다.

04 (1) $6+4=10$, $10+4=14$ → $6+8=14$
(2) $8+2=10$, $10+4=14$ → $6+8=14$

05 6을 5와 1, 7을 5와 2로 가르기하여 5와 5를 더해 10을 만들고, 남은 1과 2를 더하면 13입니다.

06 $6+7=13$, $9+8=17$,
$6+9=15$, $7+8=15$

07 지연: $5+8=13$, 윤하: $3+9=12$,
민우: $6+6=12$
→ 계산 결과가 다른 한 사람: 지연

08 채점 가이드 연두색 공과 노란색 공의 수를 더해 보라색 공의 수가 되도록 덧셈식을 만들었는지 확인합니다.
$8+5=13$, $7+6=13$, $9+6=15$, $9+4=13$을 만들 수 있습니다.

09 우유갑 11개로 만들 수 있는 것은 집과 기차입니다.
→ $4+7=11$

090쪽 2STEP 유형 다잡기

04 > / 풀이 14, 14, >
10 ( ) (○)
11 1단계 예 ㉠ $4+8=12$, ㉡ $7+7=14$, ㉢ $5+6=11$ ▶ 3점
2단계 $14>12>11$이므로 합이 큰 것부터 차례로 쓰면 ㉡, ㉠, ㉢입니다. ▶ 2점
답 ㉡, ㉠, ㉢
12 (8+8, 9+5, 5+8, 6+5, 8+4 잇기 그림)
05 11개 / 풀이 4, 7, 11
13 18개
14 $8+6=14$ / 14명
06 13, 12, 11, 1
/ 풀이 (왼쪽에서부터) 13, 12, 11 / 1, 1, 1
15 15, 14, 13, 12 / '작아집니다'에 ○표
16 7, 9
17 13
18 예 합은 같습니다.

10 $8+8=16$, $9+8=17$ → $16<17$

12 $6+5=11$, $8+4=12$, $5+8=13$, $9+5=14$, $8+8=16$을 순서대로 잇습니다.

13 현우가 모은 페트병의 수: 9개
리아가 모은 페트병의 수: 9개
(현우와 리아가 모은 페트병의 수)
$=9+9=18$(개)

14 (지금 강당에 있는 학생 수)
=(처음 있던 학생 수)+(더 온 학생 수)
$=8+6=14$(명)

15 $7+8=15$, $6+8=14$,
$5+8=13$, $4+8=12$
1씩 작아지는 수에 같은 수를 더하면 합은 1씩 작아집니다.

16 • $6+7=13$에서 +의 오른쪽 수인 7은 그대로이고 합은 1 커졌으므로 +의 왼쪽 수가 1 커져야 합니다.
→ $7+7=14$
• $8+9=17$에서 +의 왼쪽 수가 1 커지고 합도 1 커졌으므로 +의 오른쪽 수인 9는 그대로입니다.
→ $9+9=18$

17 $5+8=13$, $6+7=13$,
$7+6=13$, $8+5=13$
→ □ 안에 공통으로 들어갈 수는 13입니다.

18 ▒으로 칠해진 수가 5, 6, 7, 8로 1씩 커지고 ▒으로 칠해진 수가 8, 7, 6, 5로 1씩 작아지면 합은 13으로 모두 같습니다.

092쪽 2STEP 유형 다잡기

07 11, 14, 14 / 풀이 11, 11, 14, 14

19 (1) •——•
(2) •╲╱•
(3) •╱╲•

20 ( )
( )
(○)

21 영재, 지혜

22 9

23 1단계 예 두 수의 순서를 바꾸어 더해도 합은 같습니다.
$5+■=6+5$ → $■=6$,
$6+9=▲+6$ → $▲=9$ ▶ 3점
2단계 $6<9$이므로 $▲-■=9-6=3$입니다. ▶ 2점
답 3

08 $3+8$, $2+9$에 ○표
/ 풀이 '커지는'에 ○표, 8, 2, 9

24

8+3			
8+4	7+4		
8+5	7+5	6+5	
8+6	7+6	6+6	5+6

25 △2+9, ○9+6, □8+5
□9+4, △7+4, ○7+8

09 '커집니다'에 ○표
/ 풀이 '커지는'에 ○표, '커집니다'에 ○표

26

6+6	6+7	6+8
7+6	7+7	7+8
8+6	8+7	8+8
9+6	9+7	9+8

27 예 1씩 커지는 수에 1씩 작아지는 수를 더하면 합은 같습니다. ▶ 5점

19 두 수를 바꾸어 더해도 합은 같습니다.
(1) $5+6=6+5(=11)$
(2) $9+3=3+9(=12)$
(3) $8+7=7+8(=15)$

20 (연경이가 푼 수학 문제 수)$=8+6$
(서주가 푼 수학 문제 수)$=6+8$
두 수를 바꾸어 더해도 합은 같으므로 연경이와 서주가 푼 수학 문제의 수는 같습니다.

21 (영재가 먹은 딸기의 수)$=8+4$
(연우가 먹은 딸기의 수)$=9+1$
(지혜가 먹은 딸기의 수)$=4+8$
→ $8+4=4+8$이므로 먹은 딸기의 수가 같은 사람은 영재와 지혜입니다.

22 두 수를 바꾸어 더해도 결과는 같습니다.
→ $9+4=4+9$, ㉠$=9$

유형책 4단원

24 합이 11인 곳은 주황색, 12인 곳은 초록색, 13인 곳은 파란색, 14인 곳은 분홍색으로 색칠합니다.

25
- ◯표: $8+7=15$
  → $9+6=15$, $7+8=15$
- △표: $9+2=11$
  → $2+9=11$, $7+4=11$
- □표: $4+9=13$
  → $8+5=13$, $9+4=13$

26
- → 방향: 같은 수에 1씩 커지는 수를 더합니다.
- ↓ 방향: 1씩 커지는 수에 같은 수를 더합니다.

094쪽 2STEP 유형 다잡기

28

[4] + 8	→	[5] + 8
		↓
[7] + 8	←	[6] + 8
↓		
[8] + 8	→	[9] + [8]

10 8 / 풀이 8, 8

29 9

30 예 (점 그림) / 14, 6, 14

31 1단계 예 어떤 수를 □라 하여 식을 세우면 □$+7=13$입니다. ▶ 2점
2단계 $6+7=13$이므로 □$=6$입니다. ▶ 3점
답 6

32 7

11 8, 6, 14(또는 6, 8, 14)
/ 풀이 '큰'에 ○표, '큰'에 ○표, 8, 6, 5, 4, 8, 6, 14(또는 6, 8, 14)

33 5, 6, 11(또는 6, 5, 11)

34 13

12 5 / 풀이 11, 13, 12, 6, 7(또는 7, 6), 5

35

5	$8+7=15$
6	$9+8=17$
$7+5=12$	14

36 6, 12

28 $4+8=12$ → $5+8=13$ → $6+8=14$ → $7+8=15$ → $8+8=16$ → $9+8=17$

29 $2+$□$=11$
→ 2와 더하여 11이 되는 수는 9이므로 □$=9$입니다.

30 $5+9=14$이므로 $8+$□$=14$입니다.
8과 더해서 14가 되는 수는 6이므로 점을 6개 그립니다.
→ $8+6=14$

32 $3+9=12$이고 가려진 수를 □라 하면 □$+5=12$입니다.
→ $7+5=12$이므로 가려진 수는 7입니다.

33 합이 가장 작으려면 가장 작은 수와 두 번째로 작은 수를 더해야 합니다.
$5<6<7<8<9$
→ 합이 가장 작은 덧셈식: $5+6=11$

34 합이 가장 크려면 가와 나에서 각각 가장 큰 수를 골라야 합니다.
가에서 가장 큰 수: 5, 나에서 가장 큰 수: 8
→ 합이 가장 클 때의 값은 $5+8=13$입니다.

35 덧셈식 2개를 더 찾을 수 있습니다.
→ $9+8=17$, $7+5=12$

36 (몇)+(몇)을 짝 지어 계산해 봅니다.
$6+7=13$(×), $6+9=15$(×), $7+9=16$(○)
만들 수 있는 덧셈식: $7+9=16$
→ 사용하지 않은 두 수: 6, 12

097쪽 1STEP 개념 확인하기

01 9, 10 / 9
02 7, 8, 9 / 7
03 10, 10
04 1, 9
05 (위에서부터) 8, 2
06 (위에서부터) 8, 7
07 8, 7
08 ○

01 전체 바둑돌의 수 11부터 10, 9로 2만큼 거꾸로 세면 9입니다.
→ $11-2=9$

02 전체 바둑돌의 수 12부터 11, 10, 9, 8, 7로 5만큼 거꾸로 세면 7입니다.
→ $12-5=7$

03 연결 모형에서 낱개 5개를 빼면 10개씩 묶음 1개가 남으므로 10입니다.

04 16에서 6을 먼저 빼고 10에서 남은 1을 빼면 9입니다.

05 17에서 7을 먼저 빼고 10에서 남은 2를 빼면 8입니다.

06 10개씩 묶음에서 9를 먼저 빼고 남은 1과 7을 더하면 8입니다.

07 $14-6=8$, $14-7=7$

098쪽 2STEP 유형 다잡기

13 8 / 풀이 12, 4, 8, 12, 4, 8

01 예 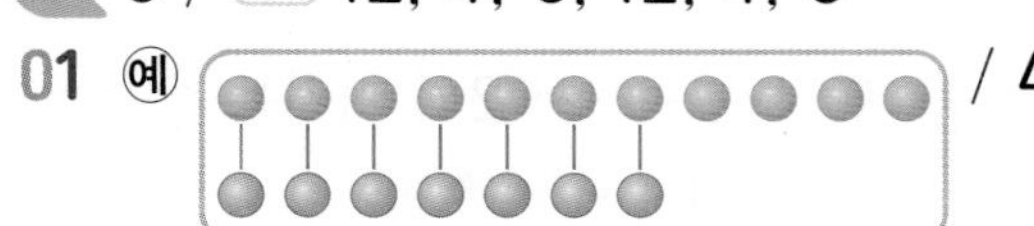 / 4

02 7개

03 예 
/ 5, 9

04 6권

14 4, 10 / 풀이 4, 4, 10, 10

05 (1) 10 (2) 10 06 효주

15 6, 8 / 풀이 6, 2, 6, 2, 2, 6, 8

07 (위에서부터) 4 / 3, 6

08 (위에서부터) (1) 5, 5 (2) 5, 2

09 이유 예 14를 10과 4로 가르기하여 10에서 6을 빼고 남은 수와 4를 더해야 합니다. ▶3점
바르게 계산 $14-6=$ 8 ▶2점
10 4

01 분홍색 구슬과 연두색 구슬을 하나씩 짝 지어 보면 분홍색 구슬 4개가 남습니다.
→ $11-7=4$

02 애호박은 13개, 당근은 6개 있습니다.
연결 모형에서 차이 나는 부분을 세어 보면 7개이므로 애호박은 당근보다 7개 더 많습니다.
→ $13-6=7$(개)

03 초콜릿 14개 중에서 5개를 지우면 남은 초콜릿은 $14-5=9$(개)입니다.

04 연결 모형 15개에서 읽은 책의 수 9만큼 빼면 남는 연결 모형은 6개입니다.
(읽지 않은 책의 수)$=15-9=6$(권)

06 10개씩 묶음 1개와 낱개 3개에서 낱개 3개를 빼면 10개씩 묶음 1개가 남으므로 $13-3=10$입니다.
→ 바르게 계산한 사람은 효주입니다.

07 9를 3과 6으로 가르기하여 13에서 3을 먼저 빼고 남은 10에서 6을 더 뺍니다.
→ $13-3=10$, $10-6=4$ → $13-9=4$

08 (1) 7을 2와 5로 가르기하여 12에서 2를 먼저 빼고 남은 10에서 5를 뺍니다.
→ $12-2=10$, $10-5=5$ → $12-7=5$
(2) 12를 10과 2로 가르기하여 10에서 7을 빼고 남은 3과 2를 더합니다.
→ $10-7=3$, $3+2=5$ → $12-7=5$

100쪽 2STEP 유형 다잡기

10 홍기

16 9 / 풀이 17, 8, 9

유형책 4 단원

11 7, 8

12 (1)-(3) 연결 그림

13

⑥	1	5
2	④	8
9	3	⑦

14 7

15 9 / 예 13, 4, 9 / 15, 8, 7

17 < / 풀이 3, 5, 3, <, 5

16 (○) (   )　　17 3개

18 14-6, 16-7, 15-9, 11-4, 14-9, 12-8

18 7대 / 풀이 11, 4, 7

19 3, 9 / 9개　　20 9장

10 연지: 11을 10과 1로 가르기하여 10에서 먼저 3을 빼고 남은 7과 1을 더하면 8입니다.

11 $16-9=7$, $13-5=8$

12 (1) $11-6=5$
(2) $15-7=8$
(3) $18-9=9$

13 $12-5=7$, $14-8=6$, $11-7=4$

14 $14>9>7$이므로 가장 큰 수는 14이고, 가장 작은 수는 7입니다.
→ $14-7=7$

15 채점 가이드 연두색 깃발에서 노란색 깃발의 수를 빼어 분홍색 깃발의 수가 되도록 뺄셈식을 만들었는지 확인합니다.
$11-2=9$, $11-4=7$, $11-8=3$, $13-4=9$, $15-8=7$을 만들 수 있습니다.

16 $12-7=5$, $11-8=3$
→ $5>3$

17 ㉠ $12-6=6$, ㉡ $13-9=4$,
㉢ $16-8=8$, ㉣ $11-2=9$
차가 5보다 큰 것은 ㉠, ㉢, ㉣로 모두 3개입니다.

18 $16-7=9$, $14-6=8$, $11-4=7$, $15-9=6$, $14-9=5$, $12-8=4$를 순서대로 잇습니다.

19 (처음에 가지고 있던 딱지 수)
=(지금 가지고 있는 딱지 수)-(더 산 딱지 수)
$=12-3=9$(개)

20 (도율이에게 남은 색종이 수)
=(처음 있던 색종이 수)-(사용한 색종이 수)
$=14-7=7$(장)
연서에게 남은 색종이도 7장이므로
(연서가 사용한 색종이 수)$=16-7=9$(장)입니다.

102쪽 2STEP 유형 다잡기

19 13, 4, 9 / 풀이 '큰'에 ○표, '작은'에 ○표, 13, 11, 6, 4, 13, 4, 9

21 7　　22 12, 8, 4

20 7, 8, 9 / 1
/ 풀이 (왼쪽에서부터) 7, 8, 9 / 1, 1

23 5, 6, 7, 8 / '커집니다'에 ○표

24 (위에서부터) 8, 8 / 7, 7 / 6, 6

25 9, 7, 5 ▶ 2점
알게 된 점 예 같은 수에서 2씩 커지는 수를 빼면 차는 2씩 작아집니다. ▶ 3점

26 (왼쪽에서부터) 8, 7, 6

27 (위에서부터) 16, 7, 9 / 16, 9, 7

21 14-7, 15-8, 16-9에 ○표
/ 풀이 7, 6, 5, 7, 6, 7, 7, 8, 9

28

11-2	11-3	11-4	11-5
	12-3	12-4	12-5
		13-4	13-5
			14-5

29

18-9	13-7	15-9
12-4	17-8	14-6

21 차가 가장 크려면 가장 큰 수에서 가장 작은 수를 빼야 합니다.
$15>9>8$
→ 차가 가장 큰 뺄셈식: $15-8=7$

22 차가 가장 작으려면 왼쪽 상자에서 더 작은 수인 12를 뽑고, 오른쪽 상자에서 더 큰 수인 8을 뽑아야 합니다.
→ $12-8=4$

23 $12-7=5$, $12-6=6$,
$12-5=7$, $12-4=8$
→ 같은 수에서 1씩 작아지는 수를 빼면 차는 1씩 커집니다.

24 • 1씩 작아지는 수에서 같은 수 6을 빼면 차는 1씩 작아집니다.
• 같은 수에서 1씩 커지는 수를 빼면 차는 1씩 작아집니다.

26 1씩 커지는 수에서 1씩 커지는 수를 빼면 차는 같습니다.
$11-5=6$, $12-6=6$,
$13-7=6$, $14-8=6$

27 가장 큰 수에서 나머지 두 수를 각각 빼어 뺄셈식을 만듭니다.
→ $16-7=9$
$16-9=7$

28 • $15-6=9$ → $11-2$, $12-3$, $13-4$, $14-5$ 칸에 초록색으로 색칠합니다.
• $17-9=8$ → $11-3$, $12-4$, $13-5$ 칸에 분홍색으로 색칠합니다.

29 • ⬭표: $16-7=9$
→ $18-9=9$, $17-8=9$
• △표: $14-8=6$
→ $13-7=6$, $15-9=6$
• ▭표: $13-5=8$
→ $12-4=8$, $14-6=8$

104쪽 2STEP 유형 다잡기

22 '작아집니다'에 ○표 / 풀이 '커지는'에 ○표, '작아집니다'에 ○표

30

12−7	12−8	12−9
13−7	13−8	13−9
14−7	14−8	14−9
15−7	15−8	15−9

31 '같습니다'에 ○표

23 7 / 풀이 7, 7

32 1단계 예 어떤 수를 □라 하여 뺄셈식을 세우면 $□-9=4$입니다. ▶ 2점
2단계 $13-9=4$이므로 $□=13$입니다.
따라서 어떤 수는 13입니다. ▶ 3점
답 13

33 8

24 17, 9, 8(또는 17, 8, 9) / 풀이 9, 8, 8, 9, 9, 4, 8, 5, 17, 9, 8(또는 17, 8, 9)

34 8

35

(11 − 8 = 3)			2
18	(14 − 9 = 5)		
(13 − 7 = 6)			3

25 12, 5 / 풀이 12, 12, 5

36 5

37

7+7	7+8	12−4
12−3	14−6	8+5
8+7	11−2	9+6

30 • → 방향: 같은 수에서 1씩 커지는 수를 뺍니다.
• ↓ 방향: 1씩 커지는 수에서 같은 수를 뺍니다.

31 $12-7=5$, $13-8=5$, $14-9=5$에서 ↘ 방향으로 놓인 뺄셈식은 차가 모두 같습니다.

33 $11-□=3$에서 $11-8=3$이므로 $□=8$입니다.
따라서 상자에 16을 넣으면 $16-8=8$이 나옵니다.

유형책 4단원

34 주어진 수 중에서 십몇인 수는 14입니다.
14와의 차가 주어진 수에 있는 경우를 찾으면 만들 수 있는 뺄셈식은
$14-9=5$, $14-5=9$입니다.
따라서 뺄셈식을 만드는 데 필요 없는 수는 8입니다.

35 뺄셈식 2개를 더 찾을 수 있습니다.
→ $14-9=5$, $13-7=6$

36 $4+9=13$ → ㉠$=13$
$15-7=8$ → ㉡$=8$
→ ㉠$-$㉡$=13-8=5$

37 • 빨간색: $6+9=15$
→ $7+8=15$, $8+7=15$, $9+6=15$
• 파란색: $13-4=9$
→ $12-3=9$, $11-2=9$

106쪽 2STEP 유형 다잡기

38 18개 **39** 13개
26 5 / 풀이 14, 14, 14, 5, 5
40 13
41 1단계 예 같은 두 수를 더해 12가 되는 경우는 $6+6=12$이므로 ★$=6$입니다. ▶ 2점
2단계 ♥$-$★$=$♥$-6=9$에서 6을 빼서 9가 되는 수는 15입니다.
$15-6=9$이므로 ♥$=15$입니다. ▶ 3점
답 15
27 영우 / 풀이 4, 12, >, 12, 영우
42 미나 **43** 사과
44 태호
28 7, 8, 9에 ○표
/ 풀이 6, 6 / 7, 8, 9에 ○표
45 1, 2

46 1단계 예 $5+6=11$ ▶ 2점
2단계 $11>\square$이므로 □ 안에는 10, 9, 8, ...이 들어갈 수 있습니다. 따라서 가장 큰 수는 10입니다. ▶ 3점
답 10

38 먹고 남은 귤은 $16-7=9$(개)이고, 9개를 사와서 넣었으므로 냉장고에 있는 귤은
$9+9=18$(개)입니다.

39 (현승이가 먹은 젤리 수)$=12-4=8$(개)
(동생이 먹은 젤리 수)$=12-7=5$(개)
→ (두 사람이 먹은 젤리 수의 합)
$=8+5=13$(개)

40 11에서 빼서 2가 되는 수는 9입니다.
$11-9=2$ → ▲$=9$
▲$+4=9+4=13$ → ♣$=13$

42 (미나가 가지고 있는 사탕 수)$=17-9=8$(개)
가지고 있는 사탕 수를 비교하면 $5<8$이므로 사탕을 더 많이 가지고 있는 사람은 미나입니다.

43 (남은 배 수)$=16-8=8$(개)
(남은 사과 수)$=18-9=9$(개)
→ $8<9$이므로 더 많이 남은 과일은 사과입니다.

44 (태호가 넣은 화살 수)$=5+8=13$(개)
(정수가 넣은 화살 수)$=3+9=12$(개)
→ $13>12$이므로 화살을 더 많이 넣은 사람은 태호입니다.

45 $12-9=3$
→ $3>\square$이므로 □ 안에 들어갈 수 있는 수는 1, 2입니다.

108쪽 3STEP 응용 해결하기

1 민석
2 13

3 ❶ 호진이와 세나가 가지고 있는 구슬 수 각각 구하기 ▶ 3점
❷ 호진이와 세나가 가지고 있는 구슬 수의 차 구하기 ▶ 2점

예 ❶ • 파란색 구슬: 3+5=8(개) ➔ 호진이가 가지고 있는 구슬은 3+8=11(개)입니다.
• 초록색 구슬: 6−3=3(개) ➔ 세나가 가지고 있는 구슬은 6+3=9(개)입니다.
❷ 따라서 호진이와 세나가 가지고 있는 구슬 수의 차는 11−9=2(개)입니다.
답 2개

4 ❶ 인희의 점수의 합 구하기 ▶ 2점
❷ 주영이가 얻어야 하는 점수 구하기 ▶ 3점

예 ❶ 인희의 점수는 6+7=13(점)입니다.
❷ 13−5=8이므로 주영이가 두 번째에 8점을 얻으면 점수가 같아집니다.
따라서 주영이가 이기려면 적어도 9점을 얻어야 합니다.
답 9점

5 8, 9

6 시작

15	7	8	3	11
6		5		5
7	4	12	6	6
4		3		9
16	5	9	4	13

탈출

7 (1) 15−7=8 (2) 14−9=5 (3) 선아

8 (1) 8, '더합니다'에 ○표 (2) 17

1 채윤: 4+9=13, 민석: 8+6=14, 수정: 7+5=12
14>13>12이므로 두 수의 합이 가장 큰 사람은 민석입니다.

2 어떤 수를 □라 하여 덧셈식을 세우면 □+8=15입니다. 7+8=15이므로 □=7, 즉 어떤 수는 7입니다.
따라서 어떤 수와 6의 합은 □+6=7+6=13입니다.

5 13−8=5이므로 5>12−□입니다.
□=9이면 12−9=3(○),
□=8이면 12−8=4(○),
□=7이면 12−7=5(×)
따라서 □ 안에 들어갈 수 있는 수는 8, 9입니다.

6 15−7=8, 8+3=11, 11−5=6, 6+6=12, 12−3=9, 9+4=13

7 차가 가장 큰 뺄셈식은 가장 큰 수에서 가장 작은 수를 뺀 것입니다.
(1) 가장 큰 수는 15, 가장 작은 수는 7이므로 15−7=8입니다.
(2) 가장 큰 수는 14, 가장 작은 수는 9이므로 14−9=5입니다.
(3) 8>5이므로 차가 더 큰 뺄셈식을 만든 사람은 선아입니다.

8 (1) 4♥=12에서 계산 결과가 커졌으므로 ♥는 어떤 수를 더하는 규칙입니다.
4+8=12이므로 ♥의 규칙은 8을 더하는 것입니다.
(2) 1♥♥=1+8+8=9+8=17

111쪽 4단원 마무리

01 12　　02 8
03 (위에서부터) 10, 10
04 6
05 7+8=15
　5 2
06 7　　07 <
08 13, 13 / 17, 17
09
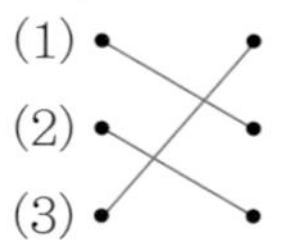
10 5+8=13 / 13개

유형책 4 단원

11 $12-5=7$ / 7개
12 7송이
13 예 [dice] / 13, 7, 13
14
❶ □ 안에 알맞은 수 구하기 ▶ 2점
❷ 덧셈식을 보고 알게 된 점 바르게 설명하기 ▶ 3점

❶ 11, 11, 11, 11
(알게 된 점) 예 ❷ 1씩 작아지는 수에 1씩 커지는 수를 더하면 합은 같습니다.

15 (위에서부터) 7, 4, 11 / 13, 5, 8
16
❶ $15-9$ 계산하기 ▶ 2점
❷ □ 안에 들어갈 수 있는 수의 개수 구하기 ▶ 3점

예 ❶ $15-9=6$이므로 $6<\square$입니다.
❷ 1부터 9까지의 수 중에서 □ 안에 들어갈 수 있는 수는 7, 8, 9로 모두 3개입니다.
답 3개

17 6명
18 $11-3$, $12-4$에 ○표
19 9, 7, 16(또는 7, 9, 16)
20
❶ ▲에 알맞은 수 구하기 ▶ 2점
❷ ●에 알맞은 수 구하기 ▶ 3점

예 ❶ 같은 두 수를 더해 16이 되는 경우는 $8+8=16$이므로 ▲$=8$입니다.
❷ ▲$=8$이므로 $11-$●$=8$입니다.
$11-3=8$이므로 ●$=3$입니다.
답 3

01 흰색 바둑돌 6개와 검은색 바둑돌 6개를 더하면 12개입니다.
→ $6+6=12$

02 10개씩 묶음에서 6을 빼고 남은 4와 4를 더하면 8입니다.

03 18을 10과 8로 가르기하여 8에서 8을 빼면 10이 남습니다.

04 남는 빨간색 색종이를 세어 보면 6장이므로 $13-7=6$입니다.

05 7을 5와 2로 가르기하여 2와 8을 더해 10을 만들고 남은 수 5를 더합니다.

06 $16-9=7$

07 $13-8=5$ → $5<6$

08 덧셈에서 두 수를 바꾸어 더해도 합은 같습니다.

09 (1) $9+3=12$
(2) $7+7=14$
(3) $13-3=10$

10 (포도주스의 수)+(사과주스의 수)
$=5+8=13$(개)

11 (오렌지주스의 수)−(포도주스의 수)
$=12-5=7$(개)

12 (꽃병에 남은 장미 수)
=(처음에 있던 장미 수)−(버린 장미 수)
$=15-8=7$(송이)

13 $9+4=13$이므로 $6+\square=13$입니다.
6과 더해서 13이 되는 수는 7이므로 점을 7개 그립니다.
→ $6+7=13$

15 하늘색 칠판의 수에 연두색 칠판의 수를 더하거나 빼서 분홍색 칠판의 수가 되도록 덧셈식과 뺄셈식을 각각 완성합니다.
→ $7+4=11$, $13-5=8$

17 (4명이 탄 후 사람 수)$=8+4=12$(명)
(6명이 내리고 지금 버스에 타고 있는 사람 수)
$=12-6=6$(명)

18 $13-5=8$ → $11-3=8$, $12-4=8$

19 합이 가장 크려면 가장 큰 수와 두 번째로 큰 수를 더해야 합니다.
$9>7>6>5>3$
→ 합이 가장 큰 덧셈식: $9+7=16$

5 규칙 찾기

117쪽 1 STEP 개념 확인하기

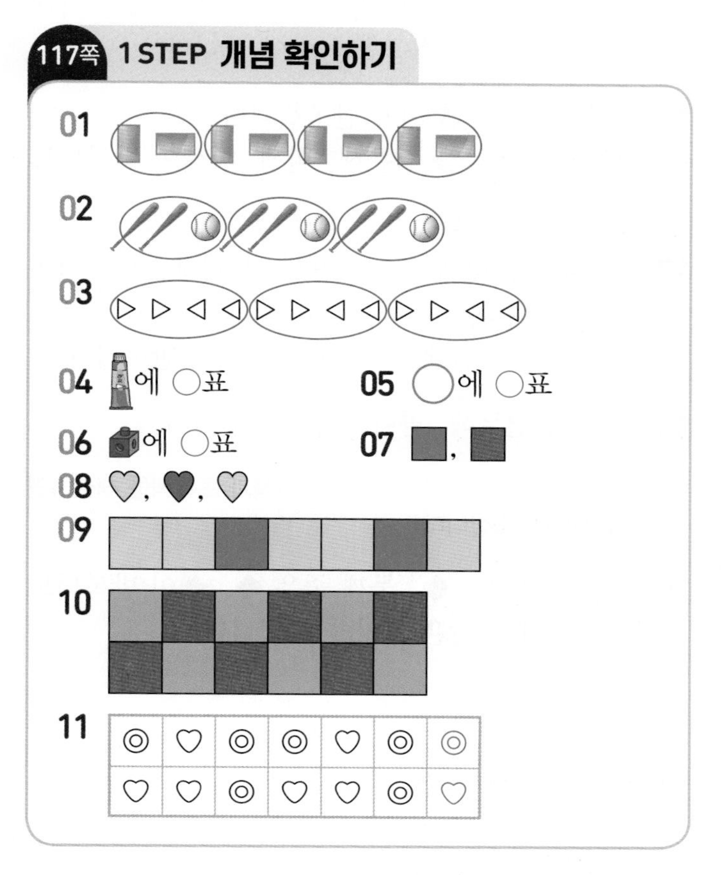

01 ▮, ▬ 모양이 반복됩니다.

02 야구방망이, 야구방망이, 야구공이 반복됩니다.

03 ▷, ▷, ◁, ◁ 모양이 반복됩니다.

04 치약, 칫솔이 반복됩니다. 칫솔 다음이므로 빈칸에 알맞은 것은 치약입니다.

05 ○, ◯ 모양이 반복됩니다. ○ 다음이므로 빈칸에 알맞은 것은 ◯입니다.

06 주황색, 파란색, 파란색 연결 모형이 반복됩니다. 주황색 다음이므로 빈칸에 알맞은 것은 파란색 연결 모형입니다.

07 초록색, 보라색이 반복됩니다.

08 노란색, 파란색, 노란색이 반복됩니다.

09 노란색, 노란색, 초록색이 반복됩니다.
따라서 빈칸은 노란색으로 색칠해야 합니다.

10 • 첫째 줄: 연두색, 빨간색이 반복됩니다.
• 둘째 줄: 빨간색, 연두색이 반복됩니다.

11 • 첫째 줄: ◎, ♡, ◎ 모양이 반복됩니다.
• 둘째 줄: ♡, ♡, ◎ 모양이 반복됩니다.

118쪽 2 STEP 유형 다잡기

01 (○) ( ) / 풀이 작은 것

01  / 포도, 참외

02 장갑　　03 숟가락, 포크

04 ㉠　　05 현우

06 답 ㉡ ▶ 2점
바르게 고치기 예 개수가 2개, 2개, 1개, 1개씩 반복됩니다. ▶ 3점

02 ㉡ / 풀이 장미, 장미

07 막대사탕　　08 ★, ◆

09 ⇩, ⇩　　10 ④

03 (○) / 풀이 두
( )

11 규하

04 ㉠ 파란색, 주황색이 반복됩니다.
㉡ 주황색과 파란색 사이에 반복되는 규칙이 없습니다.

05 집게는 흰색, 흰색, 검은색이 반복되므로 규칙을 바르게 말한 사람은 현우입니다.

07 규칙을 찾으면 솜사탕, 막대사탕이 반복됩니다.
따라서 ▢ 안에는 막대사탕이 들어가야 합니다.

08 ★, ◆ 모양이 반복됩니다.

09 ⇧, ⇩, ⇩ 모양이 반복됩니다.

10 ●, ●, ●, ♥ 모양이 반복됩니다.
→ ①, ②, ③: ●, ④: ♥

11 신호등의 불은 초록색, 노란색, 빨간색이 반복되며 켜집니다.

120쪽 2STEP 유형 다잡기

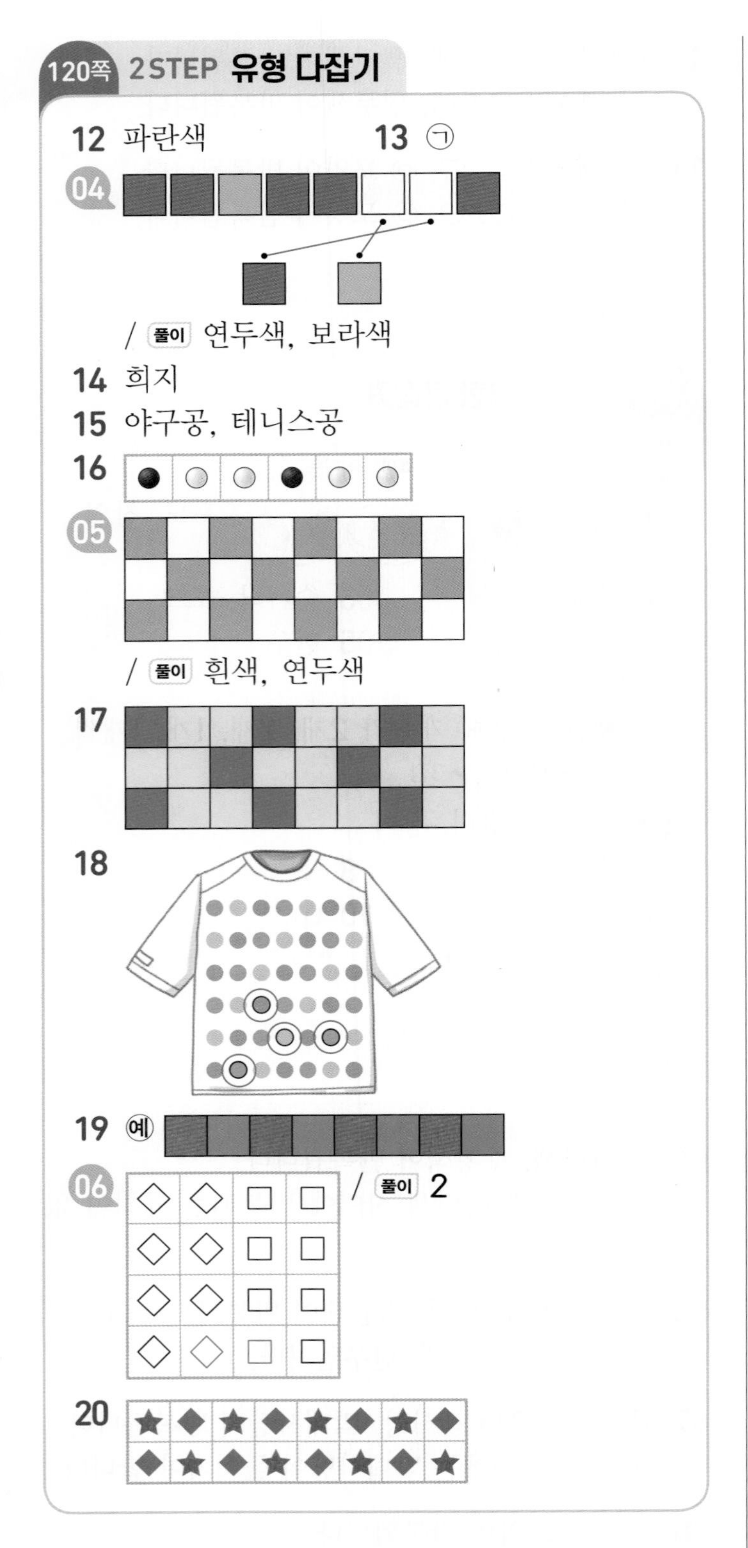

12 파란색 13 ㉠

04 / 풀이 연두색, 보라색

14 희지

15 야구공, 테니스공

05 / 풀이 흰색, 연두색

19 예

06 / 풀이 2

13 횡단보도는 검은색, 흰색이 반복됩니다.
㉠ 검은색, 흰색이 반복됩니다.
㉡ 검은색, 노란색, 노란색, 검은색이 반복됩니다.
㉢ 검은색, 흰색, 노란색이 반복됩니다.
따라서 횡단보도의 색깔과 규칙이 같은 것은 ㉠입니다.

14 재아: 빨간색, 주황색, 주황색, 빨간색이 반복되도록 연결 모형을 놓았습니다.

15 야구공, 테니스공이 반복되므로 빈 곳에는 차례로 야구공, 테니스공을 놓아야 합니다.

16 고양이, 토끼, 토끼가 반복됩니다.
따라서 바둑돌을 검은색, 흰색, 흰색이 반복되도록 놓습니다.

17 • 첫째 줄, 셋째 줄: 파란색, 노란색, 노란색이 반복됩니다.
• 둘째 줄: 노란색, 노란색, 파란색이 반복됩니다.

18 주황색, 연두색, 파란색이 반복됩니다.

19 채점 가이드 규칙이 나타나도록 빨간색과 초록색을 색칠하면 정답으로 인정합니다.

20 첫째 줄은 ★, ◆, 둘째 줄은 ◆, ★이 반복되도록 빈칸에 알맞은 모양을 그립니다.

122쪽 2STEP 유형 다잡기

21

◎	○	◎	◎	○	◎
○	◎	○	○	◎	○
◎	○	◎	◎	○	◎
○	◎	○	○	◎	○

22 예

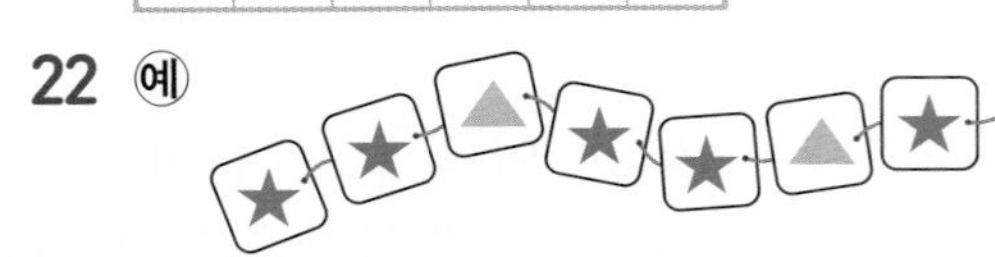

07 5개 / 풀이 파란색, 파란색, 초록색, 5

23 2칸

24

♥	♥	♠	♥	♥	♠	♥	♥	♠
♠	♠	♥	♠	♠	♥	♠	♠	♥
♥	♥	♠	♥	♥	♠	♥	♥	♠

25 15개

08 / 풀이 초록색, '두 번째'에 ○표

26

○	△	○	△	○	△
△	○	△	○	⊗	○
○	△	○	△	○	△

27 ㉡

09 × / 풀이 보라색, 노란색, 노란색, '다릅니다'에 ○표

28 ②, ③ 29 ㉢

21 • 첫째 줄, 셋째 줄: ◎, ○, ◎가 반복됩니다.
• 둘째 줄, 넷째 줄: ○, ◎, ○가 반복됩니다.

22 예 ★과 ▲를 골라 ★, ★, ▲ 모양이 반복되는 규칙으로 꾸몄습니다.
채점 가이드 두 가지 모양을 골라 반복되는 규칙으로 무늬를 꾸미면 정답으로 인정합니다.

23 첫째 줄은 빨간색, 노란색이 반복되므로 ㉠은 빨간색, ㉡은 노란색입니다.
둘째 줄은 노란색, 빨간색이 반복되므로 ㉢은 노란색, ㉣은 빨간색입니다.
따라서 빈칸에 빨간색은 ㉠, ㉣로 2칸 칠하게 됩니다.

24 첫째 줄, 셋째 줄은 ♥, ♥, ♠ 모양이 반복되고, 둘째 줄은 ♠, ♠, ♥ 모양이 반복됩니다.

25 24에서 완성한 무늬를 살펴보면 ♥ 모양은 첫째 줄과 셋째 줄에 6개씩 있고, 둘째 줄에 3개 있으므로 모두 15개입니다.

26 • 첫째 줄, 셋째 줄: ○, ▲가 반복됩니다.
• 둘째 줄: ▲, ○가 반복되는 규칙인데 잘못 그려진 곳이 있습니다.
→ 둘째 줄의 5번째 칸에는 ○가 아닌 ▲를 그려야 합니다.

27 바나나, 사과, 사과가 반복되는 규칙입니다.
바나나와 바나나 사이에 사과를 2개씩 놓아야 하므로 사과가 빠진 곳은 ㉡입니다.

28 • 첫째 줄: 초록색, 빨간색이 반복됩니다.
• 둘째 줄: 보라색, 초록색이 반복됩니다.
→ ① 빨간색, ② 초록색, ③ 초록색, ④ 보라색
따라서 ②와 ③에 같은 색을 칠해야 합니다.

29 ♣, ♣, ◇, ◇ 모양이 반복됩니다.
→ ㉠은 ♣, ㉡은 ♣, ㉢은 ◇이므로 알맞은 모양이 다른 하나는 ㉢입니다.

125쪽 1STEP 개념 확인하기

01 3, 4	02 5
03 1	04 2
05 3, 3	06 14
07 1, 1, 2, 2	08 '커집니다'에 ○표
09 10에 ○표	10 1, 3

04 5, 2가 반복됩니다.

05 1, 3, 3이 반복됩니다.

06 4부터 시작하여 2씩 커집니다.
따라서 12보다 2 큰 수는 14입니다.

08 41, 42, 43, 44, 45, 46, 47, 48, 49, 50
→ 41부터 시작하여 오른쪽으로 1씩 커집니다.

09 26, 36, 46, 56, 66, 76
→ 26부터 시작하여 아래쪽으로 10씩 커집니다.

10 화병의 꽃이 1송이, 3송이씩 반복됩니다.
꽃의 수를 아래 빈칸에 적으면 1, 3이 반복됩니다.

126쪽 2STEP 유형 다잡기

10 (　) (○) / 풀이 3, 6, 6

01 2, '작아집니다'에 ○표

02 규칙 1 예 1부터 시작하여 ↘ 방향으로 3씩 커집니다. ▶3점
규칙 2 → 방향으로 1씩 커집니다. ▶2점

11 7, 4 / 풀이 4, 7, 4

03 84, 76

유형책 5단원

04 18, 23, 28, 33

05

10	11	12	13
14	15	16	17
18	19	20	21

06 42

12 1 / 풀이 1

07 11 08 ㉡

09 ( ) (○)

03 92부터 시작하여 4씩 작아집니다.
➔ 빈칸에 84, 76을 차례로 써넣습니다.

04 13부터 5씩 커지므로 13, 18, 23, 28, 33입니다.

05 맨 윗줄의 각 수부터 시작하여 ↓ 방향으로 4씩 커지게 수를 써넣습니다.

06 54부터 시작하여 3씩 작아지면 54, 51, 48, 45, 42이므로 ㉠에 알맞은 수는 42입니다.

07 21, 32, 43, 54로 11씩 커집니다.

08 • 색칠한 수는 ↗ 방향으로 26, 29, 32, 35로 26부터 시작하여 3씩 커집니다. ➔ ㉠
• 색칠한 수는 ↙ 방향으로 35, 32, 29, 26으로 35부터 시작하여 3씩 작아집니다. ➔ ㉢

09 초록색 블록은 ← 방향으로 (9, 8, 7), (6, 5, 4), (3, 2, 1)로 1씩 작아집니다.

128쪽 2STEP 유형 다잡기

13

11	12	13	14	15	16	17	18	19	20
21	22	23	24	25	26	27	28	29	30
31	32	33	34	35	36	37	38	39	40

/ 풀이 1, 10

10

51	52	53	54	55	56	57	58	59	60
61	62	63	64	65	66	67	68	69	70
71	72	73	74	75	76	77	78	79	80
81	82	83	84	85	86	87	88	89	90

11 1단계 예 16부터 시작하여 ↓ 방향으로 5씩 커지므로 ♥에 알맞은 수는 26입니다. ▶3점
2단계 20부터 시작하여 ↓ 방향으로 5씩 커지므로 ★에 알맞은 수는 35입니다. ▶2점
답 26, 35

14

31	32	33	34	35	36	37	38	39	40
41	42	43	44	45	46	47	48	49	50
51	52	53	54	55	56	57	58	59	60

/ 풀이 52, 57

12

41	42	43	44	45	46	47	48	49	50
51	52	53	54	55	56	57	58	59	60
61	62	63	64	65	66	67	68	69	70

13 초록색

14 예

30	29	28	27	26	25	24	23	22	21
20	19	18	17	16	15	14	13	12	11
10	9	8	7	6	5	4	3	2	1

규칙 29부터 시작하여 2씩 작아집니다.

15 35 / 풀이 1, 10, 35

15 ③ 16 99

16 38, 45, 52 / 풀이 7, 38, 45, 52

17

20	20	30	20	20	30	20	20

10 → 방향으로 1씩 커지는 규칙입니다.
• 76부터 1씩 커지면 77, 78, 79, 80입니다.
• 86부터 1씩 커지면 87, 88, 89, 90입니다.

12 41부터 시작하여 8씩 커지는 수는 41, 49, 57, 65입니다.

13 보라색: 70, 75, 80, 85, 90, 95에 색칠해야 합니다.
참고 지금 색칠한 보라색은 70부터 시작하여 6씩 커지는 규칙입니다.

14 채점 가이드 규칙을 정해 색칠하고 규칙을 바르게 쓰면 정답으로 인정합니다.

15 오른쪽으로 1칸 갈 때마다 1씩 커지고, 아래쪽으로 1칸 갈 때마다 9씩 커집니다.
54부터 아래쪽으로 54, 63, 72이므로
① 72, ② 73, ③ 74입니다.

16 오른쪽으로 1칸 갈 때마다 1씩 커지고, 아래쪽으로 1칸 갈 때마다 10씩 커집니다.

86	87	88	89
96	97	98	99

→ ㉠에 알맞은 수는 99입니다.

17 규민이의 규칙은 4, 4, 9가 반복됩니다. 같은 규칙에 따라 20, 20, 30이 반복되도록 수를 써넣습니다.

130쪽 2STEP 유형 다잡기

18 29　　**19** 90

17 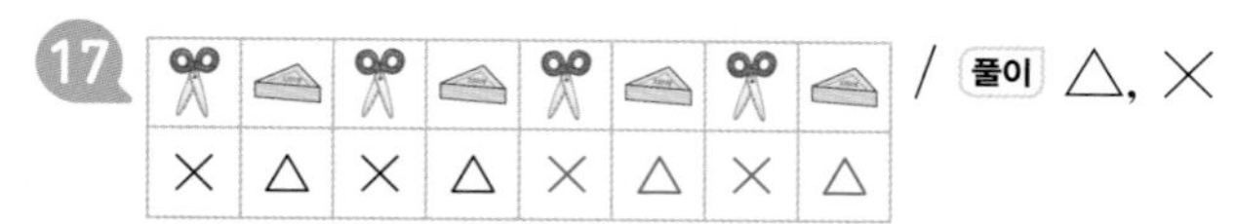 / 풀이 △, ×

20

○	○	△	○	○	△	○

21 (1단계) 예 주먹, 가위, 주먹이 반복됩니다. ▶ 2점
(2단계) 주먹을 □로, 가위를 △로 나타내면 빈칸에 알맞은 모양은 차례로 △, □입니다. ▶ 3점

답 △, □

22 ㉠

18 ⁙, 3, 6, 6
/ 풀이 ⁙에 ○표, 6, ⁙, 3, 6, 6

23 체리, 딸기 / 2, 1, 1, 2

24 0, 0, 2, 0

25

○	◎	◉	○	◎	◉	○	◎	◉
1	2	3	1	2	3	1	2	3

26 ㉡

27 수 5, 3, 5, 3
모양 ㄱ, ㄴ, ㄱ, ㄴ

18 〈보기〉는 84부터 시작하여 4씩 작아집니다. 4씩 작아지는 규칙으로 수를 쓰면 45, 41, 37, 33, 29이므로 ㉠에 알맞은 수는 29입니다.

19 색칠한 수는 19, 25, 31로 6씩 커집니다. 66부터 시작하여 6씩 커지는 수는 66, 72, 78, 84, 90으로 ★에 알맞은 수는 90입니다.

20 탬버린, 탬버린, 트라이앵글이 반복됩니다. 탬버린을 ○로, 트라이앵글을 △로 나타내면 빈칸에 알맞은 모양은 ○, △, ○입니다.

22 ㉠ 초콜릿을 □, 빵을 ○로 바꾸어 나타내면 □, □, ○가 반복되므로 □, ○, ○가 반복되는 규칙으로 나타낼 수 없습니다.

23 딸기, 체리, 체리, 딸기가 반복됩니다. 딸기를 1로, 체리를 2로 바꾸어 나타냅니다.

24 차렷, 만세, 차렷이 반복됩니다. 차렷을 0으로, 만세를 2로 하여 규칙을 나타낼 수 있습니다.

25 • 첫째 줄: ○, ◎, ◉가 반복되므로 빈칸에 ◎, ◉를 차례로 그립니다.
• 둘째 줄: ○를 1, ◎를 2, ◉를 3으로 바꾸어 나타내면 1, 2, 3이 반복되므로 빈칸에 3, 2, 3을 차례로 써넣습니다.

26 〈보기〉의 규칙은 붓, 붓, 물감이 반복됩니다. 붓을 2로, 물감을 3으로 하여 〈보기〉의 규칙에 따라 수로 바르게 나타낸 것은 ㉡입니다.

27 • 은 5로, 은 3으로 하여 규칙을 수로 나타내면 5, 3, 5, 3, 5, 3입니다.
• 은 ㄱ으로, 은 ㄴ으로 하여 규칙을 모양으로 나타내면 ㄱ, ㄴ, ㄱ, ㄴ, ㄱ, ㄴ입니다.

132쪽 3STEP 응용 해결하기

1 18　　**2** 하늘색

3
❶ 색칠한 부분의 수에서 규칙 찾기 ▶ 3점
❷ ♣에 알맞은 수 구하기 ▶ 2점

예 ❶ → 방향으로 1씩 커지고, ↓ 방향으로 7씩 커집니다. 따라서 색칠한 부분의 수는 24, 32, 40, 48입니다. ↖ 방향으로 색칠한 수는 48, 40, 32, 24로 8씩 작아집니다.
❷ 59부터 시작하여 8씩 작아지는 규칙으로 수를 쓰면 59, 51, 43, 35, 27이므로 ♣에 알맞은 수는 27입니다.

답 27

유형책 5단원

4 흰색 바둑돌, 5개

5 ❶ ㉠, ㉡, ㉢에 알맞은 수 각각 구하기 ▶ 3점
❷ 수가 작은 것부터 차례로 기호 쓰기 ▶ 2점

예 ❶ • 50, 80이 반복되므로 ㉠=80입니다.
• 90, 85, 80은 5씩 작아지므로 ㉡=75입니다.
• 67, 71, 75는 4씩 커지므로 ㉢=79입니다.
❷ 75<79<80이므로 수가 작은 것부터 차례로 쓰면 ㉡, ㉢, ㉠입니다.
답 ㉡, ㉢, ㉠

6 30, 46

7 (1) 4, 8, 9 (2) 1

8 (1)

	첫째	둘째	셋째	넷째	다섯째
가열	21	22	23	24	25
나열	30	31			
다열					○

(2) 43번

1 50부터 시작하여 4씩 작아집니다.
50, 46, 42, 38, 34, 30, 26, 22, 18이므로 9번째에 써야 할 수는 18입니다.

2 • 첫째 줄: 하늘색, 연두색이 반복됩니다.
• 둘째 줄: 연두색, 분홍색이 반복됩니다.
• 셋째 줄: 하늘색, 분홍색이 반복됩니다.

무늬를 완성했을 때 하늘색은 8칸, 연두색은 7칸, 분홍색은 6칸입니다.
따라서 색칠된 칸 수가 가장 많은 색깔은 하늘색입니다.

4 흰색, 검은색, 흰색 바둑돌이 반복됩니다.
15개의 바둑돌을 규칙에 따라 놓으면
○●○○●○○●○○●○○●○이므로
흰색 바둑돌은 10개, 검은색 바둑돌은 5개 놓입니다. 따라서 흰색 바둑돌이 10−5=5(개) 더 많습니다.

6 ⇄ 방향으로 수가 2씩 커집니다.

2	4	6	8	10	12
24	22	20	18	16	14
26	28	30	32	34	36
48	46	44	42	40	38

→ ♥에 알맞은 수는 30, ★에 알맞은 수는 46입니다.

7 (1) 수 카드에 적힌 수는 9, 4, 8이 반복되므로 여덟째에는 4, 아홉째에는 8, 열째에는 9가 놓입니다.
(2) 셋째에 놓인 수 카드에 적힌 수는 8이므로 셋째와 열째에 놓인 수 카드에 적힌 두 수의 차는 9−8=1입니다.

8 (2) 각 자리에서 ↓ 방향으로 번호가 9씩 커집니다. 25부터 시작하여 9씩 커지는 수는 25, 34, 43이므로 민호의 의자 번호는 43번입니다.

135쪽 5단원 마무리

01 ♡
02 빵, 우유
03 11
04 57, 58, 59, 60
05 ( )
(○)
06 ○, △, ×
07

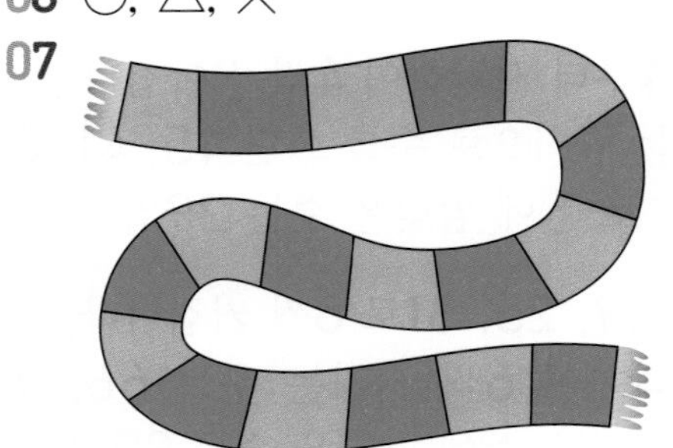

08 80
09 2, 2, 5, 5, 2
10 28, 33, 38, 43, 48
11 ❶ 세 사람이 만든 규칙 알기 ▶ 3점
❷ 만든 규칙이 다른 한 사람은 누구인지 구하기 ▶ 2점

예 ❶ 수지: 초콜릿, 사탕, 사탕이 반복됩니다.
은규: 연필, 지우개, 연필이 반복됩니다.
현서: 버섯, 당근, 당근이 반복됩니다.
❷ 따라서 만든 규칙이 다른 사람은 은규입니다.
답 은규

12 (○) ( )
13 규칙 ◆, ◆, ●, ●
다른 규칙 예 ● ◆ ● ◆ ● ◆ ● ◆
14 ㉡
15 61
16
17 ❶ 찾을 수 있는 규칙을 한 가지 쓰기 ▶ 3점
❷ ❶과 다른 규칙을 한 가지 쓰기 ▶ 2점

예 ❶ 깃발이 높은 것과 낮은 것이 반복됩니다.
❷ 깃발이 빨간색과 파란색이 반복됩니다.

18 ③
19 6개
20 ❶ ㉠, ㉡에 알맞은 수 각각 구하기 ▶ 3점
❷ 수가 더 작은 것의 기호 쓰기 ▶ 2점

예 ❶ • 99, 88, 77, 66은 11씩 작아지므로 ㉠=55입니다.
• 100, 50이 반복되므로 ㉡=100입니다.
❷ 55<100이므로 수가 더 작은 것은 ㉠입니다.
답 ㉠

01 ♡, ♡, △ 모양이 반복됩니다.

02 우유, 빵, 우유가 반복되므로 빈칸에 빵, 우유를 차례로 써넣습니다.

03 1, 12, 23, 34, 45, 56
➔ 1부터 시작하여 56까지 11씩 커집니다.

04 여섯째 줄은 51, 52, 53, 54, 55, 56으로 오른쪽으로 1칸 갈 때마다 1씩 커집니다.
➔ 색칠된 칸에는 57, 58, 59, 60을 차례로 써넣습니다.

05 위쪽은 가위, 자, 가위가 반복됩니다.

06 신호등의 초록 불을 ○로, 노란 불을 △로, 빨간 불을 ×로 바꾸어 나타냅니다.

07 주황색과 초록색이 반복되도록 색칠합니다.

08 89, 86, 83으로 3씩 작아집니다.
➔ 빈 곳에는 80을 써넣습니다.

09 ⁚를 2로, ⁙를 5로 바꾸어 나타냅니다.

10 23부터 시작하여 5씩 뛰어 셉니다.
➔ 23, 28, 33, 38, 43, 48

12 ○표, ×표가 반복됩니다.
빈칸에 알맞은 동작은 ○표, ×표입니다.

13 참고 ◆, ●의 순서를 바꾸거나 개수를 다르게 하여 다른 규칙으로 늘어놓을 수 있습니다.

14 색칠한 수는 17, 24, 31, 38로 17부터 시작하여 7씩 커집니다. ➔ ㉡
참고 ㉢ 38부터 시작하면 38, 31, 24, 17로 7씩 작아집니다.

15 → 방향으로 3씩 커지고, ↓ 방향으로 1씩 커집니다.

54		
55	58	61

➔ ♥에 알맞은 수는 61입니다.

16 ☽, ☽, ☆이 반복됩니다.
➔ 둘째 줄의 마지막 칸에는 ☆을 그려야 합니다.

18 초록색, 노란색, 초록색이 반복됩니다.
➔ ㉠과 ㉣은 초록색, ㉡과 ㉢은 노란색이므로 같은 색끼리 짝 지은 것은 ③입니다.

19 구슬은 보라색, 파란색, 파란색이 반복되므로 다음으로 올 구슬은 파란색, 파란색, 보라색입니다.
➔ 따라서 구슬 10개 중 파란색 구슬은 6개입니다.

유형책 5 단원

6 덧셈과 뺄셈(3)

141쪽 1STEP 개념 확인하기

01 18
02 30
03 50
04 38
05 6 / 3, 6
06 0 / 9, 0
07 4 / 6, 4
08 85
09 57
10 70
11 79

01 십 모형: 1개, 일 모형: 3+5=8(개)
➔ 십 모형 1개와 일 모형 8개이므로
13+5=18입니다.

02 십 모형이 2+1=3(개), 일 모형은 0개이므로
20+10=30입니다.

03 10개씩 묶음이 2+3=5(개)이므로
20+30=50입니다.

04 • 10개씩 묶음: 2+1=3(개)
• 낱개: 6+2=8(개)
➔ 10개씩 묶음 3개와 낱개 8개이므로
26+12=38입니다.

05 낱개의 수끼리 더하고, 10개씩 묶음의 수는 그대로 내려 씁니다.

06 낱개의 자리에 0을 쓰고, 10개씩 묶음의 수끼리 더합니다.

07 낱개의 수끼리 더하고, 10개씩 묶음의 수끼리 더합니다.

08
$$\begin{array}{r} 8\,0 \\ +\quad 5 \\ \hline 8\,5 \end{array}$$

09
$$\begin{array}{r} 5\,1 \\ +\quad 6 \\ \hline 5\,7 \end{array}$$

10
$$\begin{array}{r} 5\,0 \\ +\,2\,0 \\ \hline 7\,0 \end{array}$$

11
$$\begin{array}{r} 3\,4 \\ +\,4\,5 \\ \hline 7\,9 \end{array}$$

142쪽 2STEP 유형 다잡기

01 55, 56, 57, 57
/ 풀이 55, 56, 57, 57

01 27

02 예 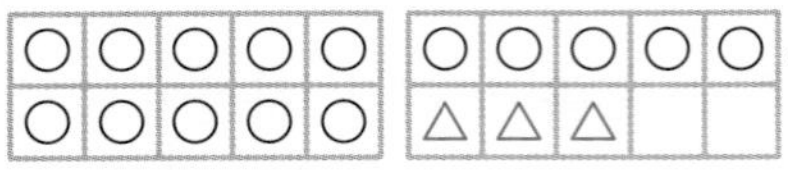 , 18

02 28 / 풀이 8, 28

03 (1) 46 (2) 97

04 (위에서부터) 75, 77

05 ( ) (○) ( )

06 이유 예 낱개의 수끼리 더하고, 10개씩 묶음의 수는 그대로 내려 써야 하는데 낱개의 수를 10개씩 묶음의 수와 더해서 잘못되었습니다. ▶ 3점

바르게 계산
$$\begin{array}{r} 4\,3 \\ +\quad 5 \\ \hline 4\,8 \end{array}$$
▶ 2점

07 이, 구, 아, 나

03 60 / 풀이 0, 6, 60

08 (1) 20 (2) 80

09 70

10 <

11 (1) (2) (3) 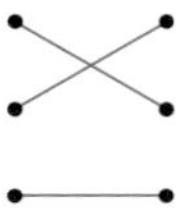

01 23에서 4만큼 이어 세면 24, 25, 26, 27이므로 23+4=27입니다.

02 더하는 수 3만큼 △를 그리면 모두 18개이므로 15+3=18입니다.

03 낱개의 수끼리 더하고, 10개씩 묶음의 수는 그대로 내려 씁니다.

04 72+3=75, 72+5=77

05 • 31+6=37
• 30+5=35(○)
• 33+1=34

07 52+1=53(나), 65+2=67(구),
63+6=69(이), 51+3=54(아)
➔ 69>67>54>53이므로 합이 큰 순서대로 글자를 쓰면 '이구아나'입니다.

08 낱개의 수는 0이고, 10개씩 묶음의 수끼리 더합니다.

09 $30+40=70$

10 $20+20=40$, $40+10=50$ → $40<50$

11 (1) $10+60=70$, $40+30=70$
(2) $30+30=60$, $50+10=60$
(3) $70+20=90$, $30+60=90$

144쪽 2STEP 유형 다잡기

04 47 / 풀이 7, 4, 47
12 (1) 99 (2) 78　　13 65
14 ㉡
15 1단계 예 ㉠ $41+42=83$, ㉡ $13+73=86$, ㉢ $28+51=79$ ▶ 3점
2단계 합을 비교하면 $86>83>79$이므로 합이 가장 큰 것은 ㉡입니다. ▶ 2점
답 ㉡
16 45, 58, 84
05 36개 / 풀이 32, 4, 36
17 예 노란색, 보라색 / 11, 13, 24, 24
18 55, 19　　19 준규
06 14, 31에 ○표 / 풀이 31, 45, 33, 55, 14, 31
20 7, 61에 ○표 / 61, 7(또는 7, 61)
21 32, 25

12 낱개의 수끼리 더하고, 10개씩 묶음의 수끼리 더합니다.

13 52보다 13만큼 더 큰 수: $52+13=65$

14 ㉡ $20+37=57$

16 ■: 휴대 전화, 엽서 → $23+22=45$
▲: 삼각자, 표지판 → $13+45=58$
●: 동전, 단추 → $34+50=84$

17 채점 가이드 두 가지 색의 공을 골라 공의 수를 바르게 더했는지 확인합니다.

18 • 상자에 담은 귤 수: $30+25=55$(개)
• 바구니에 담은 귤 수: $8+11=19$(개)

19 (준규가 가지고 있는 색종이 수)
$=30+50=80$(장)
→ $80>65$이므로 색종이를 더 많이 가지고 있는 사람은 준규입니다.

20 낱개의 수끼리의 합이 8이 되는 두 수를 찾으면 61과 7입니다.
→ $61+7=68$ 또는 $7+61=68$

21 낱개의 수끼리의 합이 7이 되는 두 수를 찾아 더해 봅니다.
$46+31=77$(×), $32+25=57$(○), $11+36=47$(×)

147쪽 1STEP 개념 확인하기

01	31	02	13
03	5 / 8, 5	04	0 / 3, 0
05	3 / 3, 3	06	40
07	70	08	51
09	43	10	31, 57
11	22, 4		

01 십 모형: 3개, 일 모형: $5-4=1$(개)
→ 십 모형 3개와 일 모형 1개가 남으므로 $35-4=31$입니다.

02 십 모형: $2-1=1$(개), 일 모형: $8-5=3$(개)
→ 십 모형 1개와 일 모형 3개가 남으므로 $28-15=13$입니다.

03 낱개의 수끼리 빼고, 10개씩 묶음의 수는 그대로 내려 씁니다.

04 낱개의 자리에 0을 쓰고, 10개씩 묶음의 수끼리 뺍니다.

05 낱개의 수끼리 빼고, 10개씩 묶음의 수끼리 뺍니다.

06 $\begin{array}{r} 43 \\ -\ \ 3 \\ \hline 40 \end{array}$

07 $\begin{array}{r} 90 \\ -20 \\ \hline 70 \end{array}$

08 $\begin{array}{r} 68 \\ -17 \\ \hline 51 \end{array}$

09 $\begin{array}{r} 94 \\ -51 \\ \hline 43 \end{array}$

10 (빨간색 꽃)+(노란색 꽃)
=26+31=57(송이)

11 (빨간색 꽃)−(파란색 꽃)
=26−22=4(송이)

148쪽 2STEP 유형 다잡기

07 24 / 풀이 3, 24, 24

01 22

02 예 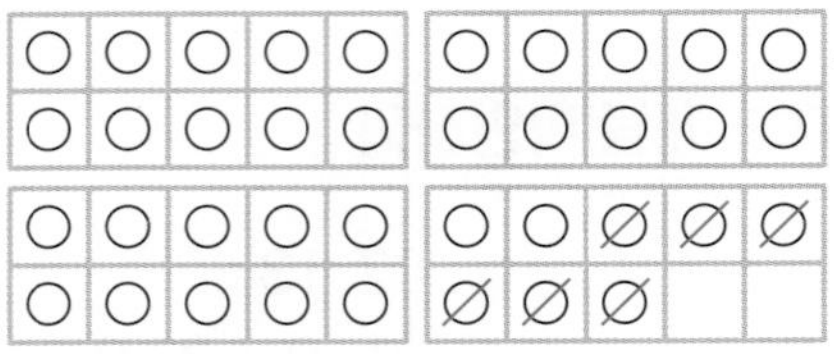 , 32

08 81 / 풀이 2, 2, 81

03 (1) 12 (2) 63

04 (×)
(○)

05 63, 61

06 $\begin{array}{r} 57 \\ -\ \ 3 \\ \hline 54 \end{array}$

07 1단계 예 ㉠ 10개씩 묶음 3개와 낱개 5개인 수 → 35, ㉡ 삼 → 3입니다. ▸2점
2단계 따라서 35−3=32입니다. ▸3점
답 32

09 40 / 풀이 60, 20, 60, 20, 40

08 (1) 20 (2) 50

09 40

10 (3)(1)(2)

11 (왼쪽에서부터) 40, 30

01 곶감 26개에서 4개를 지우면 곶감은 22개 남습니다.
→ 26−4=22

02 ○ 38개 중 6개를 /으로 지우면 ○는 32개 남습니다. → 38−6=32

03 낱개의 수끼리 빼고, 10개씩 묶음의 수는 그대로 내려 씁니다.

04 45−2=43

05 67−4=63, 63−2=61

06 낱개의 수끼리 자리를 맞추어 쓴 후 계산해야 하는데 10개씩 묶음의 수에서 낱개의 수를 빼어 잘못되었습니다.

08 낱개의 수는 0이고, 10개씩 묶음의 수끼리 뺍니다.

09 90−50=□, □=40

10 70−60=10, 50−10=40, 80−50=30
→ 40>30>10
차가 큰 것부터 차례로 쓰면
50−10, 80−50, 70−60입니다.

11 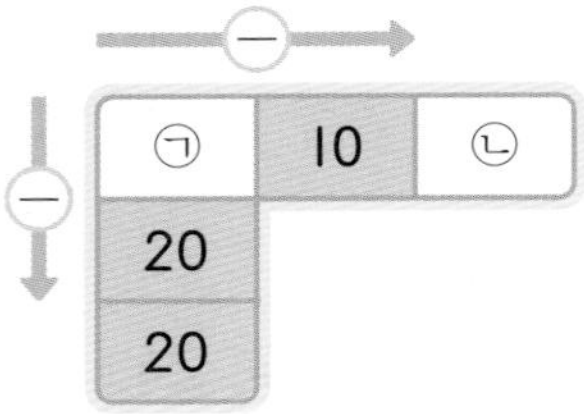

• ↓ 방향으로 ㉠−20=20
→ 40−20=20이므로 ㉠=40입니다.
• → 방향으로 ㉠−10=40−10=30이므로 ㉡=30입니다.

150쪽 2STEP 유형 다잡기

10 61 / 풀이 75, 14, 75, 14, 61

12 (1) 21 (2) 23

13 미나

14 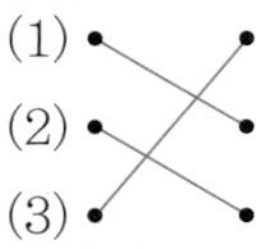

15 예 34, 13, 21

16 (위에서부터) 49, 66, 68 / 12

11 현아, 30번
/ 풀이 <, '현아'에 ○표, 70, 40, 30

17 26명

18 39개

19 53, 54

12 90, 40 / 풀이 40, 90, 90, 40, 50

20 4, 3

21 95, 31

12 낱개의 수끼리 빼고, 10개씩 묶음의 수끼리 뺍니다.

13 미나: 42－21＝21, 도율: 67－35＝32
→ 21＜32이므로 차가 더 작은 식을 말한 사람은 미나입니다.

14 (1) 27－5＝22, 86－64＝22
(2) 20－10＝10, 52－42＝10
(3) 79－35＝44, 48－4＝44

15 채점 가이드 큰 수에서 작은 수를 빼는 뺄셈식을 만들고 바르게 계산했으면 정답입니다.

16 → 방향으로 1씩 커지고, ↓ 방향으로 10씩 커지는 규칙입니다.
㉠＝57, ㉡＝69 → ㉡－㉠＝69－57＝12

17 (응원 연습을 하는 학생 수)
＝(전체 학생 수)－(대회 참가자 수)
＝29－3＝26(명)

18 59＞48＞35＞20이므로 노란색 모자가 가장 많고, 파란색 모자가 가장 적습니다.
→ (가장 많은 모자 수)－(가장 적은 모자 수)
＝59－20＝39(개)

19 • (남은 고구마 수)＝84－31＝53(개)
• (남은 감자 수)＝78－24＝54(개)

20 3과 4를 □ 안에 각각 넣어 계산해 봅니다.
36－24＝12(×), 46－23＝23(○)
따라서 차가 23이 되는 뺄셈식은 46－23＝23입니다.
다른 풀이 낱개의 수의 차가 3이 되려면 빼는 수의 낱개의 수가 3이어야 합니다.
→ 46－23＝23

21 낱개의 수의 차가 4가 되는 두 수를 찾으면 95와 31, 54와 40입니다.
95－31＝64(○), 54－40＝14(×)

152쪽 2STEP 유형 다잡기

13 15, 13, 28(또는 13, 15, 28)
/ 풀이 15, 13, 28

22 11, 2, 13(또는 2, 11, 13)

23 13＋13＝26 / 26장

24 예 20, 22, 42 / 22, 17, 39

14 20, 16 / 풀이 20, 16

25 22, 21, 1

26 47, 12, 35

27 예 파란색, 초록색 / 29, 5, 24

15 59, 59, '같습니다'에 ○표
/ 풀이 59, 59, ＝

28 42, 52, 62, 72

29 75, 85

30

20＋35	15＋60	10＋70
70＋10	60＋15	35＋20

22 (필요한 붙임딱지 수)
＝(인형 1개를 사는 데 필요한 붙임딱지 수)
＋(팽이 1개를 사는 데 필요한 붙임딱지 수)
＝11＋2＝13(장)

23 가방을 1개 사는 데 필요한 붙임딱지 수: 13장
→ (사용한 붙임딱지 수)＝13＋13＝26(장)

24 채점 가이드 20과 22, 22와 17, 20과 17의 합을 구하는 덧셈식을 만들고 바르게 계산했으면 정답으로 인정합니다.

25 빨간색 책: 22권, 초록색 책: 21권
→ (빨간색 책 수)－(초록색 책 수)
＝22－21＝1(권)

26 초콜릿 47개에서 12개를 지우면 35개가 남습니다. → 47－12＝35

27 채점 가이드 구슬의 색깔을 고를 때 앞에 적는 구슬의 수가 뒤에 적는 구슬의 수보다 큰 것을 골랐는지 확인합니다. 고른 두 가지 색깔의 구슬 수의 차를 구하는 뺄셈식을 만들고 바르게 계산했으면 정답으로 인정합니다.

28 같은 수에 10씩 커지는 수를 더하면 합도 10씩 커집니다.

29 45, 55, 65로 10씩 커지는 수에 같은 수 20을 더하면 합도 65, 75, 85로 10씩 커집니다.

유형책 6단원

30 두 수의 순서를 바꾸어 더해도 합은 같습니다.
$20+35=55 \leftrightarrow 35+20=55$
$10+70=80 \leftrightarrow 70+10=80$
$60+15=75 \leftrightarrow 15+60=75$

154쪽 2STEP 유형 다잡기

16 13, 12, 11, 1
/ 풀이 (왼쪽에서부터) 13, 12, 11, 1, 1, 1
31 25, 24, 23, 22
32

77−13	77−14	77−15
	78−15	78−16
		79−17

33 (위에서부터) 46, 36, 76, 60 ▶ 2점
알게 된 점 예 같은 수에서 10씩 커지는 수를 빼면 차는 10씩 작아집니다. ▶ 3점
17 80 / 풀이 70, 40, 20, 10, 70, 10, 70, 10, 80
34 92
35 (1) 85, 13 (2) 98
18 47, 5, 42 / 풀이 '큰'에 ○표, '작은'에 ○표, 47, 5, 42
36 52, 34, 86(또는 34, 52, 86)
37 6, 3, 2(또는 6, 2, 3) / 65
38 (위에서부터) 4, 5 / 3, 4
39 예 1, 5, 2, 3 / 38

31 같은 수에서 1씩 커지는 수를 빼면 차는 1씩 작아집니다.

32 ↓ 방향으로 차가 같습니다.
- $77-13=64$ → 노란색
- $77-14=63$, $78-15=63$ → 빨간색
- $77-15=62$, $78-16=62$, $79-17=62$ → 파란색

참고 1씩 커지는 수에서 1씩 커지는 수를 빼면 차는 같습니다.

34 $95>26>5>3$
→ (가장 큰 수)−(가장 작은 수)$=95-3=92$

35 (1) $8>5>4>3>1$이므로 만들 수 있는 가장 큰 수는 85, 가장 작은 수는 13입니다.
(2) (가장 큰 수)+(가장 작은 수)
$=85+13=98$

36 합이 가장 작으려면 가장 작은 수와 두 번째로 작은 수의 합을 구해야 합니다.
$34<52<58<72$ → $52+34=86$

37 합이 가장 크려면 10개씩 묶음의 자리에 가장 큰 수를 써넣어야 합니다.
→ $63+2=65$ 또는 $62+3=65$

38 11과의 차가 가장 작으려면 가장 작은 몇십몇을 만들어야 합니다.
$4<5<8$이므로 만들 수 있는 가장 작은 몇십몇은 45입니다.
→ $45-11=34$

39 합이 가장 작으려면 10개씩 묶음의 자리에 가장 작은 수 1과 두 번째로 작은 수 2를 놓고, 낱개의 자리에 남은 수를 놓아야 합니다.
단, 10개씩 묶음 자리의 수끼리, 낱개 자리의 수끼리는 서로 위치를 바꾸어 써도 됩니다.
→ $15+23=38$(또는 $23+15=38$),
$13+25=38$(또는 $25+13=38$)

156쪽 2STEP 유형 다잡기

19 (위에서부터) 3, 5 / 풀이 77, 59
40 4, 2
41 6, 3
20 11, 12에 ○표
/ 풀이 13 / 13, 11, 12에 ○표
42 55
43 1, 2, 3, 4
21 82 / 풀이 89, 82, 89, 82
44 70
45 59
22 75 / 풀이 55, 55, 55, 75, 75

46 (1단계) 예 날개의 수끼리 계산하면
$8-★=5$입니다.
➔ $8-3=5$이므로 $★=3$입니다. ▶ 2점
(2단계) 10개씩 묶음의 수끼리 계산하면
$▲-★=▲-3=1$입니다.
➔ $4-3=1$이므로 $▲=4$입니다. ▶ 3점
답 4

47 20, 30, 60

40 • 날개의 수: $3-1=$㉡, ㉡$=2$
• 10개씩 묶음의 수: $8-$㉠$=4$
➔ $8-4=4$이므로 ㉠$=4$입니다.

41 • 날개의 수: $7-4=\square$, $\square=3$
• 10개씩 묶음의 수: $\square-1=5$
➔ $6-1=5$이므로 $\square=6$입니다.

42 $25+31=56$
➔ $56>\square$이므로 $\square$ 안에는 55, 54, 53, ...이 들어갈 수 있습니다.
따라서 들어갈 수 있는 수 중에서 가장 큰 수는 55입니다.

43 1부터 수를 차례로 넣어 보면서 합이 78보다 작은 경우를 모두 찾아봅니다.
$73+1=74$, $73+2=75$, $73+3=76$, $73+4=77$, $73+5=78$, ...
따라서 보이지 않는 곳에 들어갈 수 있는 수는 1, 2, 3, 4입니다.
다른 풀이 $73+5=78$이므로 보이지 않는 곳에는 5보다 작은 수가 들어가야 합니다. 따라서 들어갈 수 있는 수는 1, 2, 3, 4입니다.

44 어떤 수를 $\square$라 하여 뺄셈식을 만들면 $\square-20=50$입니다.
➔ $70-20=50$이므로 어떤 수는 70입니다.

45 어떤 수를 $\square$라 하여 덧셈식을 만들면 $\square+33=65$입니다.
➔ $32+33=65$이므로 어떤 수는 32입니다.
따라서 어떤 수에 27을 더하면 $32+27=59$입니다.

47 • $20+20=40$이므로 ♥$=20$입니다.
• $10+$♥$=10+20=30$이므로 ♠$=30$입니다.
• ♠$+30=30+30=60$이므로 ♣$=60$입니다.

158쪽 3STEP 응용 해결하기

1 3명
2 16
3
❶ 주경이가 모은 딱지 수 구하기 ▶ 3점
❷ 현우와 주경이가 모은 딱지 수의 차 구하기 ▶ 2점

예 ❶ (주경이가 모은 딱지 수)
$=47-15=32$(개)
❷ (현우가 모은 딱지 수)−(주경이가 모은 딱지 수)$=36-32=4$(개)이므로
현우가 모은 딱지는 주경이가 모은 딱지보다 4개 더 많습니다.
답 4개

4 76
5 20
6
❶ 미주와 도윤이가 만든 가장 큰 몇십몇을 각각 구하기 ▶ 3점
❷ 미주와 도윤이가 만든 두 수의 차 구하기 ▶ 2점

예 ❶ $7>4>3$이므로 미주가 만든 가장 큰 몇십몇은 74이고, $6>2>1$이므로 도윤이가 만든 가장 큰 몇십몇은 62입니다.
❷ $74>62$이므로 미주와 도윤이가 만든 두 수의 차는 $74-62=12$입니다.
답 12

7 (1) 55 (2) 89
8 (1) 1, 2, 3 (2) 1, 2 (3) 2개

1 (연주네 반의 학생 수)$=13+16=29$(명)
(지훈이네 반의 학생 수)$=14+12=26$(명)
➔ (두 반의 학생 수의 차)$=29-26=3$(명)

2 • 날개의 수를 계산하면 $9-$㉡$=2$에서 $9-7=2$이므로 ㉡$=7$입니다.
• 10개씩 묶음의 수끼리 계산하면 ㉠$-5=4$에서 $9-5=4$이므로 ㉠$=9$입니다.
➔ ㉠과 ㉡의 합은 $9+7=16$입니다.

유형책 6단원

4 6−5=43을 이용하여 와 를 먼저 구합니다.
- −5=3
  → 8−5=3이므로 =8입니다.
- 6−=4
  → 6−2=4이므로 =2입니다.

따라서 8−1=88−12=76입니다.

5 23+51=74
→ 94−□=74에서 94−20=74이므로 □ 안에 알맞은 수는 20입니다.

7 (1) 어떤 수를 □로 하여 잘못 계산한 식을 쓰면 □−34=21입니다.
55−34=21이므로 □=55입니다.
따라서 어떤 수는 55입니다.
(2) 어떤 수가 55이므로 바르게 계산하면 55+34=89입니다.

8 (1) 42+□<46
→ 42+1=43(○), 42+2=44(○), 42+3=45(○), 42+4=46(×)
→ □ 안에 들어갈 수 있는 수는 1, 2, 3입니다.
(2) 57−34=23이므로 23>2□에서 □ 안에는 3보다 작은 수인 1, 2가 들어갈 수 있습니다.
(3) (1)과 (2)에서 □ 안에 공통으로 들어갈 수 있는 수는 1, 2이므로 모두 2개입니다.

12 ❶ 잘못된 곳을 찾아 이유 쓰기 ▶ 3점
❷ 바르게 계산하기 ▶ 2점

❶ 예 낱개의 수끼리 자리를 맞춘 후 빼야 하는데 자리를 잘못 맞추었습니다.
❷
$$\begin{array}{r} 65 \\ -\ \ 2 \\ \hline 63 \end{array}$$

13 93
14 (위에서부터) 39, 38, 37, 53, 89
15 (위에서부터) 1, 2
16 40, 66, 88
17 ❶ 윤하가 가지고 있는 바둑돌 수 구하기 ▶ 3점
❷ 바둑돌을 더 많이 가지고 있는 사람 찾기 ▶ 2점

예 ❶ (윤하가 가지고 있는 바둑돌 수)
=30+20=50(개)
❷ 48<50이므로 바둑돌을 더 많이 가지고 있는 사람은 윤하입니다.
답 윤하

18 24, 13
19 ❶ 어떤 수 구하기 ▶ 3점
❷ 어떤 수에서 15를 뺀 값 구하기 ▶ 2점

예 ❶ 어떤 수를 □라 하여 덧셈식을 만들면 □+32=67 → 35+32=67이므로 □=35입니다.
❷ 어떤 수에서 15를 빼면 35−15=20입니다.
답 20

20 59

161쪽 6단원 마무리

01 21	02 39
03 42, 75	04 36
05 74	06 <
07 80	08 97, 96

09 25, 3, 28(또는 3, 25, 28)
10 25, 14, 11
11 (1) (2) (3)
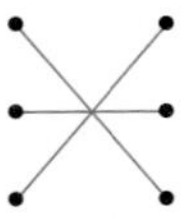

01 ○ 26개 중 5개를 /으로 지우면 ○는 21개 남습니다. → 26−5=21

02 낱개의 수끼리 더하고, 10개씩 묶음의 수는 그대로 내려 씁니다.

03 (파란색 수수깡의 수)+(빨간색 수수깡의 수)
=33+42=75(개)

04
$$\begin{array}{r} 78 \\ -\ 42 \\ \hline 36 \end{array}$$

05 $60+14=74$ → □$=74$

06 $45-13=32$ → $32<33$

07 20보다 60만큼 더 큰 수: $20+60=80$

08 1씩 작아지는 수에 같은 수를 더하면 합도 1씩 작아집니다.

09 배는 25개, 키위는 3개입니다.
→ $25+3=28$(개)

10 배는 25개, 사과는 14개입니다.
→ (배의 수)−(사과의 수)
$=25-14=11$(개)

11 두 수의 순서를 바꾸어 더해도 합은 같습니다.
다른 풀이 (1) $18+31=49$, $31+18=49$
(2) $50+30=80$, $30+50=80$
(3) $23+36=59$, $36+23=59$

13 $99>80>6$
→ (가장 큰 수)−(가장 작은 수)
$=99-6=93$

14 같은 수에서 1씩 커지는 수를 빼면 차는 1씩 작아집니다.

15 • 낱개의 수: $3+$□$=5$ → $3+2=5$이므로 □$=2$입니다.
• 10개씩 묶음의 수: □$+4=5$ → $1+4=5$이므로 □$=1$입니다.

16 ■: 스케치북, 액자 → $10+30=40$
▲: 삼각김밥, 삼각자 → $61+5=66$
●: 거울, 시계 → $34+54=88$

18 큰 수에서 작은 수를 뺐을 때 낱개의 수끼리의 차가 1이 되는 뺄셈식을 만들어 봅니다.
$45-24=21$(×), $24-13=11$(○),
$54-13=41$(×)

20 합이 가장 작으려면 10개씩 묶음의 자리에 가장 작은 수 2와 둘째로 작은 수 3을 놓고 남은 수 4와 5를 낱개의 자리에 놓습니다.
→ $24+35=59$(또는 $35+24=59$),
$25+34=59$(또는 $34+25=59$)

164쪽 1~6단원 총정리

01 ( ) (×) ( ) ( )
02 2
03 ●
04 68
05 윤서
06 ㉠
07 8시 30분
08 재우
09 주경
10 7개
11 (1) > (2) <
12 51, 53, 55, 57
13 3개
14 ㉡, ㉣
15 (1) • — •
(2) • ╲╱ •
(3) • ╱╲ •
16 74개
17 9

18 ❶ 어떤 수 구하기 ▶ 3점
❷ 바르게 계산한 값 구하기 ▶ 2점

예 ❶ 어떤 수를 □라 하면 잘못 계산한 식은 $7+$□$=10$입니다. $7+3=10$이므로 □$=3$입니다.
❷ 바르게 계산한 값: $7-3=4$
답 4

19 ㉠

20 ❶ ㉠, ㉡, ㉢을 각각 계산하기 ▶ 3점
❷ 차가 가장 큰 것을 찾아 기호 쓰기 ▶ 2점

예 ❶ ㉠ $73-31=42$, ㉡ $88-57=31$, ㉢ $68-30=38$
❷ 차를 비교하면 $42>38>31$이므로 차가 가장 큰 것은 ㉠입니다.
답 ㉠

21 △ 3+9 □ 8+6 ○ 7+4
△ 8+4 ○ 5+6 □ 7+7

22 미정

23 ❶ 색칠한 수에서 규칙 찾기 ▶ 2점
❷ ㉠에 알맞은 수 구하기 ▶ 3점

예 ❶ 색칠한 수는 45, 54, 63, 72, 81로 9씩 커집니다.
❷ 16부터 시작하여 9씩 커지는 규칙으로 수를 쓰면 16, 25, 34, 43, 52이므로 ㉠에 알맞은 수는 52입니다.
답 52

유형책 6 단원

24 56, 57에 ○표
25 4

01 옷걸이는 ▲ 모양입니다.

02 $9-2-5=7-5=2$

03 ■, ● 모양이 반복됩니다.
→ □ 안에 알맞은 모양은 ● 모양입니다.

04 $61+7=68$

05 곶감은 10개씩 묶음 7개와 낱개 6개이므로 76개입니다.

06 ㉠ $7+8=15$, ㉡ $8+4=12$
따라서 바르게 계산한 것은 ㉠입니다.

07 짧은바늘: 8과 9 사이, 긴바늘: 6
→ 8시 30분

08 62와 71의 10개씩 묶음의 수를 비교하면 $6<7$이므로 $62<71$입니다.
따라서 딱지를 더 많이 가지고 있는 사람은 재우입니다.

09 빨간색, 빨간색, 노란색 구슬이 반복됩니다.
→ 빨간색 구슬 2개와 노란색 구슬 1개가 반복됩니다.
따라서 규칙을 알맞게 말한 사람은 주경입니다.

10 (남은 찹쌀떡의 수)
=(처음 찹쌀떡의 수)−(먹은 찹쌀떡의 수)
$=15-8=7$(개)

11 (1) $2+4+3=9$, $6+1+1=8$ → $9>8$
(2) $7-3-3=1$, $9-4-2=3$ → $1<3$

12 같은 수에 2씩 커지는 수를 더하면 합도 2씩 커집니다.

13 낱개의 수가 1, 3, 5, 7, 9이면 홀수입니다.
따라서 홀수는 5, 7, 19로 모두 3개입니다.

14 뾰족한 부분이 3군데인 모양은 ▲ 모양입니다.
▲ 모양의 물건은 ㉡, ㉣입니다.
참고 ■ 모양: ㉠, ● 모양: ㉢, ㉤, ㉥

15 (1) $1+\underline{5+5}=1+\underline{10}(=11)$
(2) $4+\underline{4+6}=4+\underline{10}(=14)$
(3) $\underline{8+2}+3=\underline{10}+3(=13)$

16 낱개 24개는 10개씩 묶음 2개와 낱개 4개와 같습니다. 따라서 10개씩 묶음 $5+2=7$(개)와 낱개 4개는 74개입니다.

17 $7+●=12$에서 $7+5=12$이므로 $●=5$입니다.
$14-●=▲$에서 $14-5=▲$이므로 $▲=9$입니다.

19 〈보기〉는 야구공, 테니스공, 테니스공이 반복됩니다.
㉠ 곰 인형, 로봇, 로봇이 반복됩니다.
㉡ 사과, 사과, 귤이 반복됩니다.
따라서 〈보기〉와 같은 규칙으로 나타낸 것은 ㉠입니다.

21 • ○표: $3+8=11$
→ $7+4=11$, $5+6=11$
• △표: $7+5=12$
→ $3+9=12$, $8+4=12$
• □표: $5+9=14$
→ $8+6=14$, $7+7=14$

22 • 환희: 짧은바늘 7, 긴바늘 12 → 7시
• 미정: 짧은바늘 6과 7 사이, 긴바늘 6
→ 6시 30분
• 지혜: 짧은바늘 7과 8 사이, 긴바늘 6
→ 7시 30분
시각이 빠른 것부터 순서대로 쓰면 6시 30분, 7시, 7시 30분이므로 가장 일찍 일어난 사람은 미정입니다.

24 $41+14=55$
$55<□$이므로 □ 안에는 56, 57이 들어갈 수 있습니다.

25 차가 가장 작으려면 가에서 더 작은 수인 13을 뽑고, 나에서 더 큰 수인 9를 뽑아야 합니다.
→ $13-9=4$

정답 및 풀이

1 100까지의 수

서술형 다지기

02쪽

1 조건 오
풀이 ❶ 65, 90
❷ 9, 6, 90, 65, 현동
답 현동

1-1 풀이 ❶ 채소 수를 각각 수로 나타내기
예 채소 수를 각각 수로 나타내면 육십은 60이고, 쉰여섯은 56입니다. ▶ 2점
❷ 채소 가게에 더 많이 있는 채소 구하기
60, 56의 크기를 비교하면 60 > 56이므로 채소 가게에 더 많이 있는 채소는 양파입니다. ▶ 3점
답 양파

1-2 풀이 ❶ 팔린 빵 수를 각각 수로 나타내기
예 팔린 빵 수를 각각 수로 나타내면 여든여섯은 86이고, 팔십팔은 88입니다. ▶ 2점
❷ 제과점에서 더 적게 팔린 빵 구하기
86, 88의 크기를 비교하면 86 < 88이므로 제과점에서 더 적게 팔린 빵은 단팥빵입니다. ▶ 3점
답 단팥빵

1-3 1단계 예 각각 수로 나타내면 일흔넷은 74, 칠십이는 72입니다. ▶ 2점
2단계 74, 80, 72의 크기를 비교하면 10개씩 묶음의 수가 가장 큰 80이 가장 큽니다.
10개씩 묶음의 수가 같은 74와 72의 크기를 비교하면 74 > 72이므로 가장 작은 수를 말한 사람은 규민입니다. ▶ 3점
답 규민

04쪽

2 조건 8, 5
풀이 ❶ 8, 5, 8, 5, 2
❷ '클수록'에 ○표, '큰'에 ○표, 8, '큰'에 ○표, 5, 85
답 85

2-1 풀이 ❶ 세 수의 크기 비교하기
예 세 수 4, 6, 9의 크기를 비교하면 9 > 6 > 4입니다. ▶ 2점
❷ 만들 수 있는 가장 큰 수 구하기
10개씩 묶음의 수가 클수록 큰 수이므로 10개씩 묶음의 수에 가장 큰 수인 9를, 낱개의 수에 두 번째로 큰 수인 6을 놓습니다.
따라서 만들 수 있는 가장 큰 수는 96입니다. ▶ 3점
답 96

2-2 1단계 예 세 수 9, 7, 6의 크기를 비교하면 9 > 7 > 6입니다. ▶ 1점
2단계 가장 큰 수는 10개씩 묶음의 수에 가장 큰 수인 9를, 낱개의 수에 두 번째로 큰 수인 7을 놓으면 97입니다.
가장 작은 수는 10개씩 묶음의 수에 가장 작은 수인 6을, 낱개의 수에 두 번째로 작은 수인 7을 놓으면 67입니다. ▶ 4점
답 97, 67

2-3 1단계 예 세 수 1, 8, 4의 크기를 비교하면 8 > 4 > 1이므로 준서가 만든 가장 큰 수는 84입니다.
세 수 7, 2, 3의 크기를 비교하면 7 > 3 > 2이므로 지혜가 만든 가장 큰 수는 73입니다. ▶ 3점
2단계 73 < 84이므로 만든 수가 더 작은 사람은 지혜입니다. ▶ 2점
답 지혜

06쪽

3 조건 '큰'에 ○표, '작은'에 ○표
풀이 ❶ '뒤'에 ○표, 60, '앞'에 ○표, 65
❷ 61, 62, 63, 64, 4
답 4

3-1 풀이 ❶ 두 수를 각각 구하기
예 75보다 1만큼 더 큰 수는 75 바로 뒤의 수이므로 76이고, 81보다 1만큼 더 작은 수는 81 바로 앞의 수이므로 80입니다. ▶ 2점
❷ 두 수 사이의 수 모두 쓰기
76과 80 사이의 수는 77, 78, 79입니다. ▶ 3점
답 77, 78, 79

3-2 1단계 예 14보다 1만큼 더 작은 수는 14 바로 앞의 수이므로 13이고, 18보다 1만큼 더 큰 수는 18 바로 뒤의 수이므로 19입니다. ▶ 2점
2단계 13과 19 사이의 수는 14, 15, 16, 17, 18입니다.
따라서 두 수 사이의 수 중에서 홀수를 모두 구하면 15, 17입니다. ▶ 3점
답 15, 17

3-3 1단계 예 십칠 → 17, 열아홉 → 19
㉠ 17보다 1만큼 더 작은 수는 17 바로 앞의 수이므로 16입니다.
㉡ 19보다 1만큼 더 큰 수는 19 바로 뒤의 수이므로 20입니다. ▶ 2점
2단계 16과 20 사이의 수는 17, 18, 19입니다.
따라서 ㉠과 ㉡ 사이의 수 중에서 짝수는 18입니다.
▶ 3점

답 18

서술형 완성하기

08쪽

1 풀이 ❶ 각각 수로 나타내기
예 각각 수로 나타내면 오십구는 59이고, 예순일곱은 67입니다. ▶ 2점
❷ 가장 큰 수의 기호 쓰기
59, 67, 61의 크기를 비교하면 10개씩 묶음의 수가 가장 작은 59가 가장 작습니다. 10개씩 묶음의 수가 같은 67과 61의 크기를 비교하면 67 > 61입니다.
따라서 가장 큰 수는 ㉡ 67입니다. ▶ 3점
답 ㉡

2 풀이 ❶ 각각 수로 나타내기
예 각각 수로 나타내면 ㉠ 73, ㉡ 76, ㉢ 70입니다. ▶ 2점
❷ 가장 작은 수의 기호 쓰기
10개씩 묶음의 수가 같으므로 낱개의 수를 비교하면 70 < 73 < 76입니다.
따라서 가장 작은 수는 ㉢ 70입니다. ▶ 3점
답 ㉢

3 풀이 ❶ 세 수의 크기 비교하기
예 세 수의 크기를 비교하면 9 > 8 > 5입니다. ▶ 1점
❷ 가장 큰 수와 가장 작은 수 각각 구하기
가장 큰 수는 10개씩 묶음의 수에 가장 큰 수인 9를, 낱개의 수에 두 번째로 큰 수인 8을 놓으면 98입니다.
가장 작은 수는 10개씩 묶음의 수에 가장 작은 수인 5를, 낱개의 수에 두 번째로 작은 수인 8을 놓으면 58입니다. ▶ 4점
답 98, 58

4 풀이 ❶ 가와 나의 수 카드로 만든 가장 큰 수 각각 구하기
예 가의 수 카드의 크기를 비교하면 8 > 6 > 3이므로 가장 큰 수는 86입니다.
나의 수 카드의 크기를 비교하면 7 > 5 > 2이므로 가장 큰 수는 75입니다. ▶ 3점
❷ 만든 수가 더 큰 것의 기호 쓰기
86 > 75이므로 만든 수가 더 큰 것은 가입니다.
▶ 2점
답 가

5 풀이 ❶ 민교와 도하가 만든 가장 작은 수 각각 구하기
예 세 수 7, 5, 6의 크기를 비교하면 5<6<7이므로 민교가 만든 가장 작은 수는 56입니다.
세 수 1, 8, 7의 크기를 비교하면 1<7<8이므로 도하가 만든 가장 작은 수는 17입니다. ▶ 3점
❷ 만든 수가 더 작은 사람 쓰기
17<56이므로 만든 수가 더 작은 사람은 도하입니다. ▶ 2점
답 도하

6 풀이 ❶ 두 수를 각각 구하기
예 10보다 1만큼 더 큰 수는 11이고, 17보다 1만큼 더 큰 수는 18입니다. ▶ 2점
❷ 두 수 사이의 수 중에서 홀수의 개수 구하기
11과 18 사이의 수는 12, 13, 14, 15, 16, 17입니다.
따라서 두 수 사이의 수 중에서 홀수는 13, 15, 17이므로 모두 3개입니다. ▶ 3점
답 3개

7 풀이 ❶ ㉠과 ㉡이 나타내는 수 각각 구하기
예 ㉠ 12보다 1만큼 더 작은 수는 12 바로 앞의 수이므로 11입니다. ㉡ 16보다 1만큼 더 작은 수는 16 바로 앞의 수이므로 15입니다. ▶ 2점
❷ ㉠과 ㉡ 사이의 수 중에서 짝수 모두 구하기
11과 15 사이의 수는 12, 13, 14입니다.
따라서 ㉠과 ㉡ 사이의 수 중에서 짝수는 12, 14입니다. ▶ 3점
답 12, 14

8 풀이 ❶ 선영이와 윤호가 말한 수 각각 구하기
예 십오 ➔ 15, 이십 ➔ 20
선영이가 말한 수는 15 바로 앞의 수이므로 14이고, 윤호가 말한 수는 20 바로 뒤의 수이므로 21입니다. ▶ 2점
❷ 선영이와 윤호가 말한 수 사이의 수 중에서 가장 큰 홀수 구하기
14와 21 사이의 수는 15, 16, 17, 18, 19, 20입니다.
이 중에서 홀수는 15, 17, 19이므로 가장 큰 홀수는 19입니다. ▶ 3점
답 19

2 덧셈과 뺄셈(1)

서술형 다지기

10쪽

1 조건 1, 9
풀이 ❶ 4, 4, 5
❷ 7, 7, 6
❸ 5, 6, 6, 5, ㉡
답 ㉡

1-1 풀이 ❶ 각각 계산하기
예 각각 계산하면 ㉠ 2+2+1=4+1=5,
㉡ 8−1−3=7−3=4입니다. ▶ 3점
❷ 계산 결과가 더 작은 것의 기호 쓰기
5>4이므로 계산 결과가 더 작은 것은 ㉡입니다. ▶ 2점
답 ㉡

1-2 1단계 예 • ㉠의 빈 곳에 알맞은 수는
4+3+1=7+1=8입니다.
• ㉡의 빈 곳에 알맞은 수는
2+2+3=4+3=7입니다. ▶ 3점
2단계 빈 곳에 알맞은 수가 ㉠ 8, ㉡ 7이므로 8>7에서 더 큰 것의 기호는 ㉠입니다. ▶ 2점
답 ㉠

1-3 1단계 예 ㉠ 9−3−2=6−2=4
㉡ 4+2+2=6+2=8
㉢ 3+3+1=6+1=7 ▶ 3점
2단계 4<7<8이므로 계산 결과가 작은 것부터 차례로 기호를 쓰면 ㉠, ㉢, ㉡입니다. ▶ 2점
답 ㉠, ㉢, ㉡

서술형 강화책 2단원

12쪽

2 조건 10, 10
풀이 ❶ 3, 3
❷ 5, 5
❸ 3, 5, 5, 3, ㉡
답 ㉡

2-1 풀이 ❶ □ 안에 알맞은 수 각각 구하기
예 ㉠ 8과 더해서 10이 되는 수는 2이므로 □=2입니다.
㉡ 10−□=6에서 10−4=6이므로 □=4입니다. ▶ 3점
❷ □ 안에 알맞은 수가 더 큰 것의 기호 쓰기
㉠ 2, ㉡ 4이므로 □ 안에 알맞은 수가 더 큰 것의 기호는 ㉡입니다. ▶ 2점
답 ㉡

2-2 1단계 예 ㉠+1=10에서 9+1=10이므로 ㉠=9입니다. ▶ 2점
2단계 10−㉡=4에서 10−6=4이므로 ㉡=6입니다. ▶ 2점
3단계 9>6이므로 ㉠과 ㉡의 차는 9−6=3입니다. ▶ 1점
답 3

2-3 1단계 예 ㉠ □+3=10에서 7+3=10이므로 □=7입니다.
㉡ 10−□=2에서 10−8=2이므로 □=8입니다.
㉢ 6+□=10에서 6+4=10이므로 □=4입니다. ▶ 3점
2단계 ㉠ 7, ㉡ 8, ㉢ 4에서 8>7>4이므로 □ 안에 알맞은 수가 가장 큰 것의 기호는 ㉡입니다. ▶ 2점
답 ㉡

14쪽

3 조건 9
풀이 ❶ 5, 5
❷ 5 / 5, 6, ○에 ○표 /
5, 7, ○에 ○표 /
5, 8, ○에 ○표 /
5, 9, ×에 ○표 /
1, 2, 3
답 1, 2, 3

3-1 풀이 ❶ □ 안에 들어갈 수 있는 수 구하기
예 10−1=9(○), 10−2=8(○), 10−3=7(×)이므로 □ 안에 들어갈 수 있는 수는 1, 2입니다. ▶ 4점
❷ □ 안에 들어갈 수 있는 가장 큰 수 구하기
따라서 □ 안에 들어갈 수 있는 가장 큰 수는 2입니다. ▶ 1점
답 2

3-2 풀이 ❶ 식 간단히 나타내기
예 8−3−□<3에서 8−3−□=5−□이므로 5−□<3입니다. ▶ 2점
❷ □ 안에 들어갈 수 있는 수 구하기
5−1=4(×), 5−2=3(×), 5−3=2(○), 5−4=1(○)이므로 □ 안에 들어갈 수 있는 수는 3, 4입니다. ▶ 2점
❸ □ 안에 들어갈 수 있는 가장 작은 수 구하기
따라서 □ 안에 들어갈 수 있는 가장 작은 수는 3입니다. ▶ 1점
답 3

3-3 1단계 예 10−5>□에서 10−5=5이므로 5>□입니다. □ 안에 들어갈 수 있는 수는 1, 2, 3, 4입니다. ▶ 2점
2단계 2+3+□<8에서 2+3+□=5+□이므로 5+□<8입니다. 5+1=6(○), 5+2=7(○), 5+3=8(×)이므로 □ 안에 들어갈 수 있는 수는 1, 2입니다. ▶ 2점
3단계 따라서 □ 안에 공통으로 들어갈 수 있는 수는 1, 2입니다. ▶ 1점
답 1, 2

서술형 완성하기

16쪽

1 풀이 ❶ 경미와 수지가 모은 붙임딱지 수 각각 구하기
예 경미가 모은 붙임딱지 수는
5+1+1=6+1=7(장)입니다.

수지가 모은 붙임딱지 수는

$4+2+3=6+3=9$(장)입니다. ▶ 3점

❷ 붙임딱지를 더 많이 모은 사람 구하기

$7<9$이므로 붙임딱지를 더 많이 모은 사람은 수지입니다. ▶ 2점

답 수지

2 풀이 ❶ 각각 계산하기

예 각각 계산해 보면 ㉠ $3+2+3=5+3=8$,

㉡ $9-1-4=8-4=4$,

㉢ $6+1+2=7+2=9$입니다. ▶ 3점

❷ 계산 결과가 작은 것부터 차례로 기호 쓰기

$4<8<9$이므로 계산 결과가 작은 것부터 차례로 기호를 쓰면 ㉡, ㉠, ㉢입니다. ▶ 2점

답 ㉡, ㉠, ㉢

3 풀이 ❶ ㉠에 알맞은 수 구하기

예 $4+$㉠$=10$에서 $4+6=10$이므로 ㉠$=6$입니다. ▶ 2점

❷ ㉡에 알맞은 수 구하기

㉡$-3=7$에서 $10-3=7$이므로 ㉡$=10$입니다. ▶ 2점

❸ ㉠과 ㉡의 차 구하기

$10>6$이므로 ㉠과 ㉡의 차는 $10-6=4$입니다. ▶ 1점

답 4

4 풀이 ❶ □ 안에 알맞은 수 각각 구하기

예 ㉠ $\square+8=10$에서 $2+8=10$이므로 $\square=2$입니다.

㉡ $10-\square=5$에서 $10-5=5$이므로 $\square=5$입니다.

㉢ $7+\square=10$에서 $7+3=10$이므로 $\square=3$입니다. ▶ 3점

❷ □ 안에 알맞은 수가 가장 작은 것의 기호 쓰기

㉠ 2, ㉡ 5, ㉢ 3에서 $2<3<5$이므로 □ 안에 알맞은 수가 가장 작은 것의 기호는 ㉠입니다. ▶ 2점

답 ㉠

5 풀이 ❶ □ 안에 알맞은 수 각각 구하기

예 ㉠ $\square+4=10$에서 $6+4=10$이므로 $\square=6$입니다.

㉡ $10-\square=1$에서 $10-9=1$이므로 $\square=9$입니다.

㉢ $3+\square=10$에서 $3+7=10$이므로 $\square=7$입니다. ▶ 3점

❷ □ 안에 알맞은 수가 큰 것부터 차례로 기호 쓰기

㉠ 6, ㉡ 9, ㉢ 7에서 $9>7>6$이므로 □ 안에 알맞은 수가 큰 것부터 차례로 기호를 쓰면 ㉡, ㉢, ㉠입니다. ▶ 2점

답 ㉡, ㉢, ㉠

6 풀이 ❶ □ 안에 들어갈 수 있는 수 구하기

예 $10-9=1$(○), $10-8=2$(○), $10-7=3$(○), $10-6=4$(×)이므로 □ 안에 들어갈 수 있는 수는 7, 8, 9입니다. ▶ 4점

❷ □ 안에 들어갈 수 있는 가장 작은 수 구하기

따라서 □ 안에 들어갈 수 있는 가장 작은 수는 7입니다. ▶ 1점

답 7

7 풀이 ❶ 식 간단히 나타내기

예 $9-3-\square>3$에서 $9-3-\square=6-\square$이므로 $6-\square>3$입니다. ▶ 2점

❷ □ 안에 들어갈 수 있는 수 모두 구하기

$6-1=5$(○), $6-2=4$(○), $6-3=3$(×)이므로 □ 안에 들어갈 수 있는 수는 1, 2입니다. ▶ 3점

답 1, 2

8 풀이 ❶ $4+2+\square<9$에 들어갈 수 있는 수 구하기

예 $4+2+\square<9$에서 $4+2+\square=6+\square$이므로 $6+\square<9$입니다.

$6+1=7$(○), $6+2=8$(○), $6+3=9$(×)이므로 □ 안에 들어갈 수 있는 수는 1, 2입니다. ▶ 2점

❷ $7-1-2>\square$에 들어갈 수 있는 수 구하기

$7-1-2>\square$에서 $7-1-2=4$이므로 $4>\square$입니다. □ 안에 들어갈 수 있는 수는 1, 2, 3입니다. ▶ 2점

❸ □ 안에 공통으로 들어갈 수 있는 수 모두 구하기

따라서 □ 안에 공통으로 들어갈 수 있는 수는 1, 2입니다. ▶ 1점

답 1, 2

3 모양과 시각

서술형 다지기

18쪽

1 조건 '있습니다'에 ○표, '있습니다'에 ○표
풀이 ❶ ■, ▲에 ○표 / ■, ▲에 ○표
❷ ▲에 ○표, ■에 ○표, ●에 ○표
❸ ■, ▲에 ○표, 연서
답 연서

1-1 풀이 ❶ 통조림을 종이 위에 대고 그릴 때 나오는 모양 구하기
예 통조림을 종이 위에 대고 그릴 때 나오는 모양은 ● 모양입니다. ▶ 2점
❷ 알맞은 표지판의 기호 쓰기
표지판의 모양을 각각 알아보면 ㉠ ■ 모양, ㉡ ● 모양, ㉢ ▲ 모양입니다.
따라서 통조림을 종이 위에 대고 그릴 때 나오는 모양의 표지판의 기호는 ㉡입니다. ▶ 3점
답 ㉡

1-2 1단계 예 뾰족한 부분이 4군데인 모양은 ■ 모양입니다. ▶ 2점
2단계 쿠키는 ● 모양, 필통은 ■ 모양, 옷걸이는 ▲ 모양, 단추는 ● 모양, 책은 ■ 모양, 시계는 ● 모양입니다.
따라서 ■ 모양은 모두 2개입니다. ▶ 3점
답 2개

1-3 1단계 예 상자에 물감을 묻혀 찍었을 때 나올 수 있는 모양은 ■ 모양과 ▲ 모양입니다. ▶ 3점
2단계 물건의 모양을 알아보면 ㉠ ● 모양, ㉡ ■ 모양, ㉢ ▲ 모양입니다. 따라서 나올 수 없는 모양의 물건은 ㉠입니다. ▶ 2점
답 ㉠

20쪽

2 풀이 ❶ 7, 12, 7 / 8, 12, 8
❷ 7, 미리
답 미리

2-1 풀이 ❶ 각각의 시각 구하기
예 짧은바늘이 2, 긴바늘이 12를 가리키므로 현지가 수영을 끝낸 시각은 2시입니다.
짧은바늘이 2와 3 사이, 긴바늘이 6을 가리키므로 주호가 수영을 끝낸 시각은 2시 30분입니다. ▶ 3점
❷ 수영을 먼저 끝낸 사람 구하기
■시가 ■시 30분보다 빠른 시각이므로 수영을 먼저 끝낸 사람은 현지입니다. ▶ 2점
답 현지

2-2 1단계 예 책 읽기: 짧은바늘이 4, 긴바늘이 12를 가리키므로 4시입니다.
피아노 치기: 짧은바늘이 5와 6 사이, 긴바늘이 6을 가리키므로 5시 30분입니다.
줄넘기: 짧은바늘이 1과 2 사이, 긴바늘이 6을 가리키므로 1시 30분입니다. ▶ 3점
2단계 시각이 빠른 순서대로 써 보면 줄넘기, 책 읽기, 피아노 치기이므로 가장 먼저 한 일은 줄넘기입니다. ▶ 2점
답 줄넘기

2-3 1단계 예 ㉠ 짧은바늘이 7과 8 사이, 긴바늘이 6을 가리키므로 7시 30분입니다.
㉡ 짧은바늘이 8, 긴바늘이 12를 가리키므로 8시입니다.
㉢ 짧은바늘이 6과 7 사이, 긴바늘이 6을 가리키므로 6시 30분입니다.
㉣ 짧은바늘이 6, 긴바늘이 12를 가리키므로 6시입니다. ▶ 3점
2단계 늦은 시각부터 차례로 쓰면 8시, 7시 30분, 6시 30분, 6시이므로 기호를 쓰면 ㉡, ㉠, ㉢, ㉣입니다. ▶ 2점
답 ㉡, ㉠, ㉢, ㉣

서술형 완성하기

22쪽

1 풀이 ❶ 뾰족한 부분이 없는 모양 알아보기
예) 뾰족한 부분이 없는 모양은 ● 모양입니다. ▶ 2점
❷ 뾰족한 부분이 없는 모양의 물건의 개수 구하기
표지판은 ▲ 모양, 바퀴는 ● 모양, 삼각자는 ▲ 모양, 시계는 ● 모양, 봉투는 ■ 모양, 접시는 ● 모양입니다.
따라서 ● 모양은 모두 3개입니다. ▶ 3점
답 3개

2 풀이 ❶ 설명하는 모양 알아보기
예) 곧은 선이 있고 뾰족한 부분이 3군데인 모양은 ▲ 모양입니다. ▶ 2점
❷ 설명하는 모양의 물건의 개수 구하기
▲ 모양의 물건을 찾아보면 트라이앵글과 옷걸이이므로 모두 2개입니다. ▶ 3점
답 2개

3 풀이 ❶ 물건을 찰흙 위에 찍었을 때 나오는 모양 알아보기
예) 물건을 찰흙 위에 찍었을 때 나오는 모양은 도시락통, 책은 ■ 모양이고, 꽃병, 동전, 북은 ● 모양입니다. ▶ 3점
❷ 물건을 찰흙 위에 찍었을 때 나올 수 없는 모양 구하기
따라서 물건을 찰흙 위에 찍었을 때 나올 수 없는 모양은 ▲ 모양입니다. ▶ 2점
답 ▲에 ○표

4 풀이 ❶ 물감을 묻혀 찍었을 때 나올 수 있는 모양 알아보기
예) 물감을 묻혀 찍었을 때 나올 수 있는 모양은 ■ 모양과 ▲ 모양입니다. ▶ 3점
❷ 물감을 묻혀 찍었을 때 나올 수 없는 모양의 물건의 기호 쓰기
물건의 모양을 알아보면 ㉠ ▲ 모양, ㉡ ● 모양, ㉢ ■ 모양입니다.
따라서 나올 수 없는 모양의 물건은 ㉡입니다. ▶ 2점
답 ㉡

5 풀이 ❶ 각각의 시각 구하기
예) 달리기를 시작한 시각을 구하면 승주는 1시, 재하는 1시 30분입니다. ▶ 3점
❷ 달리기를 먼저 시작한 사람 구하기
1시가 1시 30분보다 빠른 시각이므로 달리기를 먼저 시작한 사람은 승주입니다. ▶ 2점
답 승주

6 풀이 ❶ 각각의 시각 구하기
예) 놀이터에 온 시각을 각각 구하면
은채는 2시 30분, 준우는 3시, 경호는 3시 30분입니다. ▶ 3점
❷ 가장 먼저 놀이터에 온 사람 구하기
2시 30분이 3시와 3시 30분보다 빠른 시각이므로 가장 먼저 놀이터에 온 사람은 은채입니다. ▶ 2점
답 은채

7 풀이 ❶ 각각의 시각 구하기
예) 각각의 시각을 구하면 간식 먹기는 4시 30분, 그림 그리기는 2시, 학원 가기는 5시입니다. ▶ 3점
❷ 가장 늦게 한 일 구하기
시각이 빠른 순서대로 써 보면 그림 그리기, 간식 먹기, 학원 가기이므로 유찬이가 가장 늦게 한 일은 학원 가기입니다. ▶ 2점
답 학원 가기

8 풀이 ❶ 각각의 시각 구하기
예) 잠자리에 든 시각을 각각 구하면 3일: 9시, 4일: 9시 30분, 5일: 8시 30분, 6일: 10시입니다. ▶ 3점
❷ 가장 늦게 잠자리에 든 날 구하기
늦은 시각부터 차례로 쓰면 10시, 9시 30분, 9시, 8시 30분이므로 가장 늦게 잠자리에 든 날은 6일입니다. ▶ 2점
답 6일

4 덧셈과 뺄셈(2)

서술형 다지기

24쪽

1 조건 5, 9, 5, 12

풀이 ❶ (각 식의 위에서부터) 12, 5 / 12, 1 / 11, 5

❷ 7, 5, 3, 9, 2

답 2

1-1 풀이 ❶ 뺄셈식 계산하기

예 각각 계산하면 14－5＝9, 13－6＝7, 15－8＝7입니다. ▶ 3점

❷ 계산 결과가 7인 식의 개수 구하기

계산 결과가 7인 식은 13－6, 15－8이므로 모두 2개입니다. ▶ 2점

답 2개

1-2 1단계 예 각각 계산하면 준호는 6＋6＝12, 리아는 8＋4＝12, 도율이는 2＋9＝11입니다. ▶ 3점

2단계 계산 결과가 각각 12, 12, 11이므로 계산 결과가 다른 식을 말한 사람은 도율입니다. ▶ 2점

답 도율

1-3 1단계 예 각각 계산하면 ㉠ 16－8＝8, ㉡ 12－5＝7, ㉢ 15－9＝6, ㉣ 11－7＝4입니다. ▶ 3점

2단계 계산 결과를 비교하면 8＞7＞6＞4이므로 계산 결과가 가장 큰 것은 ㉠입니다. ▶ 2점

답 ㉠

26쪽

2 조건 15, 7, '작은'에 ○표

풀이 ❶ '작은'에 ○표, '큰'에 ○표

❷ '작은'에 ○표, 13, '큰'에 ○표, 9, 13, 9, 4

답 13, 9, 4

2-1 풀이 ❶ 상자에서 골라야 할 수 알기

예 차가 가장 큰 뺄셈식을 만들려면 분홍색 상자에서 더 큰 수를, 연두색 상자에서 더 작은 수를 골라야 합니다. ▶ 3점

❷ 차가 가장 큰 뺄셈식 만들기

분홍색 상자에서 더 큰 수는 14이고, 연두색 상자에서 더 작은 수는 6입니다.

따라서 차가 가장 큰 뺄셈식은 14－6＝8입니다. ▶ 2점

답 14－6＝8

2-2 1단계 예 합이 가장 큰 덧셈식을 만들려면 가장 큰 수와 두 번째로 큰 수를 더해야 합니다.

가는 8＞6＞5이므로 8＋6＝14입니다.

나는 9＞7＞6이므로 9＋7＝16입니다. ▶ 3점

2단계 16＞14이므로 계산 결과가 더 큰 것은 나입니다. ▶ 2점

답 나

2-3 1단계 예 9＋5＝14 ▶ 2점

2단계 8과 상자에 있는 수 카드의 합은 8＋6＝14, 8＋7＝15, 8＋3＝11입니다.

이 중에서 14보다 큰 수는 15이므로 연서가 선택해야 할 수 카드는 7입니다. ▶ 3점

답 7

28쪽

3 조건 3, 12
풀이 ❶ 12
❷ 12, 9, 9, 9
답 9

3-1 풀이 ❶ 어떤 수 구하는 식 세우기
예 어떤 수를 □라 하고 식을 세우면
□+8=17입니다. ▶ 2점
❷ 어떤 수 구하기
□+8=17에서 9+8=17이므로 □=9입니다. 따라서 어떤 수는 9입니다. ▶ 3점
답 9

3-2 1단계 예 어떤 수를 □라 하고 식을 세우면
□+4=11입니다.
□+4=11에서 7+4=11이므로 □=7입니다.
▶ 3점
2단계 어떤 수는 7이므로 바르게 계산하면
7−4=3입니다. ▶ 2점
답 3

3-3 1단계 예 어떤 수를 □라 하고 식을 세우면
□−5=3입니다.
□−5=3에서 8−5=3이므로 □=8입니다.
▶ 3점
2단계 어떤 수는 8이므로 바르게 계산하면
8+5=13입니다. ▶ 2점
답 13

서술형 완성하기

30쪽

1 풀이 ❶ 뺄셈식 계산하기
예 각각 계산하면 16−9=7, 12−6=6,
14−7=7입니다. ▶ 3점
❷ 계산 결과가 6인 식의 개수 구하기
계산 결과가 6인 식은 12−6이므로 1개입니다.
▶ 2점
답 1개

2 풀이 ❶ 각각 계산하기
예 각각 계산하면 ㉠ 8+5=13, ㉡ 7+7=14,
㉢ 4+8=12, ㉣ 6+9=15입니다. ▶ 3점
❷ 계산 결과가 가장 큰 것의 기호 쓰기
계산 결과를 비교하면 15>14>13>12이므로
계산 결과가 가장 큰 것은 ㉣입니다. ▶ 2점
답 ㉣

3 풀이 ❶ 뽑아야 할 수 알기
예 합이 가장 큰 덧셈식을 만들려면 가장 큰 수와 두 번째로 큰 수를 더해야 합니다. ▶ 2점
❷ 합이 가장 클 때의 합 구하기
8>6>5>3이므로 합이 가장 클 때의 합은
8+6=14입니다. ▶ 3점
답 14

4 풀이 ❶ 가, 나에서 계산 결과가 가장 작은 덧셈식 만들기
예 합이 가장 작은 덧셈식을 만들려면 가장 작은 수와 두 번째로 작은 수를 더해야 합니다.
가는 8>7>6이므로 6+7=13입니다.
나는 9>6>5이므로 5+6=11입니다. ▶ 3점
❷ 계산 결과가 더 작은 것 구하기
11<13이므로 계산 결과가 더 작은 것은 나입니다. ▶ 2점
답 나

5 (풀이) ❶ 빨간색 카드의 합 구하기
㉻ 빨간색 카드의 합은 $7+5=12$입니다. ▶ 2점
❷ 뽑아야 할 파란색 카드의 수 구하기
9와 주어진 파란색 카드의 합은 $9+2=11$, $9+8=17$, $9+4=13$입니다.
이 중에서 12보다 작은 수는 11이므로 리아는 2를 뽑아야 합니다. ▶ 3점
(답) 2

6 (풀이) ❶ 어떤 수 구하는 식 세우기
㉻ 어떤 수를 □라 하고 식을 세우면 □$+6=14$입니다. ▶ 2점
❷ 어떤 수 구하기
□$+6=14$에서 $8+6=14$이므로 어떤 수는 8입니다. ▶ 3점
(답) 8

7 (풀이) ❶ 어떤 수 구하기
㉻ 어떤 수를 □라 하고 식을 세우면 □$+6=15$입니다. □$+6=15$에서 $9+6=15$이므로 □$=9$입니다. ▶ 3점
❷ 바르게 계산한 값 구하기
어떤 수는 9이므로 바르게 계산하면 $9-6=3$입니다. ▶ 2점
(답) 3

8 (풀이) ❶ 어떤 수 구하기
㉻ 어떤 수를 □라 하고 식을 세우면 □$-7=1$입니다.
□$-7=1$에서 $8-7=1$이므로 □$=8$입니다. ▶ 3점
❷ 바르게 계산한 값 구하기
어떤 수는 8이므로 바르게 계산하면 $8+7=15$입니다. ▶ 2점
(답) 15

5 규칙 찾기

서술형 다지기

32쪽

1 (조건) 75, 85, '커집니다'에 ○표
(풀이) ❶ 5
❷ 5, 80, 90, 80, 90
(답) 80, 90

1-1 (풀이) ❶ 규칙 찾기
㉻ 79부터 시작하여 4씩 커지는 규칙입니다. ▶ 2점
❷ ㉠에 알맞은 수 구하기
79부터 시작하여 4씩 커지는 규칙으로 수를 써 보면 79, 83, 87, 91, 95, 99이므로 ㉠에 알맞은 수는 99입니다. ▶ 3점
(답) 99

1-2 (1단계) ㉻ 규칙을 찾아보면 9씩 커집니다. ▶ 2점
(2단계) 찬영: 29, 38, 47, 56, 65이므로 ㉠에 알맞은 수는 47입니다.
준기: 16, 25, 34, 43, 52이므로 ㉡에 알맞은 수는 43입니다. ▶ 3점
(답) 47, 43

1-3 (1단계) ㉻ • 42부터 시작하여 3씩 커지므로 42, 45, 48에서 ㉠$=48$입니다.
• 70부터 시작하여 5씩 작아지므로 70, 65, 60, 55, 50, 45에서 ㉡$=45$입니다. ▶ 3점
(2단계) $48>45$이므로 수가 더 큰 것은 ㉠입니다. ▶ 2점
(답) ㉠

34쪽

2 조건 50, 55, 65, '커집니다'에 ○표
풀이 ❶ 5, 5, 5, 5, 5 / 5
❷ 5, 75, 80
답 75, 80

2-1 풀이 ❶ 색칠한 수의 규칙 찾기
예 색칠한 수는 51, 54, 57, 60, 63, 66, 69에서 51부터 시작하여 3씩 커지는 규칙입니다. ▶ 2점
❷ 색칠해야 할 수 모두 구하기
3씩 커지는 수에 색칠해야 하므로 72, 75, 78에 색칠합니다. ▶ 3점
답 72, 75, 78

2-2 1단계 예 21, 27, 33, 39, 45에서 21부터 시작하여 6씩 커지는 규칙입니다. ▶ 2점
2단계 보라색으로 색칠해야 할 수의 규칙은 24부터 시작하여 6씩 커집니다.
따라서 색칠해야 할 수는 30, 36, 42, 48입니다. ▶ 3점
답 30, 36, 42, 48

2-3 1단계 예 71, 76, 81, 86에서 71부터 시작하여 5씩 커지는 규칙입니다. ▶ 2점
2단계 20부터 시작하여 5씩 커지는 수를 써넣습니다.
20부터 시작하여 5씩 커지는 수는 20, 25, 30, 35이므로 ★에 알맞은 수는 35입니다. ▶ 3점
답 35

36쪽

3 풀이 ❶ △에 ○표
❷ ○, △, ○, △, ○, △, ○, △, ○ / ㉡
답 ㉡

3-1 풀이 ❶ 보기의 규칙 찾기
예 보기의 규칙을 찾으면 보, 가위, 보가 반복됩니다. ▶ 2점
❷ 규칙을 바르게 말한 사람 찾기
보를 5, 가위를 2로 하여 나타내면 5, 2, 5, 5, 2, 5, 5, 2이므로 규칙을 바르게 말한 사람은 온유입니다. ▶ 3점
답 온유

3-2 1단계 예 규칙을 찾으면 ⚁, ⚁, ⚃가 반복됩니다. ▶ 2점
2단계 ⚁를 2, ⚃를 4로 하여 나타내면
2, 2, 4, 2, 2, 4, 2, 2이므로 ㉠에 알맞은 수는 2입니다. ▶ 3점
답 2

3-3 1단계 예 ◀, ▷를 사용하여 각각의 규칙을 알아보면 ㉠ ◀, ▷, ▷가 반복되고, ㉡ ◀, ▷가 반복되고, ㉢ ◀, ▷, ◀가 반복됩니다. ▶ 3점
2단계 ◀, ▷, ◀가 반복되는 규칙으로 나타낼 수 있는 것은 ㉢입니다. ▶ 2점
답 ㉢

서술형 완성하기

38쪽

1 풀이 ❶ 규칙 찾기
예 56부터 시작하여 6씩 작아집니다. ▶ 2점
❷ ㉠에 알맞은 수 구하기
56, 50, 44, 38, 32, 26이므로 ㉠에 알맞은 수는 26입니다. ▶ 3점
답 26

2 풀이 ❶ 규칙 찾기
예 규칙을 찾아보면 3씩 커집니다. ▶ 2점
❷ ㉠과 ㉡에 알맞은 수 각각 구하기
윗줄은 35, 38, 41, 44, 47이므로 ㉠은 44입니다.
아랫줄은 50, 53, 56, 59, 62이므로 ㉡은 59입니다. ▶ 3점
답 44, 59

서술형 강화책 5 단원

3 풀이 ❶ ㉠, ㉡에 알맞은 수 각각 구하기
예 • 46부터 시작하여 2씩 작아지므로 46, 44, 42, 40, 38에서 ㉠=38입니다.
• 35, 40이 반복되므로 ㉡=40입니다. ▶ 3점
❷ 수가 더 큰 것의 기호 쓰기
40 > 38이므로 수가 더 큰 것은 ㉡입니다. ▶ 2점
답 ㉡

4 풀이 ❶ 색칠한 수의 규칙 찾기
색칠한 수는 31, 35, 39, 43, 47에서 31부터 시작하여 4씩 커지는 규칙입니다. ▶ 2점
❷ 색칠해야 할 수 모두 구하기
4씩 커지는 수에 색칠해야 하므로 51, 55에 색칠합니다. ▶ 3점
답 51, 55

5 풀이 ❶ 노란색으로 색칠한 수의 규칙 찾기
예 63, 70, 77, 84에서 63부터 시작하여 7씩 커지는 규칙입니다. ▶ 2점
❷ 색칠해야 할 수 모두 구하기
초록색으로 색칠해야 할 수의 규칙은 61부터 시작하여 7씩 커집니다. 따라서 색칠해야 할 수는 68, 75, 82, 89입니다. ▶ 3점
답 68, 75, 82, 89

6 풀이 ❶ 수 배열표에서 색칠한 수의 규칙 찾기
예 61, 71, 81, 91에서 61부터 시작하여 10씩 커지는 규칙입니다. ▶ 2점
❷ ㉠에 알맞은 수 구하기
38부터 시작하여 10씩 커지는 수를 써넣습니다. 38, 48, 58, 68이므로 ㉠에 알맞은 수는 68입니다. ▶ 3점
답 68

7 풀이 ❶ 규칙 찾기
예 규칙을 찾으면 ⚀, ⚀, ⚄가 반복됩니다. ▶ 2점
❷ ㉠에 알맞은 수 구하기
⚀를 1, ⚄를 5로 하여 나타내면 1, 1, 5, 1, 1, 5, 1, 1이므로 ㉠에 알맞은 수는 1입니다. ▶ 3점
답 1

8 풀이 ❶ ◎, ○로 나타내어 각각의 규칙 찾기
예 ◎, ○를 사용하여 각각의 규칙을 알아보면
㉠ ◎, ○, ◎가 반복되고, ㉡ ◎, ○, ○가 반복되고, ㉢ ◎, ○가 반복됩니다. ▶ 3점
❷ ◎, ○, ○가 반복되는 규칙으로 나타낼 수 있는 것의 기호 쓰기
◎, ○, ○가 반복되는 규칙으로 나타낼 수 있는 것은 ㉡입니다. ▶ 2점
답 ㉡

6 덧셈과 뺄셈(3)

서술형 다지기

40쪽

1 조건 '합'에 ○표
풀이 ❶ ■에 ○표, ●에 ○표,
■에 ○표, ▲에 ○표
❷ '계산기', '자'에 ○표, 30, 44, 74
답 74

1-1 풀이 ❶ 물건의 모양 알아보기
예 트라이앵글은 ▲ 모양, 필통은 ■ 모양, 동전은 ● 모양, 단추는 ● 모양입니다. ▶ 2점
❷ ● 모양에 적힌 수의 차 구하기
● 모양은 동전과 단추이므로 21과 33의 차를 구하면 33－21＝12입니다. ▶ 3점
답 12

1-2 (1단계) 예 [직육면체] 모양에 적힌 수: 13과 41,
[원기둥] 모양에 적힌 수: 22와 45,
[구] 모양에 적힌 수: 30과 56 ▶ 2점
(2단계) [직육면체] 모양: 13+41=54,
[원기둥] 모양: 22+45=67,
[구] 모양: 30+56=86 ▶ 3점
답 54, 67, 86

1-3 (1단계) 예 ■ 모양은 ㉠, ㉣이고, ▲ 모양은 ㉢, ㉤이고, ● 모양은 ㉡, ㉥입니다. ▶ 2점
(2단계) ■ 모양끼리의 차: 56−20=36,
▲ 모양끼리의 차: 44−31=13,
● 모양끼리의 차: 37−16=21입니다. ▶ 3점
답 36, 13, 21

42쪽

2 조건 6
풀이 ❶ 8, 6, 2, '큰'에 ○표, '큰'에 ○표, 86, 2
❷ 86, 2, 84
답 84

2-1 (풀이) ❶ 만들 수 있는 가장 큰 수와 남은 한 수 구하기
예 수 카드의 크기를 비교하면 7>4>1입니다. 만들 수 있는 가장 큰 몇십몇은 10개씩 묶음의 수에 가장 큰 수를, 낱개의 수에 두 번째로 큰 수를 놓으면 74이고, 남은 한 수는 1입니다. ▶ 3점
❷ 가장 큰 수와 남은 한 수의 합 구하기
가장 큰 수와 남은 한 수를 더하면
74+1=75입니다. ▶ 2점
답 75

2-2 (1단계) 예 두 수의 합이 가장 작으려면 10개씩 묶음의 수가 가장 작은 몇십몇을 만들어야 합니다. ▶ 2점
(2단계) 2<4<5에서 합이 가장 작은 경우는
24+5=29 또는 25+4=29이므로 합은 29입니다. ▶ 3점
답 29

2-3 (1단계) 예 수 카드의 크기를 비교하면
7>6>3>1입니다.
만들 수 있는 가장 큰 수는 76이고, 가장 작은 수는 13입니다. ▶ 3점
(2단계) 만들 수 있는 가장 큰 수와 가장 작은 수의 차는 76−13=63입니다. ▶ 2점
답 63

44쪽

3 조건 7, 15
풀이 ❶ (위에서부터) ㉠ 7, 4, 8 ㉡ 1, 5, 4, 1
❷ 48, 41 / ㉠
답 ㉠

3-1 (풀이) ❶ 주어진 식 계산하기
예 희영이는 47−11=36이고,
준환이는 15+23=38입니다. ▶ 3점
❷ 계산 결과가 더 작은 사람 쓰기
36<38이므로 계산 결과가 더 작은 사람은 희영입니다. ▶ 2점
답 희영

3-2 (1단계) 예 각각 계산하면 ㉠ 45−2=43,
㉡ 33+14=47,
㉢ 50−20=30입니다. ▶ 3점
(2단계) 47>43>30이므로 계산 결과가 가장 큰 것은 ㉡입니다. ▶ 2점
답 ㉡

3-3 (1단계) 예 각각 계산하면 ㉠ 28+11=39,
㉡ 49−13=36,
㉢ 33+4=37입니다. ▶ 3점
(2단계) 39>37>36이므로 계산 결과가 큰 것부터 차례로 기호를 쓰면 ㉠, ㉢, ㉡입니다. ▶ 2점
답 ㉠, ㉢, ㉡

서술형 완성하기

46쪽

1 (풀이) ❶ 같은 과일에 적힌 수 각각 찾기
예) 사과에 적힌 수는 31과 5, 귤에 적힌 수는 14와 22, 참외에 적힌 수는 26과 20입니다. ▶ 2점
❷ 같은 과일에 적힌 수의 합 구하기
사과는 $31+5=36$, 귤은 $14+22=36$, 참외는 $26+20=46$입니다. ▶ 3점
(답) 36, 36, 46

2 (풀이) ❶ 같은 모양 찾기
예) ■ 모양은 ㉠, ㉥이고, ▲ 모양은 ㉢, ㉣이고, ● 모양은 ㉡, ㉤입니다. ▶ 2점
❷ 같은 모양에 적힌 수의 합 구하기
■ 모양끼리의 합: $33+15=48$,
▲ 모양끼리의 합: $43+11=54$,
● 모양끼리의 합: $20+14=34$입니다. ▶ 3점
(답) 48, 54, 34

3 (풀이) ❶ 만들 수 있는 가장 큰 수와 남은 한 수 구하기
예) 수 카드의 크기를 비교하면 $9>3>2$입니다. 만들 수 있는 가장 큰 수는 93이고, 남은 한 수는 2입니다. ▶ 3점
❷ 가장 큰 수와 남은 한 수의 합 구하기
가장 큰 수와 남은 한 수를 더하면 $93+2=95$입니다. ▶ 2점
(답) 95

4 (풀이) ❶ 합이 가장 큰 덧셈식의 조건 알아보기
예) 두 수의 합이 가장 크려면 10개씩 묶음의 수가 가장 큰 몇십몇을 만들어야 합니다. ▶ 2점
❷ 합이 가장 큰 경우의 합 구하기
$6>5>3$에서 합이 가장 큰 경우는 $65+3=68$ 또는 $63+5=68$이므로 합은 68입니다. ▶ 3점
(답) 68

5 (풀이) ❶ 만들 수 있는 가장 큰 수와 가장 작은 수 구하기
예) 수 카드의 크기를 비교하면 $8>5>3>2$입니다. 만들 수 있는 가장 큰 수는 85이고, 가장 작은 수는 23입니다. ▶ 2점
❷ 만들 수 있는 가장 큰 수와 가장 작은 수의 차 구하기
만들 수 있는 가장 큰 수와 가장 작은 수의 차는 $85-23=62$입니다. ▶ 3점
(답) 62

6 (풀이) ❶ 주어진 식 계산하기
예) 재이는 $45-14=31$, 정미는 $25+12=37$입니다. ▶ 3점
❷ 계산 결과가 더 작은 사람 쓰기
$31<37$이므로 계산 결과가 더 작은 사람은 재이입니다. ▶ 2점
(답) 재이

7 (풀이) ❶ 주어진 식 계산하기
예) 각각 계산하면 ㉠ $60-40=20$, ㉡ $36-23=13$, ㉢ $24+3=27$입니다. ▶ 3점
❷ 계산 결과가 가장 큰 것의 기호 쓰기
$27>20>13$이므로 계산 결과가 가장 큰 것은 ㉢입니다. ▶ 2점
(답) ㉢

8 (풀이) ❶ 주어진 식 계산하기
예) 각각 계산하면 ㉠ $23+16=39$, ㉡ $49-2=47$, ㉢ $10+20=30$입니다. ▶ 3점
❷ 계산 결과가 작은 것부터 차례로 기호 쓰기
$30<39<47$이므로 계산 결과가 작은 것부터 차례로 기호를 쓰면 ㉢, ㉠, ㉡입니다. ▶ 2점
(답) ㉢, ㉠, ㉡

MEMO

MEMO

큐브 유형

정답 및 풀이 | 초등 수학 1·2